创新型人才培养"十三五"规划教材

计算机网络基础
（第5版）

李志球　编著

U0282424

电子工业出版社
Publishing House of Electronics Industry
北京·BEIJING

内 容 简 介

本书根据计算机网络技术发展现状，及时更新计算机网络新知识，在内容和结构上较之前的版次做了较大修改，各章增加了小结和实验等内容。本书从先进性和实用性出发，以 OSI/RM、TCP/IP 和 IEEE 802 为主线，介绍了计算机网络基本概念、OSI/RM 七层模型、TCP/IP 协议、局域网、广域网、无线网络及 IPv6 技术等知识，针对高职教育特点，侧重于实际应用和动手能力的培养，以提高读者分析问题、解决问题的能力。

本书叙述简明扼要，通俗易懂，实用性强，学做合一，提供实验实训操作内容，习题题型丰富。华信教育网（http://hxedu.com.cn）提供了本书的电子教案，供教师和学生下载。

本书可作为高职院校、专科学校、应用型本科及成人高校电子信息类专业和其他非计算机类专业的教材，也可作为有关技术人员自学参考用书。

图书在版编目（CIP）数据

计算机网络基础 / 李志球编著. —5 版. —北京：电子工业出版社，2020.8
（创新型人才培养"十三五"规划教材）
ISBN 978-7-121-39310-5

Ⅰ. ①计…　Ⅱ. ①李…　Ⅲ. ①计算机网络－高等职业教育－教材　Ⅳ. ①TP393

中国版本图书馆 CIP 数据核字（2020）第 136284 号

责任编辑：牛平月（niupy@phei.com.cn）
印　　刷：三河市鑫金马印装有限公司
装　　订：三河市鑫金马印装有限公司
出版发行：电子工业出版社
　　　　　北京市海淀区万寿路 173 信箱　邮编　100036
开　　本：787×1 092　1/16　印张：21.25　字数：571.2 千字
版　　次：2005 年 1 月第 1 版
　　　　　2020 年 8 月第 5 版
印　　次：2023 年 7 月第 9 次印刷
定　　价：69.00 元

凡所购买电子工业出版社图书有缺损问题，请向购买书店调换。若书店售缺，请与本社发行部联系，联系及邮购电话：(010)88254888，88258888。

质量投诉请发邮件至 zlts@phei.com.cn，盗版侵权举报请发邮件至 dbqq@phei.com.cn。

本书咨询联系方式：niupy@phei.com.cn。

第 5 版前言

本书是江苏省精品课程《计算机网络基础》主选教材，自第 1 版出版后受到兄弟院校和广大读者的厚爱，各版次累计印刷发行近 12 万册。本书第 5 版根据计算机网络技术发展现状、兄弟院校反馈信息和读者意见，及时更新知识，在内容和结构上做了较多修改、补充和完善；针对高职教育特点，编著时尽量简明扼要、通俗易懂，侧重计算机网络实际应用和动手能力的培养，各章都增加了小结，帮助读者快速阅读每章要点、重点，便于复习；除了第 3 章，各章都增加了实验环节，实验内容结合高职教学实际编写；增加了 4G、5G 移动通信技术等新知识，删减了一些较少用到或者相对落后的知识点。

全书以 OSI/RM、TCP/IP 和 IEEE 802 为主线：第 1 章主要介绍了计算机网络的拓扑结构、标准化组织、网络体系结构和常用传输介质等基础知识；第 2 章主要介绍物理层（数据通信基础）知识；第 3 章主要介绍数据链路层知识；第 4 章介绍了各种局域网技术，重点是以太网技术；第 5 章介绍了 OSI/RM 的网络层、传输层和高层协议；第 6 章主要介绍了 TCP/IP 的网络层和传输层协议及子网划分技术；第 7 章介绍了网络互联设备及三层交换知识；第 8 章介绍了无线网络技术，包括 WWAN、WLAN、4G、5G 和蓝牙技术，增加了 Wi-Fi 技术等内容；第 9 章介绍了 PSTN、ISDN、xDSL、CATV、DDN、X.25、Frame Relay、ATM 等广域网技术；第 10 章介绍了 TCP/IP 应用层协议，常用网络命令，Internet、Intranet 和 Extranet 知识；第 11 章介绍了 VLAN、VPN、三网融合技术、多媒体通信协议、服务质量（QoS）、IP 电话、IP 网络的视频通信等技术，以及木马、ARP 欺骗和分布式拒绝服务等概念；第 12 章介绍了 IPv6 技术。

教学实施时，教师可根据教学计划规定的学时数和教学大纲（或课程标准）的要求，灵活选取内容。建议 1~10 章为必修内容，其余章节根据需要选学。各章节实验项目在教学过程中根据学时、实验条件等情况实施。

参加本书编写的还有吴兆立、庞珊、李诗艺等。

本书可作为高职院校、专科学校、应用型本科及成人高校电子信息类专业和其他非计算机类专业的计算机网络课程教材，也可作为有关技术人员自学参考用书。华信教育资源网（http://hxedu.cm.cn）提供了本书的电子教案，供教师和学生下载。

尽管对本书做了修正和调整工作，书中的不妥之处还是在所难免的。殷切希望广大读者继续提出宝贵意见，以使教材不断完善。作者 E-mail：7342767@qq.com

李志球

目　　录

第 1 章　计算机网络概述

1.1　概述

计算机网络（Computer Network）是计算机技术和通信技术紧密结合的产物。计算机在通信中的应用促使数据通信和数字通信技术迅速发展，并促进了通信系统由模拟向数字化并最终向综合服务的方向发展，通信技术则为计算机之间信息的快速传递、资源共享和协调合作提供了强有力的支撑。

1.1.1　计算机网络的定义和演变

1．计算机网络的定义

人们的日常生活中存在许多网络，例如电话网、铁路网、高速公路网等。地球上也环绕着各种网络，有形的如有线电缆组成的网，无形的如无线电波组成的网。

计算机网络没有严格的定义，其内涵也在不断变化。所谓计算机网络，就是把分布在不同地理位置的计算机、终端，通过通信设备和线路连接起来，以一定的方式如功能完善的网络软件、网络通信协议、信息交换方式及网络操作系统等实现互相通信及网络资源共享的系统。IEEE 高级委员会坦尼鲍姆博士给它的定义是"计算机网络是一组自治计算机互联的集合"。自治是指每台计算机都有自主权，不受别人控制，互联则是指使用传输介质将计算机连接起来。

2．计算机网络的演变

计算机网络的发展过程可分为面向终端的计算机网络阶段、具有通信功能的多机系统阶段及以共享资源为主的计算机网络阶段等。

1）面向终端的计算机网络

面向终端的计算机网络（也称为具有通信功能的单机系统）产生于 20 世纪 60 年代初。它将一台主计算机（Host）经通信线路与若干地理分散的终端相连，面向终端的计算机网络如图 1.1 所示。主计算机也称为主机，具有独立处理数据的能力，而终端设备无独立处理数据的能力。在通信软件的控制下，每个用户在自己的终端上轮流使用主机系统的资源。这种系统可以在千里之外连接远程终端，通信装置以脱机的方式先接收远程终端的原始数据和程序，然后由操作员将这些数据和程序送入主计算机进行处理，再将处理结果送回远程终端。由于脱机系统的输入/输出需要人工干预，因此效率较低。若在主计算机上增加通信功能，则构成具有联机通信功能的批处理系统。

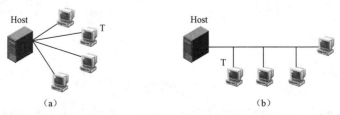

图 1.1　面向终端的计算机网络

面向终端的计算机网络系统存在两方面的问题：第一，随着所连远程终端数目的增加，主机的负荷加重，系统效率下降；第二，终端设备速率低，每个终端独占一条通信线路，线路利用率低，费用也较高。

2）具有通信功能的多机系统

面向终端的计算机网络中主机的负担过重，因此，20 世纪 60 年代出现了把数据处理和数据通信分开的工作方式，主机专门进行数据处理，而在主机和通信线路之间设置一台功能简单的计算机，专门负责处理网络中的数据通信、传输和控制。这种负责通信的计算机称为通信控制处理机 CCP（Communication Control Processor）或称为前端处理机 FEP（Front End Processor）。它一方面作为资源子网的主机和终端的接口节点；另一方面又担负通信子网中的报文分组的接收、校验、存储、转发等任务，从而将源主机的报文准确地发送到目的主机。

随着远程终端的数量不断增加，通信费用也随之增加。为了节省费用，可在远程终端较密集处增加一个集中器。集中器与前端处理机功能类似，集中器的一端通过多条低速线路与各个终端相连，另一端通过高速线路与通信控制处理机相连。其结构是终端群—低速通信线路—集中器—高速通信线路—通信控制处理机—主计算机，从而降低通信线路的费用。由于前端机和集中器在当时一般选用小型机担任，因此这种结构称为具有通信功能的多计算机系统，如图 1.2 所示。

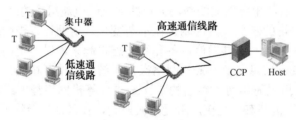

图 1.2　具有通信功能的多计算机系统

3）计算机网络

第二代计算机网络是将若干个联机系统中的主机互联，为用户提供服务，以达到资源共享的目的，或者联合起来完成某项任务。这就是早期以数据交换为主要目的的计算机网络，如图 1.3 所示。这类网络是在 20 世纪 60 年代中期发展起来的，它和第一代网络的区别在于多个主机都具有自主处理能力，它们之间不存在主从关系，第二代计算机网络的典型代表是 Internet 的前身 ARPA 网。

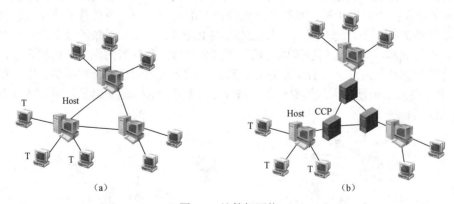

图 1.3　计算机网络

ARPA 网（ARPAnet）是美国国防部高级研究计划署 DARPA（原 ARPA）提出设想并与

许多大学和公司共同研究发展起来的，1969 年建网时，仅有 4 台主机。ARPA 网采用分组交换技术，当 4 个节点之间的某一条通信线路因某种原因被切断以后，仍能够保证信息通过其他线路在各主机之间传递。ARPA 网在 1971 年增至 26 台主机，发展到 1975 年，已将 100 多台不同型号的大型计算机连入网内。ARPA 网是第一个实现分布式资源共享的网络，现代计算机网络的许多概念和方法都来源于它，ARPA 网是最早将计算机网络分为资源子网和通信子网两部分的网络。

4）局域网

进入 20 世纪 70 年代，局域网技术得到迅速发展。特别是到了 20 世纪 80 年代，随着硬件价格的下降和计算机的广泛应用，一个单位或部门拥有的计算机数量越来越多，因此需要将它们连接起来，以达到资源共享和信息传递的目的，这就形成了局域网，如图 1.4 所示。局域网联网费用低，传输速度高。其典型代表是以太网（Ethernet）和令牌环网（Token Ring）。

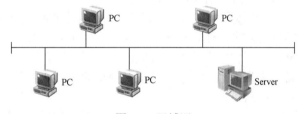

图 1.4　局域网

3．网络发展的里程碑

在计算机网络发展史上，具有里程碑意义的大事有如下几个：1969 年建立 ARPA 网，使用 TCP/IP 协议，它为 Internet 的发展奠定了基础；20 世纪 70 年代出现局域网，特别是 70 年代中期美国 Xerox 公司研制的以太网（Ethernet），对网络的普及起着重要的作用；80 年代，CCITT 建立了使用国际线路传输声音数据的国际标准，ISO 制定了开放系统互联参考模型 OSI/RM（Open System Interconnection basic Reference Model）；1989 年 Web 技术的出现，使 Internet 得到了普及，Web 也就是 WWW（World Wide Web），是一个超文本系统，可以为用户提供良好的信息查询界面，没有 WWW 就没有 Internet 的今天；1993 年 9 月，美国克林顿政府提出了国家信息基础设施（National Information Infrastructure，NII）的信息高速公路计划，NII 能使所有美国人当需要信息时，可以在需要的场所，以适当的价格得到系统的支持。NII 由通信网络、信息设备、信息数据库和人机 4 部分构成。进入 21 世纪，为解决 IP 地址紧缺问题，出现了 IPv 6 技术，IPv 4 网络向 IPv 6 网络的演变已经拉开了序幕。

4．我国的网络发展

计算机网络在 20 世纪 80 年代进入中国，1989 年 11 月我国第一个公用分组交换网 CNPAC 建成运行，它由 3 个分组节点交换机、8 个集中器和一个双机网络管理中心组成。1993 年建成了新的中国公用分组交换网 CHINAPAC，它是中国的 X.25。网络管理中心设在北京，主干网的覆盖范围从原来的 10 个城市扩大到了 2 300 个市、县及乡镇，端口容量达 13 万个。在北京和上海设有国际出入口。

我国根据自己的国情，由电子工业部倡议，国务院直接组织，也于 1993 年下半年开始规划实施"金桥""金卡""金关"三金工程。20 世纪 90 年代是中国计算机网络大发展的年代，陆续建造了基于 Internet 技术并接入 Internet 的四大全国范围内的公用计算机网络。

1）中国公用计算机互联网（ChinaNet）

ChinaNet 始建于 1995 年，由中国电信负责运营，该网由主干网和接入网组成。主干网的速率以 2.048Mbps 为主，逐步提高到 E3（34Mbps）甚至更高的速率。接入网由各省建设的网络构成，用户通过 163（现在已将电话号码、用户名和口令都改为 16300）拨号方式上网。

2）中国金桥信息网（ChinaGBN）

ChinaGBN 始建于 1993 年，即金桥工程。以吉通通信为业主，该网由地面光纤网和卫星网组成。主干网的速率以 128kbps～8Mbps 为主，主要为金融、海关、外贸、气象、交通等部门提供数据、语音和图像信息服务。

3）中国教育和科研计算机网（CERNet）

CERNet 始建于 1994 年，是一个公益性网络，为国民教育、科研提供信息服务。该网由主干网、地区网和校园网三级结构组成。主干网的速率以 2Mbps 为主，随着网络技术的发展其速率正在逐步提高。

4）中国科学技术网（CSTNet）

CSTNet 始建于 1994 年，由中科院建设和管理。

除了这四大网络外，还有中国科学院高能物理研究所计算中心网、中国科学院计算机网络信息中心网等网络，它们都是所谓的"自治系统"。后来又陆续开通了几个网络，分别是中国联通互联网、中国移动互联网、中国国际经济贸易互联网、中国长城互联网、中国卫星集团互联网等。它们称为 Internet 服务提供商（ISP）或网络服务提供商（NSP）。这些网络的建成，使我国的计算机网络水平上升到一个新的阶段。

现在，人类社会已进入信息时代，世界各国积极建设信息高速公路。计算机网络是信息高速公路的基础，Internet 改变了人们的生活方式，人类步入了网络文化时代，网络功能不断完善，速度更快，更普及。

1.1.2　计算机网络的分类、组成和网络性能

1. 计算机网络的分类

计算机网络种类很多，性能各有差异，可以从不同的角度对计算机网络进行分类，主要有以下几种分类方法。

- 按覆盖范围可分为广域网（远程网）、局域网（本地网）和城域网（市域网）；
- 根据通信子网的信道类型可分为点到点式网络和广播式网络；
- 按传输速率可分为低速网、中速网、高速网；
- 按信息交换方式可分为电路交换网、分组交换网、报文交换网和综合业务数字网等；
- 按网络的拓扑结构又可分为总线型、环型、星型、树型、网状、无线、混合型等类型；
- 按传输介质可分为双绞线网、同轴电缆网、光纤网、无线网和卫星网等；
- 按照带宽可分为基带网络和宽带网络；
- 按设置可分为同类网、单服务器网和混合网；
- 按对数据的组织方式可分为分布式和集中式网络系统；
- 按使用范围可分为公用网和专用网；
- 按网络使用环境可分成校园网、内部网、外部网和全球网等；
- 按网络组件的关系可分为对等网络和基于服务器的网络。

下面主要介绍按覆盖范围的分类。

（1）广域网（WAN）

广域网 WAN（Wide Area Network）是利用公共通信设施，在远程用户之间进行信息交换的系统。其特点是分布范围广，一般从数千米到数千千米，可以覆盖数个城市、数个国家甚至全球。广域网内用于通信的传输介质和设备，一般由电信部门提供，网络是由多个部门或多个国家联合组建而成的，可以通过串行接口工作在不同的速率范围。在网络发展史上，最早出现的广域网是 ARPA 网，它在地理位置上不仅跨越了美洲大陆，而且还可以通过卫星与夏威夷和欧洲等地的计算机网络进行连接，至今已发展成全世界普遍使用的 Internet。我国的 ChinaNet、ChinaGBN 和 CERNet 等均是广域网。

WAN 一般不具备规则的拓扑结构，特点是速度慢、延迟长，入网的站点不参与网络的管理，它的管理工作由复杂的互联设备（如交换机、路由器）处理。广域网可分为陆地网、卫星网和分组无线网。按其提供的业务带宽不同，可分为窄带 WAN 和宽带 WAN。窄带 WAN 有公共电话交换网 PSTN、综合业务数字网 ISDN、数字数据网 DDN、X.25 和帧中继网等，宽带 WAN 有异步传输模式 ATM、同步数字系列 SDH 等。

（2）局域网（LAN）

局域网 LAN（Local Area Network）的特点是地理范围有限，规模较小，通常局限于一个单位或一幢大楼内，最大节点数为数百个至数千个，适用于企业、机关、学校等单位。局域网组建方便，建网周期短，见效快，成本低，使用灵活，社会效益大，是目前计算机网络发展最活跃的分支。

局域网传输距离较近，一般不超过 10km。数据传输速率高，误码率低，传输延迟短，一般为数十微秒（μs）。局域网按照采用的技术、应用范围和协议标准的不同，可以分为共享式局域网、交换式局域网、虚拟局域网和无线局域网等。

随着计算机技术、通信技术和电子集成技术的发展，现在的局域网可以覆盖数十千米的范围，传输速率可达 1GMbps，例如 Ethernet 网络。随着时代的发展，现在已有更高速的局域网出现。

（3）城域网（MAN）

城域网 MAN（Metropolitan Area Network）是介于广域网与局域网之间的一种高速网络，通常覆盖一个城市或地区，距离从数十千米到上百千米。它是在局域网逐步扩大应用范围后出现的新型网络，是局域网的延伸。目前 MAN 建设主要采用的是 IP 技术和 ATM 技术。城域网设计的目标是满足数十千米范围内的大量企业、机关、高校和公司的多个局域网互联的需求，以实现大量用户之间的数据、语音、图形与视频等多种信息的传输功能。

按覆盖范围分类还可以有校园网（Campus Area Network）、内部网（Intranet）、外部网（Extranet）和全球网（Global Area Network）之分，随着计算机网络技术的发展，目前的局域网、广域网和城域网的界限已经变得模糊了。

2．计算机网络的组成

计算机网络是一个十分复杂的系统，在逻辑上可以分为完成数据通信的通信子网和进行数据处理的资源子网两部分。

1）通信子网

通信子网提供网络通信功能，能完成网络主机之间的数据传输、交换、通信控制和信号变换等通信处理工作，由通信控制处理机（CCP）、通信线路和其他通信设备组成数据通信系统。其中，信号变换是指根据不同传输系统的要求对数据的信号进行变换。例如，为了利用现有电话线传输数据，需要对数字信号与模拟信号进行变换；使用光纤时光电信号的变换；

无线通信的发送和接收等。

广域网的通信子网通常租用电话线或铺设专线。为了避免不同部门对通信子网重复投资，一般都租用通信部门的公用数字通信网，作为各种网络的公用通信子网。本书主要研究通信子网的内容。

2）资源子网

资源子网为用户提供了访问网络的能力，它由主机系统、终端控制器、请求服务的用户终端、通信子网的接口设备、提供共享的软件资源和数据资源（如数据库和应用程序）构成。它负责网络的数据处理业务，向网络用户提供各种网络资源和网络服务。

3. 网络主要性能参数

影响网络性能的因素有很多，传输距离的远近、使用的线路、采用的传输技术、带宽等都对网络的性能产生影响。网络设备的性能也同样重要，对用户而言，主要体现在网络速率上。另外，网络上在线用户的数量过多，也会使网络的带宽资源变得更加紧张。

衡量网络性能最主要的参数是带宽和延迟。

带宽（Bandwidth）是指网络上数据在一定时刻内从一个节点传输到任意节点的信息量。可以用链路每秒能传输的比特数表示，如以太网的带宽有 10Mbps、100Mbps 和 10Gbps 等。也可以用传输每个比特所花的时间长短来衡量，如一个 10Mbps 的网络上，传输每个比特所花的时间为 $0.1\mu s$。

延迟（Delay）是指将一个比特从网络的一端传输到另一端所花费的时间。造成延迟的原因有三个：第一个因素是传输介质的传播延迟；第二个因素是发送一个数据单元花费的时间，它与网络的带宽和数据分组的大小密切相关；第三个因素是网络内部的排队延迟，因为交换机在将分组转发出去之前一般要将它存储一段时间。另外，由于网络设备的速率不匹配或中间节点产生拥塞可能会导致更大的延迟或数据的丢失。有关带宽等概念第 2 章中还会进一步介绍。

1.2 计算机网络的拓扑结构

1.2.1 网络拓扑的概念

拓扑学由图论演变而来，在拓扑学中，先将实体抽象为与大小、形状无关的点，再将连接实体的线路抽象为线，进而研究点、线之间的特性，它是一种"橡皮泥"技术。而计算机网络的拓扑结构，是研究网络中各节点之间的连线（链路）的物理布局（只考虑节点的位置关系而不考虑节点间的距离和大小）。网络拓扑结构将网络中的具体设备，如计算机、交换机等网络单元抽象为节点，而把网络中的传输介质抽象为线。这样从拓扑学的角度看计算机网络就变成了点和线组成的几何图形，也就是说网络拓扑结构是一个网络的通信链路和节点的几何排列或物理图形布局。

计算机网络中的节点有两类：一类是转接和交换信息的转接节点，如交换机、集线器和终端控制器等；另一类是访问节点，如主计算机和终端等，它们是信息交换的源节点和目标节点。

网络的拓扑结构表示网络的整体结构和外貌，反映了网络中节点与链路之间相互连接的不同物理形态。它影响着整个网络的设计、功能、可靠性和通信费用等问题，同时还是实现各种协议的基础，是研究计算机网络的主要环节之一。

1.2.2　通信子网的信道类型

通信子网的信道类型也称线路设置，它是指两个或两个以上的通信设备连接到链路的方式，主要有点到点式网络和广播式网络两种。

1. 点到点式网络（Point-to-Point Networks）

通信子网中的点到点连接，是每条物理线路只连接一对设备（计算机或节点交换机），发送的数据在信道另一端只有唯一的一个设备接收。如果两台设备之间不是直接连接，而是通过中间节点的接收、存储、转发直至目的节点，这样的线路结构可能很复杂，因此从源节点到目的节点之间可能存在多条路由，因此决定分组从通信子网的源节点到达目的节点的路由需要利用路由算法。采用分组存储转发是点到点式网络与广播式网络的重要区别之一。

点到点式的拓扑结构中，因为没有信道竞争，几乎不存在访问控制问题，但点到点信道会浪费一些带宽。广域网都采用点到点信道，在长距离信道上一旦发生信道访问冲突，控制起来相当困难，而用带宽来换取信道访问控制。

2. 广播式网络（Broad Networks）

广播式网络也称多点共享网络，在广播式网络中，所有节点共享一个通信信道，任何一个节点发送报文信息时，所有其他节点都会接收到该信息。由于发送的分组中带有目的地址与源地址，网络中每个设备都将检查目的地址；如果目的地址与本节点地址相同，则接收该分组，否则丢弃。在广播式网络中，发送的报文分组的目的地址可以有单节点地址、多节点地址和广播地址三类。

在广播信道中，由于信道共享会引起因争用信道而产生的介质访问冲突问题，因此信道访问控制是要解决的关键问题之一。

1.2.3　拓扑结构分类

计算机网络的拓扑结构主要是指通信子网的拓扑结构，分为总线型、环型、星型、树型、网状、无线、混合型等结构类型，其中，总线型、环型结构的网络是广播式网络；星型、树型、网状结构的网络是点到点连接的网络。计算机网络的拓扑结构如图 1.5 所示。

1. 总线型结构

总线（Bus）型拓扑结构见图 1.5（a）。这是一种广播式网络，采用单根传输线（总线）作为传输介质，所有的站点都通过接口连接到总线上，任何一个节点发送的信息传输方向都从发送节点沿着总线向两端扩散，并被网络上其他节点接收，类似于广播电台发射的电磁波向四周扩散一样。某一时刻只能有一个节点使用总线传输信息，因此存在信道争用问题。一个冲突域内所有节点共享总线的带宽。总线可以分为若干段，在各段之间通过中继器连接（扩充）。总线上传输的信息容易发生冲突和碰撞，故不宜用在实时性要求高的场合，解决总线型结构信息冲突（瓶颈）的问题，是总线结构的重要问题。

总线型结构的优点是：结构简单，价格低廉、安装使用方便；连线总长度小于星型结构，若需增加长度，可通过中继器增加一个网段；可靠性高，网络响应速度快；设备少，价格低，安装使用方便；共享资源能力强，便于广播式工作。缺点是故障诊断和隔离比较困难，总线任务重，易产生冲突和碰撞问题。这种结构一般适用于局域网，其典型代表是共享式以太网。

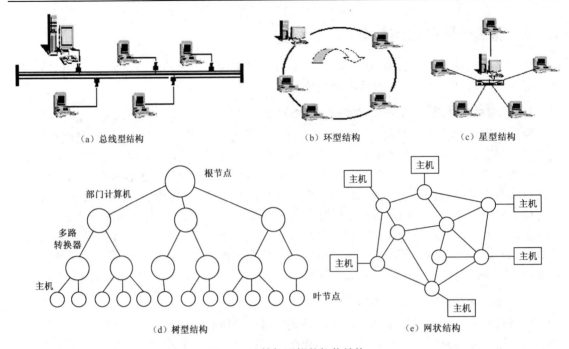

（a）总线型结构　　　　　　　　　（b）环型结构　　　　　　　　（c）星型结构

（d）树型结构　　　　　　　　　　　　　（e）网状结构

图 1.5　计算机网络的拓扑结构

2．环型结构

环型结构见图 1.5（b）。节点通过环路接口，点到点地连在一条首尾相连的闭合环型线路中。环路中各节点地位相同，环路上任何节点均可请求发送信息，请求一旦成功，便可以向环路发送信息。环型网中，信息流单向沿环路逐点传输，一个节点发送的信息必须经过环路中的全部环接口，只有当传输信息的目的地址与环上某节点的地址相符时，信息才被该节点接收，并继续流向下一环路接口，直至回到发送节点为止。由于信号单向传输，因此适宜使用光纤构成高速网络。为了提高通信可靠性，可以采用双环结构实现双向通信。

环型结构的优点有：信息在网络中沿固定方向流动，两个节点间仅有唯一通路，简化了路径选择控制；每个节点收/发信息均由环接口控制，控制软件较简单，传输延迟固定，实时性强，传输速率高，传输距离远，容易实现分布式控制；当某节点发生故障时，可采用旁路环（由中继器完成）方法，可靠性较高，是局域网中常用的结构之一，特别是 IBM 公司推出令牌环网之后，环型网就被越来越多的人所采用。环型结构的缺点是由于信息是串行通过多个节点的，当节点过多时，会影响传输效率，同时使网络响应时间变长；环节点的加入和撤出过程都很复杂，由于环路封闭，环的某处断开会导致整个系统的失效。

环型结构比较适合于实时信息处理系统和工厂自动化系统。光纤分布式数据接口 FDDI 是环型结构的一个典型网络，在 20 世纪 90 年代中期，就已达到数百兆比特的传输速率，但这种网络技术复杂，尤其出现高速以太网以后，FDDI 就很少再采用。

3．星型结构

星型结构见图 1.5（c），中心节点是主节点，网络中的各节点通过点到点的方式连接到一个中心节点上，由中心节点向目的节点传输信息。中心节点是通信子网中的转折点，它接收各分散节点的信息再转发给相应节点，具有中继交换和数据处理的能力，控制全网的通信。当某一节点想传输数据时，它首先向中心节点发送一个请求，以便同另一个目的节点建立连接。一旦两节点建立了连接，那么这两点间就像有一条专用线路连接起来一样。中心节点执行集中式通信控制策略，相当复杂，负担较重。

星型结构的优点有：通信协议简单，单个站点故障不会影响全网，结构简单，增删节点及维护管理容易；故障隔离和检测容易，网络延迟时间较短；一个端节点或链路的故障不会影响到整个网络。缺点是每个站点需要有一个专用链路连接到中心节点，成本较高，通信资源利用率低；网络性能过于依赖中心节点，一旦中心节点出现故障则将导致整个网络崩溃。这种结构也常用于局域网，如交换式以太网。

4. 树型结构

树型结构见图 1.5（d）。树型结构是层次化结构，形状像一棵倒置的树，具有一个根节点和多个分支节点，星型网络可看作一级分支的树型网络，树型结构是星型结构的扩展。树型结构通信线路总长度较短，联网成本低，易于维护和扩展。树型结构除了叶节点以外，根节点和所有分支节点都是转发节点，属于集中控制式网络，适用于分组管理的场合和控制型网络。树型结构较星型结构复杂，当与根节点相连的链路有故障时，对整个网络的影响较大。

树型结构的优点有：结构比较简单，成本低；网络中任意两个节点之间不产生回路，每个链路都支持双向传输；扩充节点方便灵活。缺点是除叶节点及其相连的链路外，任何一个节点或链路产生故障都会影响网络系统的正常运行；对根节点的依赖性太大，如果根节点发生故障，则全网不能正常工作。因此这种结构的可靠性与星型结构相似。目前的内部网大都采用这种结构。

5. 网状结构

网状结构见图 1.5（e）。网状结构又称为分布式结构，没有严格的布点规定和形状，节点之间的连接是任意的，每两个节点之间可以有多条路径可供选择，当某一线路或节点有故障时，不会影响整个网络的工作。网状结构的优点是具有较高的可靠性；缺点是由于各个节点通常和多个节点相连，结构复杂，需要路由选择和流量控制的功能，网络控制软件比较复杂，硬件成本较高，不易管理和维护。

网状结构一般用于广域网，它是通过电信部门提供的现有线路和服务，将许多分布在不同地方的局域网互联在一起。尤其在军事部门的网络中，一旦某段线路失效，可以通过其他路径传输数据，而不必像传统的电话通信那样，需要重新拨号。在网状结构中，如果每一个节点与其他所有节点都有一条专用的点到点链路，就称为全互联型网络。

6. 无线拓扑结构

无线拓扑结构通过空气作为介质传输数据，主要有微波红外线、卫星通信等形式。卫星通信网络中，通信卫星就是一个中心交换站，它通过和分布在地球上不同地理位置的地面站将各个地区的网络相互连接。

7. 混合型拓扑结构

在实际组建网络而选择网络的拓扑结构时，需要考虑所建网络系统的可靠性、可扩充性及网络特性等多种因素，如网络的工作环境、覆盖范围和网络的安全性；随着用户地点的变动，网络范围的扩大，灵活地撤销或增加节点；网络的故障检测与故障隔离等。因此网络的拓扑结构不一定局限于某一种，通常是多种拓扑结构的组合。例如，一个网络的主干线采用环型结构，而连接到这个环上的各个组织的局域网可以采用星型结构、总线型结构等。在选择网络拓扑结构时，应考虑可靠性、费用、灵活性、响应时间和吞吐量等因素。

1.3 网络协议和标准化组织

1.3.1 网络协议

协议（Protocol）是预先规定的格式或约定。例如在拍电报时，收发双方先规定好报文的传输格式、一个字符码长是多少位、什么样的码字表示开始、什么样的码字表示结束、出错了怎么办、如何表示发报人的地址和名字等。

计算机网络中，计算机之间相互通信时也必须建立一种双方都能理解的语言。网络协议就是指网络中计算机、设备之间为了相互通信和进行数据处理及数据交换而建立的规则（标准或约定）。协议定义了通信内容是什么、如何进行通信及何时进行通信等。常用的网络协议有：TCP/IP、X.25、IPX/SPX、SLIP、PPP、Frame Relay、IEEE 802 等。

通信协议代表着标准化，是通信双方都必须遵循的一系列规则。每一种协议都有语法、语义和时序三个要素。

1. 语法（如何讲）

语法指数据与控制信息的结构或格式，说明数据表示的顺序。例如，定义一个传输的数据前 48 位是发送方地址，后 48 位是接收方地址，而其他的比特（bit）流是数据内容。

2. 语义（讲什么）

语义指需要发出何种控制信息，完成何种动作及做出何种应答。例如，一个地址是路由地址还是目的地址；又如，一个报文，由哪些部分组成，哪些是控制数据，哪些是真正的通信内容等。

3. 时序（讲话次序）

时序定义了何时进行通信及以多快的速率发送数据。例如，数据采用同步传输还是异步传输；又如，发送方的速率是 100Mbps，而接收方的速率为 10Mbps，这时需控制发送方的发送速率以避免数据丢失。

1.3.2 标准化组织

一般同一种体系结构的网络之间互联比较容易实现，但是不同系统体系结构的计算机网络之间要实现互联就存在许多问题。标准的制定就是为了解决这类问题，它为生产厂商、供应商、政府机构和其他服务提供者提供了实现互联的指导方针，使得产品或设备相互兼容。下面介绍几个主要的标准化组织机构，它们制定了计算机网络软硬件方面的相关标准，为网络的发展做出了重要贡献。

1. 国际标准化组织（ISO）

国际标准化组织（International Standards Organization，ISO）是一个国际化组织，其成员是世界各个国家政府的标准委员会，创建于 1974 年，是一个完全自愿的致力于在多个领域制定大家认同的国际标准的机构，它为国际间产品和服务交流提供了一种能实现相互兼容、具有更高的品质和更低的价格的标准模型。ISO 于 1984 年公布了开放系统互联参考模型（Open System Interconnection basic Reference Model，OSI/RM）网络体系结构，简称为 OSI，推动了计算机网络的发展。

2．国际电信联盟——电信标准化部（ITU-T）

20 世纪 70 年代许多国家开始制定自己电信业国家标准，但它们之间互不兼容。国际电信联盟（International Telecommunication Union，ITU）在其内部成立了一个委员会，称为国际电报电话咨询委员会（Comite Cosnltatif International Téléphonique et Telephonigue，CCITT）。CCITT 致力于研究和建立适用于一般电信领域或特定的电话和数据系统的标准，1993 年改名为国际电信联盟——电信标准化部（ITU-T）。ITU-T 制定的两个普的标准为 V 系列和 X 系列标准，V 系列（V.32、V.33、V.42）规定了利用电话线传输数据的标准，而 X 系列（X.25、X.400、X.500）规定了利用公用数字网络传输数据的标准，并规定了综合业务数字网（ISDN）和宽带综合业务数字网（B-ISDN）。

3．美国国家标准学会（ANSI）

美国国家标准学会（American National Standards Institute，ANSI）是一个与美国政府无关的完全私有的非营利组织，它的所有活动都要保证美国及其公民的利益。ANSI 成立的目的是为美国国内自发的标准化过程提供一个全国的协调机构，其成员来自专业社团、行业协会、政府和顾客群体，讨论的领域包括联网工程、ISDN 业务、信令和体系结构及光缆系列 SONET 等。

4．电气和电子工程师协会（IEEE）

电气和电子工程师协会（Institute of Electrical and Electronics Engineers，IEEE）是世界上最大的专业工程师团体，是制定计算机、通信、电子工程、无线电及电子方面标准的国际专业组织，1980 年 2 月成立了一个专门为局域网设立的委员会（称为 802 委员会），它发起制定了一个关于局域网的重要标准（802.3、802.4、802.5 等系列），称为 IEEE 802 标准，其中大部分被 ISO 接收为国际标准，并改称为 ISO 8802。因此，局域网的发展不同于广域网，局域网厂商一开始就按照标准化、互相兼容的方式发展。

5．（美国）电子工业协会（EIA）

电子工业协会（Electronic Industries Association，EIA）是一个致力于电子产品生产的非营利组织，一般简称为 EIA。在信息领域，EIA 在物理层连接接口的定义和电子信号特性等方面做出了重要贡献。它制定了被广泛使用的几种串行传输标准，如广为人知的 EIA RS-232C、EIA RS-232D、EIA RS-449、EIA RS-530、CAT5、HSSI 和 V.24 等。EIA RS-232C 成为 PC 与 MODEM、打印机或路由器等设备通信的规范。EIA 还定义了线缆的布放标准，如与美国通信工业协会（TIA）共同制定的用于双绞线的标准 EIA/TIA 568A 和 EIA/TIA 568B。EIA/TIA 还制定了 E1/T1 标准，E1 标准代表 2048kbps（欧洲），而 T1 标准代表 1544kbps（北美）。

6．贝尔（Bell）中心

贝尔中心为电信技术的改进提供研究和开发的资源，它是 ANSI 标准草案的重要来源。

7．国际电工委员会（IEC）

国际电工委员会（International Electrotechnical Commission，IEC）是一个为办公设备的互联、安全，以及数据处理制定标准的非政府机构。该组织参与了联合图像专家组（Joint Photographic Experts Group，JPEG），为图像压缩制定标准。

8．美国国家标准和技术研究院（NIST）

美国国家标准和技术研究院（National Institute of Standards and Technology，NIST）的前身是美国的国家标准局（National Bureau of Standards，NBS）。它是美国商业部下属的一个机

构，它发布标准，规范联邦政府购买的设备。也负责制定时间、长度、温度、辐射能和无线电频率等物理量的度量标准。NIST 对网络的一个重要贡献是数据加密标准（Data Encryption Standard，DES），它可以将信息加密成外界无法识别的形式，并广泛应用于通信设备的芯片生产中。

9．Internet 标准化组织

Internet 的最初的研究和开发是由 Internet 活动委员会（Internet Activities Board，IAB）负责指导的，该机构现已更名为因特网架构委员会，其缩写仍为 IAB。IAB 下设特别任务组，最著名的是互联网工程任务组（Internet Engineering Task Force，IETF）。目前，IAB 隶属于国际互联网协会（Internet Society，ISOC）。它所制定的标准就是 TCP/IP，TCP/IP 是事实上的工业标准，现代计算机网络大多采用这一标准。

所有的 Internet 标准都是以请求评论（Request For Comments，RFC）的形式发表的。但并非所有的 RFC 文档都是 Internet 标准，因为任何人都可以通过 RFC 发表对 Internet 的建议，而只有一小部分才能被接受成为标准。

1.4　计算机网络体系结构

1.4.1　网络体系结构概述

计算机系统分为硬件系统和软件系统，而计算机网络系统是一个更复杂的系统，网络通信控制也涉及许多复杂的技术问题。计算机网络系统的设计采用结构化方法，它把一个较为复杂的系统分解为若干个容易处理的子系统，然后逐个加以解决，计算机网络从大的方面分为资源子网和通信子网，但太粗略，还不易处理，现代计算机网络都采用了层次化体系结构。分层及其协议的集合称为计算机网络体系结构，它给出了关于计算机网络系统应设置多少层、每个层能提供哪些功能、层之间的关系的精确定义，以及层与层是如何联系在一起的。

1．分层结构的优点

分层结构有如下优点：

（1）由于系统被分解为相对简单的若干层，因此易于实现和维护。

（2）各层功能明确，相对独立，下层为上层提供服务，上层通过接口调用下层功能。而不必关心下层所提供服务的具体实现细节，因此各层都可以选择最合适的实现技术。

（3）当某一层的功能需要更新或被替代时，只要它和上、下层的接口服务关系不变，则相邻层都不受影响，因此灵活性好，这有利于技术进步和模型的改进。

（4）分层结构易于交流、理解和标准化。

2．分层原则

网络体系结构分层时有以下原则：层数要适中，过多则结构过于复杂，各层组装困难，而过少则层间功能划分不明确，多种功能在同一层中，造成每层协议复杂；层间接口要清晰，跨越接口的信息量尽可能要少。另外，划分时把应用程序和通信管理程序分开，还需要将通信管理程序分成若干模块，把专用的通信接口转变为公用的、标准化的通信接口，这样能使网络系统的构建更加简单。

3．常见的网络体系结构

20 世纪 70 年代以来，一些计算机公司纷纷研究各自的网络，并提出各自的网络体系结构。较著名的有 IBM 公司在 1974 年公布的分布式系统网络体系结构（System Network Architecture，SNA）和美国 DEC 公司在 1975 年公布的网络体系结构（Distributing Network Architecture，DNA），之后，又不断出现了一些按照不同概念设计的网络，有力地推动了计算机网络的发展和广泛应用。但不同体系结构划分的层次都不相同，相互之间互不兼容，不能实现开放互联。下面三个标准得到了公认和应用：

1）OSI/RM

开放系统互联参考模型（Open System Interconnection basic Reference Model，OSI/RM）是由国际标准化组织 ISO 在 20 世纪 80 年代初提出来的，在 OSI/RM 出现之前，就已经出现了以 SNA 为代表的若干个网络体系结构，这些体系结构没有统一的标准，因而它们之间很难互联起来。这种情况下 ISO 提出了 OSI 参考模型，它最大的特点是开放性，不同厂家的网络产品，只要遵照 OSI 标准，就可以实现互相通信。

各种计算机网络都将 OSI/RM 作为参考，并进行硬件和软件产品的设计开发。反过来，对于 OSI/RM 出现之前就已经存在的计算机网络，例如 TCP/IP 协议网络，也可以将它和 OSI/RM 进行参考对照，看一下 TCP/IP 网络中的硬件和软件，和 OSI/RM 哪一层的功能对应一致。

实际上，可以理解为 TCP/IP 网络已经存在了，后来 TCP/IP 协议开发者参与了制定 OSI/RM 的讨论，并尽量争取使将要制定的 OSI/RM 和自己的 TCP/IP 一致或者相近，以利于自己标准的发展。OSI/RM 标准出来以后，后来的 TCP/IP 协议在一定程度上也参考了 OSI 的体系结构。还可以理解为 OSI/RM 是各个计算机网络的厂商和公司在讨论制定 OSI/RM 标准的时候，在科学及理论依据的基础上，尽力争取（和自己的标准一致）和退让（承认别人的网络结构更合理）的结果。

OSI/RM 结构严密，理论性强，学术价值高，各种网络硬件、软件和学术文献都参考它，具有更高的科学性和学术性。但实际上没有一个网络是和 OSI/RM 参考模型完全一致的。

2）TCP/IP

传输控制协议/网际协议 TCP/IP（Transmission Control Protocol/Internet Protocol）由 Internet 标准化组织所制定，相对于 OSI/RM 来说更为简单，实用性更强。

TCP/IP 不像 OSI/RM 那样先给出模型然后规定每层的协议，而是有了实际网络后再总结出的模型，核心协议 IP 和 TCP 是被精心设计的。TCP/IP 已成为事实上的工业标准，现代计算机网络大多遵循这一标准。

3）IEEE 802

电气和电子工程师协会 IEEE 在 1980 年成立了 IEEE 802 委员会，制定了专门的局域网系列标准，称为 IEEE 802 标准。现在广泛使用的以太网、无线局域网、蓝牙通信相关标准都是由 IEEE 802 制定的。

本书主要以这三种结构模型为主线，介绍计算机网络技术。

1.4.2　OSI/RM 参考模型

1．OSI/RM 参考模型

开放系统互联（OSI）的含义是不同的网络系统，只要遵循 OSI 标准，那么就可以进行互联。OSI/RM 只给出了计算机网络系统的一些原则性说明，并不是一个具体的网络。

OSI/RM 分层时除了遵循上述分层原则外，还考虑了已有网络体系结构及它们的经验。OSI/RM 结构严密，理论性强，学术价值高，各种网络都参考它，它是在局域网和广域网上普遍适用的一套规范集合。它将整个网络的功能划分成七个层次，OSI 七层参考模型如图 1.6 所示。七层模型从下到上分别为物理层（Physical Layer，PL）、数据链路层（Data Link Layer，DLL）、网络层（Network Layer，NL）、传输层（Transport Layer，TL）、会话层（Session Layer，SL）、表示层（Presentation Layer，PL）和应用层（Application Layer，AL）。层与层之间的联系是通过各层之间的接口进行的，上层通过接口向下层提出服务请求，而下层通过接口向上层提供服务。两个计算机通过网络进行通信时，除了物理层，其余各对等层之间均不存在直接的通信关系，而是通过各对等层之间的通信协议来进行通信，两端的物理层之间只有通过传输介质才实现真正的数据通信。最高层是应用层，它面向用户提供应用服务。

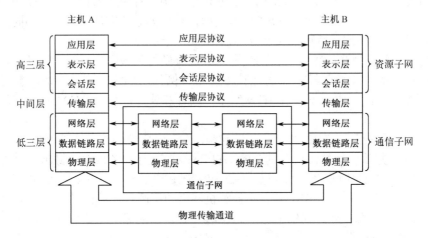

图 1.6   OSI 七层参考模型

注意：会话层也称为会晤层或对话层，传输层也称为运输层。

七层模型中，低三层属于通信子网的范畴，它主要通过硬件来实现；高三层协议为用户提供网络服务，属于资源子网的范畴，主要由软件来实现。传输层的作用是屏蔽具体通信子网的通信细节，使得高层不关心通信过程而只进行信息的处理。只有在主机中才可能需要包含所有七层的功能，而在通信子网中一般只需要低三层甚至只要低两层的功能就可以了。

需要强调的是，OSI/RM 并非具体网络实现的描述，它只是一个为制定标准而提供的概念性框架。网络中的设备只有当与 OSI 或有关协议相一致时才能互联。

2. OSI/RM 各层功能简介

下面简要介绍一下 OSI/RM 各层功能，后面的章节中将对各层的功能进行详细介绍。

1）物理层

物理层的作用是传输原始的二进制比特流。它建立在通信介质的基础上，实现系统和通信介质的物理接口。需要明确的是，物理层并不是指物理设备或传输介质，而是指有关物理设备通过传输介质进行互联的描述和规定。

物理层传输的单位为二进制位，它利用通信介质的机械、电气性能及通信规则和协议，在数据终端设备（DTE）和数据通信设备（DCE）之间，实现物理链路的建立、保持和拆除功能，在两个或多个节点互联的链路上进行发送端到接收端（或多个接收端）数据的传输。物理层上执行的一些协议功能包括：建立和终止呼叫、控制半双工信道上的信道方向、错误控制、确定应该用多少伏电压表示"1"和"0"、信道是全双工还是半双工、连接口有多少个插脚及每一根插脚的用途等。

2）数据链路层

数据链路层的传输单位是帧，它在网络两点之间的链路上控制信息帧的传输，并进行差错检测。帧是由一系列比特组成的信息单元，也称数据包。帧中包含源、目标地址和检错码等信息。数据链路层利用物理层所建立的链路，将报文从一个节点传输至另一个节点。为使网络层无须了解物理层的特征而获得可靠的传输，数据链路层具有差错检测和校正功能，它的功能是依靠其协议实现的。根据数据信息基本单位的不同，数据链路层的协议可分为面向字符型的传输协议和面向位型的传输协议两种。

数据链路层主要完成数据链路的建立、维持和释放、流量控制、差错控制等功能。

局域网中，网络协议只包括物理层和数据链路层。由于局域网没有路由选择问题，任何两节点之间都可用一条直接链路连接，所以不需要单独设置网络层，而是将寻址、排序、流量控制、差错控制等功能放在数据链路层实现。

3）网络层

网络层的传输单位是数据包（分组），它负责控制通信子网的工作，即控制报文分组的传输。注意，网络层考虑的是源和目标节点传输数据时需要经过许多中间节点的情况，两个节点之间到达的路径可能有很多，因此包括路由选择、流量控制、不同网络层协议的网络之间互联等功能。它的特性是对高层是透明的，还可以根据传输层的要求选择服务质量，向传输层报告未恢复的差错。

网络层将数据单元分拆成若干小的数据单元，这个过程称为分段。当到达目标节点后（中间可能经过不同的路径），必须重构被分段的数据单元，这个过程称为重组。

4）传输层

传输层通过通信线路在不同的机器之间进行程序和数据的交换。负责处理端到端的通信，即端点之间的逻辑连接。所谓端到端是指从一个主机到另一个主机，中间可以有一个或多个交换节点。其主要任务是为两个用户提供建立、维护和拆除传输连接的能力，在系统之间提供可靠透明的数据传输，提供端到端的错误恢复和流量控制。

传输层一个很重要的功能是数据的分段和重组，这里的分段和重组与网络层的分段和重组是两个不同的概念。网络层的分段是将数据帧拆分成更小的数据单元，而传输层的分段是指把一个上层数据分割成若干个逻辑片或物理片。也就是说，发送方在传输层将上层交给它的较大的数据进行分段后交给网络层进行独立传输。这样可以实现传输层的流量控制，提高网络资源的利用率。

5）会话层

会话层实现各个进程之间的建立、维护和结束会话连接的功能，包括使用权、差错恢复、会话活动管理等。当网络上用户同时进行传输和接收信息时，此层能决定何时接收或发送信息，以免发生"碰撞"。

6）表示层

表示层在网络内部实现不同语句格式和编码之间的转换和表示，为应用层提供服务。用户进程可以向表示层送入一个报文流，表示层再把该报文流压缩后送往目的主机，目的主机的表示层把报文解密和扩展后，再交给本主机的用户进程。

7）应用层

应用层由应用程序组成，直接为用户服务，包括文件传输、访问管理、电子邮件服务、查询服务及远程作业登录等。

3．OSI/RM 数据封装过程

计算机网络利用协议进行通信，当两个网络设备进行通信时，OSI/RM 对等层之间的通信是通过附加到该层的信息头部来实现的，OSI/RM 数据封装过程如图 1.7 所示。当发送进程发送数据给接收进程时，先从上到下经过发送方各层传输到物理传输媒体，通过物理媒体传输到接收方后，再经过从下到上各层的传递，最后到达接收进程。

在发送方从上到下逐层传递的过程中，每经过一层都对数据附加一个具有各种控制信息的信息头部，即封装，即图 1.7 中的 H7、H6、…、H1（统称为报头）。而各层的功能正是通过相应层的信息头部来实现的，因此，发送的数据会越来越大，直到物理层构成由"0"或"1"组成的二进制数据流，然后再将其转换为电或光信号在物理媒体上传输至接收方。

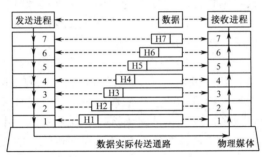

图 1.7　OSI/RM 数据封装过程

接收方在向上传递时的过程正好相反，各层要去除发送方在相应层加上的控制信息，并进行相应的协议操作。发送方和接收方的对等实体看到的信息是相同的，就好像这些信息通过虚通道直接传输到了对方一样，同层节点之间通过协议实现对等层之间的通信。

1.4.3　TCP/IP 协议

1．TCP/IP 概述

ARPAnet 最早使用的是网络控制协议 NCP（Network Control Protocol），但随着网络的发展和用户对网络需求的不断提高，设计者们发现 NCP 存在着很多缺点，不能充分支持 ARPAnet 网络。1973 年，卡恩与瑟夫开发出了 TCP/IP 协议中最核心的 TCP 和 IP 协议，1974 年 12 月，卡恩与瑟夫为了验证 TCP/IP 协议的可用性，使一个数据包由一端发出，在经过近 10 万公里的旅程后到达服务端，传输过程中数据包没有丢失字节。1980 年，ARPA 开始在 ARPAnet 的所有机器上都使用 TCP/IP 协议，并以 ARPAnet 为主干建立了 Internet。为推广 TCP/IP 协议，ARPA 以低价出售 TCP/IP 的使用权，还资助一些机构来开发应用于 Unix 操作系统中的 TCP/IP 协议。1983 年元旦，TCP/IP 协议正式替代 NCP，从此以后 TCP/IP 成为大部分互联网共同遵守的一种网络规则。美国国家科学基金会（NSF）于 1985 年开始涉足 TCP/IP 协议的研究与开发，到 1986 年 NSF 资助建立 NSFnet，使全美最主要的科研机构均连入 NSFnet，NSF 资助的所有网络机构均采用 TCP/IP 协议。1990 年 NSFnet 代替 ARPAnet 成为 Internet 的主干。

TCP/IP 协议主要考虑异种网络之间的互联问题，是网络发展至今最为成功的通信协议。TCP/IP 协议是由一组通信协议所组成的协议簇，而 TCP 和 IP 是其中的两个主要协议。

TCP/IP 协议使用范围广，既可用于广域网，又可用于局域网、内部网和外部网等各种网络中，许多单机操作系统和网络操作系统都采用或含有 TCP/IP 协议。

2．TCP/IP 体系结构

OSI/RM 是分层（Layer）结构（层与层之间是调用关系），而 TCP/IP 协议是分级（Level）结构，它简化了层次设计，将协议分为四级，习惯上称它为四层。自下而上依次是：网络接口层、网际层、传输层和应用层。TCP/IP 协议和 OSI/RM 的对应关系见表 1.1。

表 1.1　TCP/IP 和 OSI/RM 协议的对应关系

TCP/IP 协议	OSI/RM 参考模型
应用层	应用层
	表示层
	会话层
传输层	传输层
网际层	网络层
网络接口层 （实际上是其他已有网络）	数据链路层
	物理层

1）网络接口层

TCP/IP 与各种物理网络的接口称为网络接口层，它与 OSI/RM 的数据链路层和物理层对应，主要是由低层网络定义的协议。网络接口层是已有的其他网络，例如：Ethernet、ATM、FDDI、X.25、PPP、Token Ring 等网络，TCP/IP 实际上没有对它进行定义。所以，TCP/IP 协议只定义了网际层、传输层和应用层这三层。

网络接口层负责接收数据报，并把数据报发送到指定网络上。网络接口也可以有多种，它支持各种逻辑链路控制和介质访问控制协议，其目的是可以将各种类型的网络（LAN、WAN、MAN）进行互联。因此，TCP/IP 可运行在任何网络上。

2）网际层

网际层是整个 TCP/IP 体系结构的关键部分，它解决两个不同 IP 地址的计算机之间的通信问题。具体包括形成 IP 数据报、寻址、检验数据报的有效性、去掉报头和选择路径等功能，将数据报转发到目的计算机。网际层可以将分组发往任何网络，并使分组独立地传向目的地（可能经由不同的网络或路径）。这些分组到达的顺序和发送的顺序可能不同，接收时高层必须对分组进行排序。网际层包含下面几个核心协议：网际协议 IP、网际控制报文协议 ICMP、地址解析协议 ARP、逆向地址解析协议 RARP 和网际组报文协议 IGMP。

3）传输层

传输层有两个端到端的协议：传输控制协议 TCP 和用户数据报协议 UDP。

（1）传输控制协议（TCP）。传输控制协议（Transmission Control Protocol，TCP）是一个面向连接的协议，提供有序、可靠的全双工虚电路传输服务。它通过认证方式、重传机制等确保数据的可靠传输。TCP 功能包括为了取得可靠的传输而进行的分组丢失检测，对收不到确认的信息自动重传，以及处理延迟的重复数据报等。TCP 能进行流量控制和差错控制。适用于每个分组仅含少量字符的交互式终端的应用，也适合大量数据的文件传输。

（2）用户数据报协议（UDP）。用户数据报协议（User Datagram Protocol，UDP）是最简单的传输层协议，它和 IP 一样提供面向无连接、不可靠的数据报传输服务，唯一与 IP 不同的是它提供协议端口号，以保证进程通信。UDP 可以根据端口号对许多应用程序进行多路复用，并利用校验和检查数据的完整性。UDP 和 TCP 相比，协议更为简单，因为没有了建立、拆除连接的过程和确认机制，数据传输速率较高。由于现代通信子网可靠性较高，因此

UDP 具有更高的优越性。UDP 被广泛应用于一次性的交易型应用（一次性交易只有一来一回两次报文交换），以及要求效率比可靠性更为重要的应用程序。

有关数据报、虚电路、面向连接和无连接等概念将在后面的章节介绍。

4）应用层

TCP/IP 的应用层与 OSI/RM 高三层相对应，将 OSI/RM 高三层合并为一层。它为用户提供调用和访问网络上各种应用程序的接口，并向用户提供各种标准的应用程序及相应的协议，用户还可以根据需要建立自己的应用程序。应用层协议主要包括以下 3 类：

（1）基于 TCP 的应用层协议的有：远程登录（虚拟终端服务）Telenet、文件传输协议（File Transfer Protocol，FTP）和简单邮件传输协议（Simple Mail Transfer Protocol，SMTP）等。

（2）基于 UDP 的应用层协议的有：简单网络管理协议（Simple Network Management Protocol，SNMP）、域名系统（Domain Name Service，DNS）、简单邮件传输协议（SMTP）等。

（3）基于 TCP、UDP 的应用层协议的有：超文本传输协议（Hyper Text Transfer Protocol，HTTP）、域名系统（Domain Name System，DNS）、简单网络管理协议（Simple Network Management Protocol，SNMP）和通用管理信息协议 CMOT 等。

3．TCP/IP 的数据封装

TCP/IP 协议和 OSI/RM 一样都采用对等层通信的模式，在转发报文的过程中，封装和解除封装也在各层进行。发送方在发送数据时，应用程序将要发送的数据加上应用层

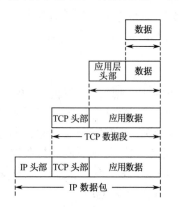

图 1.8　TCP/IP 的数据封装过程

头部交给传输层，然后 TCP 或 UDP 将数据分成大小一定的数据段，并加上本层的报文头。传输层报文头部包含数据所属上层协议或应用程序的端口号，如 HTTP 的端口号为 80，传输层协议利用端口号来调用和区分应用层的不同应用程序。紧接着再将数据交给网络层，网络层对来自传输层的数据进行一定的处理，如利用协议号区分传输层协议是 TCP 还是 UDP。然后寻找下一地址，解析数据链路层地址，并加上本层的 IP 报文头部，转换为数据包，发送给网络接口层。TCP/IP 的数据封装过程如图 1.8 所示。

接收方去除封装的过程和发送方相反，从网络接口层到应用程序层，逐层去除封装，最后将数据传递给应用程序处理。

4．TCP/IP 和 OSI/RM 的比较

OSI/RM 的抽象能力高，每层功能划分清晰，适合于各种网络，但由于定义模型时对某些情况预计不足，可能造成协议和模型脱节的情况。OSI/RM 的缺点是层次过多，事实证明会话层和表示层划分意义不大，反而增加了复杂性。OSI/RM 虽然得到了各国政府和官方的支持，但是没能决定技术的发展方向。由于 Internet 的迅速发展，TCP/IP 已成为事实上的工业标准。TCP/IP 不是像 OSI/RM 那样先给出模型然后规定每层的协议，而是有了实际网络后再总结出参考模型，核心协议 TCP 和 IP 是被仔细设计的。TCP/IP 和 OSI/RM 比较如下：

（1）OSI/RM 以公用数据网为基础，而 TCP/IP 是以计算机网络为基础的。OSI/RM 结

构严密，理论性强，学术价值高，各种网络、硬件设备和学术文献都参考它，具有更高的科学性和学术性。而 TCP/IP 相对简单，更多地体现了网络的设计和实现，因而其实用性更强。

（2）OSI/RM 模型比 TCP/IP 具有更好的隐藏性，在技术发生变化时每层的实现能比较容易被替换掉，这也是把协议分层的主要目的之一。OSI/RM 中高层只能调用和它相邻的低层所提供的服务，而 TCP/IP 可以跨层调用，即上级可以越级调用更低一些的下级所提供的服务，提高了协议的效率。

（3）TCP/IP 一开始就考虑到多种异构网的互联问题，并将 IP 作为 TCP/IP 的重要组成部分。但 OSI/RM 最初只考虑到用一种公共数据网将各种不同的系统互联在一起，只是在认识到 IP 协议的重要性后，在网络层划分出一个子层来完成类似 IP 的作用。

（4）TCP/IP 一开始就对面向连接的服务和面向无连接的服务同样重视，而 OSI/RM 很晚才开始制定无连接服务的有关标准。

（5）对可靠性的强调不同。OSI/RM 对可靠性的强调是第一位的，协议的所有层都要检测和处理错误。TCP/IP 认为可靠性是端到端的问题，应该由传输层来解决，由主机来承担，这样做使得 TCP/IP 成为效率很高的体系结构。但如果通信子网可靠性较差，使用 TCP/IP 协议的主机负担将会加重。

（6）系统中体现智能的位置不同。OSI/RM 的智能性问题如监视数据流量、控制网络访问、记账收费，甚至路径选择、流量控制等都由通信子网解决。TCP/IP 则要求主机参与几乎所有的智能性活动。

（7）TCP/IP 有很好的网络管理功能，OSI/RM 后来才考虑这个问题。

1.4.4　IEEE 802 标准

OSI/RM 面向所有的计算机网络，广域网和局域网都可以进行参考构建；TCP/IP 最开始应用于广域网，用于互联网中不同种类网络的互联，后来局域网也都使用 TCP/IP，校园网、企业网使用 TCP/IP 后，可以像广域网那样进行架构；而 IEEE 802 标准目标非常明确，针对的主要是局域网，后来也用于城域网。

IEEE 802 标准委员会成立于 1980 年 2 月，它的任务是制定局域网、城域网标准，而且是一个系列标准，定义的服务和协议在 OSI/RM 模型物理层和数据链路层的最低两层。广泛使用该标准的有以太网、令牌环、无线局域网等，系列标准中的每一个子标准都由委员会中的一个专门工作组负责。

IEEE 802 的发展不同于广域网，局域网厂商一开始就按照标准化、互相兼容的方向发展。局域网的拓扑结构非常简单，数据传输不经过中间节点的转发，因此，IEEE 802 只定义了物理层和数据链路层两层，而没有定义网络层。对于流量控制、差错控制等功能，就在数据链路层中的 LLC 中实现了，高层协议主要由操作系统去处理。

1）物理层

IEEE 802 的物理层同 OSI/RM 的物理层功能类似，主要完成编码、解码、时钟同步、发送和接收数据、载波检测及提供与数据链路层之间传输的接口。物理层定义的是在传输介质上传输的二进制比特流，因此它描述并规定了所有传输介质的特性，如接口的机械特性、电气特性、功能特性和规程特性等。

2）数据链路层

局域网大多数是共享传输介质，容易出现争用传输介质而引起的冲突和碰撞等情况，因此传输介质的访问控制是需要重点考虑的问题。局域网种类较多，访问传输介质的方法也各不相同。为了使数据链路层不致过于复杂，IEEE 802 将 OSI/RM 的数据链路层分为逻辑链路控制（Logical Link Control，LLC）和介质访问控制（Medium Access Control，MAC）两个子层。

下面的 MAC 子层主要解决因共享传输介质而引起的访问方式问题（例如在车站等服务窗口是排队还是拥挤竞争购票），以太网中 MAC 子层负责执行 CSMA/CD，令牌网中 MAC 子层负责执行 Token。

而上面的 LLC 子层包含逻辑地址、控制信息和数据等，将不同的局域网向高层提供统一的接口（界面），具有帧的收、发功能等。LLC 子层通过在数据包上加了 8 位目的地址服务接入点和源地址服务接入点来保证其在不同网络类型中传输。

1.5　传输介质

物理层传输的二进制比特流需要在传输介质上实现。传输介质是数据传输的物理通道，它还能连接主机和各种网络设备。需要注意的是，传输介质不属于物理层，物理层只定义如何在这些介质上实现数据传输，但它和物理层密切相关。

传输介质是构成信道的主要部分，信号的传输质量不但与传输的数据信号和收/发特性有关，而且与传输介质的特性有关。传输介质的特性有如下 6 个：

（1）物理特性：说明传输媒体的特性。

（2）传输特性：包括是使用模拟信号发送还是使用数字信号发送、调制技术、传输容量及传输频率范围。

（3）连通性：采用点到点连接还是多点连接。

（4）地理范围：在不用中间设备并将失真限制在允许范围内的情况下，整个网络所允许的最大距离。

（5）抗干扰性：防止噪声、电磁干扰对传输数据影响的能力。

（6）相对价格：包括元件、安装和维护等价格。

计算机网络中使用的传输介质分为有线传输介质和无线传输介质两大类。

1.5.1　有线传输介质

1. 双绞线（TP）

双绞线（Twisted Pair，TP）也称为双扭线，它价格便宜而且易于安装使用，是最常用的传输介质，但性能较光纤要差一些（传输距离、带宽和数据速率等）。双绞线由一对绝缘铜导线扭绞在一起，形成有规则的螺旋形，采用这种扭绞结构是为了减小在一根导线中电流发射的能量对另一根导线的干扰，也有助于减少其他导线中的信号干扰这对导线。当两根导线靠得很近但相互垂直时，一根导线中的电流变化几乎不会在另一根导线上产生电流。所以，一对导线扭绞或不扭绞、扭绞时扭矩多少（交叉次数），效果都大不一样，扭绞得越密价格越贵，性能也越好。

双绞线可分为非屏蔽双绞线（Unshielded Twisted Pair，UTP）和屏蔽双绞线（Shielded Twisted Pair，STP）两种，STP 包有一层屏蔽用的金属膜，它的抗干扰性能好。计算机网络中主要使用 UTP，这是因为屏蔽双绞线增加了生产成本，要求施工时整个系统全部都使用屏蔽器件，包括插座、水晶头和配线架等，同时建筑物需要有良好的地线系统。而在实际施工时，很难全部接地，从而使屏蔽层本身成为最大的干扰源，导致性能下降甚至不如非屏蔽双绞线（UTP）。所以，除非有特殊需要，通常在综合布线系统中只采用非屏蔽双绞线。UTP易受各种电信号的干扰，但成本较低。电话系统使用的双绞线一般是一对，计算机网络使用的双绞线一般是 4 对，双绞线的分类见表 1.2。

表 1.2　双绞线的分类

1 类线（UTP-1）（Cat 1）	一对线，用于模拟电话线和低速数字传输，这一类电缆没有固定的性能要求，不用于数据传输
2 类线（UTP-2）（Cat 2）	4 对双绞线，用于数字电话用户线、ISDN 和 T1 线路（1.544 Mbps）等
3 类线（UTP-3）（Cat 3）	4 对双绞线，用于 4Mbps 令牌环网、10Mbps 以太网及 ISDN 语音线路等，它是大多数电话系统的标准电缆
4 类线（UTP-4）（Cat 4）	4 对双绞线，用于语音传输和 16Mbps 令牌环网和 10Mbps 大型以太网等
5 类线（UTP-5）（Cat 5）	4 对双绞线，用于 16Mbps 以上令牌环网和 10～100Mbps 以太网等，还支持异步传输模式 ATM
超 5 类线（Cat 5e）	5 类线改进版，使用高质量铜线，提供更高的缠绕率，减少串扰，它能支持高达 200Mbps 的传输速率，是常规 5 类线容量的 2 倍
6 类线（Cat 6）	4 对双绞线，带宽为 250MHz，适用于传输速率为 1Gbps 的网络，线缆的直径更粗，增加了绝缘的十字骨架，将双绞线的 4 对线分别置于十字骨架的 4 个凹槽内
超 6 类线（Cat 6a）	6 类线的改进版，4 对双绞线，最大带宽达 500MHz，线缆的直径更粗，拥有比 6 类线更高的带宽与传输速率
7 类线（Cat 7）	7 类双绞线是一种屏蔽双绞线而不是非屏蔽双绞线；带宽 600MHz，传输速率可达 10Gbps；7 类双绞线也是 8 芯 4 对，每一对线都有一个屏蔽层（一般为金属箔屏蔽），4 对线合在一起还有一个大屏蔽层（一般为金属编织丝网屏蔽）
STP（150Ω）	用于 16Mbps 以上令牌环网、100Mbps 以上大型以太网及 600Mbps 以上的全息图像传输等

双绞线电缆的塑料包皮上都印刷有双绞线类别，例如：5 类线在线的塑料包皮上印刷有"Cat 5"的字样。7 类线和 3、5、6 类线最主要的区别就是一方面大大增加了每单位长度的绞合（Twist）次数，另一方面线对间的绞合度和线对内两根导线的绞合度都经过了精心的设计并在生产中加以严格控制，从而提高了抗干扰性能。

双绞线两端用于连接网卡、集线器、交换机和路由器等网络设备的连接器，是类似固定电话插口的咬接式插头，称为 RJ-45，俗称水晶头。从 7 类线标准开始，布线历史上出现了"RJ"型和 "非 RJ"型接口的划分，因为"RJ"型接口目前达不到 600MHz 的传输带宽。RJ-45 型接口和非 RJ-45 型接口如图 1.9 和图 1.10 所示。

图 1.9　RJ-45 型接口

图 1.10　非 RJ-45 型接口

"非 RJ"型接口 7 类布线技术打破了传统的 8 芯模块化"RJ"型接口设计，从"RJ"型接口限制中脱离出来，不仅使 7 类线标准传输带宽达到 1.2GHz，还开创了全新的 1、2、4 对的模块化形式，这是一种新型的满足线对和线对隔离的、紧凑的、高可靠性的接口形式。

RJ-45 的接线有 EIA/TIA 568A（T568A）和 EIA/TIA 568B（T568B）两个标准，布线顺序分别为：

T568A 线序：绿白、绿、橙白、蓝、蓝白、橙、棕白、棕；

T568B 线序：橙白、橙、绿白、蓝、蓝白、绿、棕白、棕；

网络施工中，建议使用 T568B 线序。

10Mbps 以太网和 100Mbps 快速以太网只使用双绞线 4 对线中的 2 对（4 芯）线，RJ-45 只有 1、2、3 和 6 这 4 个引脚有效，其中 1 和 2 使用一对双绞线，用于发送数据；3 和 6 使用一对双绞线，用于接收数据（在集线器端正好相反，1、2 用于接收数据，而 3、6 用于发送数据）；千兆位以太网（1Gbps）要求使用全部的 4 对（8 芯）线进行通信。

双绞线每一个线对的两条绝缘铜导线要以逆时针方向相互绞合，一般 5 类 UTP 中线对的绞合度要比 3 类密，超 5 类则要比 5 类密。同一电缆中的不同线对具有不同的绞合度，T568B 线序中 1、2 和 3、6（橙白、橙、绿白、绿）两对线绞合度比其他要高，所以制作双绞线的时候选择这两对线。另外，4 个线对之间也要按逆时针方向进行扭绕，否则会引起电缆电阻的不匹配，限制传输距离。

2005 年以前主要使用 5 类和超 5 类非屏蔽双绞线电缆，由于工艺的进步和用户对传输带宽要求的提高，2006 年以后主要使用超 5 类和 6 类电缆。10Base-T、100Base-Tx 只使用 4 对双绞线中的 2 对线，1000Base-T 使用超 5 类双绞线的全部 4 对线。一些重要项目使用 6 类、2 类或 7 类电缆，每一段 UTP 的长度都在 100m 以内。

短距离传输时，5 类、超 5 类、6 类线都可以达到 1Gbps。

1）5 类线（Cat 5）

5 类线的带宽是 100MHz，早期 10Mbps、100Mbps 以太网常用，也是数据、语音等信息通信业务经常使用的多媒体线材，广泛应用于以太网、宽带接入工程中。5 类线在两端设备自动协商后，可以作为 10Base-T，100Base-Tx（快速以太网）和 1000Base-T（千兆以太网）下承担不同速率的以太网的传输介质。5 类线的传输距离一般在 100 米以内。

2）超 5 类线（Cat 5e）

超 5 类非屏蔽双绞线的带宽也是 100MHz，相比普通 5 类线而言，超 5 类线质量、工艺、用料更好一些，传输距离、传输速度等都比 5 类线要好。不少性能参数如近端串扰、衰减串扰比、回波损耗等都有所提高。超 5 类双绞线也采用 4 个绕对和 1 条抗拉线，线对的颜色与 5 类双绞线完全相同，裸铜线径为 0.51mm，绝缘线径为 0.92mm，UTP 电缆直径为 5mm。

虽然超 5 类非屏蔽双绞线也能提供高达 1Gbps 的传输速率，但是需要借助于价格昂贵的特殊设备的支持。因此，超 5 类线通常只应用于 100Mbps 快速以太网。

3）6 类线（Cat 6）

6 类线的带宽为 250MHz，提供 2 倍于 5 类线的带宽。6 类布线的传输性能远远高于超 5 类标准，适用于传输速率为 1Gbps 的网络。6 类双绞线在外形上和结构上与 5 类或超 5 类双绞线都有一些差别，一是电缆的直径更粗，裸铜线径为 0.57mm，绝缘线径为 1.02mm，UTP 电缆直径为 6.53mm；二是增加了绝缘的十字骨架，将双绞线的 4 对线分别置于十字骨架的 4 个凹槽内，没有十字分隔，线缆中的一对线可能会陷于另一对线中的缝隙中而加重串扰。十字骨架同时与线缆的外皮一起将 4 对导线紧紧地固定在其设计的位置，可减缓线缆弯折而带来的线对松散，进而减少因安装带来的性能降低。

6 类线和超 5 类线的不同点：改善了串扰及回波损耗方面的性能，对于全双工高速网络而言，优良的回波损耗性能是极为重要的。6 类线布线标准采用星型拓扑结构，要求布线时永久链路的长度不能超过 90m，信道长度不能超过 100m。

4）超 6 类线（CAT 6a，也称 6a）

超 6 类线最大带宽达 500MHz，是 6 类线的改进版，拥有比 6 类网线更高的带宽与传输速率，电缆会更粗一些。1999 年底正式推出 IBDN 4800LX 系统，特点是大线径，传输导体的直径增加，目标定位在较高温度下能正常运行（可在 50℃时依然达到 6 类标准规定的 20℃时的性能指标）。超 6 类与 6 类线在结构上都采用了十字骨架，但超 6 类网线的十字骨架采用的是齿轮状的有线槽形结构，可有效增强信号，并使信号衰减达到最小。

超 6 类线分为屏蔽和非屏蔽两类，屏蔽类在应用领域更具优势。市场上的超 6 类线多为双屏蔽（SFTP）网线，采用高密度聚乙烯（HDPE）绝缘层，使线缆保持理想的线对平衡，具有传输性能强、机械性能强、温度特性好、电气性能稳定、传输延时低、阻抗性好、抗串扰性强、回波损耗低以及插入损耗低等优势。

超 6 类线可应用于网络连接、布线工程、设备间或水平子系统的端接，以及设备端口与模块化跳线系统的连接中。如 ADSL MODEM 和无线路由器、交换机、防火墙等设备之间的 LAN 接口等。由于其具备双屏蔽和高速率性能，也适用于各种复杂的电磁环境或规定需要屏蔽的场合。

超 6 类线在使用中必须接地，以防止长距离传输中产生的电子带来静电干扰从而引起数据包错误。另外超 6 类网线在布线时需要做到连接的传输电缆、配线架以及模块等所有硬件均为屏蔽类产品才能体现其良好的屏蔽性能。

5）7 类线（Cat 7）

7 类线带宽为 600MHz，传输速率可达 10Gbps，是为了适应万兆位级以太网应用发展起来的。7 类线是一种屏蔽双绞线，而不是非屏蔽双绞线。7 类双绞线也是 8 芯 4 对，每一对线都有一个屏蔽层（一般为金属箔屏蔽），4 对线合在一起还有一个大屏蔽层（一般为金属编织丝网屏蔽）。

6 类线和 7 类线的差别：

（1）带宽。6 类线的带宽 250MHz，7 类线的带宽 600MHz。信息世界高速发展促使人们需要更多的带宽。例如，一个典型的 7 类信道可以提供一对线 862MHz 的带宽以传输视频信号，在另外一个线对传输模拟音频信号，然后在第 3、4 线对传输高速局域网信息。

（2）结构。6 类线既可以使用 UTP，也可以使用 STP，而 7 类系统只能基于屏蔽电缆。7 类线中，每一对线都有一个屏蔽层，4 对线合在一起还有一个公共大屏蔽层。从物理结构上来看，额外的屏蔽层使得 7 类线有一个较大的线径。

（3）双绞线接口。7 类线标准开始使用"非 RJ"型接口，以适应 7 类线 600MHz 的传输带宽。

（4）连接硬件能力，7 类线要求连接头在 600MHz 时所有的线对提供至少 60dB 的综合近端串扰。而超 5 类系统只要求在 100MHz 时提供 43dB 的近端串扰，6 类系统在 250MHz 时的串扰数值为 46dB。

6）8 类线（Cat 8）

国际标准目前只对 1 到 7 类线有定义，但美国 Siemon 公司宣布开发出了 8 类线，商标为 "Tera"，8 类线也被称为 "Tera" "Tera dor" "10Gip" 及 "Megaline 8" 等。8 类线拥有 1200MHz 的带宽，可以同时提供多种服务，可满足 CCTV、DAB、FM、音频、IR 控制、以太网、视频、电话、USB 外围设备等的通信传输。

　　7）大对数双绞线电缆

　　大对数双绞线电缆是由 25 对且有绝缘保护层的铜导线组成的，分为 3 类 25 对大对数双绞线和 5 类 25 对大对数双绞线，为用户提供更多的可用线对，实现高速数据通信应用。

　　大对数电缆也分为屏蔽和非屏蔽两种，其中，非屏蔽电缆主要用于综合布线工程中的垂直子系统，提供建筑物的干线电缆，连接管理间子系统到设备间子系统，也可使用光缆连接。大对数屏蔽电缆则在线缆外皮和线对之间增加了一层铝箔屏蔽，起到了更好的屏蔽作用，减少电磁干扰。

　　大对数电缆的色谱符合相关国际标准和中国标准，由 10 种颜色组成。主色为白、红、黑、黄、紫 5 种，副色为蓝、橙、绿、棕、灰 5 种，它们可以组成 25 种色谱。

　　主色为白的组合：白蓝、白橙、白绿、白棕、白灰；

　　主色为红的组合：红蓝、红橙、红绿、红棕、红灰；

　　主色为黑的组合：黑蓝、黑橙、黑绿、黑棕、黑灰；

　　主色为黄的组合：黄蓝、黄橙、黄绿、黄棕、黄灰；

　　主色为紫的组合：紫蓝、紫橙、紫绿、紫棕、紫灰。

　　50 对大对数电缆是由 2 个 25 对大对数双绞线组成的，100 对大对数电缆是由 4 个 25 对大对数双绞线组成的，以此类推，其中每组 25 对合在一起再用副色蓝、橙、绿、棕、灰标识。

2．同轴电缆

　　同轴电缆（Coaxial Cable）是计算机网络早期使用的一种传输介质，第一代以太网（标准以太网）就是使用粗同轴电缆构建的，以太网的一些理论、计算（比如 MAC 帧、网络的冲突直径计算）等都基于它，所以这里对它做一些简单介绍。双绞线出现后这种传输介质基本上就被淘汰了，但是它能够传输比双绞线更宽频率范围的信号。同轴电缆中心是实心或多芯的（扭绞的）硬质铜线电缆，包上一根圆柱形的绝缘皮，外导体为硬金属（金属箔）或金属网（通常也是铜质的），它既作为屏蔽层又作为导体的一部分来形成一个完整的回路。外导体外还有一层绝缘体，最外面由一层塑料保护层包裹。由于外导体屏蔽层的作用，同轴电缆具有较高的抗干扰能力。同轴电缆的结构如图 1.11 所示。

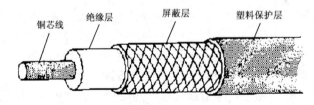

图 1.11　同轴电缆的结构

　　同轴电缆根据无线电波控制（RG）级别进行分类，每一种 RG 级别分别表示该同轴电缆的物理特性，包括同轴电缆内层导体的线路规格、内层绝缘体的厚度和类型、屏蔽层的组成，以及外层包装的规格和类型。常用的有以下 5 种规格：

　　RG-8：　用于粗缆以太网；

　　RG-9：　用于粗缆以太网；

　　RG-11：　用于粗缆以太网；

　　RG-58：　用于细缆以太网；

　　RG-75：用于电视系统。

　　计算机网络中使用的同轴电缆有两种规格：一种是粗缆，阻抗为 50Ω，由它构建的网络为 10Base-5，称为标准以太网，传输速率可达 10Mbps。在没有中继器的情况下，一个网段的长度为 500m；另一种是细缆，阻抗也为 50Ω，由它构建的网络为 10Base-2，称为廉价以太网，传输速率为 10Mbps。在没有中继器的情况下，一个网段的长度为 185m。

由同轴电缆组建的网络现在基本上很少见了，因为这种网络中终端和设备有很小的变化都可能需要改动电缆。另外，这是一种单总线结构，只要有一处的连接出现故障，将会造成整个网络的瘫痪。

3．光缆

光导纤维简称为光纤，它是发展最为迅速的传输介质。光缆和光纤在工程运用中经常不被严格区分，但严格意义上，光缆和光纤是不同的。光纤是用纯石英采取特殊工艺拉成比头发还细的玻璃管，它的质地脆、易断。而光缆是由一定数量的光纤按照一定方式组成的缆芯，外包有塑料保护套管，有的还包覆外护层，光纤是光缆的主要部分。

光缆的这种设计结构主要是为了保护内部光纤不受水、潮湿和外界机械应力等影响。因此需要按照光缆的应用场合、敷设方法来设计生产光缆，不同材料构成的光缆具有不同的机械、环境特性，有时候光缆需要使用特殊材料，从而达到阻燃、阻水等特殊性能。

（1）室内光缆。因为室内环境要比室外环境好，一般不需要考虑自然的机械应力和雨水等因素，所以多数选用的是紧套、干式、阻燃、柔韧型的光缆，通常由光纤、加强件和护套组成，但是这种光缆需要关注其易损性。

对于一些特定场所，也可以选择金属铠装（金属皮包装）或非金属铠装的室内光缆，类似于室外光缆，它的机械性能要优于无铠装的室内光缆。

（2）室外光缆。室外光缆的抗拉强度较大，保护层较厚重，并且通常为铠装光缆。

光纤通信是利用光纤传递光脉冲信号实现的。光纤通常由透明的石英玻璃制成，主要成分是二氧化硅（SiO_2）。光纤是由纤芯和玻璃同心层构成的双层通信圆柱体，纤芯是一种细小、柔韧并能传输光信号的介质，其直径比头发丝还要细（50～100μm）。外包层较纤芯有较低的折射率。由多条光纤组成的传输线就是光缆。当用光纤传电信号时，发送端先将电信号转换成光信号，接收端通过光检测器还原成电信号。光纤的传输速率可以在 100Gbps 以上，但它还不是光纤传输速率的极限。

光纤并不是使用通过导体的电子传输信息的，而是通过调制光信号长距离传输数据信息。当光线从高折射率的媒体射向低折射率的媒体时，其折射角将大于入射角，如图 1.12（a）所示。因此，如果入射角足够大就会出现全反射，即光线碰到包层时就会折射回纤芯。光纤就是利用全反射角将光线在信道内定向传输的，如图 1.12（b）所示。现代的生产工艺可以制造出超低损耗的光纤，也就是说光信号可以在纤芯中传输数公里而基本上没有什么损耗，在 6～8km 距离内不需要中继器放大，这也是光纤通信得到飞速发展的关键因素。

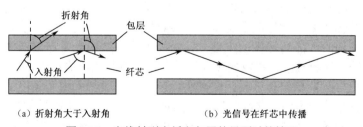

（a）折射角大于入射角　　　　　　　　（b）光信号在纤芯中传播

图 1.12　光线射到光纤和包层的界面时的情况

1）光纤的传播模式

光纤分为单模光纤（Single-Mode Fiber，SMF）和多模光纤（Multi-Mode Fiber，MMF）两种，传播模式也分为多模传播和单模传播两种，多模光纤传播模式是指多束光线从光源经纤芯通过不同的光路传播（当同一根光纤有多个入射角时可以出现全反射角），这些光线在光纤中如何传播依赖于光纤芯材的结构。而单模传播采用的是高度集中的光源，使得发出的光线限制在距离非常接近的很小范围内。单模光纤制造时采用比多模光纤小得多的直径和极低的密度（折射系数）使得全反射角接近 90°，光线的传播基本上是水平的。这样，不同光线的传播几乎是相同的，可以忽略传播延迟，所有光线几乎同时抵达目的地且重组成完整的信号，所以单模光纤的造价比多模光纤要高，单/双模光纤的信号传输如图 1.13 所示。

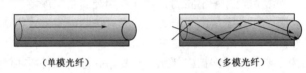

（单模光纤）　　　　　　　　　（多模光纤）

图 1.13　单/双模光纤的信号传输

2）光源

为实现数据传输，在发送方需要安装光源。光的信号源可以是一个光电二极管或是固体激光器，它们有不同的特性，光电二极管和固体激光器的特性比较见表 1.3。光电二极管较便宜，但只能发射发散的光线，不能控制各种不同的入射角度。因此，光电二极管只用于短距离传输信息。激光具有高度的集中性，可以聚集到一个很小的范围内，从而控制入射角度的大小，因此激光信号在长距离传输后仍能保持信号的特征。

表 1.3　光电二极管和固体激光器的特性比较

特　　性	光电二极管	固体激光器
数据速率	低	高
模式	多模	多模或单模
传输距离	短	长
生命期	长	短
温度敏感性	较小	较敏感
造价	低	高

在光纤的接收端也要安装光敏元件（光电二极管）。当遇到光时，光电二极管就会给出一个电脉冲，将接收到的光信号转变成计算机可以接收的电信号。光电二极管的响应时间为1ns，这就是把数据传输速率限制在 1Gbps 之内的原因。

3）光纤的传输特性

光纤中有光脉冲出现时表示二进制数字"1"，没有光脉冲时表示二进制数字"0"。光纤通信是以光波为载体频率，通过光发送器、光接收器和光纤等设备实现的。长距离传输时还需要有中继器。通信时，先将源端的电信号转变为光信号，由光发送器产生光束，并将光信号导入光纤中传输。接收端由光接收器接收光信号，并将其还原成电信号。

光纤中的光信号只能单向传输，因此在实际应用中一般都采用两条以上偶数条光纤，而且两端都有光接收和发送设备。光纤收发器就是集光发送器和光接收器功能于一体的设备。

光纤之间的连接有三种方式：第一种是使用光纤接入连接头并插入光纤插座，这种方式要损耗 10%~20%的光，但是它简单方便，重新设置系统也很容易；第二种采用机械的方法将它们连接，即将两根要连接的光纤小心切割好，并将它们放在一个套管中，然后束紧，可以通过结合处的调整，让光纤中的信号达到最大，这种方法光的损耗约为 10%；第三种是通过融合的方法将它们连接在一起，这种方法形成的光纤和单根光纤几乎是相同的，但仍有一点光衰减。这三种方法光纤之间的连接结合处都会有反射，并且反射的能量会和信号交织在一起。

4）光纤的优点

（1）光纤传输频带非常宽，因而通信容量大；

（2）光纤的传输速率高，能超过千兆位/秒，在实验室中已经获得 T 级（1 000Gbps）传输速率；

（3）光纤的误码率极低，传输衰减小，中继距离长，远距离传输相对经济；

（4）光纤不受雷电和外界电磁波的干扰，适宜在电气干扰严重的环境中应用；

（5）光纤无串音干扰和辐射，不易被窃听或截取数据，因而安全、保密性好；

（6）光纤的体积小，质量轻，成缆后弯曲性能较好。

5）光纤的缺点

价格较贵，连接两根光纤时需要专用设备，光纤对接时要求端面平整，以便光能透过，施工要求精度高，技术难度大，需要专业技术人员操作。另外，由于光的传输是单向的，双向传输需要两根光纤或一根光纤上的两个频段。目前的光电接口器件还比较昂贵，随着技术的进步，价格在逐年下降。

4. 光纤接口

计算机内部处理的是电信号，不能直接处理光信号，光纤收发器是一种将电信号和光信号进行互换的传输媒体转换单元，也被称为光电转换器或光纤模块。

ST 和 SC 是指光纤连接器的两种接口类型，ST/SC 连接器和适配器如图 1.14 所示。10Base-F 的连接器通常是 ST 类型的，而 100Base-FX 的连接器大部分为 SC 类型的。

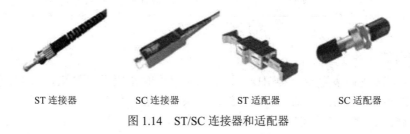

　　　ST 连接器　　　　　　SC 连接器　　　　　　ST 适配器　　　　　　SC 适配器

图 1.14　ST/SC 连接器和适配器

（1）ST 连接器呈圆形，光芯外露，光缆中只有单根光导纤维（而非多股的带状结构），ST 头插入后旋转半周有一卡口固定，缺点是容易折断，常用于光纤配线架。

（2）SC 连接器的芯在接头里面，是标准方形接头。它采用工程塑料，具有耐高温、不容易氧化等优点。SC 连接头可以直接插拔，使用很方便，缺点是容易掉出来。SC 连接器在路由器和交换机上用得较多。

除此以外，还有 FC 连接器、LC 连接器、MT-RJ 连接器和 MU 连接器等。FC 连接头为带螺纹的圆形接口，外部加强方式采用金属套，紧固方式采用螺纹扣。一般电信网络采用 FC 连接器，优点是牢靠、防灰尘，缺点是安装时间稍长，多数用在配线架上；LC 连接器在路由器上常用，它采用操作方便的模块化插孔（RJ），是普通 SC 连接器、FC 连接器等所用尺寸的一半，可提高光纤配线架中光纤连接器的密度；MT-RJ 连接器呈方形，一头双纤收发一体，带有与 RJ-45 接口相同的闩锁机构，通过安装于小型套管两侧的导向销对准光纤，是下一代高密度光纤连接器。

1.5.2　无线传输

无线传输是利用空气（很少情况下也通过水）等作为传输介质实现信号传输的。无线传输可以使用各个波段的无线电、地面微波接力线路、卫星微波线路，以及激光、红外线等。

1．无线电波段分配

无线电波段被分为 8 个波段范围（无线通信波段如图 1.15 所示），每个波段都由政府机构管理，它们分别是 3～30 kHz 的甚低频（VLF）、30～300kHz 的低频（LF）、300kHz～3MHz 的中频（MF）、3～30MHz 的高频（HF）、30～300MHz 的甚高频（VHF）、300MHz～3GHz 的超高频（UHF）、3～30GHz 的特高频（SHF）和 30～300GHz 的极高频（EHF）。0～3kHz 用于语音系统，3kHz～300GHz 用于无线通信，而 300GHz 以上的波段分别是红外线、可见光（430～750THz）、紫外线、X 射线、伽马射线和宇宙射线。

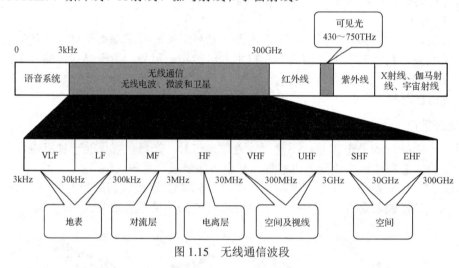

图 1.15　无线通信波段

2．微波通信

微波通信的载波频率为 2～40GHz。频率高，可同时传输大量信息。由于微波是直线传播的，故在地面的传播距离有限，所覆盖的范围很大程度上依赖于天线的高度，天线越高，信号传输距离越远，典型的做法是将天线安装在塔顶，而塔又建在山顶上。

微波通信一次只能向一个方向传播，因此应用于类似电话交谈的双向传输时就需要两种频率。

3．卫星通信

卫星通信是利用地球同步卫星作为中继站来转发微波信号的一种特殊的微波通信形式，此时卫星作为一个超高天线和转发器。卫星通信可以克服地面微波通信距离的限制，三个同步卫星可以覆盖地球上全部通信区域。

卫星通信提供了一种对地球上不管远近的任何地点进行通信的能力，它让许多不发达地区不需要在地面进行巨额投资就能进行高质量的通信服务，虽然卫星本身十分昂贵，但租用卫星的一些时段或频率却是相对较便宜的。

4．红外通信和激光通信

红外通信及激光通信和微波通信一样，有很强的方向性，都是沿直线传播的。但红外通信和激光通信要把传输的信号分别转换为红外光信号和激光信号后才能直接在空间沿直线传播。

微波、红外线和激光都需要在发送方和接收方之间建立一条视线通路，故它们统称为视线媒体。

1.6　本章小结

（1）1969 年 ARPA 网建立，它是早期的分组交换网络，也是第一个使用 TCP/IP 协议的网络，为 Internet 的发展奠定了基础，现代计算机网络的许多概念和方法都来源于它，ARPA 网是最早将计算机网络分为资源子网和通信子网两部分的网络。

（2）中国四大全国范围内的公用计算机网络（广域网，基于 Internet 并接入 Internet）：中国公用计算机互联网（ChinaNet）、中国金桥信息网（ChinaGBN）、中国教育和科研计算机网（CERNet）和中国科学技术网（CSTNet）。其中 CERNet 就是我们现在使用的教育网（.edu.cn），中国的各个中小学、大学等都接入它，而 ChinaNet 由中国电信运营，家庭、企业等通过它接入 Internet。

（3）计算机网络分类方法很多，按使用覆盖范围分为 LAN、MAN、WAN。LAN 地理范围有限，规模较小，一般是一个单位、一幢大楼、一个部门或家庭，最大节点数为数百个至数千个，适用于企业、机关、学校等单位。后面介绍的校园网、企业网等内部网（Intranet），虽然使用的是 TCP/IP 协议，采用 Internet 技术架构，但它们还是属于 LAN。

（4）衡量网络主要性能的参数：带宽、延迟。

（5）计算机网络由通信子网和资源子网组成，通信子网提供网络通信功能，属于 OSI/RM 参考模型的低三层，包含路由器、交换机网关等硬件设备，广域网通常由电信部门提供。通信子网的信道类型主要分为点到点和广播式；资源子网为用户提供了访问网络的能力，属于 OSI/RM 参考模型的高三层，通常由软件实现，例如数据的加密、视频信息压缩、语音、视频聊天等社交工具、邮件和浏览器等。

（6）网络拓扑结构分为总线型、环型、星型、树型、网状、无线、混合型等类型。总线、环型结构的网络是广播式网络；星型、树型、网状的网络是点到点连接的网络。局域网主要使用总线型、环型、星型、树型结构，而广域网主要使用网状结构，无线拓扑结构网络局域网和广域网都可以使用。

（7）对网络发展起重要作用的标准化组织，特别是 ISO、ITU-T、ANSI、IEEE、EIA/TIA 和 IETF 等组织，制定了许多标准，为计算机网络的发展做出了重要贡献。

（8）网络协议是指计算机网络中的计算机、设备之间为进行相互通信、数据处理及数据交换而建立的规则（标准或约定）

（9）网络体系结构（分层）采用结构化方法，它将计算机网络科学地划分为几个层，各层功能明确，相对独立。本书主要讨论 OSI/RM、TCP/IP 和 IEEE 802 三种网络体系结构（协议）。

（10）OSI/RM 面向所有的计算机网络，广域网和局域网都可以进行参考构建；TCP/IP 设计时应用于广域网，但局域网也可以使用 TCP/IP，校园网、企业网就使用 TCP/IP 并像广域网那样进行架构；IEEE 802 针对的主要是局域网和城域网。

（11）OSI/RM 划分为物理层、数据链路层、网络层、传输层、会话层、表示层和应用层七层，低三层物理层、数据链路层、网络层属于通信子网，主要由硬件构成；高三层会话层、表示层和应用层属于资源子网，通常由软件组成。

（12）TCP/IP 协议定义了网络接口层、网际层、传输层和应用层。网络接口层是已经存在的其他网络，例如：Ethernet、ATM、FDDI、X.25、PPP、Token Ring 等网络，TCP/IP 实际上没有对它进行定义。所以，TCP/IP 协议只定义了网际层、传输层和应用层这三层。

TCP/IP 不像 OSI/RM 那样先给出模型然后规定每层的协议，而是有了实际网络后再总结出模型，核心协议 TCP 和 IP 是被精心设计的。TCP/IP 已成为事实上的工业标准，现代计算机网络大多遵循这一标准。

（13）IEEE 802 是一个局域网、城域网系列标准，系列标准中的每一个子标准都由委员会中的一个专门的工作组负责。

IEEE 802 一开始就按照标准化、互相兼容的方向发展。因为局域网的拓扑结构非常简单，数据传输不经过中间节点的转发，所以 IEEE 802 只定义了物理层和数据链路层两层，而没有定义网络层。对于流量控制、差错控制等功能，就在数据链路层中的 LLC 中实现了，高层协议主要由操作系统去处理。

（14）OSI/RM 、TCP/IP 和 IEEE 802 三种模型的比较。

（15）传输介质分为有线传输介质和无线传输介质两大类。有线传输介质目前主要使用双绞线和光缆，同轴电缆在双绞线出现后基本上就被淘汰了。对于双绞线，计算机网络中主要使用 3、5、6 和 7 类线，目前使用较多的是超 5 类（Cat 5e）和 6 类电缆。双绞线两端的连接器称为 RJ-45，RJ-45 的接线有 EIA/TIA 568A 和 EIA/TIA 568B 两个标准。

（16）RJ-45 的接线有 EIA/TIA 568A 和 EIA/TIA 568B 两个标准，布线顺序分别为：

T568A 线序：绿白、绿、橙白、蓝、蓝白、橙、棕白、棕；

T568B 线序：橙白、橙、绿白、蓝、蓝白、绿、棕白、棕；

网络施工中，建议使用 T568B 线序。

（17）光缆主要用于外网接入小区、楼与楼之间的连接等场合，室内光缆现在在网络设备房间、信息中心主机房的使用也较为普遍。

1.7　实验 1　RJ-45 接口标准及网线制作

1．实验目的

（1）了解 RJ-45 接口标准。

（2）掌握 UTP 直通连接线和交叉连接线的制作方法。

（3）掌握测试仪的使用方法。

2．实验环境

分组实训。每组准备若干 5 类或超 5 类 UTP，RJ-45 连接头每人两个，双绞线剥线钳 1 把，电缆测试仪 1 套。

3．实验时数

1～2 学时。

4．复习及准备

请复习 1.5 节传输介质相关知识。

5．实验内容

1）知识准备：RJ-45 接口标准

RJ-45 接口分为介质相关接口（Medium Dependent Interface，MDI）和交叉介质相关接口 MDIX 两类。MDI 也称为"上行接口"，是集线器或交换机上使用直通线连接到其他集线器或交换机的接口。MDIX 是常规接口，内部已完成交叉连接任务，终端设备使用直通线直接连接到该接口。集线器或交换机等网络设备一般会有一两个 MDI（不交叉）或 MDIX（交叉）接口。通常，主机和路由器的接口为 MDI，集线器和交换机的接口为 MDIX。

在进行设备连接时，需要正确选择直通线或交叉线。一般，同一种设备之间直接连接时使用交叉线，除非一个接口为 MDI，另一个接口为 MDIX；不同类型的接口连接时使用直通线，主机、网络设备间双绞线连接方式见表 1.4。

表 1.4　主机、网络设备间双绞线连接方式

	主机	路由器	交换机 MDIX	集线器	交换机 MDI
主机	交叉线	交叉线	直通线	直通线	不可连接
路由器	交叉线	交叉线	直通线	直通线	不可连接
交换机 MDIX	直通线	直通线	交叉线	交叉线	直通线
集线器	直通线	直通线	交叉线	交叉线	直通线
交换机 MDI	不可连接	不可连接	直通线	直通线	交叉线

需要说明的是，随着技术的发展，一些新的网络设备可以自动识别连接线类型，用户采用交叉线或直通线都可以正确连接设备，如 H3C S3526 等。

（1）直通连接线。用于计算机和交换机（集线器）直接连接，双绞线的两端采用同一个接线标准，这就是直通网线。网络施工中，建议使用 T568B 标准。

（2）交叉连接线。主要用于两台计算机等终端设备的直接连接；也用于连接两个没有级联口（Uplink）的集线器或交换机的连接，不过现在的网络设备都能进行智能识别，基本上不用交叉连接线。制作时一端的 1、2 分别和另一端的 3、6 对调位置进行交叉连接，或者说一头使用 T568B 接线标准，另一头需使用 T568A 接线标准。

2）直通连接线 RJ-45 连接头的制作

（1）利用剥线钳剪取一段 UTP，剥去双绞线一端的一段外皮，露出 4 对双绞线。剥线口有一个限位片，剥去外皮露出双绞线的长度正好符合要求。

（2）把双绞线分开，颜色和顺序按照 T568B 标准排列整齐，并将每根线尽量拉直，然后再用压线钳的剪切口把 8 根线剪齐。这一步一定要细心，以免排列顺序出错。

（3）使 RJ-45 连接头的引脚向上，并面对引脚，从左到右的编号依次为 1～8。将排列好的双绞线插入 RJ-45 连接头，尽量插到底。因为插入不到位，会使 RJ-45 的金属引脚接触不到线缆。

（4）把此 RJ-45 连接头插入压线钳的压线口，用力紧握手柄，将 RJ-45 的金属引脚片插入 8 根双绞线中。

（5）放开手柄，取出 RJ-45 连接头。肉眼观察连接头的每个引脚是否都被压下，8 根线是否都被引脚刀片卡住。如果有引脚未被压下（压线钳质量较差常会出现这种问题），则把 RJ-45 连接头重新插入压线口，再压一次。

（6）按照同样的方法使用 T568B 接线标准制作双绞线的另一端。

3）测试制作好的双绞线

把一端的 RJ-45 连接头插入测试仪的发送端，另一端插入测试仪的接收端。将测试仪的测试选择开关置于"直通"，开启测试仪电源，观察测试器的指示灯，如果 8 个指示灯依次都是闪亮的，则表明制作成功。如果有一个或一个以上的灯不亮，说明 RJ-45 连接头的金属引脚没有全部接触到线缆。例如，第 2、5 个灯不亮，说明第 2、5 根线没有连通，需要重新制作（或尝试用压线钳再压一次）。

制作不成功的原因可能是操作人员技术不熟练，也有可能是剥线钳的质量不过关，需分析原因，积累经验。

4）交叉连接线的制作和测试

交叉连接线的制作和测试方法，和直通网线的连接制作方法类似，只是制作时另一头的 1-3、2-6 对调位置（一头使用 T568B 接线标准，另一头使用 T568A 接线标准）。测试时，把测试仪的选择开关置于"交叉"位置，开启测试仪电源，观察指示灯的闪亮情况。如果没将选择开关置于"交叉"位置，制作完成的交叉连接线在进行测试时两头的 1-3、2-6、3-1、4-4、6-3、5-5、7-7、8-8 指示灯会同时点亮。

6. 实验思考题

（1）对于 10Mbps 或 100Mbps 以太网，制作双绞线时，对应于 RJ-45 连接头哪 4 个引脚有效（必须连通）？哪几个引脚即使没有连通也能使用？

（2）交叉连接线在什么场合使用？计算机之间直接连接时用直通线还是交叉线？

（3）总结本组成员网线制作不成功的原因，通常按 T568B 标准有两端排线顺序错、排好线后没有剪齐平整、双绞线插入 RJ-45 连接头没有到底导致金属引脚接触不到线缆（开路）、压线钳的压线没有压实（个别金属片虚压，金属引脚没有插入线缆）、剥线钳工具不好等原因。如果没有制作成功，是哪一种情况？

（4）网线制作时，网线长度在多少米以内？

（5）10Mbps 或 100Mbps 以太网的网线，RJ-45 连接头中哪两个用于发送数据？哪两个用于接收数据？

习　　题

一、选择题

1．ISO 提出 OSI/RM 参考模型的关键是（　　　）。

　　A．系统互联　　　　B．提高网络速度　　　C．经济利益　　　D．为计算机制定标准

2．OSI/RM 参考模型按从上到下的顺序有（　　　）。

　　A．应用层、传输层、网络层、物理层

　　B．应用层、表示层、会话层、网络层、传输层、数据链路层、物理层

　　C．应用层、表示层、会话层、传输层、网络层、数据链路层、物理层

　　D．应用层、会话层、传输层、物理层

3．OSI/RM 参考模型是由（　　　）组织提出的。

　　A．IEEE　　　　　　B．ANSI　　　　　　　C．EIA/TIA　　　D．ISO

4．网络术语（　　　）是指计算机、网络设备之间用于交换信息的一系列规则和约定术语。

　　A．RFC　　　　　　B．IETF　　　　　　　C．Protocol　　　D．Standards

5．OSI 代表（　　　）。

　　A．Organization for Standards Institute　　　B．Organization for Internet Standards

　　C．Open Standards Institute　　　　　　　　D．Open Systems Interconnection

6．（　　　）是控制通信过程的规则。

　　A．协议　　　　　　B．介质　　　　　　　C．网络拓扑　　　D．以上都是

7．基带网络可以传输（　　　）信号。

　　A．模拟　　　　　　B．数字　　　　　　　C．模拟和数字　　D．以上都不对

8．在（　　　）连接中，两个以上的设备可共享一条链路。

    A．点到点　　　　　B．多点共享　　　　　C．主站　　　　　D．从站

9．拓扑结构是（　　　）时具有点到点设置的特点。

    A．总线　　　　　B．星型　　　　　C．环型　　　　　D．都不对

10．树型拓扑是（　　　）的一种变体。

    A．总线拓扑　　　B．星型拓扑　　　C．环型拓扑　　　D．网状拓扑

11．（　　　）连接提供了两台设备之间的专用链路。

    A．点到点　　　　　B．多点共享　　　　　C．主站　　　　　D．从站

12．在（　　　）拓扑中，一个电缆故障会终止所有的传输。

    A．总线　　　　　B．星型　　　　　C．主站　　　　　D．网状

13．电子工业协会与美国通信工业协会共同制定了 E1/T1 标准，T1 标准代表北美的（　　　）。

    A．1Mbps　　　B．1kbps　　　　C．2048kbps　　D．1544kbps

14．TCP/IP 协议是（　　　）。

    A．事实上工业标准　　　　　　　　B．国际标准

    C．美国标准　　　　　　　　　　　D．一般标准

15．IEEE 802 是（　　　）体系结构标准。

    A．LAN/ MAN　　B．互联网　　　　C．WAN　　　　　D．都不是

16．TCP/IP 中的 TCP 对应于 OSI/RM 的（　　　）。

    A．数据链路层　　B．网络层　　　　C．传输层　　　　D．会话层

17．下列属于资源子网的是（　　　）。

    A．打印机　　　　B．集线器　　　　C．交换机　　　　D．路由器

18．具有中央节点的网络拓扑属于（　　　）。

    A．总线拓扑　　　B．星型拓扑　　　C．环型拓扑　　　D．网状拓扑

二、填空题

1．计算机网络的拓扑结构有：总线型、_____、_____、树型、网状、无线、混合型等类型。

2．计算机网络按网络的覆盖范围可分为_____、城域网和_____。

3．计算机网络由资源子网和_____子网组成。

4．在 TCP/IP 中，与 OSI/RM 对应的网络层是_____。

5．IEEE 802 模型中将数据链路层分为_____和_____。

6．在 TCP/IP 参考模型的传输层上，_____实现的是一种面向无连接的协议，它不能提供可靠的数据传输，并且没有差错检验，而_____实现的是一种面向连接的协议。

7．计算机网络中，通信分为基带和____传输两种。

三、问答题

1．计算机网络的发展经过了哪几个阶段？

2．计算机网络可以从哪几个方面进行分类？

3．叙述网络拓扑结构的概念，典型的网络拓扑结构有哪几种？简要总结其特点。

4．局域网、城域网和广域网有什么不同？

5．点到点网络和广播式网络有什么区别？

6．试叙述网络协议的含义。

7．OSI/RM 从下到上分为哪几层？

8．通信子网和资源子网的功能是什么？它们分别由什么组成？

9．叙述 OSI/RM 的数据封装过程。

10．什么是"网络体系结构"？网络体系结构为什么要分层？分层原则是什么？层与层之间有什么关系？

11．简述 OSI/RM 和 TCP/IP 参考模型的区别。

12．TCP/IP 协议分为几层？各层包含的主要协议有哪些？

13．描述 TCP/IP 协议的数据封装过程。

14．什么是基带网络？什么是宽带网络？

15．我国已建立了哪些常用的广域网？分别用于什么场合？

16．衡量网络性能的主要参数有哪些？

17．IEEE 802 局域网体系结构中 LLC 和 MAC 子层分别完成什么功能？

18．网络中常用的传输介质包括哪两大类？UTP 表示什么，分为哪几类，每一类的带宽和最高数据传输速率是多少？

19．双绞线是否表示只有两根线？无线传输是否指的是没有传输介质？

第 2 章 物 理 层

计算机网络由通信子网和资源子网组成，OSI/RM 中，通信子网包括物理层、数据链路层和网络层三层。计算机网络中数据通信的目的是为了实现计算机之间的数据交换，因此计算机网络本质上是数据通信。本章简单介绍数据通信的一些基本知识，它们都是物理层涉及的内容，主要研究二进制比特在网络中传输时所采用的技术，如曼彻斯特编码、串/并传输、同步/异步传输、多路复用等技术。

2.1 数据通信的基本概念

2.1.1 基本概念

1. 数据

数据（Data）是把事件的某些属性规范化后的表现形式，它分为模拟数据和数字数据两种。模拟数据在时间和幅度的取值上是连续的，例如声音的强弱，温度的高低等都是连续变化的模拟数据。数字数据在时间上的取值是离散的，在幅度上的取值是经过量化的，例如计算机内部传输的二进制数字序列就是离散的数字数据。

2. 信息

信息（Information）是按照一定要求以某种格式组织起来的数据。数据和信息的区别是：数据仅涉及事物的表示形式，而信息涉及数据的内容和解释。表示信息的形式可以是数值、文字、图形、声音、图像及动画等。在数据通信中，为了传输信息，需要对信息中的每一个字符进行编码，例如用二进制代码来表示字符，最常用的二进制代码标准是美国标准信息交换码（American Standard Code Information Interchange，ASCII），ASCII 代码表参见附录 B。对于计算机系统，要考虑的是信息用什么编码表示，而在数据通信中，主要考虑数据的表示形式和传输方法。

3. 信号

信号（Signal）是数据的具体物理表现，是表达信息的一种载体，如电信号、光信号等。根据数据表示方式的不同，信号分为模拟信号和数字信号两种，模拟信号、数字信号的波形如图 2.1 所示。模拟信号是一种随时间而连续变化的量值波形，数字信号则是那些不连续变化的离散量值波形。使用模/数转换装置实现模拟信号和数字信号之间的相互转换。一般数字信号比模拟信号要经济些，数字信号抗干扰能力强，失真较小，但信号衰减相对大一些，所以传输距离也短一些。

4. 信道

信道（Signaling Channel）是指传输信息时信号沿发送端到接收端的通路。在计算机网络中有物理信道和逻辑信道之分，物理信道是传输信号的物理通路，由传输介质及相关通信设备组成，也称为通信链路。逻辑信道也是一种通路，它建立在物理信道基础上，一个物理信道可以提供多个逻辑信道，后面介绍的多路复用技术就是这种情况。

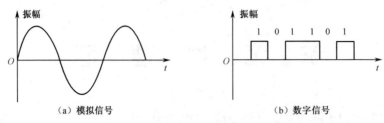

图 2.1　模拟信号、数字信号的波形

物理信道按传输信号类型可分为模拟信道和数字信道，模拟信道适合于传输模拟信号，而数字信道适合于传输数字信号。数字信号通过调制解调设备也可在模拟信道中传输，而模拟信号进行数字化后也可在数字信道中传输。

物理信道按传输介质又可分为有线信道、无线信道，有线信道有电话线、双绞线、光缆等，而无线信道可以是无线电、微波、红外线和卫星信道等，它们都以电磁波的形式在空间中传播。

按信道的使用方式还可分为专用信道（专线）和公共交换信道。

5．通信和数据通信

通信（Communication）就是信息的传输与交换。每个通信系统都具备信源、信道和信宿三个基本要素，信源是信息产生和出现的发源地，信道是信息传输过程中承载信息的媒体，信宿是接收信息的目的地。数据通信（Data Communication）是以传输数据为业务的通信，它分为模拟数据通信和数字数据通信两种。

6．数据通信网

数据通信网（Data Communication Network）就是数据通信系统的网络形式，它是广域通信网或计算机网络等基础通信设施，属于通信子网。例如 X.25、B-ISDN、ATM、FDDI 等。

7．码元和码字

码元是一个信号编码单元，它是数据的基本信号单位，计算机网络中一般把数字序列中的每一个脉冲称为码元。例如二进制数字"1010011"是由 7 个码元组成的二进制字符串序列，这个字符串序列通常称为"码字"。在 7 位的 ASCII 代码中，码字"1010011"代表字符"S"。

8．数据分组

计算机网络在传输数据时，一般把较大的数据块分成较小的数据段（Segment），并在每一段上附加一些如分组号、源地址、目的地址、差错校验等控制信息，每个数据段和相应的控制信息就是一个分组（Packet），它在网络系统中是一个传输单位。在实际传输中，还会将分组进一步分割成更小的逻辑单元。在不同的网络或不同的层中，分组名称也不同，如在 Ethernet 中称为"帧（Frame）"，在 ATM 中称为"信元（Cell）"，在 IP 中称为"IP 数据报（IP Datagram）"等。通常数据分组也称为数据包。

9．基带传输、频带传输和宽带传输

1）基带传输

通信系统中传输的信息都要借助于物理信号，如电流、电磁波和光信号等。物理信号可以是连续的模拟信号，也可以是离散的数字信号，两种信号通过编码或调制等方法可进行相

互转换。它们所采用的通信系统可以是模拟通信系统，也可以是数字通信系统。

通信系统中所指的基带传输是指在传输信号时，用表示信息的原有信号形式（模拟数据用模拟信号传输，数字数据用数字信号传输）进行传输。

在计算机网络中，计算机或终端等数字设备产生的是数字数据，其对应的电脉冲信号是数字信号，它所占据的频率范围通常从直流和低频开始。这种原始的数字信号（电脉冲信号）称为基带信号。基带信号所占用（固有）的频率范围称为基本频带，简称基带（Baseband）。在信道中直接传输基带信号的传输方式称为基带传输，或者说基带传输是指数字数据直接在信道中传输。

因此，计算机网络和通信中的基带概念虽然名字相同，但含义不同。

局域网系统大都采用基带传输，如以太网、令牌环网等。基带传输是一种最简单、最基本的传输方式，由于在近距离范围内，基带信号的衰减不大，因此适合于各种传输速率要求的近距离数据传输。

2）频带传输

基带信号频率很低，且含有直流成分，其占用的频带宽，往往独占通信线路，不利于信道的复用，且抗干扰能力差。基带信号容易发生衰减和畸变，不利于远距离传输。

远距离通信信道多为模拟信道，一般采用频带传输方式。频带传输首先将基带信号变换为较高频率范围的频带信号，频带信号是模拟信号（如音频信号），然后将这种频带信号放到模拟信道中传输。计算机网络的远距离通信通常采用频带传输，如家庭用户使用调制解调器（Modem）接入 Internet 就是频带传输的例子。

3）宽带传输

宽带在电信界指的是带宽大于语言级信道（4kHz）的信道，它包括大部分电磁波频谱。利用宽带信号进行的传输称为宽带传输，宽带传输采用频带传输技术，但频带传输不一定是宽带传输。

计算机网络中宽带传输采用模拟传输的技术，它将不同频率的多种调制信号在同一传输线路中传输。因此，宽带传输能将声音、图像和数字数据等信息综合到一个物理信道上。

在数据通信中，宽带有另外的含义。当网络的传输速率超过 2Mbps 时，称为宽带网，而传输速率低于 2Mbps 时，称为窄带网。

2.1.2 数据通信的主要技术指标

数据通信的技术指标是衡量网络性能的参数，主要从传输速率的快慢和传输数据的质量方面来考虑。数据传输速率有比特率（信息速率）和波特率（调制速率）两种度量方法。而传输数据的质量可以用误码率、延迟、抖动和丢包率等来度量。

1．比特（bit）率 S

比特率也称信息速率，用 S 表示，S 用于衡量数字信号的传输速率，它是指单位时间内所传输的二进制位序列的位（bit）数，用来度量通信系统每秒传输的信息量。S 用每秒比特数表示，本书主要采用人们常用的"bps"来表示比特率。常用的单位换算关系式如下：

1Kbps=1 024bps；

1Mbps=1 024Kbps；

1Gbps=1 024Mbps；

1Tbps=1 024Gbps。

2．波特（baud）率 B

波特率也称为调制速率、波形速率或码元速率，用 B 来表示。B 是指数字信号经过调制后的传输速率，或者说每秒传输的脉冲（波形）信号个数。波特率是指每秒通过信道传输的码元数，通常用于表示调制解调器传输信号的速率。B 可以按如下公式计算：

$$B=1/T$$

式中，T 为每个脉冲（波形）信号的持续时间，单位为秒（s）。

比特率和波特率有如下关系：

$$S=B \times \log_2 n$$

式中，n 为一个脉冲（波形）信号所表示的有效状态数。例如，在一个二相调制中，一个脉冲（波形）表示"0"或"1"两种状态，一个脉冲表示 1 比特，$n=2$，$S=B$。而在一个四相调制中，一个脉冲（波形）可表示码字"00""01""10"和"11"四种状态，这时一个脉冲表示的是 2 比特，$n=4$，这时 $S=2B$。

【例 2.1】　一个数据通信系统，采用 8 相调制方式，即 $n=8$，且 $T=833\times10^{-6}$s，则

$$B=1/T=1/(833\times10^{-6})=1\ 200\ （\text{baud}）$$
$$S=1/T \times \log_2 8=1/(833\times10^{-6}) \times \log_2 8 = 3\ 600\ （\text{bps}）$$

3．误码率 P_e

误码率表示传输系统中二进制数据位被错传的概率，也称出错率，它是衡量传输系统可靠性的指标。P_e 定义如下：

$$P_e = N_e/N$$

式中，N 为传输的二进制码元总数；N_e 为接收码元中被传错的码元数。

在计算机网络中，一般要求误码率低于 10^{-6}，即平均每传输 1Mbit 信息，才能允许错一位。因此，需要采用差错控制技术才能满足计算机通信系统对可靠性指标的要求。

4．信道容量

信道容量是指物理信道能达到的最大传输能力，用比特率 S 表示。在实际应用中，数据传输速率一定要小于信道容量规定的数值，以提高通信质量，减少误码率。有的通信设备虽然有很高的数据传输速率，但有时受通信介质信道容量的限制，也不能充分发挥它的作用。

5．带宽（Bandwidth）

对于模拟信道，带宽是指信道所能传输的信号的频率宽度，也就是可传输信号的最高频率与最低频率之差，频率单位为 Hz（赫兹）、kHz（千赫）、MHz（兆赫）和 GHz（吉赫）等，常用的单位换算关系为：

1kHz=1 000Hz；

1MHz=1 000kHz；

1GHz=1 000MHz；

1THz=1 000GHz。

一条电话线路可以接收频率为 300～3 400Hz 的信号，则在这条传输线上带宽的带宽就是 3 100Hz。

对于数字信道，带宽用数据传输速率表示，单位是 bps。

6．带宽、数据传输速率和信道容量的区别

带宽和数据传输速率都用来度量实际传输能力，数字信道的容量用数据速率表示，如 100Mbps，两模拟信道的容量用带宽表示，如电话线路的带宽为 1MHz。带宽一般用来表示传输介质和模拟信道的传输能力，例如，公共电话交换网传输音频信号的频带范围为 300～

3 400Hz，则其信道的带宽是 3 100Hz。而数据传输速率一般表示数字通信系统的传输能力，例如，百兆位以太网的数据传输速率为 100Mbps。

因为绝大多数数字信息是非周期性的，因此对于数字信号序列不能使用周期和频率来描述，而是采用两个新的术语——比特间隔（对应于周期）和比特率（对应于频率）来描述数字信号的。比特间隔是发送一个比特所需的时间，而比特率是每秒发送的比特位数（用 bps 作为单位）。

一个物理信道既可以作为模拟信道，也可作为数字信道。因此，信道的带宽大，信道容量也大，传输速率相应也高。在实际中带宽、数据传输速率和信道容量这几个概念常被混用。

度量一个二进制位的传输时间或模拟信号的周期用 s（秒）、ms（毫秒）、μs（微秒）、ns（纳秒）和 ps（皮秒）等单位，常用的换算关系为：

$1ms=10^{-3}s$；

$1\mu s=10^{-6}s$；

$1ns=10^{-9}s$；

$1ps=10^{-12}s$。

7．延迟、抖动、吞吐量和丢包率

延迟也称为时延，它是指将一个比特从网络的一端传输到另一端所花费的时间。延迟是严格用时间来测量的。

抖动也称可变延迟，它是指在同一条路由上发送的一组数据中数据包之间的时间差异。

吞吐量是指网络中发送数据包的速率，可用平均速率和峰值速率表示。

丢包率是指在网络中发送数据包时丢弃数据包的最高比率，数据包的丢包是由网络拥塞引起的。

这四个参数都是服务质量 QoS 的主要度量参数。

2.1.3 数据通信系统

1．数据通信系统基本模型

计算机通信网的信源和信宿（计算机或终端设备）一般都是数字式的，它们之间交换的信息均属于离散的数字序列。数据通信系统所要传输的数据信息（包括控制信息）是二进制数字数据，在信息发送前，必须先将其转换为信号。点到点的数据通信系统模型如图 2.2 所示。

图 2.2　点到点的数据通信系统模型

1）编（译）码器

编（译）码器（也称通信控制器）是将信息通过 ASCII 代码（或其他编码）转变为 0 和 1 的二进制模式，然后将这些二进制并行数据，转换成适合线路传输的串行数据序列，而接收端的编（译）码器将传输来的串行数据序列转换成并行数据，并还原成信息。编（译）码器负责 DTE 和通信线路的连接，完成数据缓冲、速度匹配、串/并转换等任务。计算机内部的异步通信适配器和网卡等都是通信控制器。

2）信号变换器和信道

通信线路包括信号变换器和信道，信号变换器的功能是将通信控制器发出的二进制数字序列，根据不同信道的传输特性，变换为适合于信道传输的数字信号或模拟信号（即使是利用数字信道进行数据通信，一般也需要使用变换/反变换器，而不是将数字信号直接送入数字信道），然后送入信道传输。而接收端的信号变换器完成相反的工作。如调制解调器、光纤通信网中的光电转换器等就是信号变换器。信道可以是有线信道也可以是无线信道。

2. 模拟通信系统和数字通信系统

由信源得到的模拟数据电信号，变成适合信道传输的电信号后，若其电流或电压仍然是随时间连续变化的，则称为模拟通信系统。例如电话系统、电视系统等就是典型的模拟通信系统。当信源发出的信号是离散的数字数据时，通过信道传输到信宿的信号都是数字信号，则这种系统称为数字通信系统。

数字通信系统的优点是相较于模拟通信系统费用低，抗干扰（如噪声等）能力强，不易失真。但数字信号比模拟信号易衰减，因而只能在有限的距离上传输，为了获得更大范围的传输，可以使用中继器。但对于远程通信，数字信号还是受到限制，例如数字信号难以用卫星或微波系统发送。数字信号采用数字电路，其设备便于集成化和微型化，由于计算机通信和其他数字通信发展迅速，所以数字通信系统就显得尤为重要。

3. 信号衰减的克服

信道远距离传输模拟信号时会使信号衰减，解决的办法是用放大器来增强信号的能量，但噪声分量也会同时增强，以致引起信号畸变。数字信号传输一定距离后也会衰减，克服的办法是使用中继器，把数字信号"0""1"整形恢复为标准电平后继续传输。一般情况下信号在不放大或整形的情况下，模拟信号比数字信号传输距离要远。

2.2　数据编码和调制

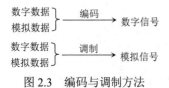

图 2.3　编码与调制方法

数据通信中，信息必须先转换为信号，模拟数据和数字数据都可以用模拟信号或数字信号来表示，相应地在数据传输时可以用模拟信道和数字信道来传输。编码是将模拟数据或数字数据变换成数字信号，而调制是将模拟数据或数字数据变换成模拟信号。通常，编码和调制方法如图 2.3 所示。

（1）数字数据用数字信号传输。数字数据可直接用二进制数字脉冲信号来表示，但为了改善其传播特性，一般先要将 0、1 二进制数据流编码为数字信号。数字数据网 DDN 就是它的一个应用模型。

（2）模拟数据用数字信号传输。可用编码解码器（Codec）来完成与调制解调器相反的功能。例如，编码解码器接收一个模拟信号后，经采样、压缩等处理，用二进制位流近似表示这个信号，然后进行传输。线路另一端的编码解码器，则将二进制码恢复成原来的模拟数据。数字电话通信是它的一个应用模型。

（3）数字数据用模拟信号传输。可以利用调制解调器（Modem）把数字数据调制成模拟信号后，在普通的电话线上传输。在线路的另一端，Modem 再把信号解调为原来的数字数据。用 Modem 拨号上网是它的应用模型之一。

（4）模拟数据用模拟信号传输。模拟数据是时间的函数，并占有一定的频率范围，即频带。这种数据可以直接使用占有相同频带的电信号，即对应的模拟信号来表示。模拟电话通信是它的一个应用模型。

2.2.1 数字数据的数字信号编码

数字数据需要被编码成数字信号后才能在数字信道上传输。数字信号序列是离散的，它可以编码为不连续的电压或电流的脉冲序列。例如，对于数字信号"1"可以编码为一种电压，而数字信号"0"可以编码为另一种电压。这里有 3 个概念需要注意。

（1）单极性和双极性编码

二进制数据"0"和"1"在编码时只使用一种电压的称为单极性编码，而使用两种电压的称为双极性编码。

（2）归零和不（非）归零编码

在表示数字信号时，每一个表示"0"或"1"的电压（假如有电压），当表示一个数字信号的中部电平都变为零电压时，称为归零编码。而当表示信号结束后电压还保持原来的电压状态时，就称为不（非）归零编码。

（3）双相位编码

当表示一位数字信号的编码时，在信号的中间将电压变为相反（注意不是归零，而是由正电压变为负电压，或由负电压变为正电压）称为双相位编码。

下面讨论几种二进制数字数据的数字信号编码方法。

1. 单极性不归零编码（NRZ）

单极性不归零编码（Non-Return to Zero，NRZ）只使用一个电压值，单极性不归零编码如图 2.4（a）所示。它用"1"表示高电平，而用"0"表示另一个状态。单极性不归零编码简单直接，实现起来也不贵。

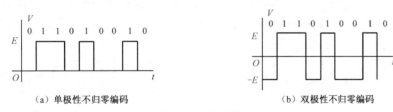

(a) 单极性不归零编码　　　　　　　(b) 双极性不归零编码

图 2.4　不归零编码

单极性不归零编码有两个缺点：一是由于它的平均振幅不是零，产生了直流分量（频率为 0 的分量），当一个信号含有直流分量时，就不能由无法处理直流分量能力的介质传输；二是同步问题，当数据流中含有一长串的"1"或"0"时，例如传输 7 个连续的"1"，由于 7 个码元信号没有引起电压变化，传输过程中无法表示每个码元的开始和结束，接收方只能依赖于定时器，但发送方和接收方的时钟之间缺乏同步，可能会使接收方多读或少读一个（甚至更多个）"1"，导致随后所有内容被错误解码。当然，也可以利用一条独立并行线路来传输时钟脉冲，对信号的定时器进行重新同步，但增加了开销。

2. 双极性不归零编码（BNRZ）

双极性不归零编码（Bipolar Non-Return to Zero，BNRZ）用正电平和负电平分别表示二进制数据的 1 和 0，正的幅值和负的幅值相等，如图 2.4（b）所示。因为使用了两个电压，线路上的平均电压值下降，减轻了单极性编码中的直流分量问题带来的影响。但是如果传输中"1"或"0"占优势的话，还是会有累积的直流分量。

3．双极性归零编码（BRZ）

双极性归零编码（Bipolar Return to Zero，BRZ）使用了正电平、负电平和零三个电平，编

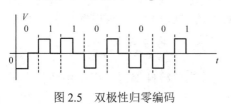

图 2.5　双极性归零编码

码信号本身携带同步信息，解决了同步问题，双极性归零编码如图 2.5 所示。每个比特的中段，信号的电平都变为零（归零），正电压到零的跳变代表比特 1，负电压到零的跳变代表比特 0。双极性归零编码的主要缺点是编码一个比特，需要两次信号变化，增加了占用的带宽，另外，线路上的平均电压值还是不为零。

4．双相位编码（Biphase Encoding）

解决同步问题最好的方案是双相位编码，这种方式是信号在每个比特内部的中间发生改变，但不是归零而是将电压变为相反。双相位编码主要有两种方式：曼彻斯特编码和差分曼彻斯特编码，它是网络中常用的编码方式。

1）曼彻斯特编码（Manchester Encoding）

曼彻斯特编码如图 2.6（a）所示。一个负电平到正电平的跳变代表比特 0，而一个正电平到负电平的跳变代表比特 1。它和双极性归零编码相比都能进行自同步，但只需使用两种电平，在每一码元内，信号正负电平各占一半，因而无直流分量。曼彻斯特编码的编码过程简单，但占用的带宽较宽。

2）差分曼彻斯特编码（Differential Manchester Encoding）

差分曼彻斯特编码是曼彻斯特编码的改进形式，如图 2.6（b）所示。它根据每一位间隔开始位置是否有一个附加的跳变来表示不同的比特，开始位置有跳变表示比特 0，没有跳变表示比特 1。差分曼彻斯特编码表示 0 时需要两个信号变化，而表示 1 时只需一个信号变化。

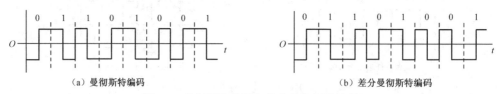

（a）曼彻斯特编码　　　　　　　　　　　　（b）差分曼彻斯特编码

图 2.6　曼彻斯特编码和差分曼彻斯特编码

数字数据的数字编码还有非归零反相编码 NRZ-I、单极性归零码 RZ、交替双极性归零码、双极性 8 连 0 替换编码（B8ZS）和 3 阶高密度双极性编码（HDB3）等。限于篇幅，这里就不进行介绍了。

2.2.2　模拟数据的数字信号编码

由于数字信号抗干扰能力强，所以有时需要将模拟信号数字化后再进行传输，如常用的网络电话、QQ 视频聊天等，也是将模拟信号转换成数字信号后在网络上传输的。在模拟数据的数字信号编码技术中，可以用一系列数字化脉冲信号（0 或 1）来表示模拟数据的信息。需要解决的问题是如何在不损失信号意义和质量的前提下，将信息从无穷多的连续值转换为有限个离散值。通常在发送端进行模/数（A/D）转换，一般将 A/D 转换器称为编码器。而在接收端进行数/模（D/A）转换，一般将 D/A 转换器称为解码器。

1．脉冲振幅调制（PAM）

脉冲振幅调制（Pulse Amplitude Modulation，PAM）对原始的模拟信号每间隔一个相等

的时间进行一次采样，在采样时刻，信号的电压被测量，采样值仅仅是实际波形的瞬时值。注意，被转换的一系列离散的脉冲信号仍然是模拟信号，需要利用脉冲振幅调制方法对它进行数字化处理。脉冲振幅调制方法如图 2.7 所示。

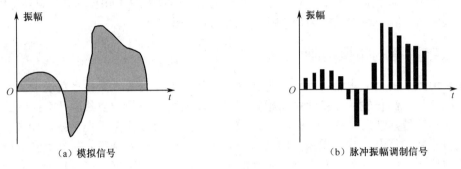

图 2.7 脉冲振幅调制方法

2. 脉码调制（PCM）

脉码调制（Pulse Code Modulation，PCM）将 PAM 所产生的采样结果修改成完全数字化的信号。PCM 先对 PAM 的脉冲值进行量化，量化是一种对采样结果赋予一个特定范围内的整数值的方法。量化的 PAM 信号如图 2.8 所示。

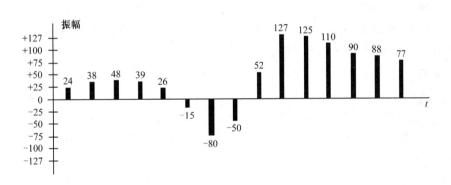

图 2.8 量化的 PAM 信号

然后将这些量化值进行数字化变换，每一个值都被转换为相应的 8 位二进制数值，其中第八位（最高位）表示符号。量化信号数字值见表 2.1。

表 2.1 量化信号数字值

量化信号 （十进制）	数字化值 （二进制）	量化信号 （十进制）	数字化值 （二进制）	量化信号 （十进制）	数字化值 （二进制）
24	00011000	−15	10001111	125	01111101
38	00100110	−80	11010000	110	01101110
48	00110000	−50	10110010	90	01011010
39	00100111	52	00110110	88	01011000
26	00011010	127	01111111	77	01001101

最后需要对这些二进制数值进行数字信号编码。

3. 采样频率

采样频率决定模拟数据的数字信号编码的质量，对于接收设备来说，重现一个模拟信号只需少量信息。根据奈奎斯特定理（Nyquist Theorem），采样频率是原始的有效信号中最高频率分量或其带宽的 2 倍，例如，电话语音系统的最高频率是 3 400Hz，那么需要每秒 6 800 次的采样频率。实际应用中采样频率为每秒 8 000 次。

2.2.3 数字数据的模拟调制

为了利用廉价的公共电话交换网实现计算机之间的远程通信，需要将发送端的数字信号变换成模拟信号，经传输后在接收端将模拟信号还原为数字信号。公共电话交换网是一种模拟信道，音频信号频带为 300～3 400Hz，而数字信号频宽为 0 至数千兆赫兹。如果利用模拟信道直接传输数字信号，将出现很大的失真和差错。所以，如果要在公共电话网上传输数字信号，必须将数字信号频宽变换成电话网所允许的音频频带范围 300～3 400Hz。实现数字信号与模拟信号互换的设备称为调制解调器（Modem）。

模拟信号通常是载波信号，载波信号具有振幅、频率和相位三大要素，相应地有三种基本调制技术：幅移键控法、频移键控法和相移键控法。

1. 幅移键控法（ASK）

幅移键控法（Amplitude Shift Keying，ASK）也称为振幅键控，通过控制正弦载波信号两个不同的振幅（分别表示 0 和 1），使得频率和相位保持不变。ASK 技术的传输速度受传输介质物理特性的限制，另外，噪声（热、电磁感应等）也影响振幅，所以 ASK 是受噪声影响最大的调制技术。幅移键控法如图 2.9 所示。

2. 频移键控法（FSK）

频移键控法（Frequency Shift Keying，FSK）也称频率键控，通常用载波频率附近的两个不同频率来表示两个二进制值，振幅和相位保持不变。FSK 相比 ASK 来说，不容易受噪声干扰的影响。它的技术限制因素是载波的物理容量。频移键控法如图 2.10 所示。

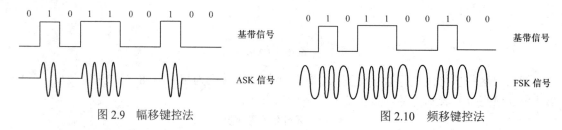

图 2.9　幅移键控法　　　　　　　　　　图 2.10　频移键控法

3. 相移键控法（PSK）

相移键控法（Phase Shift Keying，PSK）也称相位键控，是通过改变正弦载波信号的相位来表示两个二进制值的，振幅和频率保持不变。同样，PSK 不像 ASK 那样容易受噪声干扰的影响，但受带宽限制。相移键控法如图 2.11 所示。

只变化两个相位（0 和π）的 PSK 编码方式称为 2-PSK 或二相位 PSK，相移键控法也可以使用多于两相的位移。例如，四相系统（0、π/2、π和 3π/2）表示 4 种信号，一个信号脉冲可编码为两位（00、01、10 或 11），称为 4-PSK 或四相位 PSK。还可以扩展到 8-PSK 或称为八相位 PSK，利用这种技术，可以对传输速率起到加倍的作用，但受到设备检测微小相位变化能力的限制。8-PSK 的相位有 8 种，分别是 0、π/4、π/2、3π/4、π、5π/4、3π/2、7π/4，对应的三位组为 000、001、010、011、100、101、110、111。8-PSK 特征图如图 2.12 所示。

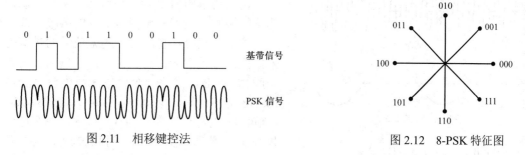

图 2.11　相移键控法

图 2.12　8-PSK 特征图

4．正交调幅（QAM）

正交调幅（Quadrature Amplitude Modulation，QAM）是将 PSK 和 ASK 以某种方式结合起来（振幅和相位有多种变化），使得在每一位、双位、三位、四位组等之间具有最大的反差，它是在相移数已达到上限时提高传输速率的有效方法。由于振幅变化比相位变化更容易受噪声的影响，因此在 QAM 中，相位变化比振幅变化数要多。早期用户通过电话线这种模拟传输线路，使用普通的调制解调器（Modem）采用拨号方式入网，而 Modem 就是采用的正交调幅技术。Modem 的传输速率有 14.4kbps、19.2kbps、28.8kbps、33.6kbps 和 56kbps 等，普通 Modem 的最高传输速率为 56kbps。

QAM 可能的变化是无限的。图 2.13 所示为三种 16-QAM 的设置。

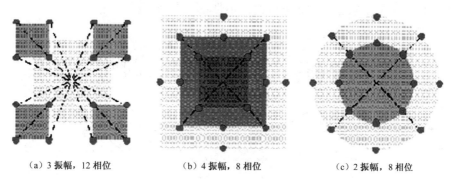

（a）3 振幅，12 相位　　　　（b）4 振幅，8 相位　　　　（c）2 振幅，8 相位

图 2.13　三种 16-QAM 的设置

图 2.13（a）中有 3 种振幅、12 个相位，相位数和振幅数的比率较高，所以具有最好的抗干扰性，属于 ITU-T 推荐的设置。而图 2.13（b）中有 4 种振幅、8 个相位，属于 ISO 推荐的设置。4 乘 8 应该有 32 种变化，但只使用了其中的 16 种，因此变化之间的距离变大了，从而保证了更好的信号可读性。图 2.13（c）中有 2 种振幅、8 个相位。有些 QAM 编码将特定的振幅和特定的相位联系在一起，可以避免在振幅移动变化中噪声的影响。

2.2.4　模拟数据的模拟调制

模拟数据经由模拟通信系统传输时不需要进行变换，但是为了便于无线传输和满足频分多路复用等的需要，模拟数据可在甚高频正弦波下进行模拟调制。例如，有线电视是将几十个电视台信号调制成不同的频段在一根 CATV 线上传输的，广播电台也是将多路电台信号调制到不同波段在空气中传输的，收音机则通过中波、短波等在各个频段接收信号。模拟调制有调幅（Amplitude Modulation，AM）、调频（Frequency Modulation，FM）和调相（Phase Modulation，PM）3 种调制技术，最常用的是调幅和调频技术。

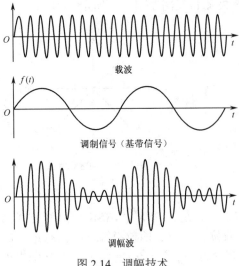

图 2.14　调幅技术

1．调幅

调幅技术如图 2.14 所示，经 AM 调制后，载波的振幅会随着原始模拟数据的振幅呈线性变化，频率和相位保持不变。调幅信号的带宽是原来模拟信号带宽的两倍。例如，音频信号的带宽一般为 5kHz，因此一个调幅无线电台至少需要 10kHz 的带宽，调幅电台可以使用 530～1700kHz 的任何频率作为载波频率，每个电台的载波频率必须和其他电台的载波频率至少间隔 10kHz，实际上，美国的联邦通信委员会（Federal Communications Commission，FCC）为每个调幅电台分配了 10kHz 的带宽。

2．调频

调频技术如图 2.15 所示，在调频传输中，原始模拟载波信号的频率会随着调制信号电压（振幅）的改变而调整，而振幅和相位保持不变。一个调频信号的带宽是原来模拟信号带宽的 10 倍。调频电台可以使用 88～108MHz 的任何频率作为载波频率（现在许多学校用于播放英语学习节目的内部电台也可以使用 64～88MHz 的频率），而立体声广播的音频信号的带宽约为 15kHz，所以一个调频电台的带宽至少需要 150kHz，FCC 要求每个调频电台的最小带宽为 200kHz。

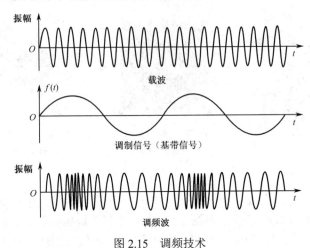

图 2.15　调频技术

3．调相

在调相传输技术中，原始模拟载波信号的相位随调制信号电压（振幅）的改变而调整，振幅和频率保持不变。调相技术和调频技术的分析类似。

2.3　数据传输方式

将信息编码成可以传输的格式后，下一步就要考虑传输方式了。在数据通信中，数据传输方式有并行传输和串行传输两种。

2.3.1 并行传输

并行传输是指数据以成组的方式在多个并行的信道上同时传输，即多个数据位并排同时在线路上传输，相应地需要若干根传输线。并行传输一般用于计算机内部或近距离设备的数据传输，如计算机和打印机之间的并行通信一般通过计算机上的并行端口（LPT）进行。它以字符（8 个二进制位）为单位，一次传输一字节的信号，所以传输信道需要 8 根数据线，同时还需要其他的控制信号线。由于并行传输一次只传输一个字符，所以收/发双方没有字符同步问题。

并行传输优点是速度快，缺点是费用高，维修不易，易受干扰。因为并行传输需要一组传输线，所以并行传输一般用在短距离范围且传输速度要求高的场合。

2.3.2 串行传输

计算机网络主要采用串行传输的方式。串行传输是指数据在信道上一位一位逐个传输，从发送端到接收端只需一根传输线。由于计算机内部操作大多使用并行传输方式，因此当数据通信采用串行传输方式时，发送端需要通过并/串转换装置将并行数据位流转变为串行数据位流，然后送到信道上传输，在接收端再通过串/并转换，还原成 8 位并行数据流。例如，使用 Modem 通过电话线接入 Internet，就是串行传输，Modem 接入 PC 的串行端口（COM）。局域网中，并/串转换由网卡负责。

串行通信的优点是线路成本低，架设方便，容易维护，易于实现；缺点是传输速度比并行传输要慢。在串行传输中，还需考虑通信的方向及通信过程中的同步传输问题。同步技术包括同步传输和异步传输，将在 2.4 节中讨论。串行数据信号在传输线上的传输有以下 3 种方式。

1. 单工通信（双线制）

单工（Simplex）通信只允许传输的信息始终向一个方向流动，就像道路交通上的单行道一样。实际应用中，单工通信的信道采用双线制，一个用于传输数据的主信道，另一个用于传输控制信息的监测信道。例如，听广播和看电视，信息只能从广播电台和电视台发射（传输）到用户，而用户不能将数据传输到广播电台或电视台，寻呼机也是单工通信的例子。

2. 半双工通信（双线制＋开关）

半双工（Half Duplex）通信允许信息流向两个方向均可传输，但同一时刻只能朝一个方向传输，不能同时进行双向传输。通信双方都要具备发送和接收装置，每一端既可以作为发送端也可以作为接收端，信息流是轮流使用发送和接收装置的。此方式适用于会话式终端通信，因为通信中要频繁调换信道传输方向，效率较低。无线电对讲机就是半双工通信的例子。

3. 全双工通信（四线制）

全双工（Full Duplex）通信是指在同一时刻，能同时进行双向通信，即通信的一方在发送信息的同时也能接收信息。它相当于两个方向相反的单工通信的组合，通常采用四线制。常用的电话系统就是采用的全双工通信方式。

2.4　同步传输和异步传输

串行传输方式中，为了保证接收的二进制序列与发送的数据一致，并将其组合成字符，需要依靠收/发双方之间的定时机制来实现，这个定时机制就是通信中的同步技术。同步技术主要解决的是何时发送数据、双方传输速率是否一致、每个比特持续时间、比特间的时间间隔等问题，同步技术直接影响通信质量。常用的同步技术有同步传输方式和异步传输方式两种，计算机网络主要采用同步传输技术。

2.4.1　同步传输

同步传输方式是指传输时将一组数据或一个报文以一个大的数据块的方式发送。同步传输时，需要在传输的数据块前面放上两个或两个以上的同步信号 SYN（ASCII 代码为 0010110，见附录 A），在数据块结束处加上后同步信号。接收端接收时，首先寻找同步字符 SYN，如果检验出两个或两个以上的 SYN，那么后续的就是所传输的字符，直至检验出后同步信号为止。数据块和前后的同步信号一起构成了一个数据单位，称为帧。

因为同步传输以数据块的方式进行，所以线路利用率高，它不需要起始位、停止位，中间不留空格也不用停顿，可连续不断地发送，多用于字符信息块的高速传输。一般在发送几千比特之后需要再进行一次同步。但这种方式收/发双方控制复杂，需要精度较高的时钟装置，对线路的要求也高。

2.4.2　异步传输

异步传输类似键盘输入字符到主机一样，一次传输一个字符，它允许码字之间存在不确定的空闲时间，即码字之间没有确定的时间关系。异步传输也称为起止式传输，它以字符为单位，在每个字符（8 比特）代码前增加一个起始位（逻辑 0），字符代码后增加 1 位、1.5 位或 2 位停止位（逻辑 1）。字符可以是 5 位或 8 位，一般 5 位字符的停止位是 1.5 位，8 位字符的停止位是 2 位。

异步传输方式中，因为每个字符都带有起始位和停止位，所以可随时发送字符，当没有数据发送时，传输线一直处于高电平状态（停止位/逻辑 1），一旦接收端检测到传输线上有 1 到 0 的跳变，则意味着发送端已开始发送字符。接收端利用这个电平从高到低的跳变，启动定时机构按发送的速率顺序接收字符，一个字符发送结束，发送端又使传输线处于高电平，直到发送下一个字符为止。由于每个字符是相对独立传输的，为了防止发送端和接收端的时钟漂移，要求它们的时钟必须同步，但因为一次只接收一个字符，对接收时钟的精度要求降低了。时钟同步的另一种方法是在发送方和接收方之间提供一条单独的时钟线。还可以采用把时钟信息放入数据信号中等方法进行时钟同步。

同步传输效率高于异步传输，缺点是线路控制比较复杂，要有发送检测同步字符的线路，如果时钟失步，会破坏整个数据块的正确性。而异步传输以串行方式发送，并附有起止位，字符间通过空号（高电平）分割，设备简单，技术容易，费用不高，但速率较低，即使有一次时钟失步（实际是不太可能的）也只影响一个字符的正确接收。

2.5　多路复用技术

多路复用技术是指在同一个物理信道上同时传输多路信号，实现通信信道共享的一套技术。被传输的多路信号可以由不同的信源产生，传输信号时各路信号之间互不影响。因此，它提高了传输介质的利用率。常用的多路复用技术有：频分多路复用（FDM）、时分多路复用（TDM）、波分多路复用（WDM）等。

2.5.1 频分多路复用（FDM）

频分多路复用（Frequency Division Multiplexing，FDM）技术适用于模拟传输。它把信道的频谱分割成若干个互不重叠的子信道，各相邻子信道间要留有一个狭长的带宽（保护带），每个子信道可传输一路信号，每个发送设备产生的信号被调制成相应的子信道的载波频率，调制后的信号再被组合成一个可以通过通信链路的复合信号，如调频广播电台、有线电视系统（CATV）等都采用 FDM 技术。采用频分多路复用技术时，各路信号在各个子信道上是以并行的方式传输的，如图 2.16 所示。

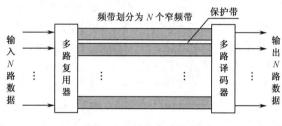

图 2.16　频分多路复用

频分多路复用技术最为简单，用户在分配到一定的频带后，自始至终都占用这个频带。因此频分复用的所有用户在同样的时间占用不同的带宽资源。

频分多路复用技术适用于模拟信号。例如，在有线电视 CATV 和电话系统中，当把 FDM 用在载波电话通信系统中时，因为传输的语音信号的频谱一般为 300～3 400Hz，仅占用一根传输线总带宽的一部分，可用载波调制的方法实现频率的偏移，将若干路语音信号放置在频带的不同区段，用一条通信线路送出。通常双绞线的可用带宽是 100kHz，每一路电话信号约需 3.1kHz，保护带为 0.45kHz，利用频分多路复用技术，可以在同一根双绞线上同时传输多达 24 路电话信号。FDM 技术可以用在宽带网中，非对称用户数字线（Asymmetric Digital Subscriber Line，ADSL）使用的就是这样一种复用技术，ADSL 将物理信道划分为 3 个频带（子信道），分别用于语音（0～25kHz，实际只用 4kHz 的带宽）信道、传输数字数据的上行信道（25～200kHz）和下行信道（200Hz～1MHz）。

2.5.2 时分多路复用（TDM）

时分多路复用（Time Division Multiplexing，TDM）将物理信道按时间分成许多等长的时间片，轮流、交替地分配给多路信源，这样使多路输入信号能共享物理信道。当一条传输信道的最高传输速率超过各路信号传输速率的总和时，就可以采用时分多路复用传输技术。为实现时分多路复用，可将各路数据分段压缩在一系列等宽的时间片内，通过复合电路将它们按序复合在一起并发送到通信线路上进行传输。时分多路复用原理如图 2.17 所示。

由多个时间片组成的帧称为时分复用帧。在目的端，通过采用定时脉冲的定时扫描电路，可将各路数据分离出来。可以这样理解 TDM，假如在一个饭店内同时有 20 桌人吃饭，饭店在处理时并不是先把第一桌的菜全部做好上齐后再做第二桌菜，等上齐第二桌菜后再处理第三桌、第四桌，而是轮流给各桌先上第一道菜，然后再轮流给各桌上第二道菜、第三道菜，依次进行，直到把所有的菜全部上完为止。

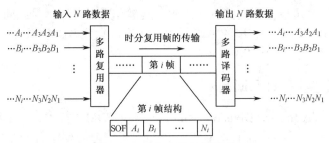

图 2.17　时分多路复用原理

FDM 是在一个物理信道上同时并行传输多路信号，而 TDM 则是分时使用物理信道，各路信号分配到的时间片也是相同的。每路信号使用的带宽都是物理信道的全部带宽，因此，TDM 技术适用于传输占用信道带宽较高的数字基带信号。

TDM 有两种实现方式：同步时分多路复用和异步时分多路复用。普通的时分复用称为同步时分多路复用，这里"同步"的概念和同步传输技术中的"同步"概念不同，这里是指按照固定顺序，把时间片循环轮流地分配给各路信号，而不管某路信号是否需要继续发送数据或数据已发送完。所以它容易造成信道资源的浪费。

异步时分多路复用也称为统计时分复用（Statistical TDM，STDM）。同样这里"异步"的概念与异步传输中的"异步"概念不同，这里异步的意思是指可变的、不固定的，它是一种效率更高的 TDM 方法。每一个 STDM 帧中的时隙数少于总的用户数，每个用户只要有数据需要发送就可以随时发送到集中器的缓存中，集中器按序依次扫描输入缓存并发送出去。STDM 采用智能方法动态分配时间片，只有当某路信道需要发送数据时才把时间片分配给它，这样避免了通信信道资源的浪费。

STDM 中各路信号可能并不是以固定的顺序同时出现的，所以当数据到达接收端时，接收端不知道应该将哪一个时间片的数据发送到哪一路信道上去。因此 STDM 要求把源地址、目的端地址等作为附加信息随同数据一起发送，以便接收站可以按地址分送数据。STDM 只适用于真正的数字数据传输（如计算机的输出），不适用于经过转换的模拟数据（如 PCM 编码的语音信号）传输。局域网（基带网络）中经常采用这种技术。

2.5.3　波分多路复用（WDM）

波分多路复用（Wave-length Division Multiplexing，WDM）的原理与频分多路复用相似，主要用于光纤通信。对于光信号是用波长而不是用频率来表示所使用的光载波的，因此就称为波分多路复用。WDM 和 FDM 的不同之处是 WDM 光波频率很高，它利用不同波长的光，通过共享光纤远距离传输多路信号。WDM 技术中，利用光学系统中的衍射光栅，来实现多路不同频率光波信号的合成与分解。

波分多路复用最初只能在一根光纤上复用两路光载波信号。而现在可以在一根光纤上复用 80 路或更多路数的光信号，这就是密集波分多路复用（Dense WDM，DWDM）。

2.5.4　三种复用技术的比较

FDM 适合于传输模拟信号，TDM 适合于传输数字电信号，而 WDM 传输的是光波信号，WDM 和 FDM 技术原理是类似的。TDM 和 FDM 相比，TDM 虽然技术上比较复杂，但抗干扰能力强，可以逐级再生整形，能够避免干扰的积累，而且数字信号较容易实现自动转换，易于集成化。计算机通信中广泛使用 TDM 和 WDM。TDM 和 FDM 的性能比较如下：

① TDM 设备比 FDM 设备易于实现；
② TDM 比 FDM 传输速率高。TDM 中可以充分利用信道的全部带宽；
③ TDM 中多路信号只需一个 Modem，而 FDM 中每路信号均需要一个 Modem；
④ FDM 通常需要模/数转换设备，而 TDM 具有明显的数字形式，适合计算机直接相连；
⑤ 在进行差错控制和校正操作时，TDM 比 FDM 会产生较多的时间延迟。

2.6 物理层作用与协议

2.6.1 物理层的作用和特性

物理层位于 OSI/RM 的最底层，也是通信子网的最底层，其传输单位是比特（bit），向下直接和信道（传输介质）相连接，向上对数据链路层屏蔽各种物理传输介质的差异。

物理层的作用是在网络节点之间提供线路的建立、维持和释放，实现二进制位流从一个节点传输到另一个节点的透明传输，并进行差错检查等。前面介绍的数据编码和调制、串/并传输、同/异步传输、多路复用等技术都是物理层考虑的范畴。但要注意，物理层并不是指物理传输介质，而是指怎么样在物理传输介质上实现数据传输。

物理层不涉及所传输的比特流信息的格式和含义，也不关心具体的物理设备和传输介质，而是对数据终端设备（Date Terminal Equipment，DTE）和数据电路端接设备（Date Circuit-terminating Equipment，DCE）之间通信接口的描述和规定，DTE-DCE 接口如图 2.18 所示。

图 2.18 DTE-DCE 接口

DTE 是对所有的联网设备或工作站的统称，它们是通信的信源或信宿，如计算机、终端、路由器等；DCE 是对为用户提供网络设备的接入点的统称，如交换机、自动呼叫应答设备、调制解调器等。常见的 DTE 和 DCE 之间的接口有 PC Modem 之间的接口（RS-232-C）、网卡与双绞线连接的接口（RJ-45）等。

1. 物理层提供的功能

（1）保证数据按位传输的正确性，同时提供通信接口定义、控制信号、数据传输速率、接口信号电平等。

（2）物理层管理。

（3）建立、维持和释放物理连接。

2. 物理层的特性

物理层接口协议实际上是 DTE 和 DCE 或其他通信设备之间接口的一组约定，主要解决网络节点与物理信道如何连接的问题，例如信号 0 和 1 采用什么编码方式，分别用多少伏电压表示，一个比特占用多少时间，传输方式用全双工还是半双工，采用同步方式还是异步方式，如何建立连接或拆除连接，接口的尺寸规格是多少等。

　　物理层协议规定了标准接口的机械连接特性（机械特性）、电气信号特性（电气特性）、信号功能特性（功能特性）及交换电路规程特性（规程特性），各个制造厂商根据公认的标准生产，就能相互兼容。

　　1）机械特性

　　机械特性规定了 DTE 和 DCE 之间实际的物理连接。机械连接特性详细说明了接插式连接器的大小、形状、尺寸和引脚的排列方式，锁定装置及相应通信介质的参数和特性等。ISO 物理层采用的机械特性的标准有：ISO2110、ISO2593 和 ISO4092。

　　2）电气特性

　　电气特性规定了信号及有关电路的特性，规定了 DTE 和 DCE 接口线的信号电平（如信号 0 和 1 分别用多少伏电压表示），传输一个比特信息占用多长时间，传输的速率、编码或调制方式，以及发送器和接收器的阻抗匹配等电气参数。由于信号在传输过程中会出现失真，因此也规定了传输距离。ISO 物理层采用的电气特性标准有：CCITT V.10/X.26 建议、CCITT V.11/X.27 建议、CCITT V.28 建议和 CCITT V.35 建议。

　　3）功能特性

　　功能特性规定了接口信号的来源、作用及与其他信号之间的关系，即接口中各引脚线的功能分配和确切定义。信号线分为四类：数据线、控制线、同步线和地线。ISO 物理层采用的功能特性标准有：CCITT V. 24 建议和 CCITT X. 24 建议。

　　4）规程特性

　　规程特性就是协议，定义了 DTE 和 DCE 接口进行二进制比特流传输前的控制步骤，包括各信号线的工作规程和时序。ISO 物理层采用的规程特性标准有：CCITT X.20 建议、CCITT X.21 建议、CCITT X.22 建议、CCITT V.24 建议和 CCITT V.25 建议。

2.6.2　物理层协议（接口标准）举例

　　下面介绍计算机网络系统中常用的几种接口标准。

1. EIA-RS-232C 接口标准

　　EIA-RS-232C 由（美国）电子工业协会 EIA 在 1969 年颁布，是一种串行物理接口标准，RS（Recommended Standard）的意思是"推荐标准"，"232"是标识号码，而后缀"C"则表示被修改过的版本，EIA-RS-232C 也简称为 EIA-232C 或 RS-232C。

图 2.19　EIA-RS-232C

　　1）EIA-RS-232C 的机械特性

　　EIA-RS-232C 的机械特性规定使用一个 25 芯的标准连接器，并对该连接器的尺寸及针或孔芯的排列位置等都做了详细说明。它和 ISO 制定的 ISO 2110 国际标准及 CCITT 推荐的 V.24 标准是兼容的，EIA-RS-232C 如图 2.19 所示。通常用于 DTE 设备上的接口是 DB25 针式（凸插座）结构，用于 DCE 设备上的接口是 DB25 孔式（凹形插座）结构。在实际使用中并不一定需要用到 EIA-RS-232C 标准的全集，多数控制线不用，而辅助信号线更少使用。所以一些生产厂家对 EIA-RS-232C 标准的机械特性做了简化，使用了一个 9 芯标准连接器，将不常用的信号线舍弃。计算机主机上就分别提供了 25 芯和 9 芯两种 EIA-RS-232C 串口。

2）EIA-RS-232C 的电气特性

EIA-RS-232C 的电气特性规定了通信接口的发送器、接收器的电气连接方法及其电气参数，如信号电压（或电流、信号源、负载阻抗等），EIA-RS-232C 接口标准的电气特性规定采用负逻辑，即逻辑"1"的电平范围是$-5\sim-15\text{V}$；逻辑"0"的电平范围是$+5\sim+15\text{V}$。通常使用的电平是-12V（逻辑"1"）和$+12\text{V}$（逻辑"0"）。当传输数据和定时信号时，电平从$-3\sim+3\text{V}$ 的过渡区域跳变的时间不得超过 1ms。

EIA-RS-232C 电平高达$+15\text{V}$ 和-15V，较$0\sim5\text{V}$ 的电平来说具有更强的抗干扰能力。但是，即使使用这样的电平，如果利用 EIA-RS-232C 将 DTE 和 DTE 直接相连（不使用调制解调器），它们的最大距离也仅约为 15m，而且由于电平较高通信速率反而受影响，不超过 20kbps。标准速率为 50kbps、75kbps、110kbps、150kbps、300kbps、600kbps、1 200kbps、2 400kbps、4 800kbps、9 600bps，直到 19 200bps 等。

3）EIA-RS-232C 的功能特性

EIA-RS-232C 的 DB-25 标准中各引脚的功能如图 2.20 所示。它定义了 25 芯标准连接器中的 20 根信号线（其中 2 根地线、4 根数据线、11 根控制线、3 根定时信号线），剩下的 5 根线（9、10、11、18、25）备用（未定义或做他用）。其中最常用的信号线是 1、2、3、4、5、6、7、8、20 和 22 这 10 根线。

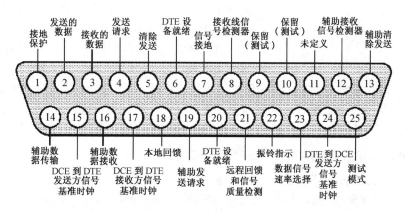

图 2.20　EIA-RS-232C 的 DB-25 标准中各引脚的功能

EIA-RS-232C（9 芯）标准连接器线路功能见表 2.2。

从图 2.20 可以看出，EIA-RS-232C 包括主信道和辅助信道两种。辅助信道比主信道的速率低得多，用于传输一些辅助的控制信息，很少使用。EIA-RS-232C 的工作过程是在各条控制信号线有序的"ON"（逻辑 0）和"OFF"（逻辑 1）状态的配合下进行的。在 DTE 和 DCE 连接时，只有 CD（数据终端就绪）和 CC（数据设备就绪）均为"ON"状态时，才具备操作的基本条件。如果 DTE 要发送数据，则必须先将 CA（请求发送）置为"ON"状态，等待CB（清除发送）应答信号为"ON"状态后，才能在BA（发送数据）上发送数据。

表 2.2　EIA-RS-232C（9 芯）标准连接器线路功能表

连接器插脚号	信　号　名
1	接收信号检测
2	接收数据（RXD）
3	发送数据（TXD）
4	数据终端准备就绪（DTR）
5	信号地
6	数据设备准备就绪（DSR）
7	请求发送（RTS）
8	允许发送（CTS）
9	振铃指示

EIA-RS-232C 最初是为了连接 DTE 和 DCE（如计算机和 Modem）设备而制定的，但也

可用于 DTE 和 DTE（如主机和终端、计算机和计算机）间的近距离连接。Windows 操作系统提供的用于两台计算机之间连接的"直接电缆连接"就是用 EIA-RS-232C 接口实现的。它既不需要电话网也不使用调制解调器，所以也称为"空调制解调器"，由于两个设备必须以 DTE 和 DCE 成对的方式出现才符合 EIA-RS-232C 标准接口的要求，所以要采用交叉跳接信号线方法来连接电缆，使得两端的 DTE 通过电缆看对方时都好像是看到 DCE 一样。这根连接电缆也称为零调制解调器，它适合于两台计算机近距离（15m）连接。

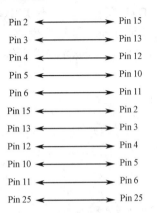

图 2.21 25 针 EIA-RS-232C 的 DTE-DTE
并口（LPT1）交叉跳接连接

"直接电缆连接"是利用计算机的串口或并口进行通信的。使用时，要求通信双方使用同一类型端口，如 25 针的并口（LPT1）或串口（COM2）、9 针的串口（COM1）。25 针的并口（LPT1）交叉跳接信号线的 DTE-DTE 连接电缆制作方法是：将两端 EIA-RS-232C 的 2 和 15、3 和 13、4 和 12、5 和 10、6 和 11 这五对引脚交叉连接，而 25 和 25 引脚直接连接即可，如图 2.21 所示。

制作 9 针（串口）EIA-RS-232C 交叉跳接信号线的 DTE-DTE 电缆时，将两侧的第 2 和第 3 引脚交叉连接，第 5 和第 5 引脚直接连接即可。

在 DOS 下"直接电缆连接"的连接顺序有所区别。9 针串口（COM1）线是将两端的 2 和 3、4 和 6、7 和 8 这三对引脚交叉连接，而 5 和 5 引脚直接连接即可；25 针串口（COM2）线是将两端的 2 和 3、4 和 5、6 和 20 这三对引脚交叉连接，而 7 和 7 引脚直接连接即可。

路由器也是 DTE 设备，两个路由器直接连接时也需要将一端作为 DCE 设备。

2. EIA 的 RS-422、RS-423 和 RS-449 接口标准

EIA 的 RS-232C 标准在传输距离和传输速率方面有较大的局限性，因此，EIA 又制定了 RS-422、RS-423 和 RS-449 接口标准，它们主要适用于数字通信系统，用作远程通信串行接口。

RS-422 的电气标准是平衡型的接口标准，它的发送器、接收器分别采用平衡发送器和差动接收器，信号"1"和"0"分别用−2～−6V 和+2～+6V 代表。由于采用完全独立的双线平衡传输，大大改善了接口的电气驱动性能，抗干扰能力也大大增强。又由于信号电平定义为 ±6V（±2V 为过渡区域）的负逻辑，使得在 1km 距离之内传输速率可达 100kbps。当距离为 10m 时速率可达 10Mbps，性能远远优于 RS-232C 标准。RS-422 的电气特性与 CCITT V.10 建议规定的电气特性相似。

RS-423 的电气标准是非平衡型的接口标准，采用单端发送器（非平衡发送器）和差动接收器，信号"1"和"0"的电平分别为−4～−6V 和+4～+6V。虽然发送器与 EIA-RS-232C 标准相同，但由于接收器采用差动方式，所以传输距离和速度仍比 EIA-RS-232C 有较大的提高。当传输距离为 10m 时，速度可达到 100kbps；当距离增至 100m 时，速度仍有 10kbps。RS-423 的电气特性与 CCITT V.11 建议的电气特性相似。

RS-449 接口标准是将 EIA-RS-232C、RS-422 和 RS-423 进行了综合，包含两个标准，即平衡型的 RS-422 标准和非平衡型的 RS-423 标准。用开关的方式进行模式选择，从而使 RS-449 性能多样，使用灵活方便。RS-449 规定采用 37 芯和 9 芯连接器，37 芯连接器和国际标准 ISO 4902 所规定的连接器兼容。

3. 数据传输的 DTE/DCE 接口标准 X.21

通信领域一直致力于发展数字传输系统，CCITT 的 X.21 于 1976 年制定，它用于 DTE 和 DCE 间同步操作的通用接口。CCITT 针对 DTE 和 DCE 的接口标准有 V 系列和 X 系列两大类，V 系列接口标准一般指 DTE 与调制解调器或网络控制器之间的接口，这类接口除了用于数据传输的信号线外，还定义了一系列控制线，是一种比较复杂的接口。X 系列接口是后来制定的，这类接口适用于公共数据网的 DTE 和 DCE 之间的数字传输，定义的信号线很少，是一种比较简单的接口。

X.21 的设计目标之一是减少信号线的数目，机械特性方面采用 15 芯标准连接器代替 25 芯连接器，而且其中只定义了 8 根接口线。

X.21 允许比 EIA-RS-232C 更长距离和更高速率的数据传输，其电气特性类似于 RS-422 的平衡型接口，支持最大的 DTE/DCE 电缆距离是 300m，可以以同步传输的半双工或全双工方式运行，传输速率最大可达 10Mbps。X.21 接口适用于由数字线路访问公共数据网的地区，欧洲网络大多使用 X.21 接口。

4. ISO 定义的物理层接口标准

ISO 定义的物理层接口标准见表 2.3。

表 2.3 ISO 定义的物理层接口标准

ISO 标准	规 格 形 状	引脚数	使 用 场 合	兼 容 标 准
ISO 2110	47.17 / 46.91	25	语音频带串/并 Modem、公共数据网、电报网和 Telex 自动呼叫设备	EIA-RS-232C EIA RS-366A
ISO 2593	42.67 / 43.08	34	宽带 Modem	CCITT V.35
ISO 4902	63.63 / 63.37	37	语音频带串行 Modem、宽带 Modem	RS-449
	25.12 / 25.57	9		
ISO 4903	30.40 / 33.20	15	公共数据网	CCITT X.20,X.21 X.22

2.7　本章小结

（1）模拟信号和数字信号的特征和特性。特征：模拟信号是连续的曲线波，具有振幅（音量）、频率（高低音）和相位（周期）三要素；数字信号是离散（有限个数）的方波。特性：数字通信系统比模拟通信系统费用低；数字信号抗干扰能力强，不易失真，但数字信号比模拟信号易衰减；模拟信号比数字信号传输距离要远。

（2）模拟信号通常是载波信号，载波信号具有振幅、频率和相位三大要素。

（3）数字信号传输速度快慢不采用周期和频率来描述，而采用比特间隔（对应于周期）和比特率（对应于频率）来描述。

（4）数字信道的容量用数据传输速率表示，如 100Mbps；模拟信道用带宽描述，如 1MHz。

（5）基带传输、频带传输。基带传输是用表示信息的原有信号形式进行传输的。如数字数据直接在数字信道中传输。频带传输是将基带信号调制成频带信号（模拟信号），在模拟信道中传输的。

（6）数据转变为数字信号称为编码，转变为模拟信号称为调制。

（7）数字数据的数字信号编码最好的方案是双相位编码，如 10M 以太网中使用的是曼彻斯特编码和差分曼彻斯特编码。

（8）模拟数据的数字信号编码经过 PAM、PCM 等过程，采样频率是原始的有效信号中的最高频率分量或其带宽的 2 倍。

（9）数字数据的模拟调制有幅移键控法 ASK、频移键控法 FSK 和相移键控法 PSK 三种基本调制技术，正交调幅 QAM 将 PSK 和 ASK 以某种方式结合起来（振幅和相各有多种变化），使得在每一位、双位、三位、四位组之间具有最大的反差，它是在相移数已达到上限时提高传输速率的有效方法。

（10）普通 Modem 就是采用正交调幅这种技术，Modem 的传输速率有 14.4kbps、19.2kbps、28.8kbps、33.6kbps 和 56kbps 等，普通 Modem 最高传输速率为 56kbps。

（11）数据传输方式有并行传输和串行传输两种，计算机网络中主要采用串行传输。

（12）串行传输有同步传输和异步传输两种形式，计算机网络中主要采用同步传输技术。串行传输按传输方向有单工、半双工和全双工方式。

（13）多路复用技术主要有 FDM、TDM 和 WDM 等，计算机网络中主要使用 TDM 和 WDM。

（14）通信子网包括物理层、数据链路层和网络层三层。物理层处于通信子网的最底层，传输单位是比特，主要研究二进制比特在网络中如何按位正确进行传输。

（15）物理层的作用是在节点之间提供线路的建立、维持和释放，实现比特的透明传输，并进行差错检查等。物理层是对 DTE 和 DCE 之间通信接口的描述和规定。

（16）物理层的特性有机械连接特性（机械特性）、电气信号特性（电气特性）、信号功能特性（功能特性）及电路规程特性（规程特性）。如 RS-232C、X.21、RJ-45 等，机械特性主要描述接口的尺寸、大小、形状和引脚的排列方式；电气特性主要描述传输一个比特时的编码或调制方式和传输速率等；功能特性描述接口上各引脚线的功能分配和确切定义；规程特性是协议，定义了比特流传输的控制步骤，包括各信号线的工作规程和时序等。

2.8 实验 2 网上邻居及网络资源共享

1．实验目的

（1）了解网卡、通信协议和计算机中文件共享服务的安装及作用。

（2）掌握局域网客户端计算机设置方法。

（3）掌握利用直通（交叉）双绞线组建小型局域网（对等网）的方法。

（4）掌握通过"网上邻居"实现资源共享的方法。

2．实验环境

每一组（有条件的话每个人）安装 Win XP/7 计算机 2 台、交叉连接双绞线 1 根，直通连接线 2 根，集线器（或交换机）1 台。

3．实验时数

2 学时。

4．复习及准备

请复习第 1 章 1.5 节传输介质和本章 2.6.2 节物理层协议（接口标准）举例。并自学第 4 章 4.8.2 节关于 NetBEUI 协议的知识。

5．实验内容

1）组建对等网

本实验不设置专用服务器，分别用下面（1）（2）中的两种方法组建一个对等网。

（1）使用实验 1 制作的交叉连接线将两台计算机直接相连。

（2）使用 Hub（或 Switch）组建。用直通线连接两个或两个以上的计算机至 Hub（或 Switch）。

（3）在实验报告中画出实验室网络拓扑结构。

2）检查计算机网络设置

（1）计算机网络设置属性窗口（"本地连接属性"窗口）如图 2.22 所示。进入该窗口的方法有以下 3 种。

图 2.22 "本地连接 属性"窗口

① 打开"开始"→"控制面板"→"网络连接"→"本地连接"→"属性"窗口；

② 右键单击"网上邻居"，单击"属性"→"网络连接"→"本地连接"→"属性"；

③ 双击任务栏中的"本地连接"图标 ，单击"属性"。

其中第二种方法较为常用，第三种方法最为简便但需要设置使得在任务栏能看够到网络连接的图标。

（2）检查网卡及驱动程序的安装情况，Windows 能识别绝大多数的网卡，驱动程序也能自动安装。当个别网卡不能被识别时，可利用随卡所带的驱动程序进行安装。

请记录当前计算机网卡的名称，并写进实验报告。

（3）检查网络协议安装情况，NetBEUI、IPX/SPX 或 TCP/IP 等协议均可以作为局域网通信协议，Windows 系统在安装时一般都已自动安装了其中的一种、两种或全部，用户不需要再安装。

请记录当前计算机所安装的网络协议和服务名称，并写进实验报告。

如果需要安装其他网络协议，可以在图 2.22 所示的窗口中单击"安装"按钮，在"选择网络组件类型"窗口中选择"协议"选项，然后选择相应的协议进行安装，但需要相应的Win 系统安装盘（文件）。

（4）安装文件与打印机共享服务。不安装文件与打印机共享服务，局域网虽能连通，但不能实现资源共享。在图 2.22 所示的窗口中如果已有"Microsoft 网络的文件与打印机共享"选项，则不需要安装。否则单击"安装"按钮，双击"服务"选项，在"选择网络服务"中选择相应的服务，单击"确定"按钮（按提示插入 Windows 系统安装盘完成安装）即可。

（5）在窗口下方有一选项"连接后在通知区域显示图标"，对该选项打勾后可以在任务栏显示网络连接图标。

（6）设置"计算机名"和"工作组名"。打开"控制面板"→"系统"→"计算机名"窗口（或右键单击桌面上"我的电脑"，单击"属性"→"计算机名"），如图 2.23 所示。单击"更改"按钮可以对计算机名和工作组名重新命名。一个网络内的计算机应该设置相同的工作组名，每个主机的计算机名可以自己定义。

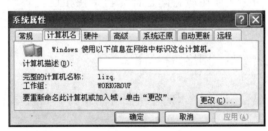

图 2.23　计算机名和工作组名更改窗口

请记录当前计算机的计算机名和所属的工作组名，并写进实验报告。

3）网上邻居及网络资源共享

（1）打开"网上邻居"，如果能看到工作组中的计算机，说明网络连接正常。如果要实现网络资源共享，需进行后面的设置。

（2）文件共享设置。将计算机中的某文件或文件夹设置为共享，现假设计算机为Windows XP 系统，选择某个文件或文件夹并单击鼠标右键，选择"共享和安全"选项，将文件夹设为共享文件夹，同时指定一个供网络中其他用户看到的共享名，也可以使用默认共享名。

为了保护文件，对于共享文件可以进行权限设置。在访问类型中，有"只读""完全"等选项，可根据需要进行设置。

如果存在网络打印机并进行共享设置，在各个计算机上分别测试网络打印机是否正常工作。

（3）网络共享文件测试。打开"网上邻居"，打开网络上其他计算机的共享文件或文件夹，找到其他计算机的共享文件夹后，将文件复制到本机。

6．网上邻居找不到其他计算机的解决办法

1）"网上邻居"的作用

（1）组建局域网是为了在计算机等设备之间实现硬盘、打印机等设备的资源共享（方法是将文件夹、打印机等设为共享，访问类型为"只读""完全"等），这些资源都可以在"网上邻居"中查看并共享使用，并且不需要连接外网、不需要其他上网费用。

（2）通过"网上邻居"查验网络连通状况（不使用 ping 等命令检查网络连通性）。

（3）小组协同工作，包括玩网络游戏。

（4）在更换计算机、硬盘数据搬家（传输）或与笔记本交换文件时，一般使用移动硬盘转存，也可以通过网上邻居实现数据转移。QQ 虽然也可以实现数据传输，但对于文件大小等有限制。

2）"网上邻居"中看不到其他计算机等设备资源的原因

随着网络应用场合越来越广，计算机中个人信息、银行账户、支付宝登录密码等在计算机中都留有痕迹（手机中同样是这种情况），出于安全性考虑，从 Windows XP 后期版本（SP2）开始，安装 XP 系统时网上邻居默认为不开放（别的计算机找不到你，同样在网上邻居中你也找不到别的计算机），Win7 中已看不到"网上邻居"，而改为"家庭组"。

尤其在出现了 QQ、微信、百度云等网络应用软件后就可以完成许多"网上邻居"的功能，且更方便、更安全，所以"Win 系列"中，"网上邻居"的必要性降低，只是系统默认不启用，需要时通过设置即可实现，下面介绍一下设置方法。

Guest 账户即所谓的来宾账户，开启后别人可以和其他计算机互相访问并实现资源共享，但有一定的限制。不幸的是，Guest 也为黑客入侵打开了方便之门，为了计算机网络安全，通常计算机的 Guest 账户是禁用的。所以要使用网上邻居，并使用对方的资源，必须要启用 Guest 账户并对该账户网络访问的权限进行设置。

3）Windows XP 的 Guest 账户设置

（1）启用 Guest 账户。右键单击"我的电脑"，单击"管理"→"本地用户组"→"用户"→"Guest（取消前面的红叉）"，右键单击 Guest，单击"属性"，去掉"账户已停用"前的钩，单击"确定（或应用）"。

（2）添加"从网络访问此计算机的用户 Guest"。操作顺序：单击"控制面板"→"管理工具"→"本地安全策略"→"本地策略"→"用户权利指派"，双击"从网络访问此计算机"，单击"添加用户和组"→"高级"→"立即查找"，选择（单击）Guest，单击"确定"→"确定"→"应用"→"确定"。

（3）删除"拒绝从网络访问此计算机的用户 Guest"。操作顺序：单击"控制面板"→"管理工具"→"本地安全策略"→"本地策略"→"用户权利指派"，双击"拒绝从网络访问此计算机"，选择（单击）"Guest"，单击"删除"→"确定"。

4）Win7 系统 Guest 账户设置

Win7 系统设置与 Windows XP 下的设置方法道理相同，只是系统说法有些区别，如：

（1）启用 Guest 账户。

（2）选择桌面上的计算机，右键选择管理。

（3）展开（单击）"本地用户和组"，选择"用户"，双击"Guest"。

（4）开启 Guest 账户：取消勾选账户已禁用，单击确定，重启电脑。

（5）禁用 Guest 账户：勾选账户已禁用，单击确定，重启电脑。

步骤（1）中：将"本地用户组"描述成"本地用户和组"，将"账户已停用"描述成"账户已禁用"；步骤（2）和（3）中：将"用户权利指派"描述成"用户权限分配"。

5）"网上邻居"找不到计算机的其他原因

如果"网上邻居"中看不到本机，说明没有安装打印机与文件共享；如果在"网上邻居"中能看到本机，但找不到其他计算机，除了硬件（网线、网卡、集线器等）故障和协议（TCP/IP、NetBEUI 或 NWLink、IPX/SPX 协议）未安装以外，还应查看下列原因：

（1）是否设置"文件和打印机共享"服务。操作方法见本实验内容"2）检查计算机网络设置"中的第（4）步安装文件与打印机共享服务。

（2）是否以用户身份登录 Windows 系统。计算机启动时要求输入用户名和密码时，如果单击"取消"进入系统，则"网上邻居"中不会出现该计算机。重启 Windows，输入用户名和密码，单击"确定"按钮进入系统。

（3）安装 Windows XP 系统的计算机之间不能互通，还需进行如下设置：右键单击"我的电脑"，单击"属性"，选择"计算机名"选项卡，单击"网络 ID"按钮→"网络标识向导"→"下一步"，选择"本机是商业网络的一部分，用它连接到其他工作着的计算机"；单击"下一步"，选择"公司使用没有域的网络"；单击"下一步"，然后输入局域网的工作组名，单击"下一步"→"完成"。重新启动计算机后，局域网内的计算机就可以互访了。

（4）防火墙。关闭 Windows XP 自带防火墙。右键单击"网上邻居/网络"单击"属性"→"本地连接"→"属性"→"高级"选项卡→"设置"，关闭 Internet 连接防火墙（或单击任务栏上的"网络连接"图标，单击"更改 Windows 防火墙设置"，在弹出的 Windows 防火墙窗口中选择关闭选项）。如果使用了第三方的防火墙产品，则参考其使用手册，并关闭防火墙。

（5）如果设置了 IP 地址，则将它们设置为同一网段，或选择"自动获取地址"。

（6）查找其他计算机。在"开始"→"查找（搜索）"→"计算机"中，输入另一台计算机名进行查找，如果一切正常，则应能够找到该计算机。

7. 实验思考题

（1）"网上邻居"的作用是什么。

（2）Guest 账户的作用是什么？为什么 Win 系统一般都禁用 Guest 账户？

习 题

一、选择题

1. 信号可以分为（ ）两种。
   A. 比特和波特 B. 数字和模拟 C. 数据和信息 D. 码元和码字

2. 下列以全双工方式传输的是（ ）。
   A. 收音机 B. 对讲机 C. 电视机 D. 电话机

3. 基带传输系统是使用（ ）进行传输的。
   A. 模拟信号 B. 数字信号 C. 多路模拟信号 D. 模拟和数字信号

4. 控制载波相位的调制技术是（ ）。
   A. PSK B. ASK C. FSK D. FTM

5. 关于信道容量，正确的叙述是（　　　）。

    A. 物理信道所能达到的最大传输能力

    B. 物理信道所能提供的同时通话的路数

    C. 以兆赫为单位的信道带宽

    D. 物理信道所允许的最大误码率

6. 一个 300～3 400Hz 的信号带宽是（　　　）。

    A. 3 400Hz　　　　B. 3 100Hz　　　　C. 300Hz　　　　D. 3 700Hz

7. QAM 是一种（　　　）编码（调制）技术。

    A. 模拟-数字　　　B. 数字-模拟　　　C. 数字-数字　　　D. 模拟-模拟

8. PCM 是一种（　　　）转换技术。

    A. 模拟-数字　　　B. 数字-模拟　　　C. 数字-数字　　　D. 模拟-模拟

9. 调幅（AM）、调频（FM）及调相（PM）是（　　　）调制的例子。

    A. 模拟-数字　　　B. 数字-模拟　　　C. 数字-数字　　　D. 模拟-模拟

10. 在正交调幅（QAM）中，载波信号的（　　　）和相位都被改变。

    A. 振幅　　　　　B. 频率　　　　　C. 比特率　　　　D. 波特率

11. 当 4 相位 PSK 编码信号以 400 的波特率传输时，比特率为（　　　）。

    A. 100　　　　　B. 400　　　　　C. 800　　　　　D. 1 600

12. 如果一个 QAM 编码信号的比特率是 3 000bps，而且每个信号单元代表一个三位组，则波特率为（　　　）。

    A. 9 000　　　　　B. 6 000　　　　　C. 1 000　　　　　D. 2 000

13. 下列（　　　）编码方法对于比特"1"采用正负电平交替表示。

    A. NRZ　　　　　B. BRZ　　　　　C. BNRZ　　　　　D. 曼彻斯特编码

14. 在（　　　）传输中，一字节由起始位和停止位封装。

    A. 异步串行　　　B. 同步串行　　　C. 并行　　　　　D. A 和 B

15. 异步传输中，字节间的时间间隙是（　　　）。

    A. 固定不变　　　B. 可变的　　　　C. 0　　　　　　D. 数据速率的函数

16. EIA-232C 标准接口为（　　　）针。

    A. 20　　　　　　B. 25　　　　　　C. 35　　　　　　D. 30

17. 在数据通信中，（　　　）是频率最高的电磁波。

    A. 可见光波　　　B. 红外线　　　　C. 无线电波　　　D. 伽马射线

18. 无线传输媒体通常是指（　　　）。

    A. 金属导线　　　B. 非金属导线　　　C. 大气　　　　　D. 以上都不是

19. 两个或更多的设备共享一个传输介质及其通路称为（　　　）。

    A. 复用　　　　　B. 编码　　　　　C. 调制　　　　　D. 线路规程

20. 以下哪一种复用技术可以传输（　　　）模拟信号。

    A. FDM　　　　　B. TDM　　　　　C. WDM　　　　　D. STDM

21. 对于（　　　），警戒频带多占用了带宽。

    A. FDM　　　　　B. TDM　　　　　C. STDM　　　　　D. 以上都是

22. 物理层没有定义的功能是（　　　）。

    A. 比特流传输中的差错控制方法　　　　B. 机械特性

    C. 电气特性　　　　　　　　　　　　　D. 功能特性

23. OSI/RM 的物理层中没有定义（　　　）。

　　　A．硬件地址　　　　B．位传输　　　　　C．电平　　　　　　D．物理接口

24．物理层的主要功能是（　　　　）。

　　　A．提供可靠的信息传送机制

　　　B．负责错误检测和信息的重发机制

　　　C．负责用户设备和网络端设备之间的物理和电气接口

　　　D．建立和清除两个传输实体之间网络范围的连接

25．关于 DTE 的正确说法是（　　　　）。

　　　A．DTE 可以指交换机或 Modem

　　　B．DTE 指数据电路终端设备

　　　C．DTE 可以是计算机或计算机终端，也可以是其他数据终端

　　　D．DTE 在模拟技术体制下是调制解调器，而在数字技术体制下可以是数据业务单元

26．物理层的基本功能是（　　　　）。

　　　A．建立点到点连接

　　　B．建立、维护虚电路，进行差错检验和流量控制

　　　C．定义电压、接口、线缆标准、传输距离等特性

　　　D．进行最佳路由选择

二、填空题

1．对模拟数据进行数字信号编码时，首先要进行＿＿＿＿＿＿＿＿＿＿，然后再进行

＿＿＿＿＿＿＿＿。

2．根据奈奎斯特定理，采样频率是原始的有效信号中最高频率分量或其带宽的

＿＿＿＿＿＿＿倍。

3．数据在串行传输时，传输方向有单工、＿＿＿＿＿＿＿和＿＿＿＿＿＿＿三种

方式。

4．数据通信中多路复用技术主要有＿＿＿＿、＿＿＿＿、＿＿＿＿和＿＿＿＿等。

5．数据传输方式分为串行传输和＿＿＿＿＿两种。

6．串行传输分为同步传输和＿＿＿＿＿＿＿。

三、问答题

1．模拟信号和数字信号各有什么特点？通信时它们有哪些区别？

2．什么是数据，什么是信号，在数据通信系统中有几种信号传输形式？

3．叙述比特率、波特率、带宽和数据传输速率的概念，它们之间有何异同？

4．什么是编码？什么是调制？数据通信中数字编码方式主要有哪几种？

5．设一个字符的 ASCII 编码为 1011001，请画出该字符的曼彻斯特编码和差分曼彻斯特编码的波形示意图。

6．一个数据通信系统，采用 4 相调制方式，已知 $T=833\times10^{-6}$s，则相应的比特率和波特率各为多少？

7．说明模拟数据的数字信号编码过程，以及脉冲编码调制 PCM 的基本工作原理。

8．数字数据的模拟调制有哪几种？各有什么特点？

9．模拟数据经由模拟通信系统传输时不需要进行变换，但是为了便于无线传输和频分多路复用等的需要，模拟数据可在甚高频正弦波下进行模拟调制，调制方法有哪几种？

10．什么是逻辑信道和物理信道？什么是数字信道和模拟信道？

11．何谓并行传输和串行传输？它们各有什么特点？请举例说明。

12．什么是单工、半双工和全双工通信？试举例说明。

13. 数据传输系统为什么要采用同步技术？请说明异步通信与同步通信的基本工作原理。

14. 异步传输和同步传输各有什么优缺点？

15. 基带传输和频带传输有什么区别？

16. 什么是多路复用？有哪几种常用的多路复用技术？计算机网络中通常采用什么复用技术？

17. 举例说明 TDM 复用过程。

18. 物理层的主要功能是什么，机械特性、电气特性、功能特性和规程特性各定义了什么功能？

19. 什么是 DTE 和 DCTE？举例说明。

20. EIA-RS-232C 的机械特性是怎样的？你知道哪几种物理层接口标准？

第 3 章　数据链路层

数据链路层 DLL（Data Link Layer）以物理层为基础，向网络层提供可靠的服务。它在物理层之上通过数据链路层协议，加上必要的规程，控制节点间数据传输过程，在一条不太可靠的通信链路上，实现有结构的数据块（帧）的可靠传输。数据链路层对等实体之间的数据传输通道称为数据链路（Data Link），数据链路和链路是有区别的，链路是一条物理线路，而数据链路是一个逻辑概念，它包括物理线路和必要的控制规程。

3.1　数据链路层功能及成帧

3.1.1　数据链路层功能

数据链路层实现实体间数据的可靠传送。数据链路层的作用是利用物理层提供的位串传输功能，将物理层传输原始比特流时可能出错的物理连接，改造成为逻辑上无差错的数据链路，在相邻节点间实现透明的高可靠性传输，同时为网络层提供有效的服务。

透明是指该层传输数据时，对数据的内容、格式及编码没有限制，也没有必要解释信息结构的意义，不论传输的数据是什么比特组合，都能原样传输到目的节点，其处理过程上层是不可见的（对上层提供统一的界面），下面介绍的帧同步就是为了解决数据传输过程中代码透明性问题。

数据链路层主要功能是：成帧、差错控制、流量控制和链路管理等。成帧是将数据组合成数据块（数据链路层中将这种数据块称为帧，帧是数据链路层的传送单位）；差错控制是指控制帧在物理信道上的传输，包括如何处理传输差错；流量控制是指调节发送速率使之与接收方相匹配；链路管理是在两个网络实体之间提供数据链路通路的建立、维持和释放管理。

注意：物理层的传输单位是二进制位（bit），而数据链路层的传输单位是帧（Frame），是在 LAN 内节点间的传输。如果传输时经过中间节点，那就是广域网，存在路由选择问题，需要用到网络层。

物理层和数据链路层解决了局域网中的大部分问题，所以，组建局域网只用到通信子网内的低两层。

3.1.2　成帧和帧同步

1. 成帧

数据链路层将物理层传送过来的比特流按照一定的格式分割成若干个帧，成帧的目的在于：

① 一旦数据在传输时出错，只需重传或纠正有错的帧，而不必重发全部数据，从而提高效率；

② 如果报文不分割成许多个短帧，可能会多次重传，多次出错，效率较低。报文分成若干短帧后，较小的帧出错的概率也小；

③ 检查一个较短帧的错误要比检查一个大的报文传输错误要容易，算法也较简单。

成帧时通常还为每个帧增加校验和（Checksum），接收方通过检查每帧的校验和，检查传输中是否出现差错，以决定是否让发送方重传。

2．帧同步

帧同步是指为了能让接收方收到的比特流中明确区分出一帧，发送方必须要建立和区分帧的边界（起始和终止），方法是在帧的起始和终止位置增加一些特殊的位组合。

作为帧边界的位组合在数据部分也有可能出现。如中文一般用双引号表示一句话，当这句话中又引用其他人的话时，一般用单引号引起来。例如：

张三说："今天我听到李四说'……'，……"

这个双引号可以理解为帧的边界（一个特殊的字符），中文要求双引号里面的内容不能再包含或出现这个双引号了（如果'……'也用双引号就无法区分出起始和终止了）。

所以数据链路层中的帧为避免混淆，就采取专门的措施区分这个位组合是数据还是帧边界，这就是代码透明性问题。

常用的帧同步方法有下面 4 种。

1）字节计数法

字节计数法用一个特殊字符表示一帧的起始，并用一个专门的字段来标明帧内的字节数。接收方通过这个特殊字符从比特流中识别出帧的起始，并从专门的字段中获知该帧中随后跟随的信息长度，从而可确定出帧的终止位置。由于通过字节计数方法可以确定帧的终止边界，不会引起数据及其他信息的混淆，因而不必采取其他措施便可实现数据的透明性。

2）使用字符填充的首尾定界符法

这种方法采用一些特定字符来界定一帧的起止，为了不使数据信息位中出现与特定字符相同的字符而被误判为帧的首尾定界符，可以在这种字符前填充一个转义控制字符 DLE 以示区别，从而实现数据的透明性。

3）使用比特填充的首尾定界符法

该方法以一组特定的比特模式（如 01111110）来标识一帧的起止，高级数据链路控制规程 HDLC 采用的就是这种方法。为了区分信息位中出现的与该特定模式相同的比特串，可以采用比特填充的方法。例如，当信息中连续出现 5 个"1"时，发送方自动在其后插入一个"0"，而接收方则做该过程的逆操作，即每收到连续 5 个"1"，则自动删去其后所跟的"0"，实现数据传输的透明性。比特填充很容易由硬件来实现，性能优于字符填充方法。

4）违法编码法。

违法编码法在物理层采用特定的比特编码方法。例如当使用曼彻斯特编码方法时，将"1"编码成"高-低"电平对，将"0"编码成"低-高"电平对，而"高-高"电平对和"低-低"电平对在数据比特中是违法的。可以借用这些违法编码序列来界定帧的起始与终止，局域网 IEEE 802 标准就采用了这种方法。违法编码法不需要任何填充技术，便能实现数据的透明性，但它只适用于采用冗余编码的特殊编码环境。

3.2　差错控制

数据在传输中可能被破坏，因此需要进行检错和纠错。差错主要是由线路本身的电气特性所产生的随机噪声（也称热噪声）、信号振幅、频率和相位的衰减或畸变、电信号在传输介质上的反射回音效应、相邻线路的串扰、外界的电磁干扰和设备故障等因素造成的。

3.2.1　差错类型和差错控制

1. 差错类型

差错可分为单比特差错和突发差错两类，单比特差错是指在传输的数据单元中只有一个比特发生了改变（0 变 1 或 1 变 0）；突发差错是指在传输的数据单元中有两个或两个以上的比特发生了改变，发生差错的比特不一定连续，即可能的情况有连续几位出现差错、发生差错的位间隔一位或若干位后又出现差错。

2. 差错控制方法

提高通信可靠性的办法有两种：一种方法是从硬件入手，选用高质量的传输介质并提高信号功率强度，采取最佳的信号编码和调制手段，使传输信号特性与信道特性达到最好的匹配，但这种方法大大增加了通信成本，这也是物理层的事情；另一种方法是在传输过程中进行差错控制，在数据链路层采用编码的方法进行查错或纠错处理。注意数据链路层的编码和物理层的编码是不同的，物理层的编码针对的是单个比特，主要解决传输过程中比特的同步等问题，如曼彻斯特编码。而数据链路层的编码针对的是一组比特，它通过冗余码的技术来检查一组二进制比特串在传输过程是否出现了差错。

3. 检错码和纠错码

只具有检错能力的编码称为检错码，既能检错又具有自动纠错能力的编码则称为纠错码。差错控制方式有自动请求重发（Automatic Repeat-reQuest，ARQ）和前向纠错（Forward Error Correction，FEC）两种，ARQ 采用检错码方法实现，它使用冗余技术。所谓冗余技术是在发送方的数据单元中增加一些用于检查差错的附加位，便于接收端进行检错。一旦传输的正确性被确认，这些附加位就被接收端丢弃，并给发送端发送一个确认应答（Acknowledge character，ACK）。当接收端接收到的检错码检测到差错时，就给发送端发送一个否定应答（Negative Acknowledgment，NAK），并要求发送端重发数据。

FEC 采用纠错码方法实现，理论上可以自动纠正任何一种二进制编码中的所有差错，但纠错码比检错码要复杂得多，并且需要足够多的冗余位，实现起来复杂，编码和解码速度慢，效率较低，造价高而且费时。一般用于没有反向信道或线路传输时间长、重发费用较高的场合。大多数纠错技术只纠正一组比特中的一个、两个比特或三个比特的差错，所以在计算机网络中采用的大多数是检错码。后面介绍几种常用的差错控制编码方法。

3.2.2　差错控制编码

1. 奇偶校验码

奇偶校验码是一种简单但能力有限的检错码，它是通过在信息位的后面附加一个检验位，使得码字中"1"的个数保持为奇数或偶数的编码方法。

奇偶校验码在一维空间上有"水平奇偶校验"和"垂直奇偶校验"码，在二维空间上有"水平垂直奇偶校验码"。

由于奇偶校验码容易实现，所以当信道干扰不太严重及信息位不太长时很有用，特别是在计算机通信网的数据传送（如计算机串行通信）中经常应用这种检错码。

ASCII 代码（见附录 B）表示一个字符需要 7 位，而计算机内实际表示一个 ASCII 字符时，需要占用 8 个二进制位（一字节），其中 7 位是 ASCII 编码，另外一位作为奇偶校验位（冗余位）。虽然奇偶校验不能提供出错位置，也不具备纠错能力，但实践证明它是一种简单、有效的差错检测方法。

例如发送方要发送"word"这个单词，则这四个字母的 ASCII 代码为：

←－－－　　1110111　　1101111　　1110010　　1100100

发送方向　　　　w　　　　　o　　　　　r　　　　　d

如果使用水平偶校验方法，则发送数据时保证表示每个字母的二进制位序列中 1 的个数为偶数，实际发送"word"这个单词时，发送的二进制位序列和发送方向为：

←－－－　　1110111$\underline{0}$　　1101111$\underline{0}$　　1110010$\underline{0}$　　1100100$\underline{1}$

发送方向　　　　w　　　　　o　　　　　r　　　　　d

每字节的最后一位为冗余位，它保证每字节的 1 的个数为偶数个。接收方针对每字节统计 1 的个数，如果每字节都是偶数个 1，作为无差错传输处理（如果错了两位，还是偶数个 1，也不认为传输有错）。如果有一字节是奇数个 1，表示数据传输过程中受到破坏。

2．循环冗余校验码

奇偶校验码能力有限，如果将它使用在二进制位较多的帧序列中，大部分传输错误是检查不出来的。所以计算机网络中，需要使用检错能力更强的检错码，循环冗余校验码就是其中的一种。

循环冗余校验码（Cyclic Redundancy Check，CRC）又称多项式码，它是一种在计算机网络和数据通信中最常用的检错码。CRC 的基本思路是收发双方选定一个特定的二进制数（后面所述的生成多项式 $G(x)$ 的系数），发送方将需要发送的数据使用这个特定的二进制数做除法运算，计算出冗余码，然后将冗余码附加在数据后生成一个新的数据帧再发送，接收方对收到的数据同样使用这个二进制特定数做除法运算，以此判断有没有传输错误，以实现差错检查的目的。

下面举例说明 CRC 检验原理和计算方法。

（1）假定数据帧有 k 比特，例如发送方需要发送的信息位 $M=1011001$，可以将它们作为对应多项式 $F(x)=x^6+x^4+x^3+1$ 的系数，这时 $k=7$。

（2）双方预先约定一个特定的除数有 p 比特（是一个特定的生成多项式的系数，后面还将介绍四种主要的生成多项式），例如为 $p=11001$，可以将它们作为对应多项 $G(x)=x^4+x^3+1$ 的系数，这时 $p=5$。

（3）CRC 运算就是信息位 M 后附加 n 位冗余码，$n=p-1$，这里 $n=5-1=4$。也就是说，发送方构成一个新的数据帧，共（$k+n=7+4$）11 位发送出去。

（4）冗余码计算方法如下。因为本例的冗余码有 4 位，所以先在信息位 $M=1011001$ 后添加上 4 个 0，变为"1011001**0000**"。然后将它用双方预先约定的长度为 $n+1$ 的 p（11001）去除（模 2 运算，不借位也不进位）。

（5）除法运算得到一个 n 位余数（余数位数不够 n 位，前面补若干位 0，例如余数为 11 时，前面补两位 0011），这 n 位余数就是冗余位，计算得到的商没什么用处。本例得到的余数为"1010"，将它替换掉步骤（4）中"1011001**0000**"的后 4 个 0，得到循环冗余校验码"1011001**1010**"。

（6）发送方将 CRC 码"1011001**1010**"发送出去。在接收端，用同样的 p（11001）去除，若能被其整除，表示传输正确，同时将后四位的冗余位丢弃；否则表示数据传输有错，通知发送方重传。

除法运算如下：

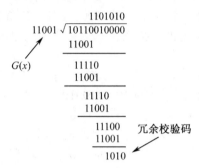

运算时需要注意以下两点：

（1）这里所涉及的运算都是模 2 运算，即"异或"运算（0-0=0，1-1=0，0-1=1，1-0=1）。

（2）因为 $F(x)$ 对应的多项式比特序列后加上了 4 个 0，所以冗余位也应是 4 位。假如余数位数为"10"，那么冗余位是"0010"。

本例中经相除后得到的余数"1010"就是冗余码，发送方传输前将冗余码"1010"附加到信息"1011001"，因此实际传输的 CRC 码为"10110011010"。

接收端接收数据后，用同样的 $G(x)$ 系数"11001"去除接收到的比特序列，如果整除（余数为 0）则表示传输正确，同时接收端将附加的冗余码"1010"丢弃；如果没整除（余数不为 0）则表示传输错误，接收端发送"NAK"给发送端，发送端重发数据。

表 3.1   （7,3）CRC 码

信息位	（7,3）CRC 码
000	0000000
001	0011101
010	0100111
011	0111010
100	1001110
101	1010011
110	1101001
111	1110100

【例 3.1】 在（7,3）码中，信息码有 3 位，可分别表示十进制数据 0～7，设 $G(x)$ 为 $x^4+x^3+x^2+1$，对应的生成多项式比特序列为"11101"，由 5 位组成，因此冗余校验码应是 4 位，通过计算，得到表 3.1 所示的（7,3）CRC 码。

本来 7 位二进制码的排列中，可以表示 $2^7+1=128$ 个码字，但表中所得（7,3）CRC 码只有 8 个。实际上这 8 个是从 128 个码字中，按照一致校验方程组挑选出来的。CRC 码有如下特性：

（1）封闭性。表中任两个 CRC 码的对应位进行模 2 相加后得到的结果，仍然是表 3.1 中 8 个码字中的一个。

（2）循环性。表中任意一个（7,3）CRC 码字循环右移一位或多位后，仍是表中 8 个（7,3）CRC 码字中的一个。

循环冗余校验码中的"循环"也来自它的循环性，循环冗余校验码在数据传输中得到了最广泛的应用。使用这种冗余编码的实质在于，传输信息符号时，不使用全部编码组合，而只使用其中的一部分，这部分编码具有某种事先确定的性质。当在接收端出现不使用的编码组合（禁用码）时，说明在某一位或若干位中发生了错误。CRC 码还有纠错功能，但网络中不使用其纠错功能，仅用其强大的检错功能，检出错误后要求重发。

目前广泛使用的生成多项式主要有四种：

$$CRC_{12} = x^{12} + x^{11} + x^3 + x^2 + 1$$
$$CRC_{16} = x^{16} + x^{15} + x^2 + 1$$
$$CRC_{16} = x^{16} + x^{12} + x^5 + 1$$

$$CRC_{32} = x^{32} + x^{26} + x^{23} + x^{22} + x^{16} + x^{11} + x^{10} + x^8 + x^7 + x^5 + x^4 + x^2 + x + 1$$

因为除法运算易于用移位寄存器和模 2 加法器实现，因此循环冗余校验码的编译码过程通常采用硬件实现，可以达到较高的处理速度。随着集成电路工艺的发展，循环冗余码的产生和校验均由集成电路产品完成，发送端能够自动生成 CRC 码，接收端可自动校验，速度大大提高。Ethernet 采用的是 32 位 CRC 码，它可以用专用的芯片实现。

3. 海明码

海明码是 R.Hamming 于 1950 年首次提出的，它是一种可以纠正单比特差错的编码，它也是通过增加冗余位进行纠错的。

设信息位为 k 位，现增加 r 位冗余位，则构成 $n=k+r$ 位码字。若希望用 r 个监督关系式产生 r 个校正因子来判断码字在传输后是否出错，并确定出错位的位置，则要求满足下列关系式：

$$2^r \geqslant n+1 \quad \text{或} \quad 2^r \geqslant k+r+1$$

例如，当 $k=4$ 时，为了满足上述不等式，则需要 $r \geqslant 3$。现取 $r=3$，则 $n=k+r=7$。也就是说，在 4 位信息位 $a_6 a_5 a_4 a_3$ 后面加上 3 位冗余位 $a_2 a_1 a_0$，构成 7 位码字 $a_6 a_5 a_4 a_3 a_2 a_1 a_0$。其中 a_2、a_1 和 a_0 分别可通过 4 位信息位中的某几位按模 2 相加的方法得到。在校验时，a_2、a_1 和 a_0 就分别和 4 个信息位构成 3 个不同的监督关系式。

如果传输后没有错误，监督关系式 S_2、S_1 和 S_0 的值应该全为"0"，即 $S_2 S_1 S_0$ 的值为"000"时表示传输无错。如果 a_0 传输后出错，可以设定 $S_0=1$，而 $S_2=S_1=0$，即 $S_2 S_1 S_0$ 的值为"001"时，表示 a_0 传输出错。$S_2 S_1 S_0$ 值与出错码位置的对应见表 3.2，当然也可以规定成其他形式的对应关系。

表 3.2　$S_2 S_1 S_0$ 值与出错码位置的对应

$S_2 S_1 S_0$ 值	000	001	010	100	011	101	110	111
出错码	无错	a_0	a_1	a_2	a_3	a_4	a_5	a_6

由表 3.2 可见，a_2、a_4、a_6 中某一位传输错误都应使 $S_2=1$，由此可以得到监督关系式：

$$S_2 = a_2 \oplus a_4 \oplus a_5 \oplus a_6$$

同理可得：

$$S_1 = a_1 \oplus a_3 \oplus a_5 \oplus a_6 \tag{3.1}$$

$$S_0 = a_0 \oplus a_3 \oplus a_4 \oplus a_6$$

发送端在进行编码时，信息位 a_6、a_5、a_4 和 a_3 的值是随机的，冗余位 a_2、a_1 和 a_0 的值根据信息位的取值按监督关系式生成，它需要将式（3.1）中的 S_2、S_1 和 S_0 取值为零，即

$$a_2 \oplus a_4 \oplus a_5 \oplus a_6 = 0$$

$$a_1 \oplus a_3 \oplus a_5 \oplus a_6 = 0 \tag{3.2}$$

$$a_0 \oplus a_3 \oplus a_4 \oplus a_6 = 0$$

由此可求得

$$a_2 = a_4 \oplus a_5 \oplus a_6$$

$$a_1 = a_3 \oplus a_5 \oplus a_6 \tag{3.3}$$

$$a_0 = a_3 \oplus a_4 \oplus a_6$$

发送端就是根据式（3.3）计算出冗余位的。由信息位算得的海明码冗余位见表 3.3。

例如，十六进制数字 A（1010）的海明码为 1010010，发送端按海明码发送，接收端收到这个码字后，按监督关系式计算出 S_2、S_1 和 S_0 的值，若全为"0"，则没有出错；若不全为"0"，在某一位出错的情况下，可查表 3.2 来判定是哪一位错，从而纠正之。例如码字"0010101"传输中发生一位错，在接收端收到的为"0011101"，通过监督关系式可算得 $S_2=0$、

$S_1=1$ 和 $S_0=1$，由表 3.2 可查得 $S_2S_1S_0=011$ 对应于 a_3 错，因而可将 "0011101" 纠正为
"0010101"。

表 3.3　由信息位算得的海明码冗余位

信息位 $a_6a_5a_4a_3$	冗余位 $a_2a_1a_0$	信息位 $a_6a_5a_4a_3$	冗余位 $a_2a_1a_0$
0000	000	1000	111
0001	011	1001	100
0010	101	1010	010
0011	110	1011	001
0100	110	1100	001
0101	101	1101	010
0110	011	1110	100
0111	000	1111	111

3.3　流量控制和链路管理

　　流量控制指限制发送方的数据发送流量，使得发送速率不至于超过接收方所能处理的能力范围上限，而导致接收方数据帧的"淹没"。当发送方发送速率大于接收方的接收速率，或接收方缓存中帧已满还来不及处理时，就会被发送方源源不断发送来的帧所"淹没"，从而造成帧的丢失而出错。当接收方缓存将满时，必须通知发送方暂停发送，直到接收方又能接收数据。

　　流量控制实际上是一组规则，使得发送方知道在什么情况下可以接着发送下一帧，什么情况下必须暂停发送，等待收到某种反馈信息后再继续发送等。

　　常用的流量控制方法是停止等待和滑动窗口等机制。

3.3.1　停止等待

　　停止等待流量控制机制中，发送方每发出一帧就等待接收方返回的一个确认帧（ACK），只有当接收到确认帧后，才发送下一帧，否则继续等待。这种发送和等待交替的过程不断重复，直到发送方发送了一个传输结束帧（EOT），完成一次数据传输，停止等待流量控制机制如图 3.1 所示。

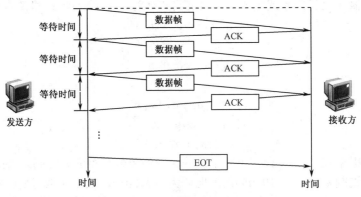

图 3.1　停止等待流量控制机制

停止等待流量控制机制较为简单，它要求在发送新的一帧时上一次发送的帧必须得到校验并确认。它的缺点是效率比较低，因为在下一帧发送之前，每一帧必须穿越所有的路径到达接收方，接收方经过校验后再将确认帧传输回来。如果发送方和接收方设备之间的距离较长，而每传输一帧需等待 ACK 帧，所花费的时间将大大增加总传输时间，因此停止等待方式传输速度很慢。

3.3.2 滑动窗口

滑动窗口流量控制机制，发送方在收到确认帧前可以发送若干帧。帧可以直接依次发送，即链路上可能同时承载多个数据帧，从而充分有效地使用了链路的能力。接收方只对其中一些帧进行确认，使用一个 ACK 帧来对多个数据帧的接收进行确认。

滑动窗口是发送方和接收方创建的一个额外缓冲区（发送方的发送窗口和接收方的接收窗口），窗口可以存储若干数据帧，窗口在数据传输过程中根据控制向前滑动，从而控制数据传输过程，并且发送方在收到接收方的确认之前对能够传输的帧数目也进行了限制。

为了记录哪些帧已经被传输以及接收了哪些帧，滑动窗口引入了一个基于窗口大小的标识机制。帧以模 n 的方式标识，即帧编号从 0 到 $n-1$。例如 $n=8$，则帧编号为"0、1、2、3、4、5、6、7、0、1、2、3、4、5、6、7、0、1…"。同时规定滑动窗口的大小为 $n-1$（本例的窗口大小为 7），也就是说窗口能覆盖的帧数为所有编号的帧数减 1。通俗来说，当帧编号为 0～7 共 8 个数时，窗口大小为 7，它不能覆盖所有编号，滑动窗口如图 3.2 所示。

图 3.2 滑动窗口

接收方可以不等窗口被填满就在任意一点对数据帧进行确认，并且只要接收方窗口未满，发送方就可以继续传输。当接收方发出一个确认帧时，这个确认帧中还包含了将要接收的下一帧编号。例如接收方发出已接收 1 号帧的确认帧，其中就包含了将要接收 2 号帧。这时发送方收到含有编号 2 的确认帧时，就知道了编号 1 前的所有数据帧均已经被接收了。

由于收发两端的窗口最多存储 $n-1$ 个帧，所以发送方在收到接收方的一个确认帧前，最多可以发送 $n-1$ 个帧。

1. 发送方窗口

发送窗口用来对发方进行流量控制，窗口大小指明了在收到对方 ACK 之前最多可以发送的数据帧数，窗口内的帧是可以连续发送的。

发送方传输开始前，窗口有 $n-1$ 个帧。随着数据帧的发送，窗口的左边界向内移动，窗口不断缩小。例如在接收到最近一次确认帧时已经发送了 3 个帧，那么窗口中剩余的帧数是 $n-1-3$。一旦收到一个确认帧。窗口右边界根据确认帧确认的数据帧个数自动对窗口进行相同数目的扩展。

例如一个大小为 7 的发送方窗口，如图 3.3 所示。假设发送方已发送了 0～3 号共 4 个帧，窗口的左边界也向右移动了 4 个位置，如果还没有收到确认帧，则发送方窗口内就只有 3 个帧（4、5 和 6 号）。假设这时收到了编号为 3 的确认帧，就知道已经有 3 个帧（0、1 和 2 号，而 3 号帧接收方正在接收）正确传输到对方，同时发送方扩展其窗口右边界，将缓冲区中后面 3 个帧（7、0 和 1）包含到窗口中，这时发送方窗口包含 6 个帧（4、5、6、7、0 和 1 号）。

注意：发送方将数据帧发送出去时，滑动窗口左边界向右收缩窗口。而当收到确认帧时，发送方滑动窗口右边界向右扩展。

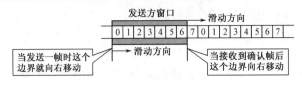

图 3.3　发送方窗口

2. 接收方窗口

接收窗口可以控制哪些数据帧可以接收，只有数据帧的序号在接收窗口之内的才可以被接收，接收过的数据帧将被丢弃。一般接收方收到一个有序且无差错的帧后，接收窗口向前滑动，并准备接收下一帧，这时可以向发送方发出一个确认帧。为了提高效率，接收方可以采用累计确认或捎带确认的方式。捎带确认是在双向数据传输的情况下，将确认信息放在自己也要发送的数据帧的首字段中捎带过去。

在传输开始的时候，接收方窗口有 $n-1$ 个帧空间但不一定包含 $n-1$ 个帧。接收数据帧后，接收方窗口会不断缩小。它表示发送确认帧前窗口中还可接收的帧的数目（剩余的帧数）。一旦发送完一个确认帧，窗口大小就会自动扩展。

例如，一个大小为 7 的接收方窗口，如图 3.4 所示。这时接收窗口包含了 7 个帧，表示目前可以接收 7 个数据帧。如果已接收了 1 个帧（0 号），窗口的左边界向右移动 1 帧的位置，这时接收窗口在发送确认帧之前还可以接收 6 个帧。如果 0 号帧到 3 号帧已经接收但还没有确认，那么窗口就只有 3 帧的空间。

图 3.4　接收方窗口

发送方发送确认帧后，接收方滑动窗口的右边界就会向右扩展，它按照最近确认的帧数来扩展相同数目的位置（窗口的扩展数等于最近的确认帧中包含的编号减去上一确认帧中包含的编号）。例如，上一确认帧中包含的编号为 2，而当前确认帧中包含的编号为 5，则窗口自动扩展 3 个空间；如果上一确认帧中包含的编号为 3，而当前确认帧中包含的编号为 1，则窗口自动扩展 6（1+8–3）个空间。

注意：接收方接收数据帧后，接收方滑动窗口左边界向右收缩窗口。而当发送确认帧时，接收方滑动窗口右边界向右扩展。

3. 滑动窗口的流量控制使用

发送方收到接收方的确认后，发送窗口右边界向右移动，同时新的帧会到达发送窗口，已被确认正确收到的帧移到了窗口的外面。所以接收方的确认作为一个依据，控制发送方发送窗口向前滑动。接收方可以根据自己的接收能力来控制确认帧的发送，从而实现传输流量的控制。

由于滑动窗口中使用了确认机制，因此它也兼有差错控制的功能。

前面讲到滑动窗口的大小比模数小 1，原因是为了避免确认帧中包含的编号出现二义性。假设 $n=8$，窗口大小也为 8，如果这时发送了 0 号帧，又收到编号为 1 的确认帧（ACK 1）。发送方就开始扩展窗口，并继续发送 1、2、3、4、5、6、7 和 0 号帧。如果此时发送方又收到 ACK 1，接收方就不知道是因为网络问题而重发的上一次的 ACK 1，还是最近发送的

8 帧的新的 ACK 1。因此将窗口大小设定为 7（$n-1$），就不会发生这种情况了。

滑动窗口中，控制传输流量主要采取以下措施：

（1）设置合适的发送窗口大小，一般不超过接收方接收缓冲区的大小。这样发送方发送的数据就不容易"淹没"接收缓冲区。

（2）可变滑动窗口。由接收方根据当前接收缓冲区的大小决定发送方发送窗口的大小，并通知发送方改变发送窗口的大小，TCP 协议流量控制就使用的这种方式。

（3）接收方根据目前可用接收缓冲区的情况，决定发送确认的时机，使发送流量与接收缓冲区的可用容量匹配。

停止等待和滑动窗口等流量控制机制不仅适用于局域网，也适用于城域网和广域网。以太网中帧的传输、TCP 协议等也使用这些流量控制机制。

3.3.3 链路管理

链路的建立、维持和释放称为数据链路层的链路管理。链路管理功能主要用于面向连接的服务，它可以为网络层提供几种不同质量的链路服务。链路两端的节点通信前，必须首先确认对方已处于就绪状态（如发送一个询问帧），并交换一些必要的信息以对帧序号初始化，然后才能建立连接。在传输过程中则要维持该连接。如果出现差错，需要重新初始化，重新自动建立连接，传输完毕后则要释放连接。若传输的正确性被确认，则接收方发一个确认应答 ACK；否则，发送一个否定应答 NAK。

在多点共享（广播式）网络中，通信站点间信道的分配和管理也属于数据层链路管理的范畴。例如，Ethernet 中采用的介质访问控制方法 CSMA/CD。CSMA/CD 将在第 4 章进行介绍。

3.4 数据链路协议

数据链路层的"协议"也称为"规程"。在计算机通信的早期，对于经常产生误码的实际链路，只要加上合适的控制规程，就可以使通信变得比较可靠。ARPAnet 使用了 IMP-IMP 协议，而 IBM 使用了 BSC（Binary Synchronous Communication）规程。

数据链路协议主要分为异步协议和同步协议两大类，计算机网络系统主要采用同步协议。

1. 异步协议

异步协议以字符（1 字节，8 位）作为信息传输单位，在每个字符的起始处同步，但字符之间的间隔时间是不固定的（字符之间是异步的）。由于发送器和接收器中都有一个近似于同一频率的时钟，它们可以在一段较短的时间内保持同步，所以可以用字符起始处同步的时钟来采样该字符中的各比特，而不需要对该字符内的每个比特同步。前面介绍过的起止式通信规程便是异步协议的典型，它是靠起始位（逻辑 0）和停止位（逻辑 1）来实现字符的定界及字符内比特的同步的。异步协议中由于每个传输字符都要添加诸如起始位、校验位、停止位等冗余位，故信道利用率很低，一般用于数据速率较低的场合，主要是用在调制解调器中。

2. 同步协议

同步协议以许多字符或许多比特组成的数据块为传输单位，在帧的起始处同步，使帧内维持固定的时钟。由于采用帧为传输单位，所以同步协议能更有效地利用信道，也便于实现差错控制、流量控制等功能。

同步协议可分为两类：面向比特的协议（Bit-Oriented Protocol）和面向字符（字节）的协议（Character-Oriented Protocol），计算机网络主要使用面向比特的协议。

（1）面向比特的协议

在面向比特的协议中，信息传输以位为单位，链路监控功能通过传输一定的位组合所表示的命令和响应来实现，而且它们可以与信息一起传送。

高级数据链路控制（High-level Data Link Control，HDLC）是一个面向比特的协议，面向比特意味着 HDLC 把帧当作比特流，它支持半双工和全双工通信。由于 HDLC 是 ISO 定义的，所以 HDLC 得到了广泛使用，所有面向比特的协议都与高级数据链路控制 HDLC 有关。

（2）面向字符的协议

面向字符的协议效率比面向比特的协议效率低，例如 BSC 规程，现在很少采用。

3．局域网数据链路层协议

局域网数据链路层协议主要由 IEEE 802 小组制定，它们涵盖了物理层和数据链路层。这些标准主要包括以下 4 个：

① Ethernet（以太网）；

② Token-Ring（令牌环）；

③ Token-Bus（令牌总线）；

④ WLAN（无线局域网）。

这些标准将在后面的章节中陆续讨论。

4．广域网数据链路层协议

广域网是基于交换技术的网络，网络中的中间节点负责将数据转发到下一个节点，节点间的线路利用率高。与局域网相比，广域网数据链路层技术复杂，它需要将数据封装成适合广域网传输的帧，以保证数据的可靠传输。广域网通信子网部分由公共传输系统组成，提供相应服务的一般是电信运营商，如电信、联通、移动等。

广域网数据链路层标准主要有以下 4 个：

① HDLC（高级数据链路控制）；

② X.25（公共分组交换网）；

③ PPP（点到点协议）；

④ Frame Relay（帧中继）。

3.5　本章小结

（1）数据链路层的功能是将物理层传输原始比特流时可能出错的物理连接改造成为逻辑上无差错的数据链路，在节点间实现透明的高可靠性传输，同时为网络层提供有效的服务。主要功能有成帧、差错控制、流量控制等。

（2）物理层的传输单位是比特或位，数据链路层的传输单位是数据帧。

（3）成帧的目的在于：一旦传输出错，只需重传有错的帧，而不必重发全部帧，从而提高效率；将报文分成若干帧后，短帧出错概率小；检查一个较短帧的传输是否出错要比检查一个大的报文更容易，算法也更简单。

（4）局域网 LAN 只用到物理层和数据链路层，以太网网卡也包含这两层的功能。注意：低两层考虑点到点直接连接的情形，

（5）差错控制是指数据链路层采用编码（增加冗余码技术）对传输帧进行查错或纠错处

理，例如奇偶校验码、循环冗余校验码 CRC。它与物理层编码概念不同，物理层编码是指将数据编码成光、电信号，以保证二进制位的传输，例如曼彻斯特编码；数据链路层编码是指在数据帧后增加冗余位，并通过算法检验数据帧传输是否正确，以决定接收方是接收还是请求重发数据帧。

（6）差错控制编码分为检错码和纠错码，相应的控制方式有自动请求重发 ARQ 和前向纠错 FEC 两种。

（7）循环冗余校验码 CRC 是一种检错码，而海明码是一种纠错码。CRC 码有封闭性和循环性两个特性。

（8）流量控制用来限制发送方在等待确认前可以发送的数据流量，主要是因为接收方来不及处理而导致接收方数据帧的"淹没"。常用的流量控制方法是停止等待和滑动窗口机制。

（9）链路的建立、维持和释放称为链路管理，主要用于面向连接的服务。例如 Ethernet 中采用的介质访问控制方法 CSMA/CD。

（10）数据链路控制协议主要分为异步协议和同步协议两大类。异步协议以字符作为信息传输单位；同步协议以许多字符或许多比特组成的数据块为传输单位。

（11）同步协议可分为面向字符（字节）的协议和面向比特的协议两类，面向比特的协议信息传输时以位为单位。

（12）计算机网络主要使用同步协议中的"面向比特的协议"，高级数据链路控制 HDLC 是一个面向比特的协议，所有面向比特的协议都与 HDLC 有关。

习　　题

一、选择题

1．数据链路层在数据包前添加链路层的控制信息作为头部信息，形成（　　　　），再传递到物理层，在物理层传送原始的比特流。

　　A．帧　　　　　　　　B．信元　　　　　　　C．数据包　　　　D．以上都不是

2．HDLC 是一种面向（　　　）的链路层协议。

　　A．字符　　　　　　　B．比特　　　　　　　C．信元　　　　　D．数据包

3．在数据链路层是通过（　　　）找到本地网络上的主机的。

　　A．端口号　　　　　　B．MAC 地址　　　　　C．默认网关　　　D．逻辑网络地址

4．数据链路层可提供的功能有（　　　　）。

　　A．对数据分段　　　　　　　　　　　　B．提供逻辑地址

　　C．提供差错控制和流量控制功能　　　　D．以上都不是

5．对数据链路层的描述正确的是（　　　　）。

　　A．实现数据传输所需要的机械、接口、电气等属性

　　B．实施流量控制、错误检测、链路管理及物理寻址

　　C．检查网络拓扑结构，进行路由选择和报文转发

　　D．提供应用软件的接口

6．在（　　　　），数据传输单元被称为帧。

　　A．物理层　　　　　B．数据链路层　　　C．网络层　　　　D．传输层

7．采用滑动窗口机制对两个相邻节点 A（发送方）和 B（接收方）的通信过程进行流量控制。现假设发送窗口与接收窗口的大小均为 7，在 A 发送了编号为 0、1、2、3 这 4 个帧

后，B 接收了这 4 帧，但仅应答 0、1 两个帧，此时发送窗口将要发送的帧序号为（　　　）（1），接收窗口的左边界对应的帧序号为（　　　）（2）。

    （1）A. 2　　　　　B. 3　　　　　C. 4　　　　　D. 5

    （2）A. 1　　　　　B. 2　　　　　C. 3　　　　　D. 4

二、填空题

1. 差错控制技术主要包括前向纠错机制和_____两种。

2. 差错控制编码可以分为_____和_____两种。其中，_____是自动发现差错的编码；_____是指不仅能发现差错而且能自动纠正差错的编码。

3. 奇偶校验码又可以分为_____奇偶校验、_____奇偶校验和同时使用这两种方法的奇偶校验。

4. 在奇校验方案中，二进制序列"0101101"的校验位为____。

5. 帧同步是指数据的接收方应当从接收到的比特中准确地区分帧的_____。

6. 数据链路层的传送单元是_____。

7. 常用的帧同步方法有_____、_____、_____和_____4 种。

8. 局域网中进行差错控制时，广泛使用的校验编码是_____校验。

9. CRC 码有_____和_____两个特性。

10. 海明码是一种_____（检错码/纠错码）。

11. 数据链路层同步协议可分为面向_____和面向_____两类。高级数据链路控制 HDLC 是一个面向_____的协议。

三、问答题

1. 数据链路层主要有哪些功能？

2. 什么是帧同步？常用的帧同步方法有哪几种？

3. 提高通信可靠性的方法有哪两种？检错码和纠错码有什么不同？

4. 什么是 ARQ，什么是 FEC？它们各有什么特点？说出它们是检错码还是纠错码。

5. 循环冗余校验码 CRC 有什么特性？

6. 如果有一个数据比特序列为"100101110010"，CRC 校验中的生成多项式为：$G(x)=x^4+x^2+1$，请计算 CRC 校验码比特序列。

7. 数据链路控制协议主要分为哪两大类？

8. 说出你所知道的局域网数据链路层协议和广域网数据链路层协议。

第 4 章　局域网技术

局域网（LAN）是在有限的地理范围内，利用各种网络连接设备和通信线路将计算机互联在一起，实现数据传输和资源共享的计算机网络。城域网（MAN）是一个能够覆盖整个城市的网络，它使用的仍是 LAN 技术。

局域网种类较多，例如以太网（Ethernet）、令牌环网（Token Ring）、令牌总线（Token Bus）和光纤分布数据接口（Fiber Distributed Data Interface，FDDI）。Ethernet、Token Ring 及 Token Bus 是 IEEE 的标准，而 FDDI 是 ANSI 的标准。

1．局域网（LAN）特点

（1）地理分布范围较小，一般为数百米至数千米。可覆盖一幢大楼、一个校园或一个企业。它可大可小，大到一个企事业单位，小到一个家庭、办公室。

（2）数据传输速率高，带宽一般不小于 10Mbps，最快可达到 1Gbps 或 10Gbps。目前办公室、家庭较为常见的是 100Mbps 以太网。现在局域网正向着更高速率发展，可交换各类数字和非数字（如语音、图像和视频等）信息。

（3）误码率低，一般在 $10^{-11} \sim 10^{-8}$。这是因为局域网通常采用基带传输技术，而且距离较短，所经过的网络设备较少，因此误码率很低。

（4）局域网的归属较为单一，所以局域网的设计、安装、使用和操作等不受公共网络的约束，并且连接较为规范，遵循严格的 LAN 标准。

（5）一般采用分布式控制和广播式通信。

（6）协议简单、结构灵活、建网成本低、周期短、便于管理和扩充。

2．构建局域网需要考虑的因素

构建局域网需要考虑如下因素：局域网所采用的拓扑结构、选择的传输介质、介质访问控制方法、通信协议和布线技术。

3．局域网的拓扑结构

网络的拓扑结构对网络性能有很大的影响。选择网络拓扑结构，首先要考虑采用何种介质访问控制方法，因为特定的介质访问控制方法一般仅适用于特定的网络拓扑结构；其次要考虑性能、可靠性、成本、扩充灵活性、实现的难易程度及传输介质的长度等因素。局域网常采用总线型、环型、星型、树型等结构，目前使用最多的是树型拓扑结构的以太网。

4.1　局域网介质访问控制

局域网只涉及物理层和数据链路层，它是在一个网络中，节点与节点之间的数据通信，不需要路由选择，不涉及网络层。不同的局域网访问传输介质的方法也各不相同，为了避免数据链路层过于复杂，IEEE 802 将 OSI/RM 的数据链路层分为逻辑链路控制（LLC）和介质访问控制（MAC）两个子层。局域网的高层功能由网络操作系统来实现。

MAC 子层主要处理传输介质访问控制方法，这也是第 3 章 3.3.3 节中数据链路层的链路管理要解决的问题。例如以太网 MAC 子层执行 CSMA/CD，这是一种争用机制，而令牌网中 MAC 子层执行 Token，各节点排队轮流访问传输介质。

LLC 子层与传输介质无关，它包含逻辑地址、控制信息和数据等，具有帧的收、发功能等，对不同的局域网向高层提供统一的接口（界面）。

4.1.1　具有冲突检测的载波侦听多路访问（CSMA/CD）

介质访问控制方法是指网络中各节点在使用传输介质时，进行安全可靠地传输数据的通信规则，也就是协议（Protocol）。在早期使用同轴电缆的局域网中，一个传输介质连接多个节点，这就需要有一个仲裁方式来控制各节点传输介质的使用，与传输介质存取控制有关的协议是数据链路层中的 MAC 子层协议。介质访问控制方法最常用的有两种：一种是 IEEE 802.3"争用型"访问方式，即具有冲突检测的载波侦听多路访问（CSMA/CD），它也是以太网的核心技术；另一种是 IEEE 802.5"轮询型"访问方式，即令牌（Token）技术，主要用在 IBM 的令牌环网和 FDDI 类型的网络上。

1. 具有冲突检测的载波侦听多路访问（CSMA/CD）

IEEE 802.3 标准是基于 1972 年美国 Xerox 公司研制的以太网而制定的，以太网的介质访问控制方式采用具有冲突检测的载波侦听多路访问（Carrier Sense Multiple Access/Collision Detection，CSMA/CD），方式是随机访问和竞争机制（争用型），用于总线型拓扑结构网络。站点以帧的形式发送数据，帧的头部含有源节点和目标节点的地址。帧在信道上以广播方式传输，所有连接在信道上的设备都能检测到该帧。当某个站点检测到目的地址和本站地址相符时，就接收帧中所携带的数据，并按规定的链路协议给源节点返回一个响应。

（1）载波侦听：站点发送信号前，首先监听传输介质是否空闲，判断是否已经有其他数据传输。如果空闲，站点可发送信息；如果忙，则继续监听；一旦发现空闲，便立即发送信息。

（2）多路访问：支持 3 个或者 3 个以上的设备接入，它允许多个设备在同一信道发送信号。

（3）冲突：两个或更多设备同时从一条共享的传输介质发送数据，造成不同信号的叠加，信号之间互相破坏从而变成无意义的噪声。

（4）一个网段中某个节点发送数据时，所有能接收到数据的节点的集合就构成一个冲突域，所有的共享介质环境都是一个冲突域，它是连接在同一传输介质上所有工作站的集合，是同一物理网段上所有节点的集合，或者说也是以太网上竞争同一带宽的节点集合。由 Hub 构成的以太网的所有节点属于同一个冲突域。

（5）冲突检测：当发生了一个冲突时，以太网上的其他设备可以发现该冲突并等待它结束。当冲突发生时正在传输的设备会调用一个算法来回退一段时间，然后重传一次数据。

CSMA/CD 结构将所有的设备都直接连到同一条物理信道上，因此称信道是以"多路访问"的方式进行操作的。所谓"冲突（Collision）"是指多个站点同时发送帧，造成不同信号的叠加，信号之间互相破坏而变成无意义的噪声，因此需要进行载波侦听。当一个站点需要发送信息时，先要判断线路有无其他站点正在发送数据，这就是"载波侦听"，它通过检测线路上的电压值来侦听。如果没有电压值，就认为线路是空闲的，可以开始数据传输；如果有电压值就等待传输介质空闲再启动一次传输。

"载波侦听"并不能完全消除冲突，当甲站点经过侦听后开始发送数据时，某个相隔较远的乙站点由于传输介质信号延迟的原因认为线路空闲，如果这时乙站点也发送数据，就会发生碰撞，如图 4.1 所示。另外，当线路没有任何站点发送数据时，两台（或多台）计算机均检测到传输介质空闲，如果它们同时开始发送数据也会发生碰撞。

图 4.1　冲突的产生

冲突的产生是必然的，CSMA/CD 采用边发送边侦听（冲突检测）的技术。它包含两方面的内容，一是载波侦听多路访问（CSMA），二是冲突检测（CD）。任一时刻只允许一个站点发送数据，其工作原理简单概括为"先听后发、边听边发、冲突停止和随机延迟后重发"。站点发送信号前，首先侦听传输介质是否空闲，如果空闲，站点可发送信息；如果忙，则继续侦听；一旦发现线路空闲，便立即发送。如果在发送过程中发生冲突，则立即停止发送信号，转而发送阻塞信号，通知网段上所有站点。然后，退避一随机时间，重新尝试发送。

CSMA/CD 的特点是"争用型"介质控制方式，各节点地位平等，结构简单，易于实现，价格低廉。缺点是无法设置介质访问优先权，对站点发送信息不提供任何时间上的保证。低负荷时，网络有较高的效率，但在负荷较重的情况下，竞争的站点过多，冲突也增加，传输延迟剧增，网络性能也会急剧下降。

在采用 CSMA/CD 介质控制方式时，同一个网络中的计算机形成了一个"冲突域"。在 CSMA/CD 基带网中，同一个冲突域中检测一个冲突的时间为两个相隔最远站点之间最大传播时延（载波信号从一端发送到另一端接收所需的时间间隔）的两倍，如图 4.2 所示。假设 A、B 两个站点位于总线两端，当 A 站点发送数据后，经过接近于最大传播时延 t 正要到达 B 站点时，如果 B 站点这时经检测正好也开始发送数据，就会发生冲突。这时 B 站点可立即检测到冲突，而 A 站点需等到冲突信号返回，也即再经过一个时延 t 后，才能检测出冲突。因此，在最坏的情况下，检测出一个冲突的时间等于两个相隔最远站点间最大传播时延的两倍。由这个原理可以根据以太网所传输的帧的长度来确定一个以太网的网络直径。

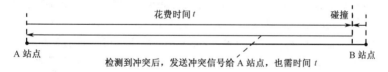

图 4.2　检测冲突时间等于两个相隔最远站点最大传播时延的两倍

注意：一般只是第 1 帧发送时需要检测冲突，也就是说，冲突有没有发生一定要在第二帧发送前完成检测。如果没有冲突，则继续发送后续帧（第 2、3、4…帧）而不再检测。

因为最短帧（以太网是 64 字节）传输时间比其他帧短，所以我们用最短帧来计算冲突时间和冲突域直径，最短帧能检测到冲突，第 2 帧发送前对于长一点的帧的冲突检测就更没有问题了。

4.1.2　令牌（Token）

CSMA/CD 采用的是竞争传输介质方式，类似于众多人不排队在同一个窗口购买火车票时的情形。极端情况下，某些站点可能因总是竞争不到传输介质而不能发送数据。

令牌（Token）技术，它采用轮流访问的公平方式，类似"击鼓传花"游戏。Token 技术最初用在环型拓扑结构中，它使用一个称为令牌的特殊短帧，可以把令牌当作一个通行证，网络中只有取得 Token 的节点才可以发送数据。当网络中没有站点发送数据时，令牌就沿环型拓扑结构（令牌环）高速单向绕行。当某一个站点要求发送数据时，必须等待捕获到经过该站点的令牌。这时，该站点可以用改变令牌中一个特殊字段的方法把令牌标记成已被使用，并把令牌作为数据帧头部一起发送到令牌环上，这时令牌环上不再有令牌，因此其他要求发送数据的站点必须等待。令牌环上的每个站点检测并转发环上的数据帧，比较目的地址是否与自身站点地址相符，从而决定是否复制该帧。数据帧在令牌环上绕行一周后，由发送站点将其删除，并生成一个新的令牌发送到令牌环上。

令牌技术除了可以用在环型拓扑结构外，也可以用于总线型拓扑结构（令牌总线）。在环型拓扑结构中，逻辑环结构和物理环结构相同，令牌传递的次序和站点连接的物理次序也一致；而对于总线型拓扑结构，逻辑环次序则不一定和线路上的站点连接次序相对应。

令牌访问介质方式的优点是：

① 不存在竞争，因此不会出现冲突，常用于高负荷通信量较大的网络；

② 令牌绕环一周的时间固定，实时性好，适用于对控制性或实时性要求较高的场合；

③ 令牌单向流动，因此可使用带宽高的光纤作为传输介质；

④ 可以设置优先级，适用于集中管理；

⑤ 负荷较高时，有较好的响应方式。

令牌访问介质方式的缺点是管理机制较为复杂，为了防止出现令牌损坏、丢失或重复等错误，网络必须具有错误检测能力、恢复机制等。而且网络中需要有站点被设计成监视站点，用于检查是否出现令牌丢失、重复等。

4.2　以太网（Ethernet）

世界上第一个局域网是以太网（Ethernet），它是 1972 年由美国施乐（Xerox）公司在加州的研究中心建立的实验系统，目的是把办公室中的工作站与昂贵的主计算机连接起来，以便能让工作站分享计算机资源和其他昂贵的外设。之所以称之为以太网，源于"电磁辐射可以通过发光的以太来传播"这一想法。后来由 Xerox、数据设备公司（Digital Equipment Company，DEC）和 Intel 三家公司联合，开发成为局域网组网规范。1980 年 9 月，三家公司公布了 10Mbps 以太网标准，称为 DIX1.0。1982 年 11 月发布了修改后的版本 DIX2.0。1985 年 IEEE 802 委员会公布了 IEEE 802.3 标准。1982 年 9 月，3COM 公司推出了第一个网络接口卡（NIC）并投放市场。

4.2.1　网络适配器

网络适配器（Network Adapters），又称网络接口卡（Network Interface Card，NIC），简称为网卡，第 1 章 1.5 节介绍的传输介质直接和它相连。网卡的作用是实现介质访问控制协议，为逻辑链路控制层提供服务，它是组建局域网的主要器件。

1．网卡种类

（1）按接口类型可分为有线网卡和无线网卡两大类，有线网卡一般为 AUI 接口（粗缆）网卡、BNC 接口（细同轴电缆）网卡、RJ-45 接口（双绞线）网卡、ST 接口网卡、SC 接口光纤网卡；无线网卡一般为 USB 接口网卡。

（2）按传输速率可分为 10Mbps 网卡、100Mbps 网卡、10/100Mbps 网卡自适应网卡和 1 000Mbps 网卡。

（3）按传输数据信号的位数可分为 8 位网卡、16 位网卡、32 位网卡和 64 位网卡。

（4）按数据传输方向可分为半双工网卡、全双工网卡。

2．网卡功能

网卡工作在 OSI/RM 的第一、二层，完成物理层和数据链路层的功能。它是计算机和局域网传输介质之间的物理接口，发送端的网卡负责将发送的数据转变成能在传输介质上传输的信号发送出去，接收端的网卡接收信号并把信号转换成能在计算机内处理的数据，传输信号一般是串行的电信号或光信号。网卡的基本功能是：并行数据和串行信号之间的转换、数据帧的装配与拆装、介质访问控制和数据缓冲等。

Ethernet 网卡中已集成了 CSMA/CD 功能。每个 Ethernet 网卡都要有自己的控制器，用以确定何时发送数据、何时从网络上接收数据，并负责执行 IEEE 802.3 所规定的规程。如构成帧、计算帧检验序列、产生/识别 CRC 码（差错控制）、流量控制和执行曼彻斯特编码译码转换等。

3．NIC 地址

每个网卡都有一个 48 位的全局地址，网卡地址也称为物理地址、NIC 地址或 MAC 地址。它由两部分组成，第一部分是 IEEE 分配的高 24 位的厂商地址，第二部分是由生产厂商自己编号的低 24 位地址，所以每个网卡的物理地址在全球都是唯一的。

4.2.2　以太网体系结构

1．以太网标准和分类

IEEE 802.3 定义以太网标准，分为 10Mbps、100Mbps、1Gbps、10Gbps 等标准，宽带只有一个，即 10Broad36，以太网标准和分类见表 4.1。标准中第 1 个数字表示传输速率，最后一个数字或字母为电缆最大长度或电缆的类别，Base 为基带，Broad 为宽带。

表 4.1　以太网标准和分类

以太网标准	站点	传 输 介 质	网段长/m	标准
1Base5:	12	3 类 UTP（两对线）	250	802.3c
10Base5	100	50Ω粗同轴电缆	500	802.3
10Base2	30	50Ω细同轴电缆	185	802.3a
10Base-T		3 类及以上 UTP（两对线）	100	802.3i
10Base-F		光纤（多模）	2 000	802.3i
10Broad36	100	75Ω同轴电缆（宽带）	1 800	802.3b
100Base-TX		5 类 UTP 两对线	100	802.3u
100Base-FX	1024	光纤（多模）	2 000	802.3u
100Base-T4		3 类及以上 UTP（四对线）	100	802.3u
100Base-T2		3 类 UTP 两对线	100	802.3y
1000Base-T		超 5 类 UTP（四对线）	100	802.3ab
1000Base-SX		多模光纤，工作于短波激光	550	802.3z
1000Base-LX		多模光纤，工作于长波激光	550	802.3z
1000Base-LX		单模光纤，工作于长波激光	5 000	802.3z
1000Base-CX		两对 150Ω平衡式铜电缆	25	802.3z
10GBase-T		6 类、超 6 类或 7 类双绞线	55(cat 6), 100(cat 6a or 7)	802.3an
10GBase-LR		单模光纤，波长 1310nm	10000	802.3ae
10GBase-SR		多模光纤，波长 850nm	400	802.3ae

数据链路层	逻辑链路控制
	介质访问控制
物理层	介质相关接口
	连接单元接口

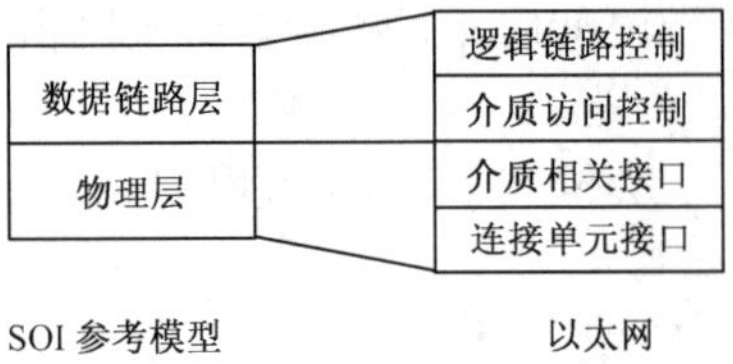

SOI 参考模型　　　　　　以太网

图 4.3　以太网和 OSI 参考模型的应关系

2．以太网体系结构

以太网涉及 OSI/RM 的物理层和数据链路层，其对应关系如图 4.3 所示。

物理层定义了两个接口，即依赖于传输介质的介质相关接口 MDI 和连接单元接口 AUI。MDI 随介质改变而改变，但不影响 LLC 和 MAC 的工作。AUI 在 10Base5 中是收发器电缆，在 10Base2 和 10Base-T 中，AUI 已不复存在。

介质访问控制（Medium Access Control，MAC）子层主要解决共享传输介质而引起的争用问题，对于不同的局域网（如 Ethernet、Token Ring、Token Bus）它是不同的。在以太网中 MAC 子层负责执行 CSMA/CD，而在令牌网中 MAC 子层负责执行 Token。MAC 子层包含了将信源传送到信宿所需的同步、标识、流量控制和差错控制的规范，实现帧的寻址和识别，并且产生帧检验序列和完成帧校验等功能。

逻辑链路控制（Logical Link Control，LLC）子层包含了和终端用户相关的部分，如逻辑地址、控制信息和数据等。如果局域网只有一种类型，如以太网，那么就不需要 LLC 子层了。由于不同的局域网有不同的物理层，而数据链路层的任务之一就是向高层提供统一的服务，因此，数据链路层分为 MAC 和 LLC 两个子层，MAC 子层负责介质访问控制方法，LLC 负责向高层提供统一的界面。LLC 子层具有帧的收、发功能，并向高层提供一个或多个逻辑接口，LLC 协议采用高级数据链路控制 HDLC 规程的子集。

在 LLC 不变的情况下，只需改变媒体访问控制子层 MAC 便能够适应不同的介质访问。

3．协议数据单元 PDU

在 OSI/RM 中，发送端各层协议从上到下逐层加上控制信息，形成各层的协议数据单元（Protocol Data Unit，PDU），以完成相应的功能。接收端则逐层去掉相应的控制信息。局域网中各层的 PDU 如图 4.4 所示。

高层 PDU 传输到 LLC 子层，加上该层的控制信息形成 LLC PDU，LLC PDU 再传到 MAC 子层，加上 MAC 层的控制信息形成 MAC PDU。LLC PDU 和 MAC PDU 称为 LLC 帧和 MAC 帧。

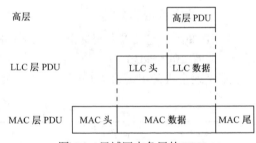

图 4.4　局域网中各层的 PDU

4．以太网 MAC 帧格式

IEEE 802.3 定义了一个由 7 个字段组成的 MAC 帧类型，它们是前导符、帧首分界符 SFD、目的地址 DA、源地址 SA、PDU 长度/类型、数据和帧校验序列 FCS，IEEE 802.3 MAC 帧格式如图 4.5 所示。

图 4.5　IEEE 802.3 MAC 帧格式

1）前导符

前导符就像接通电话时说的一声"喂"，它由 7 字节（56 位）组成，通知接收端即将有数据帧到来，同时使收发双方同步。前导符由"1"或"0"交替构成，形成二进制数序列"1010…10"，经过曼彻斯特编码后为周期性方波。前导符仅提供一个警告和时序脉冲，因此不能表示数据流的开始。

2）帧首分界符 SFD

前导符就像说"我要开始了"或"请准备"，由透明字符构成，以分清帧的边界，后面为 1 字节的 SFD，标志一帧的开始，编码形式为"10101011"序列。SFD 通知接收方后面的内容都是数据。

3）目的地址 DA

DA 长度为 6 字节，它与网卡的物理地址对应，正好是 48 位。DA 指出了接收方的物理地址（网卡地址）。

4）源地址 SA

同样。SA 标明了发送方的物理地址，也是由 6 字节组成。

5）PDU 长度/类型

在 SA 之后是 2 字节的 PDU 长度/类型。它指出了将要到来的 PDU 的字节数。当 PDU 的长度固定时，这个字段可用来表示类型，用来指示以太网处理完成后，接收数据的高层协议，可作为其他协议的基础。如 Novell 网和 Internet 用它来标识使用 PDU 的网络层协议。

6）数据

数据部分是 802.2 帧（LLC 帧）。802.3 帧（MAC 帧）将整个 802.2 帧作为一个模块化、可拆装的单元包含进来，长度为 46~1 500 字节。

802.3 帧和以太网都定义了帧长（从 DA 开始到 FCS 为止）为 64~1 518 字节。而实际数据部分可能小于 46 字节，因此，当数据部分小于 46 字节时，需要在 LLC 帧后"填充"字节，确保 MAC 帧的最小帧长为 64 字节，以适应冲突检测的需要。

7）帧校验序列 FCS

MAC 帧的最后一个字段是帧校验序列 FCS，其长度为 32 位，用于检验帧在传输过程中有无差错，以太网中使用循环冗余校验码 CRC-32。这个 CRC 是发送端根据源地址、目的地址、PDU 长度/类型和数据域计算得出的，其校验范围不包括前导符和帧首分界符 SFD。

注意：以太网的帧定义是从目的地址 DA 开始到帧校验码 CRC 为止的，因此，以太网的合法帧长度由最小的 64 字节到最大的 1 518 字节。在第 11 章介绍的虚拟局域网 VLAN 中，对 MAC 帧格式做了修改，VLAN 扩展了 4 字节的虚拟局域网标记（VLAN 标记），因此，最大帧的长度被扩展到了 1 522 字节。

5. 以太网特点

以太网使用 CSMA/CD 介质访问控制方式，在数据链路层传输的是帧，物理拓扑结构可以为总线型、星型和树型结构，但其逻辑上却都是总线型结构。例如 10Base-T、100Base-T 等，虽然用双绞线连接时在外表上看是星型结构，但连接双绞线的 Hub 内部仍是总线型结构，只是连接每个计算机的传输介质变长了，这种以太网称为共享式以太网。采用交换机的以太网称为交换式以太网，它们具有不同的性质。

以太网结构简单，易于实现，技术相对成熟，网络连接设备的成本越来越低。以太网类型较多，但互相兼容，不同类型的以太网可以很好地集成在一个局域网中，其扩展性也很好。因此，当前组建局域网、校园网和企业网的单位都把以太网作为首选。

4.2.3　10 兆位以太网

1．10Base5

10Base5 称为标准以太网，也称为粗缆以太网，它是最早出现的以太网，是以太网的"鼻祖"，现在已基本淘汰。10Base5 使用阻抗为 50Ω的 RG-11 或 RG-8 粗同轴电缆，采用总线型拓扑结构，每个节点都是通过 AUI 接口网卡、收发器（也称"吸血鬼"）、收发器电缆与总线相连的。每个网段的最大长度为 500m，一个网段中最多节点数为 100 个，两个相邻收发器节点之间的最小距离为 2.5m。10Base5 结构如图 4.6 所示。收发器电缆（收发器和计算机之间的连接线）最大长度为 50m，10Base5 的收发器如图 4.7 所示。

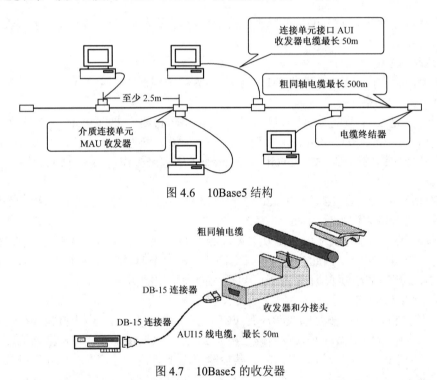

图 4.6　10Base5 结构

图 4.7　10Base5 的收发器

10Base5 每个网段的距离限制为 500m，最多为 5 个网段，整个网络最大跨度为 2 500m，即它的冲突域值为 2 500m。

2．10Base2

10Base2 称为廉价以太网，也称为细缆以太网，它和 10Base5 一样都采用的是曼彻斯特编码方式，数据传输速率均为 10Mbps，同样是总线型拓扑结构。10Base2 主要是为了降低 10Base5 的安装成本和复杂性，并作为 10Base5 的替代方案而制定的，它将原来 10Base5 收发器的功能移植到了网卡上，这样，网络的组建更为简单，性能价格比也比 10Base5 要高。10Base2 使用阻抗为 50Ω的 RG-58 细同轴电缆、BNC-T 型连接器。每个网段中的最多节点数为 30 个，节点间的最小距离为 1.5m，一个网段的最大长度为 185m。

10Base2 结构如图 4.8 所示。

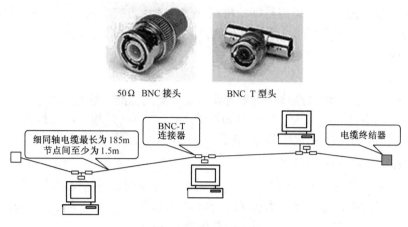

图 4.8　10Base2 结构

3．10Base-T

10Base-T 定义了一个物理上是星型拓扑结构的网络，中央节点是一个集线器（Hub），每个节点通过双绞线与集线器相连。集线器的作用类似于一个转发器，它接收来自一条线路上的信号并向其他所有线路转发，但其内部各端口的连接仍是总线型结构。所以，采用集线器构建的以太网仍然属于同一个冲突域。由于一个站点发出的信号都能被其他所有站点接收，若有两个站点同时发送数据，冲突就会发生。所以，10Base-T 物理上是一个星型结构，但逻辑上与 CSMA/CD 总线型拓扑结构是一样的，10Base-T 结构如图 4.9 所示。

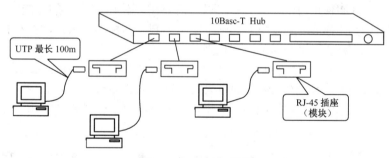

图 4.9　10Base-T 结构

10Base-T 可以使用 3 类、5 类或超 5 类 UTP，而且只使用 4 对线中的 2 对线，双绞线两端是 RJ-45 连接器。10Base-T 网络中 RJ-45 只有 1、2、3 和 6 四个引脚有效，其中 1 和 2 使用一对双绞线，用于发送数据；3 和 6 使用一对双绞线，用于接收数据（在集线器端正好相反，1、2 用于接收数据，而 3、6 用于发送数据）。

10Base-T 传输介质的安装和故障检测都非常方便，每 16 秒集线器和网卡都会发出"滴答"脉冲，集线器和网卡监听此信号，当收到信号时，表示物理连接已经建立，在集线器和网卡上有发光二极管 LED 指示灯，灯亮表示链路正常。

由于要检测冲突和传输衰减等原因，10Base-T 中单段双绞线的最大长度不超过 100m，扩大距离的办法可以用光纤代替双绞线或用中继器延长网段，通过集线器级联或堆叠后，最大站点数可达 1 024 个。

4．10Base-F

10Base-F 是 IEEE 802.3 中定义的以光纤作为传输介质的标准。10Base-F 中，每条传输线路都使用一条光纤，每条光纤采用曼彻斯特编码传输一个方向上的信号。每一位数据经编码后，转换为光信号（有光表示高、无光表示低），所以，一个 10Mbps 的数据流实际上需要 20Mbps 的信号流。

5．10Broad36

10Broad36 是 IEEE 802.3 中唯一一针对宽带系统制定的标准，它选用标准的 75Ω CATV 同轴电缆。从头端出发的分段最大长度为 1 800m，由于是单向传输，所以最大的端-端距离为 3 600m。10Broad36 的电缆使用差分相移键控（DPSK）进行信号调制。

6．10 兆位以太网的中继规则

一个网段对连接的站点数有限制，对传输距离也有限制。当需要对站点数或距离进行扩展时，可用中继器实现，中继器工作在 OSI/RM 的物理层，对发送端传输过来的逐渐衰减的信号进行整形并重新生成信号，此外不进行其他操作。

对于 10 兆位以太网，中继器的使用有限制，不可无限扩展，中继规则（也称黄金规则）为 5-4-3-2-1 规则。其含义是：

① 任意发送端到接收端之间只能有 5 个网段，标准以太网 10Base5 每个网段最长为 500m，所以以太网最大网络直径为 5×500 即 2 500m（标准以太网冲突直径的理论依据）；

② 从任一个发送端到接收端之间只能经过 4 个中继器；

③ 其中的 3 个网段可增加站点；

④ 另 2 个网段只能作为中继链路，不能连接站点；

⑤ 整个网络组成了 1 个冲突域。

中继规则只对早期使用 Hub 的共享式以太网有用，使用交换机的交换式以太网不受此限，现在网络很少使用 Hub，所以中继规则一般用不到。但标准以太网冲突直径为 2 500m 的理论依据由此而来，所以在此介绍了中继规则。

10Base5 最大网络直径为 2 500m，最多站点数为 300 个；10Base2 最大网络直径为 925m，最多站点数为 90 个；10Base-T 的最大网络直径为 500m，最多站点数为 1 024 个。

实际组建以太网时可将几种标准混合使用，以太网组网实例如图 4.10 所示。

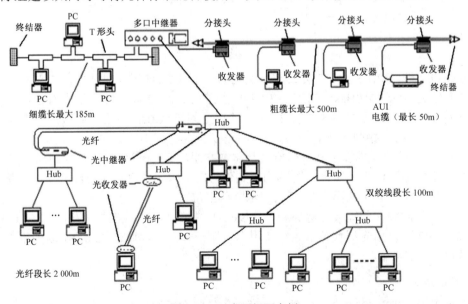

图 4.10　以太网组网实例

4.3　百兆以太网（快速以太网 Fast Ethernet）

4.3.1　冲突直径的计算

10 兆位以太网的冲突域直径为 2 500m，为避免冲突，10 兆位以太网需要在第 1 个帧（用最短帧 64 字节/512 位计算，如果最短帧传输完没有与其他站点发送的帧碰撞，则长帧更不会发生碰撞）传输完后检测是否有冲突，如果第 1 帧不冲突，则后续各帧发送后可以不再检测；如果第 1 帧发生冲突，马上反馈冲突信息给发送端，发送端停止发送后续各帧。

因为以太网的最小帧长为 512 位（64 字节），所以 10Mbps 速率传输 512 位需要花费 51.2μs，在最后一位传输之前，第一位应到达冲突域的尽头，如果没有冲突，就紧接着发送下一帧；如果这时发生冲突，发送方必须已经检测到冲突信号，也就是要在 51.2μs 内检测到冲突信号并停止下一帧的发送。这一时间足够让信号在传输介质上做一次 5 000m 的往返传输。

百兆以太网也称为快速以太网，快速以太网速度提高到原来的 10 倍，传输一个最小帧（512 位）的时间会降低至原来的 1/10，即需要花费 5.12ms。为了不改变帧的最小长度，应该让冲突域直径降低至原来的 1/10，即从 2 500m 降到 250m，这样如果发生冲突，能使发送方检测的到。注意，在实际应用中，快速以太网的冲突域直径只有 205m，如图 4.11 所示。

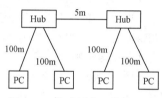

图 4.11　快速以太网的冲突域

如果冲突域直径仍为 2 500m，发送方发送完一帧后，即使冲突已发生，因速度的提高发送方也不能检测到，而是需要等到发送完第 2、3、…、10 经过 51.2ms 后，发送方才能检测到冲突信号，而不是在第 2 帧发送前检测到冲突信号而停止发送，这与 CSMA/CD 理论不符，如图 4.12 所示。解决办法是将冲突直径降低至原来的 1/10，冲突直径由 2 500m 变为 250m。

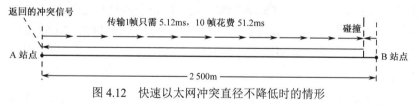

图 4.12　快速以太网冲突直径不降低时的情形

在当今使用双绞线作为主要传输介质的情况下，距离降到 250m 不会造成问题，从桌面到集线器 Hub，双绞线只需 100m 就足够了。但这只针对仍然使用 Hub 的百兆共享式以太网而言，使用交换机后交换式以太网不受 250m 限制。

4.3.2　10 兆位以太网和快速以太网的区别

1．10 兆位以太网和快速以太网的相同点

10 兆位以太网已很少使用，但它是以太网发展的基础。快速以太网不改变 MAC 帧的结构、长度和错误检测机制等，仍采用 CSMA/CD 介质访问控制方式，采用相同的组网方法，同样具有低成本和易扩展性。快速以太网支持所有在 IEEE 802.3 网络环境下运行的软件，所以能使 10 兆位以太网在不改变网络布线等情况下，很容易升级到快速以太网。

2．10 兆位以太网和快速以太网的不同点

1）传输速率提高而冲突域降低

传输速率提高到原来的 10 倍，而冲突域降低为原来的 1/10，快速以太网最大网络直径只有 205 m。

2）介质无关接口 MII 替代了连接单元接口 AUI

快速以太网在 MAC 子层和物理层之间加入了介质无关接口（Media Independent Interface，MII）子层，替代了 10Base-T 中连接单元接口 AUI 的功能，它减弱了 MAC 子层对物理层的需求。尽管 AUI 提供了一个非常良好的接口，使得在 MAC 子层保持不变的情况下，只要改变物理层的装置就可以采用新技术，但由于 100Mbps 频率太高，AUI 在此速率下不能很好地完成这个功能。MII 定义了在 100Base-T 的 MAC 子层和各种传输介质之间的标准电气和物理接口，使得物理层在实现 100Mbps 传输速率时，传输介质和信号编码的变化不会影响到 MAC 子层，因此称为介质无关接口。MII 既可在 10Mbps 的速率下工作，也可在 100Mbps 的速率下工作，而 AUI 只能在 10Mbps 的速率下工作。

3）10/100Mbps 自适应双速功能

100Base-T 提供的自适应功能，能够在网络设备之间进行自动协商，实现 10Base-T 和 100Base-T 两种网络的共存和平滑过渡。

4）中继规则的改变

因为冲突域降低到 205m，所以 100Base-T 不再适应 5-4-3-2-1 规则。10 兆位以太网只定义了一种中继器，而在 100Base-T 中定义了两种类型的中继器。第一类中继器允许连接不同类型的传输介质，而且受网络半径的限制，从任一个发送端到接收端之间只能经过 1 个中继器。而第二类中继器只允许连接相同的传输介质，虽然，网段中允许有 2 个第二类中继器，但这两个中继器之间的距离被限制在 5m 之内，这样才能保证网络直径为 205m。

5）工作频率不同

10Base-T 的工作频率为 25MHz，而 100Base-TX 和 100Base-FX 的工作频率为 125MHz。

6）物理层支持的传输介质和编码方式不同

在物理层，100Base-T 不再支持同轴电缆。当采用双绞线时与 10Base-T 一样，拓扑结构在物理上是星型结构而逻辑上是总线型结构，其中心节点是快速以太网集线器。10 兆位以太网使用曼彻斯特编码，而 100Base-TX 和 100Base-FX 使用 4B/5B 信号编码方式。

3．4B/5B 编码

4B/5B 编码模式是每 4 比特数据编码成 5 比特单元。4 位二进制编码取值为 0000～1111 共 16 个，而 5 位二进制编码取值为"00000"～"11111"共 32 个，在 32 个编码中选择 16 个作为数字编码，选择的原则是：

① 凡有 3 个以上连续"0"的不选；

② 以两个连续"0"开头的不选，尽量选择以"1"开头的编码；

③ 表示 4 位奇数数字时 5 位编码以"1"结尾，偶数数字则以"0"结尾。

这些 5 比特模式经过精心挑选，使得每个单元的编码不会出现连续的 3 个"0"，表示连续的数据时也不会有连续的 3 个"0"。5 比特编码的 32 种组合中，只选择了 24 种，其中的 16 种用作数字编码（见表 4.2），其余的 8 种用作控制符号（如帧的起始和结束符号等）。这样可以避免在数据包中，因包含一长串的"0"而丢失同步的情况发生。这样，对于传输速率为 100Mbps 的光纤网只需 125MHz 的元件就可实现，可使效率提高 80%。

表 4.2　4B/5B 编码

数据序列	编码序列	数据序列	编码序列
0000	11110	1000	10010
0001	01001	1001	10011
0010	10100	1010	10110
0011	10101	1011	10111
0100	01010	1100	11010
0101	01011	1101	11011
0110	01110	1110	11100
0111	01111	1111	11101

4．100Base-T 的应用

IEEE 802.3u 规定了 100Base-T 应满足如下 4 点要求：

① 与 10 兆位以太网能实现无缝连接；

② 成本比 10Base-T 的低；

③ 提供更大的累计带宽；

④ 产品标准化，能被多家厂商支持。

1995 年 3 月 IEEE 宣布了 IEEE 802.3u 规范。不同的物理层协议使用不同的网卡。目前市场上的快速以太网占主导地位的是 100Base-TX。

4.3.3　快速以太网的物理层

1．100Base-TX（IEEE 802.3u）

100Base-TX 采用 STP 或 5 类 UTP，但只使用 8 芯线中的两对双绞线，一对（1,2）用于发送数据，另一对（3,6）用于接收数据。100Base-TX 在传输中使用 4B/5B 信号编码方式（4 位二进制数经编码后形成 5 位二进制数），信号频率为 125MHz。使用 RJ-45 连接器连接网卡和集线器（使用交换机就变成交换式以太网），双绞线的最大长度为 100m。

2．100Base-FX

100Base-FX 采用两根单模或多模光纤，一根用于从计算机到集线器方向发送数据，另一根用于从集线器到计算机方向接收数据。使用 4B/5B 信号编码方式，100Base-Fx 推荐使用 SC 接口，也可使用 ST 接口或 FDDI 光纤介质接口连接器（Media Interface Connector，MIC）。网段长度（从站点到集线器）为 2 000m。100Base-FX 适合用于有电气干扰的环境或连接距离较远或保密性要求高的场合。

100Base-FX 利用亮度调制技术，把 4B/5B 数据流转变成光信号，"1"表示一个光脉冲，"0"表示没有光脉冲或强度极低的光脉冲。

3．100Base-T4

100Base-T4 使用低性能的 3 类 UTP 的全部 4 对线，是为了可以利用某些建筑物里已安装好的 3 类 UTP 而设计的，特别是在一些欧美国家，在大多数楼宇中已有语音级的 3 类线。因为一对 3 类线不能提供 100Mbps 的数据传输速率，所以 100Base-T4 把数据分成 3 个 33.66Mbps 的数据流，使用 3 对线发送数据即可达到 100Mbps，而第 4 对线也是 33.66Mbps，用于冲突检测的信道接收。

由于每对双绞线都需要 33.66Mbps 的信号频率，并且不提供同步信号，因此 100Base-T4 采用 8B/6T（8 比特被映射为 6 个三进制位）的三元信号编码方式，每 8 位二进制数据转换为 6 个三元（正、负和零）的电位表示。100Base-T4 符合 EIA568 结构化布线标准，使用 RJ-45 连接器，双绞线长度也为 100m。

4．100Base-T2

100Base-T2 使用 3 类 UTP 的两对线，连接采用 RJ-45 连接器，双绞线长度也为 100m。但由于它的编码方法复杂，收发器的集成电路设计困难，故没有形成市场。

4.4　交换式以太网和全双工以太网

1．交换的提出

使用同轴电缆或 Hub 连接的以太网都是共享式以太网，共享式以太网通过集线器级联或堆叠后形成的网络属于同一个冲突域。在同一个冲突域中，任一时刻只允许一个站点发送数据，每一次的传输都会占用整个传输介质。一个站点发送的信号是以广播的方式传输到网络中的所有站点的，传输介质是共享的，所有站点平分带宽。例如，100Base-TX 中，当有 20 个站点时，每个站点可以使用的最大传输速率只有 5Mbps。所以，共享式以太网当站点数较少时，具有较好的响应和性能，当站点过多时，传输速率和网络性能急剧下降。解决的办法是采用交换技术。

交换的思想源于电话系统，当呼叫方发出电话呼叫时，电话系统的交换机就在呼叫方与接收方之间寻找一条物理通路，一旦找到这样的线路，通话或连接就建立起来。此时，通话双方就可以拥有一条临时的、不受干扰的专用线路（独立信道），直到通话结束。

对于共享式以太网，可以采用"分段"的方法减缓通信线路争用的问题。可以采用"分段"的方法解决共享式以太网的问题。例如，将一个以太网分割成两个网段，每个网段是一个冲突域，网段内仍使用 CSMA/CD。网段与网段之间通过网桥（交换）设备进行连接，这样一个大的冲突域就变成了两个冲突域，在这两个网段中可允许同时各有一个站点发送数据，站点的减少使冲突的概率更小，网络的效率更高。不仅如此，分段之后，各段可根据需要选择自己的网络速度，组成性能价格比更高的网络。

如果利用 3 个网桥将 1 个网络分成 4 段就变成了 4 个冲突域，就允许不同网段内的 4 个站点同时发送数据。

2．交换式以太网

使用交换机（Switch）连接的以太网是交换式以太网，交换机是一种特殊的网桥，它的一个端口是一个冲突域。24 口交换机就有 24 个冲突域，理论上，它所连接的 24 个计算机可同时发送数据，而不存在冲突（假设它们在同一时刻不是往同一个端口发送数据）。交换机能够识别出帧的目的地址，并把帧只发送到目标站点连接的相应端口，而不是像共享式以太网那样将帧发送到全网中的所有站点。

因此，交换式以太网不受 5-4-3-2-1 中继规则的限制，100Mbps 交换式以太网也不受 205m 冲突域直径的限制，使用 Hub 和 Switch 连接的 100M 以太网的区别如图 4.13 所示。全交换式以太网冲突域直径只受传输介质本身的影响，如信号衰减、电阻加大等因素，一般为几千米或几十千米，双绞线和光纤传输距离也不同。图 4.13（a）是共享式以太网，其中两台最远的 PC 距离已超过 205m 冲突域直径限制，所以这样的组网方式不允许，而图 4.13（b）中核心汇聚层都使用交换机，接入层（边缘）才使用集线器，所以连接允许。

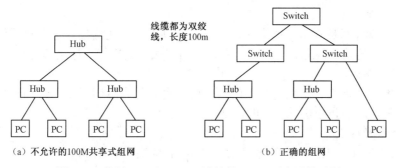

图 4.13　使用 Hub 和 Switch 连接的 100M 以太网的区别

　　交换机可以通过交换机端口之间的多个并发连接，实现多节点之间数据的并发传输。这种并发数据传输方式与共享式以太网在某一时刻只允许一个节点占用共享信道的方式完全不同。利用交换机组建以太网，既可以将计算机直接连到交换机的某个端口上，这个计算机独享该端口提供的带宽；也可以将一个共享式以太网网段连接到交换机的某个端口，该网段上的所有计算机共享该端口提供的带宽。交换机工作原理如图 4.14 所示。

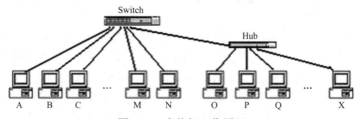

图 4.14　交换机工作原理

　　图 4.14 中站点 A、B、C、…、M、N 直接和交换机相连，这些站点可同时向其他站点发送数据。例如，同时有站点 A 发送数据给 C、站点 B 发送数据给 N、站点 M 发送数据给 P。而站点 O、P、Q、…、X 和共享式集线器相连后，集线器再连接到交换机的一个端口，站点 O、P、Q、…、X 是一个共享式网段，同一时刻只允许其中的一个站点通信，如站点 P 接收站点 M 发来的数据时，其他站点只能等待。

3．共享式以太网和交换式以太网的区别

1）信道类型不同

　　交换式以太网中站点和站点之间的连接方式是点到点连接，是一个并行处理系统，它为每个站点提供一条交换通道，某个站点发送数据时，交换机只将帧发送到目标站点所连接的相应端口；而共享式以太网中站点和站点之间的连接方式是广播式的共享方式，任一时刻只允许一个站点发送数据，而且发送的数据全网中所有站点都能收到。

2）带宽的区别

　　共享式以太网中所有站点共享带宽，每个站点的实际带宽是用集线器的理论带宽或传输速率除以站点数计算出来的。例如，在共享式 100Base-TX 中假设有 10 个站点，则每个站点的理论平均速率为 10Mbps。当网络中负荷很大时，每个站点还达不到平均值。

　　在交换式以太网中，理论上交换机中每个端口独享带宽。例如，在一个由 24 端口 100Mbps 交换机组成的交换式以太网中，因为每个端口都提供 100Mbps 的专有速率，则该交换机的最大数据流通量为 24×100Mbps。

3）通信方式的区别

因为共享式以太网是共享信道模式，所以只能以半双工通信方式进行数据传输，而交换式以太网允许并发传输，因此允许使用全双工通信方式，其性能也远远超过共享式以太网。

4）拓扑结构不同

共享式以太网物理拓扑结构是星型结构，而逻辑上仍为总线型拓扑结构。交换式以太网物理拓扑结构和逻辑拓扑结构是一致的，都是星型结构。

5）冲突域直径区别

共享式100Mbps以太网冲突域直径为205m，而交换式100Mbps及以上速率以太网冲突域直径不受此限。

4．全双工以太网

共享式以太网只能以半双工方式工作，而采用双绞线和交换机为全双工操作提供了可能。双绞线可以为一个站点发送数据和接收数据提供单独的线路，而同轴电缆却不能做到这一点。交换技术的出现使得信道不再由多个站点共享，它是以点到点的方式将站点和交换机连接起来的，因此不存在冲突，虽然还是以 CSMA/CD 方式访问传输介质，但实际已不需要冲突检测和相应的算法。

因此，交换技术是全双工的必要条件，全双工以太网一定是交换式以太网，但交换式以太网却不一定是全双工以太网。

全双工以太网中网卡、交换机和链路必须也是全双工的。理想情况下，全双工可以在信道上长期保持95%的利用率。但是在实际应用中可能不能发挥全双工的全部性能，因为网络的性能取决于多种因素，如交换机端口的交换能力、交换机缓冲区容量和流量控制机制等。大多数交换机不会有阻塞，但如果大多数流量都流向一个或很少几个端口（如连接服务器的端口），则性能将会下降，甚至会使端口拥塞，当交换机缓冲区容量较小时，将导致数据包的丢失。这时有两种解决方法，一是采用流量控制机制，这会使吞吐量下降；二是选用更大缓冲容量的交换机，但会增大等待时间。

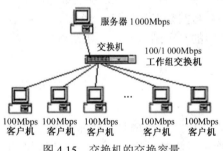

图 4.15　交换机的交换容量

交换机性能的主要指标是交换容量，交换容量是指所有端口支持的全部负载所需的带宽。交换机的交换容量如图 4.15 所示。图 4.15 中工作组交换机为100/1000Mbps，连接了 8 个下行链路（每个100Mbps）1 个上行链路（1000Mbps），上行链路连接的可以是服务器也可以是主干交换机，下行链路连接的可以是计算机或者另一个 10/100Mbps 的工作组交换机。则该交换机所需带宽为：

$$8 \times 100 + 1 \times 1\,000 = 1.8\text{Gbps}$$

假定链路全部是全双工的，则该交换机所需带宽为：

$$8 \times 100 \times 2 + 1 \times 1\,000 \times 2 = 3.6\text{Gbps}$$

也就是说，该工作组交换机的交换容量至少为 3.6Gbps，才可以无阻塞发生。在实际应用中，由于额外开销等所需的带宽要更高一些。

4.5　千兆位以太网（Gigabit Ethernet）

随着网络的普及及网络设备价格的下降，许多应用对网络提出了更高的传输速率要求。

1998 年 6 月，IEEE 802.3 委员会又推出了 G 级（1 000Mbps/1Gbps）千兆位以太网的解决方案。制定了基于光纤和同轴电缆的 IEEE 802.3z 以太网标准，和基于超五类 UTP 的 IEEE 802.3ab 以太网标准。标准以太网和快速以太网的用户，很容易实现网络升级。

4.5.1 千兆位以太网的 MAC 帧

千兆位以太网对传输介质的访问，可以采用半双工或全双式两种方式进行，这两种方式下的千兆位以太网的 MAC 帧技术有所区别。

1. 半双工方式下的千兆位以太网的 MAC 帧技术

千兆位以太网工作在半双工方式下时，还是遵循以太网的 CSMA/CD 介质访问方式。但千兆位以太网和快速以太网相比，速度提高了 10 倍，如果其 MAC 帧的长度还和原来一样，保持最小帧长度为 64 字节，那么网络冲突域直径将会降到 20m，这会给实际应用带来麻烦。为了使千兆位以太网在保持 G 级速率的条件下仍能维持 200 多米的网络直径，采用了下面两种技术。

1）载体扩展

前面已经介绍了合法的 MAC 帧长度为 64～1 518 字节，它影响着冲突域直径。如果将帧长度加大，传输一帧所需的时间也相应增加，这样就会在不改变 205m 冲突域直径的前提下将网络速率提高到千兆位。MAC 帧的载体扩展是指将 MAC 帧长度扩展到 512 字节（4 096 位），如图 4.16 所示。当 MAC 帧长度小于 512 字节时，则在 MAC 帧的 FCS 后面发送扩展位（0～448 字节），大于 512 字节的帧不做扩展。例如当帧长度为 120 字节时，发送扩展位 392 位，但原来的帧格式不改变。

图 4.16 MAC 帧的载体扩展

对于一个只有 64 字节的帧而言，虽然速率提高了 10 倍，但因为发送扩展位而使时间增加了 8 倍，因此对一个 64 字节的帧来说，其有效吞吐率只有 25%，但在实际应用中很少有短帧构成的情况。

2）数据包突发技术

为了进一步提高网络性能和带宽的利用率，在 CSMA/CD 算法中加入数据包突发技术。数据包突发技术是允许发送端每次发送多个帧，如果帧的长度太短，只需要在第一帧添加载体扩展信号。如果第一帧发送成功，后续帧可连续发送，而不需要添加载体扩展信号。数据包突发技术允许服务器、交换机和其他网络设备发送较短的帧，充分利用网络带宽。

2. 全双工方式下的千兆位以太网的 MAC 帧

全双工方式下，不管是交换机之间还是交换机和计算机之间，都是点到点连接。由于两个节点之间可以同时进行千兆位以太网 MAC 帧的发送和接收，因此全双工方式不存在冲突问题，其最小 MAC 帧长度仍可以是 64 字节，不需要采用半双工方式下的载体扩展和数据包突发技术。

4.5.2　千兆位以太网的物理层

以太网物理层主要有数据的编码/译码、数据比特流的传输与故障显示、建立链路所需的各种特性等。对于数据的编码/译码，千兆位以太网提供了两种机制。对于光纤介质和屏蔽铜缆，IEEE 802.3z 标准提供了 8B/10B 编码/译码模式。8B/10B 编码/译码将 8 个二进制位映射到 10 位二进制代码组上，实质上它是两种独立的快编码模式的结合，一种是 5B/6B 编码；另一种是 3B/4B 编码。这种编码具有良好的转换密度，使其成为光纤和屏蔽铜缆的良好选择。对于超 5 类 UTP，IEEE 802.3ab 标准提供专门的 PAM5 编码/译码方案。

在物理层，10 兆位以太网使用连接单元接口（AUI），快速以太网使用介质无关接口（MII），在千兆位以太网中定义了千兆位无关接口（GMII），将数据通路扩展到了 8 位，而（MII）只提供 4 位。这样可得到更理想的时钟频率和数据转换频率。

1. 1000Base-SX

1000Base-SX 使用短波激光作为信号源，在多模光纤上传输信号，数据编码方法为 8B/10B。收发器上所设置的波长为 770～860nm（一般为 800nm）的激光传输器，多模光纤直径可以为 62.5μm 和 50μm。使用 62.5μm 多模光纤，在全双工模式下最长传输距离为 260m；使用 50μm 多模光纤，在全双工模式下最长传输距离为 550m。1000Base-SX 使用的光纤连接器为 SC 型连接器。

2. 1000Base-LX

1000Base-LX 使用长波激光作为信号源，数据编码方法为 8B/10B。在收发器上设置波长为 1270～1355nm（一般为 1300nm）的激光传输器，既可以驱动多模光纤，也可以驱动单模光纤。所使用的光纤有：62.5μm 多模光纤、50μm 多模光纤和 9μm 单模光纤。使用多模光纤时，在全双工模式下，最长传输距离可以达到 550m；使用单模光纤时，在全双工模式下，最长传输距离为 3 000m，使用的光纤连接器也是 SC 型连接器。

3. 1000Base-CX

1000Base-CX 使用一种特殊规格的高质量平衡屏蔽铜质双绞线对电缆，最长传输距离为 25m，传输速率为 1.25Gbps，数据编码方法采用 8B/10B，使用 9 芯 D 型连接器连接电缆。1000Base-CX 适用于交换机之间的短距离连接，尤其适合千兆位主干交换机和主服务器之间的短距离连接。

4. 1000Base-T（IEEE 802.3ab）

1000Base-T 使用 4 对超 5 类 UTP，最长传输距离为 100m，数据编码方法采用 PAM5 编码/译码。1000Base-T 可以充分利用现有的 UTP 线缆，实现 100～1000Mbps 的平滑升级。

4.5.3　千兆位以太网的特点

1. 技术简单

千兆位交换式以太网技术简单，采用和 10Mbps 标准以太网相同的帧格式和帧长度。在半双工模式下，使用 CSMA/CD 介质访问方法。从用户角度看，千兆位交换式以太网与标准以太网和快速以太网差别不大，只是传输速率快了。

2. 低成本、方便的 10/100/1000Mbps 升级

由于以太网技术的简单性和应用的普及性，千兆位交换机的价格在不断下降。随着

ASIC 技术的发展和硅片生产工艺的提高，性价比更高的千兆位以太网交换机会更快出现，使得建设以太网的成本不断降低。

从共享式以太网和快速以太网可以平滑地升级到千兆位以太网，而且，它们可以共存于同一个网络中。因为网络管理人员已经非常熟悉以太网，并不需要掌握新的设置、管理与排除故障技术，不需要进行管理人员的再培训。因此升级能够获得性能优势，避免昂贵的协议、硬件和电缆连接的变化，原有的网络投资可以得到保护。

3．支持新的网络应用

千兆位交换式以太网能够提供高带宽，能应用以太网新协议，提供带宽预留，对报文提供优先级分配，支持组播和虚拟局域网，广泛采用先进的视频压缩技术。能够传输语音、视频等新的数据类型。

4．网络设计灵活、良好的互操作性

千兆位以太网支持第三层交换技术，集交换和路由于一身。在设计千兆位以太网时，只需关心成本，不必过多考虑网络的互联和拓扑结构。具有良好的互操作性和向后兼容性。

5．千兆位以太网的缺点

千兆以太网不允许使用中继器互联，千兆位以太网也不具有自动协商功能，它不能和百兆位以太网自动适配速率。千兆位以太网在时延、抖动、拥塞控制和带宽按需分配等方面的多媒体业务服务质量比 ATM 网络要差一些。在与广域网连接时，由于使用的是标准接口，将造成瓶颈，另外，千兆位以太网的网络直径（冲突域）也较低。

4.6　10 吉比特以太网（10GE）

2000—2002 年 IEEE802.3 制定了 10 吉比特以太网标准。以太网的速率从 10Mbps、100Mps、1Gbps 到 10Gbps 不断提高，其应用范围也在不断扩大。

10 吉比特以太网具有可靠性高、安装和维护简单等特点，其建设费用比 ATM/SONET 技术低，且能提供更新、更快的数据业务。10 吉比特以太网不仅兼容现有的局域网，还能将以太网的应用范围扩展到城域网和广域网，它既能和 SONET 协同工作，还能使用端到端的以太网连接。10 吉比特以太网的局域网、城域网和广域网采用同一种核心技术，网络易于管理和维护，同时避免了协议转换，能实现局域网、城域网和广域网之间的无缝连接，并且价格低廉，因此 10 吉比特以太网有着广泛的发展前景。

4.6.1　10 吉比特以太网的特点

10 吉比特以太网工作在 OSI/RM 的第一和第二层，帧格式和大小等符合 IEEE 802.3 标准。和以前的以太网不同的地方主要有以下 5 个方面。

（1）向下兼容。10 吉比特以太网保留了 IEEE 802.3 标准有关帧格式和帧长度的规定，所以能够和原先的以太网兼容。

（2）全双工模式。10 吉比特以太网只支持全双工模式，而不支持单工和半双工模式，因此不存在信道争用问题，摆脱了冲突检测，使得其传输速率和距离都得到极大的提升。

（3）传输介质为光纤。由于传输速率很高，10 吉比特以太网不再保留铜线，而只使用光纤作为传输介质。

（4）可选择多种编码方式。能使用千兆位以太网的 8B/10B 编码方式，也能采用新的编

码策略，如 64B/66B、MB810、一个扰码多项式和两个扰码多项式等编码方式。

（5）支持局域网、城域网和广域网接口。10 吉比特以太网支持局域网和广域网接口，有效距离可达 40km。以往的以太网只支持局域网，有效传输距离不超过 5km。

4.6.2　10 吉比特以太网物理层协议

IEEE 802.3ae 标准划分了局域网和广域网两种物理层，广域网物理层的功能在局域网的基础上得到了进一步扩展。

1. 局域网物理层标准

10 吉比特以太网的物理层协议支持 802.3 的 MAC 全双工工作方式，局域网物理层又分为 10Base-R 和 10Base-X 两类，差别在于编码方式不同，R 代表采用 64B/66B 编码，X 代表采用传统的 8B/10B 编码。IEEE 802.3ae 标准的数据链路层也分为逻辑链路控制层（LLC）、媒体访问控制层（MAC），它和以往以太网标准的功能基本相同。

10 吉比特以太网的帧格式与以前的以太网帧格式一致，工作速率为 10Gbps。因此，10 吉比特以太网可以用最小的代价升级并兼容现有的 10/100/1 000Mbps 局域网，并使现有局域网的网络范围最大达到 40km。

2. 可选的广域网物理层标准

IEEE 802.3ae 标准的广域网物理层采用 64B/66B 编码。相应的结构为：物理媒体相关（Physical Media Dependent，PMD）子层、物理媒体附属（Physical Medium Attachment，PMA）子层、物理编码（Physical Coding Sublayer，PCS）子层、10 吉比特媒体无关接口（10 Gigabit Medium Independent Interface，XGMII）和协调（Reconciliation Sublayer，RS）子层。协调子层的功能是把 XGMII 的信号集传送给 MAC；XGMII 被定义为从 MAC 到物理层的 10 吉比特接口，它还提供分离的 8bit 或 64bit 传输和接收数据的路径、必要的控制信息、时钟信号等用于控制同步的信息；PCS 子层对传送出去的数据进行编码，对接收的数据进行解码；PMA 的作用主要是在传送数据时对数据包进行编号并排序，在接收数据时根据编号把这些数据还原为原来的形式，以确保数据能正确传输；PMD 通过媒体相关接口 MDI 和媒体（光纤）相连，主要负责比特流的传送和接收。

10 吉比特广域网的物理层比局域网的物理层多出一个子层，即广域网接口子层（WAN Interface Sublayer，WIS），它包括了一个简化的 SONET/SDH 帧。由于 SONET OC-192/SDH STM-64D 的传送速率为 9.95Gbps，和 10 吉比特以太网的速率基本相同。IEEE 802.3ae 标准制定 WIS 正是为了既能支持局域网，又能支持接近于 10Gbps 的 SONET/SDH 的广域网连接。为了使广域网物理层的成本低廉，10 吉比特以太网的简化帧结构只支持故障隔离所需的 SONET 开销，而不包含有关抖动、主从同步时钟和其他一些 SONET/SDH 的光学规范，这种简化方式，避免了引入不必要的功能，降低了设备的复杂性，从而能降低费用。

3. 10 吉比特以太网的优势

10 吉比特以太网能支持的传输速率有 10Mbps、100Mbps、1Gbps 和 10Gbps 等；以太网不需要大量网管，能简单且廉价地将各个网络连接起来；Internet 中绝大多数业务也来自以太网；10 吉比特以太网尽量减少了在路由器和交换机中再成帧的次数，因此会比使用现在的任何网络技术更加行之有效；能提供高速的网络连通性能，以及良好的可靠性和可伸缩性。

局域网、城域网和广域网的界限越来越模糊，IEEE 802.ae 标准的发布，为以太网注入了新的活力。10 吉比特以太网不仅能满足数据通信高性能的需求，而且还解决了以往以太网不能提供高质量多媒体应用所需的 QoS 的问题，作用距离较传统以太网也大大提高；以太网性能优良，传输容量大，安装简单。因此能满足局域网、城域网和广域网传输的技术要求，有着广泛的应用前景。

4.7　其他常见局域网

以太网使用 CSMA/CD 介质访问控制方式，站点可能需要重试多次才能将数据发送出去，这种冗余在网络负荷较重时会造成时延。令牌技术使站点能轮流发送数据，解决了这种不确定性，而且每次轮到时只能发送一帧，这种循环协调的机制称为令牌传递。

4.7.1　令牌环网（Token Ring）

1. 令牌环工作原理

令牌环网的标准是 IEEE 802.5，它使用差分曼彻斯特编码，寻址方式也是使用 6 字节的地址，这个地址和 NIC 上的物理地址对应，和以太网地址类似。令牌环网在物理上是一个由一系列环接口和这些接口间的点-点链路构成的闭合环路，各站点通过环接口连接到网络上，令牌和数据帧沿环单向流动。取得令牌的站点，通过环接口将数据帧串行发送到环上，环上的其他各站点检测并转发环上的数据帧，当目的地址与自身站点地址相符时，复制该帧并将该帧转发出去，使数据帧在环上从一个站点传至下一个站点。数据帧绕环一周返回到发送站点，由发送站点将其删除，并生成一个新的令牌发送到环上。由于环路中只有一个令牌，因此任何时刻只能有一个站点发送数据，不会产生冲突。而且，令牌环上各站点均有相同的机会公平地获取令牌。

令牌环网中的环由一系列 150Ω 的屏蔽双绞线所构成的段组成，每个段将一个站点的输出端口连接到另一个站点的输入端口，最后一个站点的输出端口连接到第一个站点的输入端口，通过单向的通信形成一个环。每个站点的 NIC 有一对输入/输出端口，9 线电缆的两端是 9 针的连接器，分别连接 NIC 和交换机。9 根线中，4 根用于传输数据，5 根用于控制交换机。

2. 令牌环帧格式

IEEE 802.5 令牌环 MAC 帧有令牌帧、异常中止帧和数据/命令帧三种类型，令牌环帧格式如图 4.17 所示。它们都有一对起始分界符 SD 和结束分界符 ED，用于确定帧的边界，SD 和 ED 各有 4 位采用曼彻斯特编码中的违法编码（"高-高"电平对和"低-低"电平对），以实现数据的透明传输。

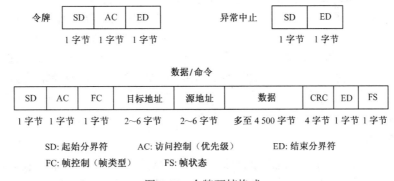

图 4.17　令牌环帧格式

1）令牌帧

令牌实际上是一个占位符（预留帧），它只有 SD、AC 和 ED 3 个字段，各为 1 字节长。

SD 指明数据帧即将到来，ED 指明数据帧的结束。

AC 字段有 4 个子字段，前 3 位是优先级子字段，第 4 位是标志位，用来标志该帧是令牌帧，第 5 位是监控位，最后 3 位是保留域，预留给对环访问的站点来设置。

2）异常中止帧

异常中止帧 SD 和 ED 两个字段，可以由发送方产生，用来停止发送方的传输，也可由监控站点产生以清除线路上旧的传输。

3）数据/命令帧

数据/命令帧是唯一携带 PDU 的帧，内容可以是用户数据或管理命令，它由 9 个字段组成。其中，当路由器地址作为目标地址和源地址时，地址长度是 2 字节，而当以太网网卡地址作为目标地址和源地址时，地址长度是 6 字节。帧状态 FS 可以由接收站点设置，用来表示这个帧已经被阅读；或者由监控站点设置，表示该帧已经绕环一周，用以通知发送方。

3．令牌环的操作过程

令牌环的操作过程如下：

（1）网络空闲时，只有一个令牌在环中单向绕行。AC 字段的第 4 位标志位为"0"时，表示为可用的空令牌，标志位为"1"时表示有站点正占用令牌在发送数据帧。

（2）当一个站点要发送数据时，必须等待获得令牌，得到令牌后将令牌帧的标志位设置为"1"，然后发送数据帧或命令帧。

（3）环路中的每个站点边转发数据帧，边检查数据帧中的目标地址，如果与本站点地址相符，则读取其中所携带的数据，同时复制该帧并转发出去。

（4）数据帧绕环一周返回到发送站点，发送站点将该数据帧从环路上撤销。同时根据返回的有关信息确定所传数据是否出错。若有错，则重发存放在缓冲区中的待确认帧；若无错，则释放缓冲区中的待确认帧。

（5）发送站点完成数据发送后，重新产生一个令牌传至下一个站点，以便使其他站点获得发送数据帧的许可权。

4．令牌环的维护

令牌本身就是比特串，在环中绕行时可能受噪声干扰而出错，或者是某个站点发送完数据帧后疏忽了重传令牌，导致环路上无令牌存在。另一种情况是某个站点发送数据帧后，由于故障而无法将所发的数据帧从环上撤销，会造成数据帧在环上持续循环绕行的差错。因此需要在环上指定一个站点作为监控站，来解决这些问题。

监控站通过超时机制来检测令牌丢失的情况，每当令牌经过监控站时就设置一个定时器，超时值比最长的帧完全遍历环路所需的时间还要长一些。如果在该时段内没有检测到令牌，便认为令牌已经丢失，管理站将清除环上的数据碎片，重新生成一个令牌，并将它引入环中。

对于一个发送站点无法撤销的持续循环的数据帧，监控站将每个经过该数据帧的 AC 字段的第 5 位监控位设置为 1，以防止出现永久循环的数据帧。如果监控站检测到一个数据帧的监控位已经设置为 1，便知道该帧在环上绕行已经超过一周，而某个站点未能清除自己发出的数据帧，监控站便清除该帧，并发出一个令牌。

5．令牌环的特点

令牌环网在轻负荷时，由于存在等待令牌的时间，故效率较低；但在重负荷时，各站公平访问传输介质，效率较高。数据帧内的数据可能会与 SD 或 ED 的比特模式相同，可以在数据段采用比特插入法或违法编码法，以确保数据的透明传输。发送的数据帧绕环一周并由发送站点撤销该帧，因此发送站点有自动应答的功能，同时具有广播特性，即可由多个站点接收同一数据帧。

令牌环的通信量也可以进行调节，一种方法是允许各个站点传输不同量的数据；另一种方法是通过在 AC 字段中设定优先级，让具有较高优先权的站点优先得到令牌。正在被某个站点使用的令牌可被一个待发站点所预留，在数据帧经过时，将自己的优先级代码添加到数据帧的 AC 字段中，以预留下一个被释放的令牌。一个更高优先级的站点可以删除一个低优先级的预留，代之为自己的预留。通过这种机制，一旦令牌空闲，拥有预留的站点，不管它处于环的哪一个位置，都可以优先得到令牌而发送数据。

4.7.2　令牌总线（Token Bus）

令牌总线的标准是 IEEE 802.4，综合了以太网和令牌环网优点，它采用和以太网一样的总线拓扑结构，逻辑上使用令牌环网的令牌技术（可预测的时延），使站点轮流公平地访问传输介质。

1. 令牌总线工作原理

令牌总线将总线上的站点构成一个逻辑环，每一个站点都在一个有序的序列中被指定一个逻辑位置，序列中最后一个站点的后面又跟着第一个站点。虽然在物理上它是总线型结构，但是在逻辑上，却是一种环型结构的局域网。和令牌环网一样，网络中只有一个令牌，站点只有取得令牌，才能发送帧。令牌总线使用 CATV 的 75Ω宽带同轴电缆，设置如图 4.18 所示。

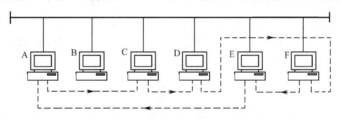

图 4.18　令牌总线设置

图 4.18 中用虚线构成了逻辑环，其中站点 B 不在环中，令牌在逻辑环上依次按 A→C→D→F→E→A 循环传递。注意，总线上站点的实际顺序与逻辑环顺序不一定一致，也可以设置某些站点不在逻辑环中，如图 4.18 中的站点 B 就没有获得令牌的机会。

令牌总线的主要操作过程如下：

（1）逻辑环初始化，即生成一个顺序访问的次序。网络开始启动或由于某种原因所有站点不活动的时间超过规定的时间时，都需要进行逻辑环的初始化。初始化的过程是一个争用的过程，争用的结果是只有一个站点能取得令牌，其他的站点用站插入算法插入。

（2）令牌传递。令牌传递与令牌环网中的方法一样。

（3）站插入环算法。必须周期性地给未加入环的站点机会，将它们插入到逻辑环的适当位置中。当同时有几个站点要插入时，可采用带有响应窗口的争用处理算法。

（4）站退出环算法。可以通过采用将其前趋站和后继站连到一起的办法，让不活动的站退出逻辑环，并修改逻辑环递减的站地址次序。

（5）故障处理。网络可能出现错误，包括令牌丢失、断环、产生多个令牌等。网络需对这些故障做出相应的处理。

2. 令牌总线和令牌环网的区别

令牌总线主要应用于工厂自动化和过程控制中，而在数据领域没有商业应用，协议细节十分复杂。令牌总线和令牌环网的区别如下。

（1）令牌总线采用总线方式连接，是广播式网络。而令牌环网采用点到点的方式连接。

（2）令牌总线不采用集中控制，IEEE 802.4 在设计时让当前令牌的持有者具有特定的权力，如处理新站的入环申请等工作。而 IEEE 802.5 通过一个集中的监控站处理如令牌丢失等工作，较为方便容易，但一旦监控站失控，例如不停地发出被监控站周期性调用令牌环控制帧，其他站点也不会怀疑监控站出了故障。因此，令牌总线着眼于防止网络失效，适用于自动化和过程控制场合，而令牌环允许偶尔产生一次错误。

（3）令牌总线的主要缺点是它的复杂性（如站点插入和退出逻辑环算法等）。而令牌环网的缺点是集中式监控站的使用，尽管这样可以将失效的监控站替换掉。

另外，以太网和令牌传递方式相比，以太网的优点是站点的接入和安装等都非常方便，低负载时基本上不存在时延，但在重负载时，容易发生冲突，网络效率急剧下降，不太适合较敏感的、实时性要求高的场合。交换式以太网和全双工以太网的出现很好地解决了这个问题。而令牌总线和令牌环网最大的优点是在重负载时效率可以很高，时延也是确定的，非常适用于实时应用，而且还可以设定优先级，这样有利于传输语音等多媒体信号，如 IP 电话等。

4.7.3　光纤分布数据接口（FDDI）

光纤分布数据接口（Fiber Distributed Data Interface，FDDI）的标准是 IEEE 802.8，是 ANSI 和 ITU-T 在 20 世纪 80 年代确定的局域网协议。由于以太网技术的不断发展，FDDI 的应用在国外相对很少。我国 1995 年起在一些校园网或企业网开始使用 FDDI，过了几年后大多数都在此基础上进行了改造而选用了千兆位以太网作为网络主干。由于 FDDI 具有较高的可靠性，产品也较为成熟，在某些领域仍在继续使用，下面简单介绍 FDDI 的原理和性能。

1．FDDI 的工作原理

FDDI 支持 100Mbps 的数据传输速率，提供了一种针对以太网和令牌环的高速率的替代协议，以光纤作为传输媒体，现在铜缆也能达到这个速率，FDDI 的铜缆版本称为 CDDI。

FDDI 介质访问控制与令牌环网类似，使用令牌控制技术，逻辑拓扑结构是一个环，物理拓扑结构可以是环型、树型或星型，覆盖的范围可达数千米。介质访问由时间来限制，一个站点在它所分配的访问时间间隔内可以发送任意多帧，但对于实时数据优先发送。为实现这种访问机制，FDDI 区分了两种不同的数据帧，即同步帧和异步帧，这里的同步指的是实时信息，而异步指的是非实时信息。在实际应用中，不论发送节点的访问时间间隔是否用完，它都必须把实时帧（同步帧）优先发送出去。

与令牌环类似，发送站点也是把信息帧发送至环上，从一个站点到下一个站点依次传递，当信息帧经过目标站点时就被接收、复制，绕环一周后，发送信息的站点再将信息帧从环上撤销。因此 FDDI 标准和令牌环介质访问控制十分接近。

2．FDDI 的寻址和数据编码

FDDI 的寻址使用的是一个 6 字节的地址，地址在 NIC 上，和以太网的地址类似。

为了得到信号同步，FDDI 采用了二级编码的方法。即先按 4B/5B 编码，然后再利用非归零反相编码 NRZ-I 进行数据编码。无论 4 比特符号为何种组合（包括全 "0"），其对应的 5 比特编码中至少有 2 位 "1"，从而保证在光纤中传输的信号至少发生两次跳变，以利于接收端的时钟提取，从而得到足够的同步信息。

3．FDDI 的特点

FDDI 主要有如下 5 个特点。

（1）FDDI 采用光纤作为传输介质，在 125MHz 的时钟频率下数据速率为 100Mbps，远远超过了 IEEE 802.3 和 IEEE 802.5 标准的速率。采用标记环在负载较重的条件下，运行效率也很高。

（2）使用基于 IEEE 802.5 令牌环标准的令牌传递协议，使用 802.2 LLC 协议与 IEEE 802 LAN 兼容。

（3）FDDI 采用双环拓扑结构，使网络的可靠性大大增加，确保网络具有容错能力。

（4）FDDI 具有较大的网络覆盖范围，可达 100km，采用多模光纤时站点间距离为 2km，而采用单模光纤时站点间距离可达到 40～60km。

（5）具有动态分配带宽的能力，能同时支持同步和异步数据服务。

FDDI 主要用于局域网的主干，连接 IEEE 802 低速局域网或主机。通过凹型或凸型的介质接口连接器（MIC）将站点连接到一个或两个环上，最多可连接 500 个站点。一般情况下，数据传输被限制在主环上，当主环失效时，次环可以被激活以修复数据环路并维持服务。

4.8　局域网协议

局域网使用的协议较多，其中最为主要和常用的有 IEEE 802 标准、NetBEUI 协议和 IPX/SPX 及其兼容协议等。TCP/IP 开发时虽然是用于广域网，但在局域网中应用也相当广泛。下面简单介绍这些协议。

4.8.1　IEEE 802 局域网标准

电气和电子工程师协会 IEEE 是局域网标准的主要制定者，它所制定的 IEEE 802 标准中的大部分已被 ISO 接受为国际标准，改称为 ISO 8802。IEEE 802 局域网标准主要有以下几种：

IEEE 802.1A：　定义了局域网的体系结构；

IEEE 802.1B：　定义了寻址、网络互联和网络管理的标准；

IEEE 802.1D：　定义了网桥；

IEEE 802.1P：　定义了即时优先权交换；

IEEE 802.2：　　定义了逻辑链路控制 LLC；

IEEE 802.3：　　定义了 CSMA/CD 总线的介质访问控制方法与物理层技术规范；

IEEE 802.3i：　　定义了 10Base-T 介质访问控制方法与物理层技术规范；

IEEE 802.3u：　　定义了 100Base-T 介质访问控制方法与物理层技术规范；

IEEE 802.3w：　定义了优化的 CSMA/CD；

IEEE 802.3x：　　定义了全双工通信；

IEEE 802.3y：　　定义了 100Base-T2 介质访问控制方法与物理层技术规范；

IEEE 802.3ab：　定义了 1000Base-T 介质访问控制方法与物理层技术规范；

IEEE 802.3z：　　定义了 1000Base-X 介质访问控制方法与物理层技术规范；

IEEE 802.4：　　定义了令牌总线 Token Bus 介质访问控制方法与物理层技术规范；

IEEE 802.5：　　定义了令牌环 Token Ring 介质访问控制方法与物理层技术规范；

IEEE 802.6：　　定义了城域网 MAN 介质访问控制方法与物理层技术规范；

IEEE 802.7：　　定义了宽带局域网介质访问控制方法与物理层技术规范；

IEEE 802.8：　　定义了光纤分布式数据接口 FDDI 介质访问控制方法与物理层技术规范；

IEEE 802.9：　　定义了综合数据和语音的局域网网络标准；

IEEE 802.10：　　定义了网络安全规范和数据保密的标准；

IEEE 802.11：　　定义了无线（wireless）局域网 WLAN 介质访问控制方法与物理层技术规范；

IEEE 802.12：定义了新型高速局域网 100VG-AnyLAN 介质访问控制方法与物理层技术规范；

IEEE 802.13：定义了基于有线电视的广域通信网；

IEEE 802.15：定义了蓝牙无线通信规范。

4.8.2　NetBEUI 协议

1. NetBIOS 与 NetBEUI 的关系

网络基本输入/输出系统（Network Basic Input/Output System，NetBIOS）是 IBM 公司开发的用于实现 PC 间相互通信的标准，其目的是开发一种只在小型局域网上使用的通信规范。但在实际应用中发现 NetBIOS 存在许多缺陷，因此对其进行了改进，推出了 NetBEUI（NetBIOS Extended User Interface）通信协议。

NetBIOS 是网络应用程序的接口规范，是 NetBEUI 的基础；NetBEUI 是建立在 NetBIOS 基础之上的一个网络传输协议。

2. NetBEUI 协议的特点

NetBIOS 扩展用户接口 NetBEUI 协议，由 IBM 公司于 1985 年开发。由于体积小、效率高、速度快，Microsoft 公司将它作为开发操作系统的基础协议，通常用于 200 台计算机以内的部门级局域网。

NetBEUI 协议适用于单网段、部门级的小型局域网，它不具备跨网段工作的能力，也没有路由功能，因此 NetBEUI 协议不具备组建大型网络的能力，广域网不能使用它。但 NetBEUI 和 IEEE 802 标准、IPX/SPX 等其他局域网协议相比，有如下优点：

① 占用的内存最少，只消耗少量的网络资源；

② 具有纠错功能；

③ 网络应用时基本不需要进行设置。

由于 NetBEUI 协议不支持从一个局域网经路由器到另一个局域网的访问，因此对不需要经路由器与大型主机通信的小型局域网，只安装一个 NetBEUI 协议就足够了，这样效率高，速度也快。

3. 关于 Windows XP 中的 NetBEUI 协议

在 Windows XP 以前的所有产品中，如 Windows 95/98/Me/2000，Microsoft 公司都将 NetBEUI 协议作为基本的系统支持协议进行默认安装，但在 Windows XP 中没有将其设置为基础协议。所以，在 Windows XP 系统中如果需要使用 NetBEUI 协议，则需要单独安装。

虽然 NetBEUI 协议效率高、速度快，但功能较为简单，缺少管理和维护工具，不适合稍复杂一些的网络。因此，Microsoft 公司试图用 TCP/IP 取代 NetBEUI 协议。

4.8.3　IPX/SPX 协议

1. IPX/SPX 协议的作用

网际包交换/顺序包交换（Internet Packet Exchange/Sequence Packet Exchange，IPX/SPX）协议是由 Novell 公司开发的，用于 NetWare 网络操作系统的通信协议，20 世纪 90 年代在我国应用比较广泛，当时 NetWare 在世界上占有的市场份额也相当大。TCP/IP、OSI/RM 和 NetWare 的对应关系见表 4.3。

表 4.3 TCP/IP、OSI/RM 和 NetWare 的对应关系

TCP/IP	OSI/RM	NetWare
应用层	应用层	各种应用服务
	表示层	
	会话层	
TCP、UDP	传输层	SPX
IP 等	网络层	IPX
网络接口层	数据链路层	网卡、网卡驱动程序等
	物理层	

IPX/SPX 协议是为了适应网络发展而开发的通信协议，具有很强的适应性，安装方便，同时具有强大的路由功能，可以连接多个网段，适用于大型网络。和 TCP/IP 协议相比，IPX/SPX 协议是专为局域网而研制的；而 TCP/IP 虽然是为广域网研制的，但也可以用作局域网协议。

2. IPX 协议的作用

IPX 协议与 IP 协议功能相似，负责数据包的传送，提供面向无连接的服务，在发送数据之前不需要建立连接，也不能保证数据被有序和正确地传输到接收方。

IPX/SPX 协议依靠物理地址（MAC 地址）寻址，由 IPX 协议完成网络编址，所以在 IPX/SPX 网络中的地址称为 IPX 地址。如果数据是在同一网段内传送的，则直接寻找目标计算机的 MAC 地址，然后将数据发送到目标计算机。如果目标计算机与源计算机不在同一网段内或位于不同的局域网中，则数据包通过 NetWare 服务器或路由器中的网络号传输到下一个节点。

3. SPX 协议的作用

SPX 协议与 TCP 协议的功能相似，提供面向连接的服务，负责对所传输的数据进行无差错处理，保证数据包传输的完整性。SPX 在发送数据之前需要与接收节点建立连接，并检测数据包是否被正确和完整地传输到接收方。如果检测到数据包在传输过程中丢失，或者被破坏，则发送方会重新发送该包。

4.8.4 Windows 系列安装的网络协议

1. Windows 系列网络协议

Windows 系列（Windows 98/XP/2000 等）操作系统可安装 NetBEUI、NWLink、AppleTalk 和 TCP/IP 4 种协议，试图满足不同的网络规模和需求。

（1）NetBEUI 适合于小型的、单个服务器的网络。

（2）NWLink 是 IPX/SPX 的兼容协议，它适合于中等规模网络，或需要访问 Novell 的 NetWare 文件服务器的网络。

（3）AppleTalk 主要用于实现与 Macintosh（简称 Mac，是苹果系列个人计算机的一种）计算机的互操作；

（4）TCP/IP 协议功能完善，既可用于广域网，如 Internet 那样跨全球的复杂网络，也可用于局域网，如内部网 Intranet，企事业单位组网时都在使用它。

所以，Microsoft 公司正致力于将 TCP/IP 变成一个适合各种网络的协议簇。

2. NWLink

NWLink 是 IPX/SPX 的兼容协议，它是 Microsoft 公司对 NetWare 网络操作系统使用 IPX/SPX 协议栈的实现。NWLink 协议主要在 Windows 网络中的计算机需要与 Novell 网络中的服务器和客户机进行交互时使用。

Windows 操作系统中，一般使用 NWLink 和 NWLink NetBIOS 两种 IPX/SPX 的兼容协议，即 NWLink 协议。这两种兼容协议继承了 IPX/SPX 协议的优点，更适应 Windows 的网络环境。也就是说，在 Novell 网络中使用 IPX/SPX 协议，而如果不在 Novell 网络环境中（尤其在 Windows 98/XP/2000 组成的对等网中），就使用 IPX/SPX 兼容协议。

NWLink 的主要优点有：

① 易于建立和管理；

② 具有路由选择能力；

③ 很容易与 Novell 网络中的 NetWare 服务器和客户机建立连接。

NWLink 的主要缺点有：

① 与其他网络交换传输较难；

② 在 Windows 2000 中受到的支持有限；

③ 不支持标准的网络管理协议。

因此，NWLink 为 NetBEUI 和 TCP/IP 两种协议提供了一个合理的折中。真正的大型网络还是使用 TCP/ IP 协议。

4.9 本章小结

（1）局域网只涉及通信子网的物理层和数据链路层，不涉及网络层，高层功能由网络操作系统来完成。局域网种类较多，主要有 Ethernet、Token Ring、Token Bus 和 FDDI 等。

（2）IEEE 802 将 OSI/RM 的数据链路层分为逻辑链路控制 LLC 和介质访问控制 MAC 两个子层，高层功能由网络操作系统来实现。

（3）MAC 子层主要处理传输介质访问控制方法，以太网 MAC 子层执行 CSMA/CD，这是一种争用机制；而令牌网中 MAC 子层执行 Token，是轮询机制。

（4）LLC 子层与传输介质无关，它包含逻辑地址、控制信息和数据等，具有帧的收、发功能等，对不同的局域网向高层提供统一的接口（界面）。

（5）CSMA/CD 工作原理概括为"先听后发、边听边发、冲突停止和随机延迟后重发"。站点发送信号前，首先侦听传输介质是否空闲。如果空闲，站点可发送信息；如果忙，则继续侦听直到发现线路空闲，便立即发送。如果在发送过程中发生冲突，则立即停止发送信号，转而发送阻塞信号，通知网段上所有站点出现了冲突。然后，退避一随机时间，重新尝试发送。

（6）Token 技术采用轮流访问的公平方式，它使用一个称为令牌的特殊短帧，网络中取得令牌的节点才可以发送数据。当网络中没有站点发送数据时，令牌就沿环高速单向绕行。当某一个站点要求发送数据时，必须等待，直到捕获到经过该站的令牌为止。

（7）以太网是目前局域网中的主流，使用 CSMA/CD 介质访问控制方式。IEEE 802.3 制定了以太网标准，有 10Mbps、100Mbps、1Gbps、10Gbps 等标准。

（8）以太网 MAC 帧格式由 7 个字段组成，它们是前导符、SFD、DA、SA、PDU 长度/类型、数据及帧校验序列 FCS。

（9）以太网的帧长度从目的地址 DA 开始到帧校验码 CRC 为止，为 64～1 518 字节。

（10）冲突直径的计算。为避免冲突，以太网需要在第 1 个帧（用最短帧 64 字节/512 位计算，最短帧没碰撞，长帧更不会碰撞）传输完后就检测是否有冲突，以决定是否发送后续第 2、3、…等帧。10 Mbps 以太网的冲突域直径为 2 500m，网速从 10Mbps 到 100Mbps、1Gbps，速率每提高 10 倍，在不改变帧最小长度的前提下，应该让冲突域直径降低至原来的 1/10，即从 2 500m 降到 250m（实际 205m）、20 m 等，这样如果发生冲突，应该能使发送方在发送第 2 帧前检测到。

（11）注意：全双工以太网都是点到点连接，不存在冲突问题，不需要采用半双工方式下的缩小冲突域、载体扩展和数据包突发等技术。

（12）使用集线器（Hub）连接的为共享式以太网，网络中节点属于同一个冲突域，它们平分网络带宽；使用交换机（Switch）连接的以太网是交换式以太网，交换机的一个端口是一个冲突域。24 口交换机有 24 个冲突域，理论上，连接的 24 个计算机可同时发送数据，而不存在冲突（它们在同一时刻不是往同一个端口发送数据）。交换机根据帧的目标地址，只发送到目标站点的相应端口，而不是像共享式以太网那样将帧发到全网所有站点。

（13）交换式以太网不受 5-4-3-2-1 中继规则的限制，100Mbps 以太网冲突域直径也不受 205m 的限制。

（14）共享式以太网都以半双工方式工作，全双工以太网中网卡、交换机和链路必须也是全双工的。全双工以太网一定是交换式以太网，而交换式以太网不一定是全双工以太网。

（15）半双工方式千兆位以太网的 MAC 帧技术。如果帧长度不变，网络直径将会降到 20m。可以采用载体扩展和数据包突发等技术，使千兆位以太网的网络直径仍能维持 200 多米，以满足用户需求。

4.10　实验 3　组建百兆位交换式以太网

1. 实验目的

（1）掌握 5-4-3-2-1 中继规则和冲突直径概念，验证百兆位共享式以太网冲突域直径。

（2）掌握使用中继器、交换机组建百兆位共享式和交换式以太网的方法。

（3）掌握利用华为模拟器组建网络的方法，以及 PC 机 IP 地址设置、ping 命令的使用。

2. 实验环境

根据实验条件，在下面两个环境中选择一个或两个，开展实验。

实验环境一：每个实验小组计算机 4 台（百兆网卡）、百兆 Hub 3 个、百兆交换机 3 个。直通连接线 4～6 根（长度最好是 60～95m），小于 5m 的直通连接双绞线 1 根。

实验环境二：实验计算机上下载并安装华为模拟器仿真软件"华为模拟器 eNSP"。

3. 实验时数

2 学时。

4. 复习及准备

请复习 4.2～4.4 节的以太网知识。

5. 实验内容

本实验主要是组建一个百兆位共享式以太网和一个百兆位交换式以太网，验证百兆位共享式以太网冲突域直径 205m；掌握交换式以太网和共享式以太网的组网区别。

1）组建一个百兆共享式以太网（选做）

（1）使用两个 Hub，按如图 4.19（a）所示的形式组建一个共享式以太网，注意两个 Hub 之间的连接线不超过 5m。因为网络直径小于 205m，所以连接允许。按第 2 章 2.8 节组建对等网及网络资源共享的实验方法，测试网络的连通性。

（2）使用两个 Hub，6 根连接线（如果只有 4 根连接线，可以不连中间两台计算机），根据如图 4.19（b）组建一个共享式以太网，注意每根连接线长度小于 100m。按第 2 章实验 2 的实验方法，测试网络的连通性，并记录结果。因为网络直径超过 205m，所以是不允许的共享式连接。

2）组建一个百兆交换式以太网（选做）

如图 4.19（c）所示，将图 4.19（b）中的 Hub 换成 Switch，组建一个交换式以太网，测试网络的连通性，并记录结果。验证交换式以太网冲突域直径不受 205m 限制。

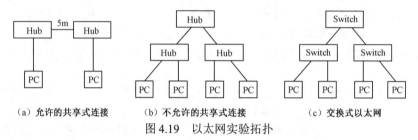

（a）允许的共享式连接　　　（b）不允许的共享式连接　　　（c）交换式以太网

图 4.19　以太网实验拓扑

本实验所组建的以太网，适合办公室及家庭用。

3）利用华为模拟器 eNSP 组建网络

如果没有足够的 Hub、Switch 等实验设备，可以选择实验环境二开展实验。华为的"华为模拟器 eNSP"和思科的"Packet Tracer 模拟器"都可以，这里以华为模拟器为例。

eNSP（enterprise Network Simulation Platform）是一款由华为提供的免费的、图形化操作的网络仿真软件，提供使用教程、命令使用、实验案例等，可模拟华为 AR 路由器、x7 系列交换机的大部分特性。可模拟 PC 终端、Hub、云、帧中继交换机等，仿真路由器、交换机等配置，学习华为设备命令行；也可模拟大规模设备组网，通过真实网卡实现与真实网络设备的对接，模拟接口抓包等。

eNSP 实现对路由器、交换机、PC 机进行软件仿真，支持大型网络模拟，可以在没有真实设备的情况下模拟演练，学习网络技术。本实验也为后续几个模拟实验打好基础，实验操作如下。

（1）上网下载并安装华为模拟器后，打开软件，了解模拟器的用途和界面。

（2）学习使用说明、命令帮助和实验参考等，掌握华为模拟器的基本使用方法。

（3）在华为模拟器中添加 PC 机、路由器、交换机等设备，学会删除设备的方法。

（4）在华为模拟器中组建图 4.19（c）中的交换式以太网。

（5）双击华为模拟器中的计算机图标，进入计算机终端设置窗口，输入用户名和密码（计算机终端用户名为"root"、密码为"linux"），可以对计算机进行 IP 地址设置等操作。

（6）华为模拟器中，PC 机、路由器、交换机的任何一个设置窗口"命令提示符"下，都可以使用"?"加回车键，查看命令帮助说明，用户可以对照参考使用。例如，双击计算机后，计算机终端设置窗口提示符下输入"?"后单击回车键，就能显示用户名 root、密码 linux 提示。输入用户名和密码，提示符下输入"?"后单击回车键，这时候显示的是当前能够使用的命令及格式。不同的提示符下显示的命令和帮助也不同。

（7）华为模拟器中对图 4.19（c）网络中的计算机 PCA 设置 IP 地址、子网掩码等。

双击华为模拟器中 PCA 图标，进入计算机终端 PCA 设置窗口，进行如下设置：

root　　　　　　用户名

linux　　　　　　密码

?　　　　　　　命令帮助

ifconfig eth0 192.168.1.21 netmask 255.255.255.0

（IP 地址为"192.168.1.21"、子网掩码为"255.255.255.0"，可以自行更改）

（8）使用同样的方法，对图 4.19（c）模拟器中的其他计算机 PCB（和 PCA 同一个交换机下）、PCC 和 PCD（和 PCA 不在同一个交换机下）进行设置。需要注意将这几个计算机置于同一个网络，即 IP 地址前三位"192.168.1"和子网掩码"255.255.255.0"要一致。

例如：

在 PCB 设置窗口　　　ifconfig eth0 192.168.1.26　　netmask　255.255.255.0

在 PCC 设置窗口　　　ifconfig eth0 192.168.1.29　　netmask　255.255.255.0

在 PCD 设置窗口　　　ifconfig eth0 192.168.1.22　　netmask　255.255.255.0

（9）使用 ping 命令测试网络连通性。

在华为模拟器 PCA 设置窗口中，输入命令：

ping 127.0.0.1　或　ping 192.168.1.21　　　都是 ping 本机 PCA

ping 192.168.1.26　　　　　　　　　　　　ping 在同一个交换机下的计算机 PCB

ping 192.168.1.22　　　　　　　　　　　　ping 不在同一个交换机下的计算机 PCC

记录结果，并写入实验报告，正常情况下，都能 ping 通。

（10）测试不同子网的网络连通性。

A 计算机的网络 ID 修改为"192.168.6"或其他，使其和计算机 B、C、D 不在同一个网络。

在 PCA 设置窗口，　A 计算机

ifconfig eth0 192.168.6.26　　netmask　255.255.255.0

ping 192.168.1.22　　　　　　　　　　　ping 计算机 PCC

记录结果，并写入实验报告（因为不属于同一个网络，所以不能 ping 通）。

6．实验思考题

（1）百兆位共享式以太网冲突域直径为多少？

（2）测试网络连通性有哪几种方法？

习　　题

一、选择题

1．廉价以太网是指（　　　）。

　　A．10Base-T　　　　B．100Base-T　　　C．10Base-5　　　　D．10Base-2

2．以太网采用了（　　　）协议以支持总线型的结构。

　　A．总线型　　　　　B．环型

　　C．令牌环　　　　　D．载波侦听与冲突检测 CSMA/CD。

3．在基于广播的以太网中，所有的工作站都可以接收到发送到网上的（　　　）。

　　A．电信号　　　　　B．比特流　　　　　C．广播帧　　　　　D．数据包

4．以太网是根据（　　　）区分不同的设备的。

　　A．IP 地址　　　　　B．IPX 地址　　　　C．端口地址　　　　D．MAC 地址

5. 快速以太网是由（　　　）标准定义的。

　　A．IEEE 802.1Q　　B．IEEE 802.3u　　C．IEEE 802.4　　D．IEEE 802.3i

6. 采用（　　　）协议的网络中，工作站在发送数据之前，要检查网络是否空闲，只有在网络不阻塞时，工作站才能发送数据。

　　A．TCP　　　　　　B．IP　　　　　　C．ICMP　　　　　D．CSMA/CD

7. （　　　）的标准是 IEEE 802.5。

　　A．以太网　　　　　B．令牌总线网　　C．令牌环网　　　D．FDDI 网

8. 以太网的标准是（　　　）。

　　A．802.3　　　　　B．802.4　　　　　C．802.5　　　　　D．802.z

9. 下面关于 CSMA/CD 叙述正确的是（　　　）。

　　A．信号都是以点到点的方式发送的

　　B．一个节点的数据发往最近的路由器，路由器将数据直接发到目的地

　　C．如果源节点知道目的地的 IP 和 MAC 地址的话，信号便直接送往目的地

　　D．任何一个节点的通信数据要通过整个网络，并且每一个节点都接收并检验该数据

10. 以太网交换机的每一个端口可以看成一个（　　　）。

　　A．冲突域　　　　　B．广播域　　　　C．管理域　　　　D．阻塞域

11. 10Base-T 网络中双绞线最大有效传输距离是（　　　）。

　　A．500m　　　　　B．100m　　　　　C．185m　　　　　D．200m

12. 在数据链路层哪个子层用于管理在一条链路上设备间的通信（　　　）。

　　A．LLC　　　　　　B．MAC　　　　　C．BIG MAC

13. 如果要将两台计算机通过双绞线直接连接，正确的线序是（　　　）。

　　A．两台计算机不能通过双绞线直接连接

　　B．1-1，2-2，3-3，4-5，5-5，6-6，7-7，8-8

　　C．1-3，2-6，3-1，4-4，5-5，6-2，7-7，8-8

　　D．1-2，2-1，3-6，4-4，5-5，6-3，7-7，8-8

14. 以太网中，双绞线使用（　　　）与其他设备连接起来。

　　A．BNC 接口　　　B．AUI 接口　　　C．RJ-45 接口　　D．RJ-11 接口

15. 关于共享式以太网，下列说法不正确的是（　　　）。

　　A．需要进行冲突检测　　　　　　　　B．仅能实现半双工流量控制

　　C．利用 CSMA/CD 介质访问机制　　　D．可以缩小冲突域

16. 目前，我国使用最广泛的 LAN 标准是基于（　　　）的以太网标准。

　　A．IEEE 802.1　　B．IEEE 802.2　　C．IEEE 802.3　　D．IEEE 802.5

17. 理论上，1000Base-LX 多模光缆的最大传输距离是（　　　）。

　　A．100m　　　　　B．550m　　　　　C．2 000m　　　　D．3 000m

18. 数据链路层分为（　　　）。

　　A．MAC 和 LLC　　B．接入层　　　　C．路由层　　　　D．核心层

19. 下列关于以太网的说法不正确的是（　　　）。

　　A．千兆位以太网具有自动协商功能，可以和百兆位以太网自动适配速率

　　B．快速以太网可以提供全双工通信，总带宽可达 200Mbps

　　C．千兆位以太网不允许中继器互联千兆位以太网

　　D．千兆位以太网采用 5 类双绞线互联长度不能超过 100m

20．当采用 CSMA/CD 的以太网上的两台主机同时发送数据产生碰撞时，主机处理的方式是（　　　）。

　　A．产生冲突的两台主机停止传输，在一个随机时间后再重新发送

　　B．产生冲突的两台主机发送重定向信息，各自寻找一条空闲路径传输帧报文

　　C．产生冲突的两台主机停止传输，同时启动计时器，15s 后重传数据

　　D．主机发送错误信息，继续传输数据

21．10 兆位以太网有三种接口标准，其中 10Base-T 采用（　　　）。

　　A．双绞线　　　　　B．粗同轴电缆　　　C．细同轴电缆　　　D．光纤

二、问答题

1．什么是局域网，它具有哪些主要特点？

2．局域网主要采用哪几种拓扑结构？

3．局域网常用的介质访问控制方式有哪几种，各适用于什么网络？

4．以太网 NIC 的 MAC 地址占多少位？它是怎样组成的？

5．请写出 CSMA/CD 的中、英文名称，并简述其工作原理。

6．描述 Token 访问介质的方法，它有什么优点？

7．网络适配器的基本功能是什么？

8．简单叙述 10Mbps 以太网的中继规则。

9．MAC 数据帧中的源地址和目的地址长度分别为多少？

10．使用集线器组建的 10Base-T 中，其物理拓扑结构和逻辑拓扑结构有什么区别？

11．什么是交换机？

12．共享式局域网、交换式局域网和全双工以太网的主要区别是什么？

13．10Base5 和 10Base2 中，每一个网段最多可以连接多少个站点？

14．10Mbps、100Mbps 和 1Gbps 以太网的冲突域直径分别是多少？在 1Gbps 以太网中如何解决冲突域直径减少的问题？

15．网络适配器工作在 OSI/RM 的哪一层？它有哪些种类？

16．叙述介质访问控制子层 MAC 和逻辑链路控制子层 LLC 的作用。

17．4B/5B 编码的编码原则是什么？

18．令牌总线网和令牌环网有什么区别？

19．简述 FDDI 的工作原理和特点。

20．请比较 10 兆位、100 兆位和 1 000 兆位以太网的主要区别。

第 5 章　网络层、传输层和高层协议

5.1　网络层

物理层的数据传输单位是位，如同一所学校的一个学生；数据链路层的传输单位是帧，如同学校班级中的一个小组；网络层的数据传输单位是包（Packet，或称为分组），如同学校的一个班级。物理层和数据链路层考虑的是节点间直接相连的情形（LAN 内），而网络层则考虑在源节点数据传输过程中，从源节点开始需要经过许多中间节点才能到达目的节点的情形（WAN 内），所以存在路径选择问题。源端到目标端的数据传输如图 5.1 所示。网络层是通信子网的最高层，主要任务是提供路由，为信息包的传输选择一条最佳路径，以及数据的交换方式、拥塞控制、阻塞与死锁处理和网际互联等问题，网络层传输数据时以包为单位。

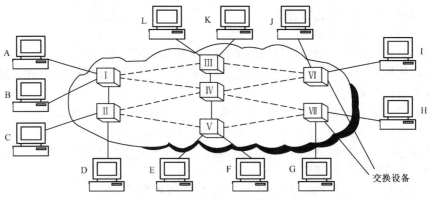

图 5.1　源端到目标端的数据传输

局域网中计算机直接相连的情况称为点到点连接，而图 5.1 中经过中间节点转发的称为端到端（例如 A 和 I 计算机）连接。

网络层的主要作用如下：

① 建立网络连接，提供网络地址，提供寻址；

② 实现网络数据单元（包）的传输；

③ 路由选择；

④ 拥塞控制；

⑤ 差错控制；

⑥ 消除通信子网的质量差异；

⑦ 确定网络层服务质量参数，如网络吞吐量、网络延迟等。

5.1.1　数据交换方式

在广域网中，两台计算机之间传输数据时一般不是点到点直接连接的，数据可能经过由多个中间节点组成的路径，这些中间节点并不关心数据内容，只是提供一个交换设备，通过交换设备把数据从源节点传到目的节点。就像电话系统中，甲地给乙地打电话，中间需要通

过许多中间转接点一样。在数据通信中，将数据在通信子网中节点间建立连接并进行数据传输的过程称为数据交换（Switch），其对应的技术称为数据交换技术。常用的数据交换技术有电路交换（Circuit Switching）、存储转发交换（Store-and-Forward Switching）、包（分组）交换（Packet Switching）、ATM 信元交换（ATM Cell Switching）和帧中继（Frame Relay）等。本章主要介绍前 3 种交换技术，有关 ATM 和帧中继将在后面的章节介绍。

1. 电路交换

电路交换（Circuit Switching）类似于打电话，是一种面向连接的交换方式，源于电话交换网的技术。数据传输前，先由一端发起呼叫，交换网开始建立连接，直到两端通信站点间建立起一条转接式数据通路，然后才开始进行数据传输。在整个传输期间，该通路一直为通信双方独占，直到通信结束后才释放线路。

电路交换过程需要线路连接、数据传输和线路拆除 3 个阶段。电路交换过程中由交换机负责在两个节点之间建立一条专用物理线路。它不改变传输数据的形式，即传输信息的符号、编码、格式和通信控制规程均由用户决定，不受交换机的约束。

电路交换网络如图 5.2 所示。左边 3 台计算机和右边 4 台计算机之间如果建立点到点的连接，则需要建立 12 条链路。现在采用 4 个交换机来连接可以减少链路数目和链路的总长度。在图 5.2 中，通过改变交换机旋转杆的位置，左边的每台计算机可以连接到右边的任一台计算机。

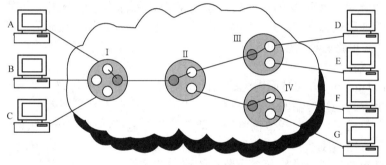

图 5.2　电路交换网络

电路交换的优点是数据以固定速度传输，传输速率高，延迟少，一旦建立连接，信道就不会发生冲突，适用于实时传输，需要远程成批处理、发送大量数据和对持续通信要求高的场合。电路交换的缺点有两个：第一是建立线路连接所需的时间较长，呼叫信号需经过若干中间交换机才能到达被呼叫方，呼叫过程通常需要 10～20s 或更长的时间；第二是建立的连接线路被通信双方独占，信道容量完全被用于整个连接过程，即使传输中间有信道空闲，也不能被其他用户所用，而计算机网络中的信源较多，每个数据源传输均具有突发性和间歇性（信号不连续）的特点，因而电路交换的线路利用率不高，造成信道浪费。另外，电路交换系统不具备差错控制能力，交换机也不具备数据存储能力。

电路交换系统中，物理线路的带宽是预先分配好的，对于分配好带宽的线路，即使通信双方没有数据需要交换，也不能被其他用户使用，从而造成带宽的浪费。对于计算机通信来说，建立过长的线路是不合适的，因为一般数据保持传输的时间并不多，大部分时间线路实际上处于空闲状态，因此电路交换不适合计算机网络的通信。

2. 存储转发交换

存储转发交换（Store-and-Forward Switching）也称报文交换（Message Switching），类似

于发短信、QQ/微信聊天，源于电报方式。它是面向无连接的交换方式，不需要通过呼叫建立物理通路，报文以接力的方式将数据通过网络中间节点逐段转发直到目的地。存储转发交换时，传输前先将需要发送的数据分割成一定大小的块（报文），一个报文被存储在节点上并不立即发送，而是等到信道或路由中的下一节点的缓冲器空闲时再发送出去。传输的路径可以是固定的，也可以是动态的，这就充分利用了信道和转接设备的容量。

存储转发交换在 20 世纪六七十年代常用，它主要为非智能设备提供高层网络服务（如延迟传输、广播）。但 CCP 需要大容量的存储介质，因此不常用于直接通信，主要应用于电子邮件、电报、非紧急的业务查询及应答等场合，现代计算机网络较少使用。

存储转发交换有如下特点：

① 信道可以被许多报文同时共享，线路利用率高，报文的长度可压缩，复用程度高。

② 传输可靠性高，具有有效的检验方法和重发措施，可以选择不同的路由发送信息。

③ 使用灵活，两个数据传输速率不同或代码不同的节点也可以连接起来。

④ 不适合实时或交互通信，网络传输延迟时间较长。

3．包交换

计算机网络中的数据通信具有特发性，即在短时间内可能有大量数据到来，而大部分时间不占用线路，因此对于数据传输来说，一个更好的解决方法是包交换方式。

包交换（Packet Switching）也称分组交换。在包交换网络中，数据是按照离散单元进行传输的。这些单元是大小可变的数据块。这些数据块就称为包或分组。包的长度由网络确定。每个包由数据和包含有控制信息（如源地址、目的地址和优先级码等）的头部组成。包交换有数据报和虚电路两种常用的方法。

1）数据报方式

数据报（Datagram）方式是面向无连接的交换方式。TCP/IP 协议中的 IP 就是采用面向无连接的数据报方式进行传输的。在数据报方式中，每个包在传输时都是一个独立的传输单元，传输时每个数据报自己选择传输路径，即使若干个包可能属于同一个报文时也是如此。数据报自身携带有包的序号和地址信息等，传输是被单独处理的。一个节点接收到一个数据报后，根据数据报中的地址信息和交换节点的路由信息找出一个合适的出路，把数据报原样发送到下一个节点。

发送方在发送一个报文时，先将报文拆成若干个数据报，依次发给网络节点。传输时，各个数据报所走的路径就可能不同了，因为各个节点会随时根据网络的流量、故障等情况选择路由，数据报方法如图 5.3 所示。由于各行其道，属于同一个报文的若干数据报可能不是按顺序到达目的节点的，有些数据报甚至还可能在途中丢失。在许多协议中，对数据报重新排序是传输层的任务。

在数据报方式中，每个物理信道可以同时传输从几个不同的源节点（或单个源）传输过来的数据报，它是采用多路复用技术实现的，如图 5.4 所示。

2）虚电路方式

虚电路（Virtual Circuit）方式是面向连接的交换方式，提供了一种使所有包按顺序到达目的地的可靠的数据传输方式。在传输过程中，属于同一个报文的所有包之间的先后顺序被保留下来，源节点和目的节点之间的路径在会话开始的时候先被选中，即先建立一条逻辑通路。但是这条逻辑通路不是专用的（只供本次会话使用），所以称之为"虚"电路。传输数据时，所有属于这次传输的包将一个接一个地沿着这个路径传输，就像火车头拉着许多节车厢沿轨道前进一样。虚电路方式如图 5.5 所示。源节点和目的节点之间也可以有多条虚电路为不同的进程服务。这些虚电路的实际路径可能相同也可能不同。

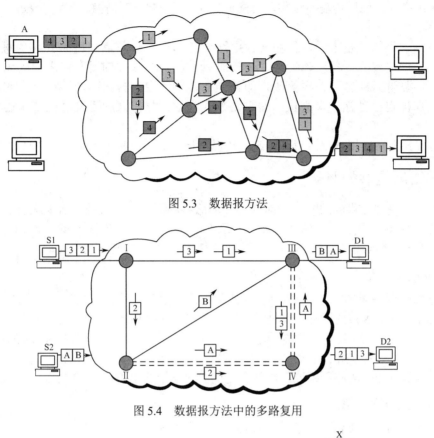

图 5.3　数据报方法

图 5.4　数据报方法中的多路复用

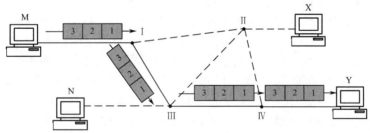

图 5.5　虚电路方式

虚电路方式有两种形式：交换虚电路 SVC（Switched Virtual Circuit）和永久虚电路 PVC（Permanent Virtual Circuit）。交换虚电路每次传输都要重新创建，且仅对本次传输有效，传输完毕，这条虚电路会被释放。当同一个源节点和目的节点之间需要再次通信时，就建立一条新的虚电路，该虚电路可以和上次相同，也可以根据网络状况有所变化。而永久虚电路类似于一条专线，一对源节点和目的节点之间的每次传输都使用相同的虚电路。

数据报方式为用户提供了面向无连接的、不可靠的传输服务，充分利用传输线路，传输效率高；而虚电路方式提供的是面向连接的、可靠的传输服务，相比而言，速度较慢。

3）数据报和虚电路两种方式比较

数据报方式类似于存储转发交换、发短信、QQ/微信聊天等，无须呼叫等连接过程。每个包都是一个独立的传输单元（包含源和目标地址）。传输时，各包根据当前网络情况选择一条空闲或不拥挤的传输路径，即使若干个包可能属于同一个报文也是如此。

数据报方式最大的优点是传输速度快、效率高；缺点是由于各包独立传输，会导致丢失包、接收端包序乱，所以传输不可靠，但随着网络设备和光缆传输路径等的改进，丢包、出错率等很少。

虚电路方式类似于打电话，传输前像电路交换那样在源节点和目的节点之间选中某一条传输路径，即先建立一条逻辑通路，传输时属于同一个报文的所有包之间的先后顺序被保留下来。一旦选好路径就不再更改，即使当前传输路径拥挤，别的路径有空闲也不会像数据报方式那样自己独立选择路径。虚电路方式与数据报方式的不同之处在于虚电路方式能多路复用。

虚电路方式面向连接，相比而言，速度较慢，最大的优点是可提供可靠的传输服务。

5.1.2 网络层提供的服务

网络层为传输层提供的服务分为面向连接的服务和面向无连接的服务两大类。面向无连接的服务以 IP 协议为代表，通信子网被认为是不可靠的，差错控制和流量控制由传输层去处理。而面向连接的服务以 X.25 为代表，差错控制和流量控制由网络层负责。

1．面向连接的服务

面向连接的服务类似于打电话，需要建立连接（呼叫拨号）、维持（通话）、拆除（挂机）3 个过程。面向连接的服务主要是虚电路服务（电话型服务）。这种方式在数据传输时，也需要经过连接的建立、维持（数据传输）和连接的拆除 3 个阶段。连接建立好后，所有的包沿着虚电路有序、无差错地传输。面向连接的服务往往是有确认的服务，适用于可靠性要求高和有大量数据传输的应用领域。典型的提供面向连接的服务是 X.25 协议。

2．面向无连接的服务

面向无连接的服务类似于用手机发短信。发送短信时，不管对方有没有开机，都可以直接发送，信息可以在中间节点存储并等待转发。面向无连接的服务主要是数据报服务（电报型服务）。数据传输不需建立连接和拆除过程，各个数据包都有自己的控制信息，它将差错控制、流量控制和包的排序等均交给传输层处理。因此，面向无连接的服务是不可靠的网络服务，但这种方式因没有信道的连接和拆除过程，开销小，不需要中间节点确认，传输效率高，在信息不太长时非常适用。典型的面向无连接的服务是 IP 协议。

面向连接的服务特点是可靠性高，无差错；面向无连接的服务的特点是线路利用率高，速度快。

5.1.3 路由选择

图 5.6　路由选择、路由器和
路由协议的关系

广域网中，源节点和目的节点之间一般有多条传输路径供选择，网络中每个中间节点在收到一个数据包后，都要确定向下一个节点传的路径，这就是路由选择。在数据报方式中，网络节点要为每个包的路由做出选择；而在虚电路方式中，在连接建立时就已确定好路由。确定路由选择的策略称为路由算法，它是网络层软件的一部分。完成路由选择的设备是路由器。

路由选择的工作由路由器完成；路由器根据路由表进行操作；路由表通过路由算法生成；路由算法由路由协议确定。它们之间的关系如图 5.6 所示。

路由算法应具有正确性、简单性、健壮性、稳定性、公平性、最优性和高效性的特征。设计时要考虑许多技术因素。第一要考虑的是选择最短路由还是最佳路由；第二要考虑数据交换采用的是虚电路方式还是数据报方式；第三要考虑的是采用分布式路由算法（每个节点为到达的每个包都选择下一步的路由）还是采用集中式路由算法（由中央节点或始发节点来决定整个路由）；第四要考虑网络拓扑、流量和延迟等网络信息；第五需要确定是采用静态路由选择策略，还是动态路由选择策略，在动态路由选择策略中还要考虑路由信息的更新时间。

1. 静态路由选择策略

静态路由选择策略按某种固定规则建立路由表。它可分为扩散路由选择、固定路由选择和随机路由选择 3 种算法。

1）扩散路由选择

扩散路由选择是一种最简单的路由算法。一个网络节点从某条线路收到一个分组后，再向除该线路外的所有线路发送该分组。最先到达目的节点的一个或若干个分组肯定经过了最短的路径，而且所有可能的路径都已经被尝试过，这种方法会产生大量的重复分组，需要采取专门的措施抑制。

扩散路由选择用于诸如军事网络等强壮性要求很高的场合，即使有些网络节点遭到破坏，只要源节点和目的节点间有一条信道存在，则扩散法仍能保证数据的可靠传输。另外，这种方法也可用于将一个分组数据源传输到所有其他节点的广播式数据交换中，还可用来测试网络的最短路径及最短传输延迟。

2）固定路由选择

固定路由选择是一种使用较多的简单算法。每个网络节点存储一张表格，它记录着到达某个目的节点而选择的下一节点或链路，而不是中间节点。当一个分组到达某节点时，该节点根据分组上的地址信息，便可从固定的路由表中查出对应的目的节点和应选择的下一节点，分组转发到下一个节点。一般来说，网络中都有一个网络控制中心，它按照最佳路由算法计算出每对源节点和目的节点间的最佳路由，为每一节点构造一个固定路由表并分发给各个节点。固定路由选择法的优点是简便易行，在负载稳定、拓扑结构变化不大的网络中运行效果很好。它的缺点是灵活性差，无法应付网络中发生的拥塞和故障。

3）随机路由选择

在随机路由选择中，收到分组的节点，随机选择一条输出线路进行转发。这种方法非常简单，但不是最佳路由算法，这会增加不必要的负担，而且分组传输延迟也不可预测，故此法应用不多。

2. 动态路由选择策略

现代计算机网络大多都采用动态路由选择策略，节点的路由选择是根据当前网络的状态信息来决定的。这种策略能较好地适应网络流量、拓扑结构的变化，有利于改善网络的性能。但由于算法复杂，会增加网络的负担。动态路由选择策略分为独立路由选择、集中路由选择和分布路由选择 3 类。

1）独立路由选择

在这类路由算法中，节点根据自己收集到的有关信息确定路由，与其他节点不交换路由信息。这种算法虽然不能较好地确定距离本节点较远的路由选择，但还是能适应网络流量和拓扑结构的变化的。

2）集中路由选择

集中路由选择也像固定路由选择一样，在每个节点上存储一张路由表。不同的是固定路由选择算法中的路由表由人工操作，而集中路由选择算法中的路由表由路由控制中心 RCC（Routing Control Center）定时根据网络状态计算、生成并分送到各相应节点。由于 RCC 利用了整个网络的信息，所以得到的路由选择是完美的，同时也减轻了各节点计算路由选择的负担。

3）分布路由选择

在采用分布路由选择算法中，所有节点定时与每个相邻节点交换路由选择信息。每个节点都存储一个以其他节点为索引的路由选择表，网络中每个节点占用表中一项，每一项又分为两个部分：一部分是目的节点的输出线；另一部分是估计到达目的节点所需要的延迟或距离。度量标准可以是毫秒或链路段数、等待的分组数、剩余的线路和容量等。

较为流行的动态路由选择是 RIP 和 OSPF 等协议。这些概念将在第 10 章中进行介绍。

5.1.4　拥塞控制

拥塞控制在有的书上称为流量控制，容易和数据链路层提供的流量控制概念混淆。流量控制是在数据链路层点到点连接中发送方速率大于接收方速率时采取的控制措施。而拥塞也称阻塞，是指源节点和目的节点之间某一个中间节点（如交换机）缓存中的包数量过多，使得该部分网络来不及处理，而后续的数据包还不断传输过来，导致缓存中的数据包被"淹没"，以致这部分乃至整个网络性能急剧下降（甚至会死锁）。这种现象与交通拥挤一样，在某个瓶颈路段，各种走向的车流相互干扰，使每辆车到达目的地的时间都相对增加（延迟增加），甚至有时在某段公路上车辆因堵塞而无法开动（局部死锁）。拥塞控制和流量控制的区别如图 5.7 所示。

图 5.7　拥塞控制与流量控制的区别

网络的吞吐量与通信子网负荷（通信子网中正在传输的分组数）有着密切关系。当通信子网负荷比较小时，网络的吞吐量随网络负荷的增加而线性增加。但是当网络负荷增加到一定值后，如果发现网络吞吐量反而下降了，则表征网络中出现了拥塞现象。在一个出现拥塞的网络中，到达某个节点的分组将会遇到无缓冲区可用的情况，从而使这些分组不得不由前一节点重传，或者需要由源节点重传，从而使通信子网的有效吞吐量下降。由此引起恶性循环，使通信子网的局部甚至全部处于死锁状态，最终导致网络有效吞吐量接近于零。

网络层最典型的协议是 IP 协议和 X.25。IP 协议是面向无连接的数据报服务，协议较为简单，它着眼于传输速率的高效性，是目前使用最多的协议；X.25 提供了面向连接的虚电路服务，着眼于高可靠性，使用较为广泛。帧中继是 20 世纪 80 年代在 X.25 的基础上，简化了差错控制（检测、重发和确认）、流量控制和路由选择而形成的一种新型交换技术。帧中继以帧为单位在数据链路层进行交换，异步传输模式 ATM（Asynchronous Transfer Mode Switching）以信元（cell）为传输单位，同样在数据链路层交换。有关 X.25、帧中继、ATM

和 IP 协议将在后面的章节中讨论。

5.2　传输层

物理层、数据链路层和网络层属于通信子网范畴，而会话层、表示层和应用层属于资源子网范畴。传输层处于通信子网和资源子网之间，起着承上启下的"桥梁"作用。传输层能在源端和目的端计算机之间提供可靠的经济的数据传输服务，而且独立于所使用的网络（屏蔽各种通信子网的差异），同时向高层提供一个标准及完善的服务界面。传输层也称为运输层，意思是要可靠地把信息发送到对方而进行的搬运、输送，常被解释为"补充各种通信子网的差异，保证无误地在相互通信的两个终端进程之间进行透明数据传输的层"。例如，网络层传输过来的包没有按序排列或有重复的包，传输层就是为解决此类问题而设置的。

在 OSI/RM 中，第 3 层以下各层的通信为系统间通信，而会话层以上为进程间的通信。从物理层到传输层，虽然传输的对象（比特、帧、包等）不同，但都考虑纯粹的数据传输服务，不关心数据所表达的含义。而高层协议是管理具有某种含义的信息传输及信息的数据结构问题。所以传输层起着保证进程间通信的重要作用，有了这些保障，高层协议就可以不用考虑数据传输中是否会出现差错等问题了。

另外，由于传输层执行的是进程间的数据通信功能，高层根据不同的应用和各种不同的请求，对传输层提出了服务质量 QoS（Quality of Service）的问题。有关 QoS 的知识将在后面的章节中讨论。

5.2.1　传输层的功能

传输层是 OSI/RM 的核心，它提供的服务类似于数据链路层。区别是数据链路层用来控制局域网中节点到节点间传输的情形，控制的是物理层。而传输层是在由许多网络组成的广域网上提供各种服务的，控制的是低三层协议。传输层的功能有：端到端的传递、寻址、可靠传递、流量控制、复用、分段和重组。

1. 端到端的传递

网络层监视每个数据包端到端的数据传递。所谓端到端是指从源端到目的端，中间可以有一个或多个中间交换节点。它和数据链路层考虑的单条链路上节点到节点间的传输情形不同。网络层监控每个包端到端的传递，属于同一个报文的所有包之间没有任何联系（如数据报方式），它将包作为一个独立的实体。传输层可以确保整个报文完整到达目标端点，所以它监视的是整个报文端到端的传递。注意，传输层针对的是报文而不是单个数据包。

2. 寻址

高层协议（主要是应用程序）调用传输层的服务。因此，通信不只发生在源端和目的端计算机之间，还发生在源端和目的端的应用程序之间。多数情况下，通信在多对多的实体之间进行，这些实体称为服务访问点（TCP/IP 中称为端口号，它标识的是服务类型，如 FTP 的端口号是 20，SMTP 的端口号是 25，http 的端口号是 80 等）。所以，为了保证从服务访问点到服务访问点的正确传输，除了数据链路层和网络层的寻址外，还需要知道哪个上层协议正在通信，这就是传输层的寻址。注意，数据链路层寻址是在一个网络中任意两台计算机之间相互通信，而网络层是在多个网络构成的互联网上的任意两台计算机之间相互通信（如使用 IP 地址）。

注意：数据链路层、网络层和传输层用到的地址如下。

数据链路层地址：数据链路层地址为物理地址（MAC 地址），以太网中的主机物理地址，就是以太网网卡地址（NIC 地址），它由 48 位二进制值组成。

网络层地址：网络层地址也称为逻辑地址或软件地址，TCP/IP 协议中网络层使用的是 IP 地址，IPv4 地址由 32 位二进制值组成，而 IPv6 地址由 128 位二进制值组成。

传输层地址：传输层地址为端口号，它描述通信的进程，用于区分各种应用程序。例如，http 的端口号为 80。

3．可靠传递

可靠传递是对网络层传递过来的数据包进行差错控制、顺序控制、丢失控制和重复数据包控制。数据链路层的差错控制是利用检错码或纠错码对帧进行差错控制。而传输层面向广域网，数据包的传递经过了许多中间节点（路由器转发），发生差错、包丢失、或多次重传同一个包等。因此，传输层必须要对端到端的传输进行顺序控制、丢失控制和重复控制等，以保证每个包能够正确到达。

4．流量控制

和数据链路层一样，传输层也负责流量控制，与数据链路层区别的是这一层的流量控制是在端到端执行的，而不是作用在单条链路的点到点连接上。

5．复用

传输层的复用也是为了提高传输效率，这一层的复用有向上和向下两种情况。

向上复用是指多个传输层服务使用同一个网络连接。传输层使用网络层的虚电路服务，可以复用绑定沿同一个路径到同一个目标的若干个连接（一个虚电路传输多个服务），也就是说几个用户可以共享同一个网络连接，以节省网络资源。

向下复用是指一个传输层服务使用多个网络连接（虚电路），一个连接使用多个虚电路同时传输，从而提高传输速率（吞吐量）。这就像同时从空中、海上和陆地运送一批物资到某个地方一样，加大了运输流量。

6．分段和重组

传输层中信息的传输单位是数据段。当报文较长时，先把它分成多个数据段，再交给下一层（网络层）进行传输。这个分割过程称为分段，在接收端，传输层将这些数据段重新组成一个报文，这个过程称为重组。

传输层的一个重要功能是将收到的乱序的数据包重新排序。数据包乱序的原因很多，如通过不同的路径，或者是某些包在传输过程中被破坏或丢失，同一个数据要求重传时被重传了多次等。因此，传输层应该可以识别出最初的数据包顺序，且在将它们传递给会话层之前将它们恢复到发送时的顺序。接收方不但要对数据包重新排序，还需要验证所有的数据包是否都已到达。

5.2.2　传输层面向连接和无连接协议

面向连接有连接建立、数据传输和连接终止三个阶段。面向连接的协议是指在源端和目的端之间建立一条虚电路或路径，属于同一个报文的所有数据包都在这一路径上传递。对整个报文使用同一个路径将有助于完成确认，以及对损坏和丢失帧的重传。面向连接的服务是可靠的服务。

面向无连接的传输服务只为上层提供一种类型的服务，它为所有传输提供单个独立的数据单元。每个单元包含传输所需要的所有协议控制信息，但不提供顺序和流量控制。

　　TCP/IP 协议传输层协议有 TCP 和 UDP。其中，TCP 协议是面向连接的、可靠的协议，它着重数据传输的可靠性；UDP 是面向无连接的、不可靠的协议，它注重较高的数据传输速率。TCP 和 UDP 都建立在网际层 IP 协议基础之上。TCP/IP 的网际层、传输层协议如图 5.8 所示。

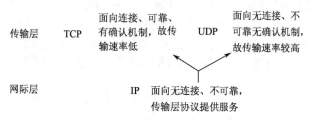

图 5.8　TCP/IP 的网际层、传输层协议

　　在现代计算机网络中多媒体信息越来越多，许多网络应用实时性要求也较高，如 IP 电话、视频聊天、网络现场直播和视频会议等。传输这些类型的信息可以容忍一些较少错误（即使有错误也不需要重发数据包），但对数据传输速率则要求较高，所以这些应用一般选择 UDP 协议传输数据，现代计算机网络 UDP 协议使用的更多。而对于如软件下载等网络应用，就不允许有数据传输错误，这时可选择 TCP 协议。

5.3　高层协议

　　OSI/RM 的高层有会话层、表示层和应用层，它们都可以被看作用户层，主要是通过软件实现的。在其他的一些协议（如 TCP/IP 和 NetWare）中，它们是被设计成单层（称为应用层）来实现的。

5.3.1　会话层

　　OSI/RM 会话层的作用是建立、维护和同步正在进行通信的高层之间的会话（可以是用户和应用之间），它也处理诸如磁盘空间不足等高层问题。所谓一次会话，是指两个用户进程之间为完成一次完整的通信而建立的会话连接。会话层的功能是通过网络操作系统 NOS（Network Operating System）实现的。

　　OSI/RM 的低四层基本提供了可靠的通信服务，但它们提供的服务仍不能满足很多应用上的需要。会话层的目的是给传输层提供的服务进行"增值"，并提供一个更为完善、能满足多方面应用要求的会话连接服务。会话层功能有限，它们提供的服务主要如下。

1．数据交换

　　数据交换是会话层的重要特征，一个会话包括建立连接、数据交换和释放连接 3 部分。

2．隔离服务

　　会话的任一方，在数据少于某一特定值时，可暂不向目的用户传输，也即在输入缓冲器中收集报文，在全部报文到达之前不对报文信息进行处理。

3．与会话管理有关的服务

　　确定会话类型是全双工、半双工还是单工方式，并确定各种请求和响应是否保持轮番对话的交互管理等。

4．会话层与传输层的交互

传输层与应用层之间的一个重要区别是，允许传输层因网络故障等原因突然中断连接，但会话层不同，它有义务对中断处的数据进行恢复。

例如，某人在银行的自动取款机（ATM）上提取现金时，会涉及多个不同的半双工通信组成的对话。将 ATM 卡插入机器中时，按提示输入自己的 PIN 码、交易类型和提取现金的数额。发出信息后等待远程主机核查 PIN 码、余额等有效信息，当信息被确认后，主机就将所提取的现金数从余额中减去，并向 ATM 机发送一条吐出现金的指令。

但如果在这时网络发生故障，提取现金的指令并没有发送到 ATM 机，但账户余额已发生了更新，而取款人却没取到现金。这时会话层就在后台处理了这个问题，它在没有收到 ATM 机任务确实结束的确认信息之前，不结束会话，它会重新恢复成原来的余额值，也就是说，只有当它从 ATM 机接收到现金已交付确认信息之后，才会真正执行更新账户余额的操作。这种恢复操作通过一个称为同步点的机制来实现。

5．同步点

会话层提供了同步点的机制，它用来恢复那些已经成功传输但被错误处理了的数据。同步点是在数据中引入的参考点，可以作为用户确认没完成或数据恢复回退机制中的一个参考点。

同步点分为主同步点和次同步点两种。主同步点将一次交换分为一系列会话，每个主同步点在会话可以继续之前必须被确认，如果出现差错，只可以将数据恢复到上一个主同步点。次同步点是在一次对话中间插入的，它不需要被确认，如果出现差错，可以回退一个或多个次同步点重新发送数据。

5.3.2　表示层

表示层提供通信中所涉及的信息表示问题，如数据的编码翻译、数据加密/解密、认证及数据压缩等。

1．翻译

不同系统计算机中内部表示信息的方法有些不同。其中，ASCII 码和 EBCDIC 码是应用最广泛的两种计算机信息表示方式。ASCII 代码是用 7 位二进制数表示一个字符、数字或控制符号。例如，它用 0110000 表示字符"0"，用 1000000 表示字符"A"。计算机中每个字符的实际表示占用 8 个二进制位（一字节）。其中 7 位用于 ASCII 码，剩余的最高位通常用作奇偶校验位。而 EBCDIC（Extended BCD Interchange Code）码用 8 位二进制数表示一个字符、数字或控制符号，又被称为二-十进制交换码。由于它不像 ASCII 码那样有一位剩余位可以用作奇偶校验位，所以它不利于远距离传输，通常用作计算机内部代码，见附录 A。

大多数系统使用 ASCII 代码存储字符串，但也有的计算机使用的是 EBCDIC 码，当这两种使用不同代码的系统通信时，如果不进行翻译转换处理，源端发送的信息到目的端会变得不可识别。表示层采用"翻译"的方法加以解决。

2．数据加密/解密

公用数据网的用户很多，通过数据加密，可以防止数据在传输过程中被复制或窃听。在发送方将报文加密，使明文变为密文，接收方再将密文解密，变成明文。

3．认证

所谓认证也是涉及计算机安全中的问题，认证是验证发送方身份的真伪。认证的方法有许多，较为流行的是采用数字签名的方法，它是基于公开密钥的加密/解密技术。

4．数据压缩

数据压缩可以节约通信带宽，提高传输效率，还能节省存储空间，从而提高系统之间的通信效率，更加有效地利用网络资源。它主要应用在多媒体信息方面（如语音、图像和视频等），最典型的数据压缩方法是霍夫曼编码。

5.3.3　应用层

应用层为用户提供了一个与网络系统之间产生联系的接口或者说是界面，如 WWW、电子邮件、QQ 聊天、FTP 服务等。

应用层负责网络中各种应用程序和网络操作系统之间的联系，并完成用户提出的各种网络服务及各种应用所需的监督、管理和服务等协议。此外，该层还负责协调各个应用程序之间的工作。

应用层所包含的协议最多，如报文处理系统（Message Handling System）、文件传输（File Transfer）、存取和管理（Access and Management）、虚终端协议（Virtual Terminal Protocol）、远程数据访问（Remote Database Access）、目录服务（Directory Service）、事务处理（Transaction Processing）等。

5.4　本章小结

（1）OSI/RM 并不是一个真实具体的网络，它是一个理想的模型，结构严密，理论性强，学术价值高，各种网络和网络设备生产厂家都参考它。但实际上一般网络系统只涉及其中的几层，很少有哪个网络系统能具有所有的 7 层功能，并完全遵循它的规定。

（2）通信子网由物理层、数据链路层和网络层构成，具体网络一般由硬件实现；而资源子网由高三层构成，一般由软件实现；传输层位于资源子网和通信子网之间。

（3）OSI/RM 和 TCP/IP 相比，OSI/RM 参考模型的抽象能力高，但它是先定义网络后定义每层协议的。由于定义模型时对某些情况预计不足，造成了协议和模型脱节的情况，OSI/RM 对会话层、表示层和应用层分为三层过于细化，划分会话层和表示层意义不大，反而增加了复杂性，不如 TCP/IP 那样简单实用。

（4）在 OSI/RM 中，数据链路层以上各对等层之间均不存在直接的通信关系，而是通过各对等层之间的通信协议来进行通信的，也就是所谓的虚连接或虚通信，只有在物理层之间通过传输介质才能实现真正的数据通信。

（5）物理层与物理层、数据链路层与数据链路层之间的通信是点到点通信（局域网），网络层与网络层是源与目标节点（经由许多中间节点）之间的通信，而传输层与传输层是端到端间的通信。低三层为系统间通信，高三层为进程间通信。物理层到传输层提供数据传输服务，不关心数据含义，高三层才关心具有某种含义的信息传输及信息的数据结构问题。

（6）物理层的传输单位是比特或位，是对 DTE 和 DCE 之间通信接口的描述和规定。它在节点和节点之间提供线路的建立、维持和释放，实现二进制位流的透明传输，并进行差错检查等，主要研究二进制比特在网络中传输时所采用的技术，如曼彻斯编码、串/并传输、同步/异步传输、多路复用等

（7）数据链路层的传输单位是数据帧，作用是将物理层传输原始比特流时可能出错的物理连接，改造成为逻辑上无差错的数据链路，在相邻节点间实现透明的高可靠性传输，同时为网络层提供有效的服务。数据链路层的主要功能是成帧、差错控制、流量控制和链路管理等。

（8）物理层和数据链路层考虑的是同一个网络（如局域网）中数据的传输问题，完成局域网中要解决的大部分问题。

（9）网络层的传输单位是数据包，它开始考虑网络和网络之间的数据通信问题，面向的是广域网。由于数据传输时需要经过许多中间节点，因此要解决数据交换和路由选择的问题。

（10）传输层的传输单位是数据段，它处于通信子网和资源子网之间，起着承上启下的作用，主要解决通信子网的不可靠性，保证数据传输的正确无误。它屏蔽各种通信子网的差异，向高层提供一个标准及完善的服务界面。

（11）应用层的传输单位为报文。会话层、表示层和应用层属于资源子网，其功能主要通过软件实现。TCP/IP 协议将它们合并设计成单层（应用层）。

（12）OSI/RM 会话层的作用是建立、维护和同步正在通信的高层之间的会话（可以是用户和应用之间），所谓一次会话，是指两个用户进程之间为完成一次完整的通信而建立的会话连接，会话层的功能是通过网络操作系统 NOS 实现的。例如，会话层提供同步点机制，用于恢复那些已经成功传输但被错误处理了的数据，可以作为要求用户确认或仅仅提供一个数据恢复的回退机制。

（13）表示层提供通信中所涉及的信息表示问题，如数据的编码翻译、数据加密/解密、认证及数据压缩等。

（14）OSI/RM 的应用层为用户提供了一个与网络系统之间产生联系的接口或界面，如 WWW、电子邮件、QQ 聊天、FTP 服务等。应用层还负责协调各个应用程序之间的工作。

（15）常用的数据交换技术有电路交换、存储转发交换、包（分组）交换、ATM 信元交换和帧中继等。电路交换、存储转发交换现代计算机网络较少使用，计算机网络主要采用包交换技术。

（16）电路交换面向连接，源于电话交换技术。数据传输前，先由一端发起呼叫，直到两端建立起一条传输通道，然后进行数据传输。整个传输期间，该通路一直为通信双方独占，直到通信结束后才释放线路。电路交换类似于打电话，通信双方必须在对方接通以后才能进行通话，不接、拒接、没开机、不在服务区等情况都不能进行通话。

（17）存储转发交换面向无连接，源于电报传输方式，它不需要建立连接，而是以接力的方式，将一个报文存储在中间节点上并不立即发送，等到信道或路由中的下一节点缓冲空闲时再发送，逐段传输直到目的地。存储转发交换类似于发短信、QQ 或微信聊天，发送方随时可以发送信息，接收方有没有开机、是不是在线对发送方来说无所谓。

（18）包交换也称分组交换，分为虚电路和数据报两种方式。包交换网络中的数据单元（包或分组）是大小可变的数据块，包的长度由具体网络确定，例如 IP 数据包的长度为 20～65 536 字节。每个包由数据和控制信息（如源、目的地址和优先级等）的头部组成。

（19）数据报方式类似于发短信、QQ 或微信聊天等，无须呼叫等连接过程，每个包都是独立传输单元，传输时各包自己选择一条合适路径，即使属于同一个报文的若干包也是如此。

数据报方式是面向无连接的、不可靠的传输服务，它充分利用传输线路，最大的优点是传输速度快、效率高；缺点是由于各包独立传输，会导致丢失包、接收端包序乱，所以传输不可靠，但随着网络设备和光缆传输路径等的改进，丢包、出错率等很少。

（20）虚电路方式类似于打电话，传输前先建立一条逻辑通路，属于同一个报文的所有包的先后顺序被保留下来。一旦选好路径就不再更改，即使当前传输路径拥挤，别的路径有空闲也不会像数据包方式那样自己独立选择路径。虚电路方式与电路交换不同之处在于虚电路方式能多路复用。

总之，虚电路方式面向连接，相比而言，速度较慢，最大的优点是提供可靠的传输服务。

（21）面向连接的服务主要是虚电路服务（电话型服务）。这种方式在数据传输时，需要经过连接的建立、维持（数据传输）和拆除 3 个阶段。连接建立好后，所有的包沿着虚电路有序、无差错地传输，面向连接的服务往往是有确认的服务，适用于可靠性要求高和有大量数据传输的应用领域，典型的提供面向连接的服务是 X.25 协议。

（22）面向无连接的服务主要是数据报服务（电报型服务）。数据传输不需建立连接和拆除的过程，各个数据包都有自己的控制信息，它将差错控制、流量控制和包的排序等均交给传输层处理。因此，面向无连接的服务是不可靠的网络服务，但这种方式因没有信道的连接和拆除过程，开销小，在信息不太长时非常适用。典型的面向无连接的服务是 IP 协议。

（23）面向连接和面向无连接的区别实际上是区分将复杂的差错控制和流量控制服务放在网络层还是传输层的问题。面向无连接的 IP 将差错控制放在传输层，而面向连接的 X.25 将差错控制放在网络层。面向无连接的数据包不需要中间节点确认，直接转发，传输效率高；面向无连接的数据包经过的每一个中间节点都需要确认，传输慢，但可靠性提高了。

（24）路由选择是指在广域网中，源节点和目的节点之间一般有多条传输路径供选择，网络中每个中间节点在收到一个数据包后，都要确定向下一个节点传送的路径。数据报方式中，网络中的每个中间节点都要为到来的数据包做出路由选择；而在虚电路方式中，在连接建立时就已确定好路由。

（25）路由选择的工作由路由器完成；路由器根据路由表进行操作；路由表通过路由算法生成；路由算法由路由协议确定。

（26）流量控制和拥塞控制的区别。流量控制可以在数据链路层，也可以在传输层进行。传输层的流量控制在端到端执行，作用于广域网；而数据链路层的流量控制作用在点到点连接的单条链路上，属于局域网内的控制。

拥塞控制在网络层发生，是指当某一个中间节点缓存中的数据包数量过多，发生阻塞，导致缓存中的数据包被"淹没"时，采取的控制措施。

（27）网络层最典型的协议是 IP 协议、X.25、帧中继和 ATM。IP 协议是面向无连接的数据报服务，它着眼于传输速率的高效性，但不可靠，是目前使用最多的协议；X.25 提供了面向连接的虚电路服务，着眼于高可靠性，但传输速度慢；帧中继是 20 世纪 80 年代在 X.25 的基础上，简化了差错控制（检测、重发和确认）、流量控制和路由选择而形成的一种新型交换技术；异步传输模式 ATM 以信元（cell）为传输单位，同样在数据链路层交换。

5.5　实验 4　网络数据捕获

1. 实验目的

（1）了解并掌握一种网络数据捕获工具的基本功能和使用方法。

（2）初步了解网络诊断技术。

2. 实验环境

硬件：网络环境。

软件：网络分析监测软件——网络协议分析器 EtherPeek，也可以从网上下载其他的网络数据包捕获工具。

3．实验时数

1～2 学时。

4．复习及准备

请复习 4.2 节以太网 MAC 帧格式相关内容。

5．实验内容

网络协议分析器（Network Protocol Analyzer）也称为网络嗅探器（Sniffer）、数据包分析器（Packet Analyzer）、网络嗅听器（Network Sniffing Tool）、网络分析器（Network Analyzer）等，俗称抓包软件。它通过程序分析网络数据包的协议头和尾，从而了解信息和相关的数据包在产生和传输过程中的行为，用于网络故障诊断和修复。

1）网络数据捕获工具

网络数据捕获工具很多，如 Wireshark（也称 Ethereal）、tcpdump、Sniffer、iris、nexXray、commview、EtherPeek 等。先下载一个免费的网络数据捕获工具并进行安装和设置。在实验报告中请写出网络数据捕获工具的下载、安装和设置等步骤。

这里介绍网络协议分析器 EtherPeek。EtherPeek 是一个网络分析器型的数据包监测软件，它可以进行网络监听和数据分析，协助网管排除网络故障，主要应用于故障修复、分析等，是网络管理人员使用的一种网络分析工具。

2）网络协议分析器 EtherPeek

使用网络协议分析器 EtherPeek 捕获网络数据，了解其中的信息。在实验报告中写出所使用的网络数据捕获工具的功能及捕获、测试等步骤。EtherPeek 版本有所不同，但操作区别不大，下面只给出一些基本的操作，读者可以参考帮助使用 EtherPeek。

（1）单击"开始→程序→Wildpackets EtherPeek"，运行 EtherPeek，如图 5.9 所示。

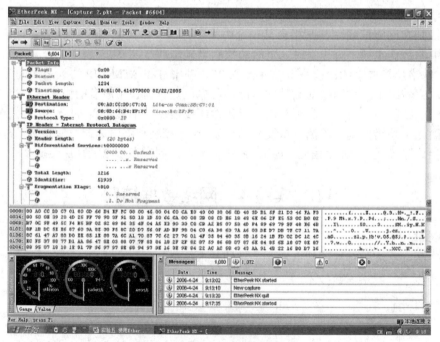

图 5.9　EtherPeek 捕获网络数据

（2）从捕获菜单中，选择 Start Capture 选项。如果显示 Capture Options 对话框，则取消对 Show this dialog when creating a new capture window 的选择，然后单击"OK"按钮。

（3）在打开的窗口中，单击"Start Capture"按钮，开始捕获（抓包）。

（4）如果捕获窗口中没有帧显示，则双击 Network Neighborhood；否则，跳到第（6）步。

（5）开始观察捕获窗口中的数据帧，在 8 个或 10 个数据帧显示后，单击"Stop Capture"按钮。

（6）双击其中一个数据帧，获得更详细的信息。

（7）使用表来描绘 4 种数据帧格式，并指出窗口显示的数据帧的类型。

（8）关闭所有的窗口，然后关闭 EtherPeek。

3）上网搜索并下载其他网络数据捕获工具进行实验

请自行上网搜索并下载其他网络数据捕获工具进行实验。

习　　题

一、选择题

1. 在广域网上提供可靠数据传输和流量控制的是 OSI 的（　　　）。
　　A．数据链路层　　　B．网络层　　　　　　C．传输层　　　　　　D．会话层

2. 网络层的功能主要是（　　　）。
　　A．在信道上传输原始的比特流
　　B．确保到达对方的各段信息正确无误
　　C．确定数据包从源端到目的端如何选择路由
　　D．加强物理层传输原始比特流的功能，并进行流量控制

3. 数据分段是在 OSI/RM 中的（　　　）完成的。
　　A．物理层　　　　　　B．网络层　　　　　　C．传输层　　　　　　D．应用层

4. 数据在网络层时称为（　　　）。
　　A．段　　　　　　　　B．包　　　　　　　　C．位　　　　　　　　D．帧

5. 高层协议将数据传递到网络层后，形成（　　　），再传送到数据链路层。
　　A．数据帧　　　　　　B．信元　　　　　　　C．数据包　　　　　　D．数据流

6. 能正确描述数据封装过程的是（　　　）。
　　A．数据段→数据包→数据帧→数据流→数据
　　B．数据流→数据段→数据包→数据帧→数据
　　C．数据→数据包→数据段→数据帧→数据流
　　D．数据→数据段→数据包→数据帧→数据流

7. OSI/RM 模型中，可以完成加密功能的是（　　　）。
　　A．物理层　　　　　　B．传输层　　　　　　C．会话层　　　　　　D．表示层

8. 会话层的功能是（　　　）。
　　A．提供加密/解密　　　　　　　　　　B．提供数据转换及格式
　　C．在不同主机间建立连接　　　　　　D．在网络两个端系统间建立连接

9. OSI/RM 的（　　　）关心路由寻址和数据包转发。
　　A．物理层　　　　　　B．数据链路层　　　C．网络层　　　　　　D．传输层

10. 电话网使用的交换方式是（　　　）。
　　A．电路交换　　　　　B．包交换　　　　　　C．报文交换　　　　　D．虚电路

11．OSI 体系结构中有两个层与流量控制功能有关，其中（　　　）负责控制端到端的流量控制。

　　　　A．表示层　　　　　B．数据链路层　　　　C．网络层　　　　　D．传输层

12．下面哪个说法是不正确的（　　　　）。

　　　　A．物理层的数据单元是二进制比特流

　　　　B．数据链路层的数据单元是数据帧

　　　　C．网络层的数据单元是数据包

　　　　D．传输层的数据单元是信元

13．关于数据报和虚电路，下面哪一个说法是正确的（　　　）。

　　　　A．数据报提供面向连接的不可靠服务

　　　　B．虚电路提供面向连接的可靠服务

　　　　C．数据报提供无连接的可靠服务

　　　　D．虚电路提供无连接的不可靠服务

二、填空题

1．在 OSI/RM 中，通信子网的最高层是_____。

2．物理层的传输单位是_____，数据链路层的传输单位是_____，而网络层的传输单位是_____，传输层的传输单位是_____。

3．在 OSI/RM 中，只有_____层是实连接，而其他层都是虚连接。

4．在 OSI/RM 中，_____层位于通信子网最底层，_____层位于通信子网最高层。在通信子网和资源之间起承上启下作用的是_____。

三、问答题

1．网络层的主要作用是什么？

2．常用的数据交换技术有哪几种？说出它们各自的优缺点。

3．什么是虚电路？什么是数据报？两者有何区别？

4．网络层面向连接的服务和面向无连接的服务有什么不同？X.25 和 IP 分别提供的是哪一种类型的服务。

5．什么是静态路由选择策略和动态路由选择策略？分别有哪几种路由选择算法？

6．简述传输层的功能。传输层的分段和重组是什么意思？

7．为什么说传输层在网络体系结构中是承上启下的一层？

8．流量控制和拥塞控制的含义是什么？分别是在哪一层控制的？

9．简单描述会话层、表示层和应用层的功能。它们属于资源子网还是通信子网的范畴？

10．物理层、数据链路层、网络层、传输层和应用层分别用什么作为相应层的传输单元？

11．叙述你对 OSI/RM 的理解。

12．什么是点到点传输？什么是端到端传输？

第 6 章　TCP/IP 网际层和传输层

TCP/IP（Transmission Control Protocol/Internet Protocol）是传输控制协议/网际协议的英文缩写，是由一组通信协议所组成的协议簇。TCP 和 IP 是其中的两个主要协议。TCP/IP 体系结构如图 6.1 所示。

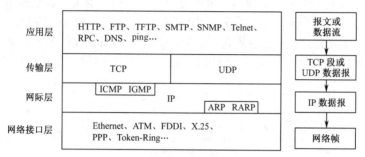

图 6.1　TCP/IP 体系结构

网际层包含的核心协议有网际协议（IP）、网际控制报文协议（ICMP）、地址解析协议（ARP）、逆向地址解析协议（RARP）和网际组报文协议（IGMP）；传输层有传输控制协议（TCP）和用户数据报协议（UDP）两个端到端的协议；应用层协议更多，主要有 HTTP、FTP、SMTP、SNMP、Telnet、TFTP、DNS 和 ping 等，以及路由协议如 RIP、OSPF 等。其中，基于 TCP 协议的协议有 Telnet、FTP、SMTP、HTTP 等；基于 UDP 协议的协议有 SNMP、DNS、TFTP、DHCP、RIP 和 RPC 等。本章主要介绍 IP、TCP 和 UDP 这 3 个主要协议及 TCP/IP 的地址等概念。

TCP/IP 协议最初是为 ARPAnet 设计的，主要考虑不同厂家生产的异种网络的互联问题。它涉及异构网通信问题，后来发展成为 Internet 所使用的协议，UNIX 操作系统也将 TCP/IP 作为它的核心组成部分。TCP/IP 协议能够在 Microsoft、IBM SNA Network、UNIX、TCP/IP HOST、NetWare 等之间建立连接，目前广泛应用于互联网（Internet）、内部网（Intranet）、外部网（Extranet）和局域网（LAN）等网络系统。TCP/IP 协议已成为目前事实上的国际标准和工业标准。

TCP/IP 协议与低层的数据链路层和物理层均无关，它也没有对网络接口层明确定义，这也是 TCP/IP 的重要特点。正因为如此，它可以连接由不同的低两层协议构成的物理网络。

6.1　网际协议（IP）和 IP 地址

异种网络互联时，需要使用网关等网络互联设备。互联的网络都有自己的数据包格式，它们可能互不相同，使用的地址格式也可能不一样。因此，网关不能直接在各个网络之间转发数据包，它需要 IP 协议的支持。

网际协议 IP（Internet Protocol）不但为各个互联的网络提供统一的数据包格式，而且还提供寻址、路由选择、数据的分段和重组功能，能将数据包从一个网络转发到另一个网络。

IP 协议以包为单位传输数据。IP 数据包在 Internet 中称为 IP 数据报。IP 协议提供的是不可靠的面向无连接的数据报服务，不管传输的数据报正确与否，都不进行检查和回送确认，也没有流量控制和差错控制功能。IP 只是尽力传输数据报到目的地，不提供任何保证。实际传输过程中，如果因为噪声、生存周期已到、丢失数据报、循环路由终止及无效的链路等原因而导致传输出错，IP 也不做任何处理。

IP 这种特性不是一种缺点，它提供了传输功能的主框架，用户可以根据需要在传输层对给定的应用添加必要的功能。因此，TCP/IP 可以实现最大的传输效率。

6.1.1 IP 数据报

IP 数据报是一个可变长度的数据包（20～65 536 字节），由头部和数据两部分组成。IP 数据报和头部格式如图 6.2 所示。头部长度为 20～60 字节，如图 6.2（a）所示。它分成 5 个固定行和若干选项行，实际它是一行一行连在一起的，为便于书写才分行表示。图 6.2（b）中每一行为 4 字节（32 位），5 行为 20 字节。下面对头部各字段的作用做简单介绍。

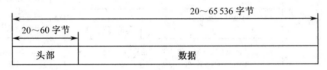

（a）IP 数据报格式

版本号 4 位	头部长度 4 位	服务类型 8 位	数据报总长度 16 位	
标识 16 位			标志 3 位	段偏移 13 位
生存周期 8 位		协议 8 位	头部校验和 16 位	
源 IP 地址（32 位）				
目标 IP 地址（32 位）				
选项（32 位）				

（b）IP 头部格式

图 6.2　IP 数据报和头部格式

（1）版本号（Version）。IP 版本，占 4 位，IPv4 为 0100，IPv6 为 0110。

（2）头部长度（HLEN），占 4 位。它定义头部长度，范围为十进制 0～15，单位为 4 字节。例如，HLEN 为 5，则头部长度为 5×4=20 字节；如果值为 15，则 15×4=60 字节。

（3）服务类型（Service Type）。占 8 位，定义数据报的优先级、控制时延、处理能力和可靠性服务类型。其中大部分被当前的 IP 所忽略。

（4）数据报总长度（Total Length）。占 16 位，定义了 2 字节（16 位）的 IP 数据报的总长度，可以定义长达 65 536 字节。

（5）标识（Identification）。占 16 位，用于分段（Fragmentation），当一个数据报通过不同的网络时，可能需要分段以适应网络中帧的大小。如果存在分段，则在重组数据报时需要使用这个字段。每个分段都有标识，属于同一个数据报的分段其标识也相同。

（6）标志（Flags）。占 3 位，用于处理分段的标识，它表示数据报是否可以被分段，可以是第一个分段、中间段或最后一个段等。由于一个数据报中的各分段到达顺序可能与发送顺序不一致，通过标志使接收的报文能上下完整。

（7）段偏移（Fragmentation Offset）。占 13 位，这是一个指针，如果被分段，则指明数据在原始数据报中的偏移，偏移总是相对于报文开头的位置给定的。

（8）生存周期 TTL（Time to Live）。占 8 位，定义了数据报被丢弃前可以传输的跳数。源节点在创建数据报时设置一个初始值，在传输过程中，每经过一个路由器将这个值减 1，如果这个值变为 0（超时），但还没传输到目标节点，路由器则丢弃该数据报，同时给源节点发送一个报文，通知它数据报传输失败。TTL 可以避免数据报在路由器之间无休止地循环传输。

（9）协议（Protocol）。占 8 位，定义了封装在数据报中是哪一种上层协议（TCP、UDP、ICMP 等），当前定义和分配了协议号的协议约有 50 种，其中 ICMP 为 1 号，TCP 为 6 号。

（10）头部校验和（Header Checksum）。占 16 位，用于检查报文头部的完整性。

（11）源 IP 地址（Source IP Address）和目标 IP 地址（Destination IP Address）。这两个字段都占 32 位，分别指明数据报的源节点和目标节点的 IP 地址，它们在传输过程中是保持不变的。

（12）选项（Option）。选项字段是任选的，它由一些长度可变的不同代码组成，占 32 位，每行 4 字节，可以为 0～15 行（40 字节）。它为 IP 数据报提供了更多的功能，用来控制路由、时序、管理和定位等。

6.1.2　IP 地址

数据链路层通过物理地址查找计算机；网络层通过 IP 地址查找计算机；高层协议通过域名查找计算机。域名通过 DNS 服务器进行域名解析转换为 IP 地址，就像手机通讯录中将姓名转换为电话号码。域名系统将在后面的章节中进行介绍。

1．物理地址

一个主机的物理地址一般是指网卡地址，也称为 MAC 地址、NIC 地址或硬件地址。物理地址由生产厂家通过编码烧制在网卡的硬件电路上，不管它位于什么地方，它的物理地址总是恒定不变的。

网卡地址由 48 位二进制数字组成（用 12 位十六进制数表示），例如 00-AA-00-3F-89-4A。其中，高 24 位是由 IEEE 分配的厂商地址，低 24 位是由生产厂商自己管理的地址（序列号），每一个网卡的物理地址在全球都是唯一的。Windows 系统中命令提示符下运行 ipconfig/All 就可得到网卡地址等相关信息。

2．IP 地址

IPv4 的地址由 32 位二进制比特组成，每 8 位为一段，共分为 4 段，段间用 "." 分隔。为了使 IP 地址形式更短，更易于阅读，IP 地址的每一段表示为其对应的十进制数字，这种表示法称为 "点分十进制" 表示形式，例如 "211.70.248.3"。

IPv4 的地址由类型、网络号（网络 ID、网络地址或网络标识）和主机号（主机 ID、主机地址或主机标识）3 部分组成，如图 6.3（a）所示。路由寻址时，首先根据地址的网络号到达网络，然后利用主机号到达主机。

IP 地址分为 A 类、B 类、C 类、D 类和 E 类共 5 类，其中只有 A 类、B 类、C 类地址分配给主机或路由器等，如图 6.3（b）所示。

（1）A 类地址

A 类地址适合于大型网络。它只用第一字节 8 位表示网络号，后 3 字节 24 位代表主机号，24 位主机号可表示 1 700 万个 IP 分配给网络中的计算机。A 类地址网络号的第一字节二进制取值范围为0000000～01111111，对应的十进制数值范围为0～127。

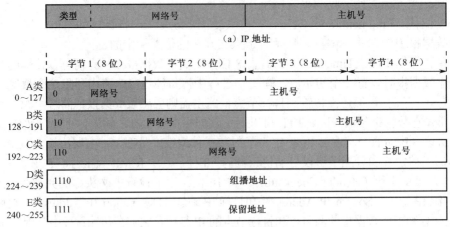

（a）IP 地址

（b）IP 地址类

图 6.3　IP 地址和 IP 地址的类

IP 地址规定，A 类网络指定第一字节第一位为"0"，但其余 7 位全 0（00000000）和全 1（01111111）有特殊用途。因此 A 类地址的实际网络号为 0000001～01111110，即 A 类第一字节地址为十进制的 1～126，真正分配给计算机的 A 类 IP 地址范围为 1.0.0.1～126.255.255.254。例如，61 开头的 IP 地址范围为 61.0.0.1～61.255.255.254。

（2）B 类地址

B 类地址第一字节前 2 位指定为 10，前两字节 16 位代表网络号，后两字节 16 位代表主机号，16 位可表示 65 000 个 IP 分配，可用于中型网络。B 类地址第一字节的取值为 1000000～10111111，对应的十进制 128～191。同样，可分配给用户的 B 类地址范围为 128.0.0.1～191.255.255.254。

（3）C 类地址

C 类地址第一字节前 3 位指定为 110，前三字节 24 位代表网络号，最后一字节 8 位代表主机号，只有 8 位可表示 256-2＝254 个 IP 分配，只能用于小型网络。C 类地址第一字节十进制取值范围为 192～223。

（4）D 类地址

D 类地址第一字节的十进制取值范围为 223～239，作为组播地址（Multicast Address）用。组播能将一个数据报的多个副本发送到一组选定的主机，类似于广播。和广播不同的是，广播是将包发送到所有可能的目标节点，而组播只允许发送给一个选定的子集。

（5）E 类地址

E 类地址是保留地址，其第一字节的十进制取值范围为 240～255。

A 类、B 类和 C 类为基本类，表 6.1 给出了 A、B 和 C 类网络的性能参数。

表 6.1　A、B 和 C 类网络的性能参数

类别	网络地址的取值范围	网络数	每个网络容纳主机（IP 地址）数
A	1.$X.Y.Z$～126.$X.Y.Z$	126	小于 1 700 万个
B	128.0.$Y.Z$～191.255.$Y.Z$	16 348	65 000
C	192.0.0.Z～223.255.255.Z	约 200 万个	254

IP 地址与电话号码类似，可以将类比作国家或地区代码，电话号码系统和 IP 地址的比较如图 6.4 所示。例如，电话号码系统中国是 "86"，美国是 "1"；把网络号比作国内区号，如北京是 "010"，上海是 "021"；把主机号理解为电话号码。IP 地址与电话号码的区别是，电话系统中，国家或地区代码、国内区号和电话号码总长度可变，如苏州和上海，电话号码都是 8 位，而区号分别是 "0512" 和 "021"；但 IP 地址的总长度是固定的，为 32 位。

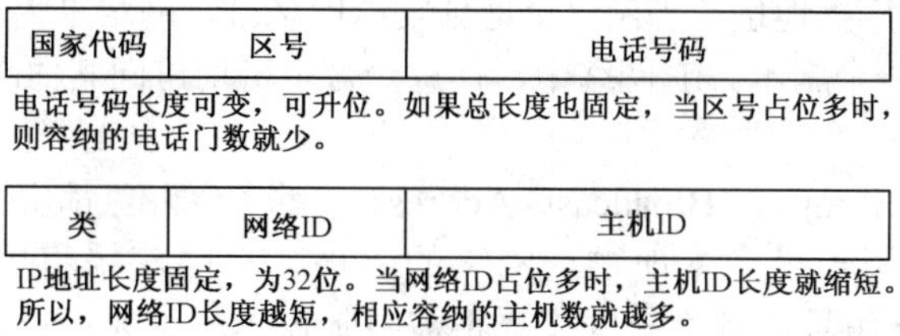

国家代码	区号	电话号码

电话号码长度可变，可升位。如果总长度也固定，当区号占位多时，
则容纳的电话门数就少。

类	网络ID	主机ID

IP地址长度固定，为32位。当网络ID占位多时，主机ID长度就缩短。
所以，网络ID长度越短，相应容纳的主机数就越多。

图 6.4　电话号码系统和 IP 地址的比较

假设区号和电话号码长度固定，都是 12 位，当用于区号的位数多了，相应的电话号码位数就会缩短，所容纳的电话门数也会减少。例如区号占 3 位，则电话号码位数占 9 位，如果区号占 5 位，则电话号码位数占 7 位，电话门数肯定减少。同样的道理，A 类地址的网络号只用了 8 位，则一个网络中主机号占 24 位，所以 A 类网络的个数只有 126，但每个网络的主机数相当多，可以容纳近 1 700 万个（2^{24}=16 777 216，再去掉一些网络 ID 和广播地址）主机；B 类地址的网络号有 16 位，主机号也是 16 位，B 类网络的个数为 16384，每个网络可容纳 65 000 个主机；而 C 类地址的网络号有 24 位，网络的个数约有 200 万个，而主机号只有 8 位，只能容纳 254 个主机（有 256 个主机号，但 0 和 255 不能用）。

3．特殊的 IP 地址（保留地址）

IP 定义了一套特殊的地址格式，称为保留地址（Reserved）。这些保留地址不分配给任何主机。特殊的 IP 地址有本机地址、网络地址、直接广播地址、有限广播地址、回送地址和保留的内部地址等，见表 6.2。

表 6.2　特殊的 IP 地址

网络号	主机号	地址类型	举　例	用　　途
全 0	全 0	本机地址	0.0.0.0	启动时使用
任意	全 0	网络地址	61.0.0.0	标识一个网络
任意	全 1	直接广播地址	129.21.255.255	在特定网上广播
全 1	全 1	有限广播地址	255.255.255.255	在本网段上广播
第一段为 127	任意	回送地址	127.0.0.1	测试
A 类私有地址		10.0.0.1～10.255.255.254		保留的内部地址
B 类私有地址		172.16.0.1～172.31.255.254		保留的内部地址
C 类私有地址		192.168.0.1～192.168.255.254		保留的内部地址

1）本机地址

计算机在刚启动前还不知道自己的 IP 地址，这时用 "0.0.0.0" 作为计算机的本机地址，启动完成后，就可以获得原来在软件系统中已设置好的 IP 地址。

2）网络地址

IP 规定，全为 "0" 的主机号用于标识一个网络，即网络 ID，相当于电话系统中的区号。例如，"61.0.0.0" 表示一个 A 类网络，该网络的网络 ID 为 "61"；"129.205.0.0" 表示一个 B 类网络，该网络的网络 ID 为"129.205"；"211.70.248.0"表示一个 C 类网络，该网络的网络 ID 为"211.70.248"。这类地址都不能分配给主机。

3）直接广播地址

当需要向一个网络内的所有主机发送一个数据包时，可以使用直接广播地址（Directed Broadcast Address）。主机号部分全为"1"的表示直接广播地址。例如，"129.205.255.255"就表示一个 B 类网络的直接广播地址，当向这个地址发送信息时，网络号为"129.205"内的所有主机都能接收到该信息的一个副本。IP 网络中，任意一台主机均可向其他网络进行直接广播。

4）有限广播地址

有限广播地址（Limited Broadcast Address）的全部位都是"1"，即十进制的"255.255.255.255"，它用于一个本地物理网络的广播。有限广播将广播限制在最小的范围内，如果采用标准的 IP 编址，那么有限广播将被限制在本网络之中；如果采用子网编址，那么有限广播将被限制在子网之中。

有限广播不需要知道网络号。因此，在主机不知道本机所处的网络时（如主机的启动过程中），只能采用有限广播方式。

5）回送地址

回送地址（Loopback Address）用于测试网络应用程序。在开发网络应用程序时，程序员常使用回送地址调试程序，当两个应用程序间需要通信时，可以不用把两个程序安装到两台计算机上，而是在同一台计算机上运行两个应用程序，并指示它们在通信时使用回送地址。当一个应用程序将数据发送到另一个应用程序时，数据向下穿过协议栈到达 IP 软件，IP 软件再将数据向上穿过协议栈到达第二个程序。这样程序员就可测试两个应用程序间的通信是否正常，而不必通过网络进行程序调试。

IP 地址的第一段为 127 时就是回送地址，例如，"127.218.15.8"。程序员一般使用"127.0.0.1"作为回送地址。

6）保留的内部地址

Internet 保留了一部分地址给用户在组建自己的局域网或内部网时使用，不分配给任何主机，称其为内部 IP 地址，也称私有地址，保留的内部地址范围见表 6.2。

4. 路由器（网关）的 IP 编址

在 Internet 中，除了给每个主机分配 IP 地址外，网络设备（如路由器或网关）也必须拥有 IP 地址，这种设备每连接一个网络就有一个不同的 IP 地址。一个路由器或网关常常被分配两个或更多的 IP 地址，用于连接两个或多个网络。网络和主机地址如图 6.5 所示。

图 6.5 是由三个 Ethernet 和一个 Token Ring 构成的 Internet 的一小部分。在图 6.5 中，路由器用 R 表示，网关用 G 表示。每个路由器和网关在它们所在的网络都有自己独立的 IP 地址。黑体字表示的是网络号，它们分别是 B 类的"129.8.0.0""134.18.0.0"，A 类的"124.0.0.0"和 C 类的"220.3.6.0"。而"207.42.56.0"和"222.13.16.0"分别是两个路由器之间和两个网关之间的网络地址。这样，每个路由器和网关都可以有多个 IP 地址，每个 IP 地址连接的是一个网络。例如，最下面的路由器有两个 IP 地址，它们是"207.42.56.2"和"124.100.33.77"。而最左边的网关具有三个 IP 地址。

5. IP 地址的分配和使用

Internet 中的 IP 地址是由指定机构分配的；可被外部用户访问，称其为 IP 公有地址。局域网内部的计算机如果不作为 Internet 的主机供其他用户访问，那么 IP 地址可以任意分配。习惯上，家庭网络、网吧和办公室等小型局域网使用保留的 C 类内部地址。

IPv4 的地址只有 32 位，资源已十分紧张；但是 IPv6 的地址有 128 位，允许地球表面每平方米拥有 7×10^{23} 个 IP 地址。

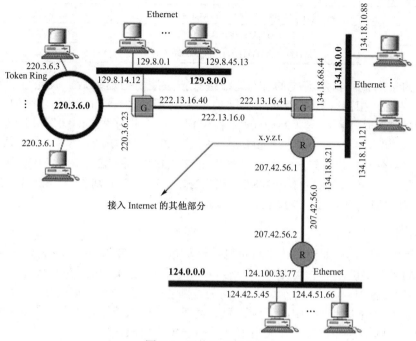

图 6.5　网络和主机地址

6.1.3　子网掩码和默认网关

在计算机系统中，TCP/IP 协议的设置除了 IP 地址外，还需要设置子网掩码、网关（路由器的 IP 地址）和 DNS 服务器 3 项参数。

1. 子网掩码

网络通信时，网络设备先要判断通信双方是否在同一个网络中，如果在同一个网络中，则直接传输数据；如果不在同一个网络中，则需要路由器等设备转发数据。因此，通信时必须首先判断通信双方的网络 ID 是否相同，就像电话系统中根据区号来判断电话号码是本地市内电话还是长途电话一样。

1）子网掩码的作用

只用 IP 地址标识一台主机是无法区分它的网络 ID 的，需要和子网掩码（Subnet Masks）一起使用才能区分某个主机的网络号。子网掩码的作用就是分出 IP 地址中哪些位是网络 ID，哪些位是主机 ID。

子网掩码的长度也是 32 位，通过它和 IP 地址进行按位"逻辑与（AND）"运算，可以屏蔽掉 IP 地址中的主机部分，得到主机的网络 ID。如果两台计算机网络 ID 相同，则表示两台计算机属于同一网络，就像电话系统中，区分出区号来，根据区号判断来电是长途电话还是本地（市内）电话。

子网掩码的另一个作用是将一个网络 ID 划分为若干个子网，以解决网络地址不够的问题。关于子网划分将在后面的章节介绍。

2）默认子网掩码

不同类的默认子网掩码是不一样的，见表 6.3。

表 6.3　默认的子网掩码

网络类别	子网掩码（二进制）	子网掩码（十进制）
A	11111111.00000000.00000000.00000000	255.0.0.0
B	11111111.11111111.00000000.00000000	255.255.0.0
C	11111111.11111111.11111111.00000000	255.255.255.0

将默认的子网掩码与对应类的 IP 地址进行按位逻辑与运算后，就能得到对应的网络 ID。如果网络 ID 相同，则属于同一个网络，否则不在同一个网络中。例如，A 类地址"11.25.68.36"与默认子网掩码"255.0.0.0"按位相与，结果为"11.0.0.0"，那么它的网络 ID 为"11"；将两个 C 类地址"211.70.248.3"和"211.70.249.6"与默认子网掩码"255.255.255.0"分别按位相与，结果分别为"211.70.248.0"和"211.70.249.0"，那么它们不属于同一个网络；而 IP 地址"211.70.248.3"和"211.70.248.6"分别和"255.255.255.0"按位相与，得到的网络地址都是"211.70.248.0"，那么它们属于同一个网络。

2．默认网关

当两个远程网络进行通信时，主机可以通过默认网关（Default Gateway）将数据发送到不同网络号的目标主机，这个默认网关是远程网络通信的接口。因此在计算机的"Internet 协议（TCP/IP）"设置中，如果没有指定默认网关，则通信仅局限于本地网络。

默认网关可以由本地网络中的某台计算机兼任，也可以使用路由器，但路由器是一种专用的、智能性的网络硬件设备。一般内部网关用于单位内部局域网之间的通信，而外部网络之间的通信则选用外部网关。

6.1.4　IP 地址的设置管理

IP 地址的设置管理有以下方法。

1．静态 IP 地址

静态 IP 地址是由网络管理员手工对主机的 TCP/IP 协议的相关选项进行设置的。静态 IP 地址是固定不变的，如同电话用户分配到的电话号码一样。

静态 IP 地址有两类：一类是需要到指定的机构去申请而得到的 Internet 上的 IP 地址，这类地址一般称为 IP 公有地址；另一类是在局域网内部使用的，称为 IP 私有地址。这类 IP 地址通常没有什么特殊要求，但外部网络是不能访问它们的。

2．动态 IP 地址

动态 IP 地址是由网络中的动态主机设置协议 DHCP（Dynamic Host Configuration Protocol）服务器动态分配的 IP 地址。DHCP 是 BOOTP 的扩充，并向后兼容 BOOTP。也就是说，一个运行 BOOTP 的客户也可以从 DHCP 服务器请求一个 IP 地址。

DHCP 服务器可以给客户分配一个临时的 IP 地址，一个请求 DHCP 服务的客户端使用地址"0.0.0.0"申请一个新的 IP 地址。每次申请时，所得到的 IP 地址可能是不同的。这是因为 DHCP 服务器将地址池中的某个地址临时分配给该主机，主机使用结束后，由 DHCP 服务器将这个 IP 地址收回，供其他主机使用。

动态 IP 地址主要用于网络中主机数量较多，而静态 IP 地址不够分配的场合，例如拨号上网用户，分配到的就是动态 IP 地址及一些相关的信息，DHCP 服务器自动为其设置各个选项。它的第二个作用是当网络中的主机数较多，而管理员避免为每台主机设置 IP 地址及相应选项时采用。第三个作用是用于网络中主机经常有变动的场合。

3. 自动专用 IP 地址

自动专用 IP 地址 APIPA（Automatic Private IP Addressing）是 Windows 2000 中的一个增强功能。它用于 DHCP 服务器尚未开启、DHCP 服务器有故障或 IP 地址池中的地址已用完等情况，这时 DHCP 客户机不能得到 IP 地址。Windows 2000 会自动产生一个专用 IP 地址，并用广播方式将这个地址发送到网络上。如果这个 IP 地址没有被使用，则 DHCP 客户机使用这个 IP 地址；否则，重复这个过程，直至产生一个自动专用的 IP 地址。

自动专用 IP 地址网络 ID 为 169.254，范围为 169.254.0.1～169.254.255.254。

自动专用 IP 地址可以简化管理，在小型局域网中，如果没有设置 DHCP 服务器，可以将所有的计算机都设置为"自动获得 IP 地址"，这样每个 Windows 2000 的计算机都使用自动专用 IP 地址。这些计算机每隔一段时间，就会在网络上继续搜索 DHCP 服务器。

6.2　子网的划分与设置

随着局域网数目和网络中主机数目的增加，需要 IP 地址的主机越来越多，大多数地区 IPv4 地址资源相当紧张，同时 IP 地址仍然存在浪费现象，例如一个 C 类网络虽然仅有 254 个 IP 地址可分配，但对于一些规模不大的企事业单位，可能只有几台～几十台主机，分配给它一个完整的 C 类地址仍然是一种浪费。解决的办法是采用子网划分技术，将一个网络划分为多个子网，分配给多个单位使用。

子网划分采用可变长子网掩码 VLSM（Variable Length Subnet Mask）技术完成，即改变子网掩码的长度。这种技术对于有效利用 IP 地址，减少路由表的大小非常有效。

6.2.1　子网划分的作用

将一个网络划分为若干子网，有如下作用。

1. 可以连接不同的网络

当一个单位的网络是由几个不同类型的网络组成时，如以太网、令牌环网等，必须将它们划分为不同的子网，每一子网需要有自己的网络地址，并由路由器等网络互联设备将它们互联起来。划分子网后的网络如图 6.6 所示。

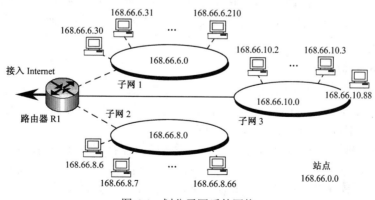

图 6.6　划分子网后的网络

划分子网后，Internet 上的其他部分并没有意识到该网络被分成了三个子网。三个子网对外部而言仍为一个网络。例如，Internet 上的用户发送数据报给 168.66.10.2，其目的地址是一个 B 类地址，它先到达路由器 R1，168.66 是它的网络号，而 10.2 是它的主机号。但到达路由器 R1 后，对 IP 地址的解析有了变化，它要根据子网号决定数据报的路径。在 168.66.10.2 中，子网号为 10，因此，它将数据报送到子网 3，最后到达目标主机。

2．重新组合网络的通信量

划分子网后，可以将对网络带宽要求较高的应用程序和主机用网络段分开，这样可以减轻网络拥挤，提高网络性能，也便于网络的管理。

3．减轻网络地址数不够的负担

例如，一个 C 类地址中，可容纳的主机数可以有 254 个，但实际应用中许多单位不会有那么多对外提供服务的主机。因此，可以将这一个 C 类网络划分为若干子网，一个单位分配一个子网，这样就可以节省 IP 地址。

4．更有效地使用网络地址

IP 地址资源非常紧缺，利用子网划分技术，还可以将一系列相关的主机集成到一个网络段，共用一个 IP 地址，在进行信息传输时只要区分是本地网络还是外部网络就可以了。

6.2.2　子网划分的方法

子网划分时将 IP 地址的主机号部分进一步划分为子网部分和主机部分。子网划分方法如图 6.7 所示。就像电话号码一样，人们可以根据一个电话号码的前几位区分出该号码是市内电话还是长途电话，甚至可以区分出该号码具体来自哪个区、哪个县。子网划分也一样，将一个主机 ID 的前几位划分出来，分配给一个单位的几个部门或分配给几个不同的单位。为了创建子网号，可以从标准 IP 地址的主机号前面部分"借"位，并把它们指定为子网号部分，原则如下：

① 被"借"位后，主机号部分不能少于两位。

② 子网号部分必须在 2 位以上，即至少应借用 2 位。

| 类别 | 网络号 | 子网号 | 主机号 |

图 6.7　子网划分方法

因为 A 类网络的主机号部分有 3 字节（24 位），因此，可以借用 2～22 位去创建子网；B 类网络的主机号部分有两字节，最多可以借用 14 位去创建子网；而在 C 类网络中，由于主机号部分只有一字节，可以借用 2～6 位去创建子网。

1．确定子网的数目

子网划分的第一步是确定需要划分多少个子网，即一个网络能划分给多少个单位。例如。取主机号的前 3 位，可以有 $2^3 =8$ 种组合，分别是 000、001、010、011、100、101、110、111，但这并不意味着可以分为 8 个子网。

（1）子网号不能为全 0。有的路由协议并不同时发布网络 ID 及子网掩码。这样，它就不能确定网络 ID 和子网号的位数。例如，一个 B 类地址的网络号为 156.32.0.0，它已划分了子网，但是在没有子网掩码的情况下，如果子网号为全 0，那么它就无法区分是 156.32.0.0/16（网络号是 16 位），还是 156.32.0.0/19（网络号加子网号是 19 位）。

（2）子网号不能为全 1。因为在没有子网掩码的情况下，对于广播地址 156.32.255.255，不能区分该地址是标准的 B 类网络（16 位），还是含有子网号的广播地址（19 位）。这两种广播地址的范围是不同的。

由此可见，子网数 N_1 的计算公式如下：

$$N_1 = 2^n - 2$$

式中，n 是子网号位数。有一些路由器支持子网掩码和路由信息一起发送，这就意味着可以使用全 0 的子网号，这种情况称为 0 子网实现。有许多 Internet 服务商可以实现这种子网，它可以不浪费 IP 地址。

2．确定每个子网支持的最大主机数

每个子网支持的最大主机数（容纳的 IP 地址数）N_2 可以用主机号的剩余部分计算。公式为

$$N_2 = 2^n - 2$$

式中，n 是剩余的主机号位数。减去 2 的原因是全 0 和全 1 都不能作为主机号，主机号全 0 代表网络号加子网号，主机号全 1 代表这个子网的广播地址。

IP 地址主机号中的一部分被借用去创建子网后，相应子网中的主机数目就会减少。例如一个 C 类网络，它用一字节表示主机号，可以容纳的主机数为 254 台。当这个 C 类网络创建子网时，如果借用 2 位作为子网号，那么可以用剩下的 6 位表示子网中的主机，可以容纳的主机数为 62 台；如果借用 3 位作为子网号，那么仅可以使用剩下的 5 位来表示子网中的主机，可以容纳的主机数也就减少到了 30 台。

3．划分子网后的子网掩码

划分子网后的子网掩码会有改变，它是将原来默认子网掩码中对应于子网号的部分全变为 1 后作为新的子网掩码。例如，对于 B 类地址，如果取主机号的前 3 位作为子网号，则相应的子网掩码变化如下。

划分子网前：11111111.11111111.00000000.00000000，十进制为 255.255.0.0。

划分子网后：11111111.11111111.11100000.00000000，十进制为 255.255.224.0。

对于一个 C 类地址，如果取主机号的前 4 位作为子网号，则相应的子网掩码变化如下。

划分子网前：11111111.11111111.11111111.00000000，十进制为 255.255.255.0。

划分子网后：11111111.11111111.11111111.11110000，十进制为 255.255.255.240。

为了便于计算，这里给出一字节（8 位）的快速计算表，见表 6.4。

表 6.4　快速计算表

位　序	7	6	5	4	3	2	1	0
权值	2^7	2^6	2^5	2^4	2^3	2^2	2^1	2^0
权值（对应的十进制）	128	64	32	16	8	4	2	1
子网掩码（单字节）			224	240	248	252		
子网数（C 类地址）			6	14	30	62		
每个子网的主机数（C 类地址）			30	14	6	2		

4．为每个子网确定地址段

确定好子网号的位数后，需要计算出每个子网的起始地址、结束地址、子网的网络 ID 及子网的广播地址。为了说明计算过程，下面以一个 B 类地址为例说明确定方法。

假设一个 B 类地址为 168.66.0.0，现取主机号的前 4 位作为子网号部分，并假设路由协

议不同时发布网络地址及子网掩码，即子网号 0000 和 1111 不能同时使用，因此可以分为 14（2^4-2）个子网，划分子网后的子网掩码为

11111111.11111111.11110000.00000000　　（255.255.240.0）

注意：这时网络号和子网号共有 20 位，一般用 168.66.0.0/20 表示，以区别于没有划分子网的 168.66.0.0/16。子网的编址地址形式为：

10101000.10000010.***XXXXYYYY.YYYYYYYY***

先确定 168.66.0.0 第一个子网的网络地址、起始地址、结束地址及子网的广播地址。其形式为：

10101000.10000010.**0001***YYYY.YYYYYYYY*

由前面的分析可知，10101000.10000010.**0001**0000.00000000（168.66.16.0）为第一个子网的网络地址，而 10101000.10000010.**0001**1111.11111111（168.66.31.255）为第一个子网的广播地址。因此，能分配给主机的第一个子网的地址取值为：

10101000.10000010.**0001**0000.00000001　　（十进制为 168.66.16.1）

10101000.10000010.**0001**0000.00000010　　（十进制为 168.66.16.2）

10101000.10000010.**0001**0000.00000011

…

10101000.10000010.**0001**0001.00000000　　（十进制为 168.66.17.0）

10101000.10000010.**0001**0001.00000001　　（十进制为 168.66.17.1）

…

10101000.10000010.**0001**1111.11111110　　（十进制为 168.66.31.254）

因此，168.66.0.0/20 的第一个子网的网络地址为 168.66.16.0，起始地址为 168.66.16.1，结束地址为 168.66.31.254，子网的广播地址为 168.66.31.255。同理，可以得到 168.66.0.0/20 子网划分的地址段，见表 6.5。

表 6.5　168.66.0.0/20 子网划分的地址段

序号	子网值	子网网络 ID	开始地址	结束地址	子网广播地址
1	0000	Network Address	N/A	N/A	N/A
2	0001	168.66.16.0	168.66.16.1	168.66.31.254	168.66.31.255
3	0010	168.66.32.0	168.66.32.1	168.66.47.254	168.66.47.255
4	0011	168.66.48.0	168.66.48.1	168.66.63.254	168.66.63.255
5	0100	168.66.64.0	168.66.64.1	168.66.79.254	168.66.79.255
6	0101	168.66.80.0	168.66.80.1	168.66.95.254	168.66.95.255
7	0110	168.66.96.0	168.66.96.1	168.66.111.254	168.66.111.255
8	0111	168.66.112.0	168.66.112.1	168.66.127.254	168.66.127.255
9	1000	168.66.128.0	168.66.128.1	168.66.143.254	168.66.143.255
10	1001	168.66.144.0	168.66.144.1	168.66.159.254	168.66.159.255
11	1010	168.66.160.0	168.66.160.1	168.66.175.254	168.66.175.255
12	1011	168.66.176.0	168.66.176.1	168.66.191.254	168.66.191.255
13	1100	168.66.192.0	168.66.192.1	168.66.207.254	168.66.207.255
14	1101	168.66.208.0	168.66.208.1	168.66.223.254	168.66.223.255
15	1110	168.66.224.0	168.66.224.1	168.66.239.254	168.66.239.255
16	1111	广播地址	广播地址	广播地址	广播地址

【例 6.1】　设有一个 C 类 IP 地址，其网络 ID 为 211.70.248，现需要将它划分为 5 个子

网，每个子网的主机数不超过 30 个，并假设路由协议支持"O"子网。请计算出每个子网的网络地址、起始地址、结束地址和子网的广播地址，并计算出划分子网后的子网掩码。

解：根据题意，要求划分为 5 个子网，因此，需要从主机号中取前 3 位（$2^3-2=6$）作为子网号。又因为路由协议支持"O"子网。因此实际可划分为 7 个子网。主机号剩余 5 位，每个子网可容纳的主机数（IP 地址数）为 $2^5-2=30$，满足题意要求。

划分子网后的子网掩码为：11111111.11111111.11111111.**111**00000，其对应的十进制为 255.255.255.224。

IP 地址的编址形式为 11010011.01000110.11111000.***XXXYYYYY***，其中 ***XXX*** 为子网号部分，***YYYYY*** 为主机号部分。因为路由协议支持同时发布网络地址及子网掩码，因此，子网号为"000"可以作为第一个子网。

第一个子网的编址如下：

11010011.01000110.11111000.**000**00000　　　（211.70.248.0），子网网络号

11010011.01000110.11111000.**000**00001　　　（211.70.248.1），开始地址

11010011.01000110.11111000.**000**00010　　　（211.70.248.2）

...

11010011.01000110.11111000.**000**11110　　　（211.70.248.30），结束地址

11010011.01000110.11111000.**000**11111　　　（211.70.248.31），子网广播地址

第二个子网的编址为：

11010011.01000110.11111000.**001**00000　　　（211.70.248.32），子网网络号

11010011.01000110.11111000.**001**00001　　　（211.70.248.33），开始地址

11010011.01000110.11111000.**001**00010　　　（211.70.248.34）

...

11010011.01000110.11111000.**001**11110　　　（211.70.248.62），结束地址

11010011.01000110.11111000.**001**11111　　　（211.70.248.63），子网广播地址

...

依次类推，可以得到全部 7 个子网编址，211.70.248.0/27 的地址段见表 6.6。"/27"是划分子网后新的网络 ID 位数。

表 6.6　211.70.248.0/27 的地址段

子网值	子网网络 ID	开始地址	结束地址	子网广播地址
000	211.70.248.0	211.70.248.1	211.70.248.30	211.70.248.31
001	211.70.248.32	211.70.248.33	211.70.248.62	211.70.248.63
010	211.70.248.64	211.70.248.65	211.70.248.94	211.70.248.95
011	211.70.248.96	211.70.248.97	211.70.248.126	211.70.248.127
100	211.70.248.128	211.70.248.129	211.70.248.158	211.70.248.159
101	211.70.248.160	211.70.248.161	211.70.248.190	211.70.248.191
110	211.70.248.192	211.70.248.193	211.70.248.222	211.70.248.223
111	广播地址	广播地址	广播地址	广播地址

在给各单位分配 IP 地址时，可按表 6.6 所给的子网段分配给 7 个单位使用，每个子网的子网掩码都是 255.255.255.224。

注意：在对划分子网后的计算机进行 IP 地址设置时，如果子网掩码还是使用默认的 255.255.255.0，则等于没有划分子网。另外，IP 地址 255.255.255.255 为有限广播地址，如果在子网中使用该广播地址，则广播将被限制在本子网内。

　　说明：解决 IPv4 地址不足的办法还有可变长子网掩码（VLSM）、无类域间路由（CIDR）和网络地址转换（NAT）等技术，但解决问题的根本方法是采用 IPv6。

6.3　TCP/IP 网络层其他协议

6.3.1　地址解析协议（ARP）

　　局域网通过物理地址（MAC 地址）确定源和目标主机的位置。在使用 TCP/IP 协议的网络时，一般是通过 IP 地址来确定主机位置的，IP 地址将物理地址隐藏起来。但在网络实际通信时，IP 地址是不能被物理网络所识别的，使用的依然是物理地址。例如 IP 数据报通过以太网时，以太网不能识别 32 位 IP 地址，它们只能识别 48 位的 MAC 地址。因此，需要在 IP 地址和主机的 MAC 地址之间建立映射关系。地址之间的映射称为地址解析地址解析分为 IP 地址到物理地址的解析和物理地址到 IP 地址的解析。

　　地址解析协议 ARP（Address Resolution Protocol）的任务就是完成 IP 地址向物理地址的映射转换。ARP 的映射过程不需要用户参与，是自动完成的。每个使用 ARP 协议主机的缓存中，都存放最近获得的 IP 地址和物理地址的对应关系。每次收到 ARP 应答时，都将新的对应关系存入缓存。当主机需要发送报文时，首先到缓存中查找相应项，只有找不到相应项时才利用 ARP 进行地址解析。缓存机制能大大提高 ARP 的效率。

　　如果源主机的缓存中没有某目标主机的地址映射，即只知道目标主机的 IP 地址而不知道其物理地址时，就需要进行 ARP 解析。当源主机发出 ARP 请求的广播报文后，只有所要查找的目标主机可以识别出它的 IP 地址，并应答一个含有目标主机自身 IP 地址和物理地址映射的数据包给源主机。源主机将这个映射存入自己的缓存。缓存中保留了它所了解的所有主机的 IP 地址和 MAC 地址的映射。

　　ARP 请求报文中包含源主机本身的 IP 地址和物理地址映射关系，以避免目标主机再向源主机请求一次 ARP。源主机是以广播方式广播自己的地址映射关系的，网络上所有主机都可以将它存入自己的缓存。网络中一旦有新设备入网，都主动广播自己的地址映射，以减少其他主机的 ARP 请求。

　　ARP 解析分为子网内和子网间两种情况。

1．子网内的 ARP 解析

　　当源主机和目标主机在同一个子网内时，源主机首先广播一个"我需要 IP 地址为某某的主机物理地址"ARP 请求报文，网络上所有主机都收到该 ARP 请求，但只有一个目标主机能识别出它的 IP 地址，该目标主机就发出响应报文，响应报文的源 MAC 地址就是目标主机的物理地址。源主机就可以得到该目标主机的 IP 地址和物理地址的映射，并可以与之通信。

2．子网间的 ARP 解析

　　当两个主机不在同一个子网内时，源主机是不能直接解析目标主机的 MAC 地址的。源主机首先确定数据包经过的路由器，并将数据包沿路由发送，直至目标主机的最后一个路由器（连接目标主机所在的物理网络），从而解析目标主机的地址。子网间的 ARP 解析是逐个解析下一节点的地址的。

　　物理地址具有本地权限，并且可以很容易地修改。如果一个主机的网卡出现故障，更改网卡后物理地址就会改变，而它的 IP 地址具有全球权限，且不能改变。有了 ARP，就可以找到该节点的物理地址。

6.3.2　网际控制报文协议（ICMP）

在 IP 数据报传输过程中，路由器（或网关）完成路由和报文传输工作，这时源主机不再参与。而 IP 协议提供的数据传输服务是无连接和不可靠的，它不能保证 IP 数据报能成功到达目标节点。IP 协议除了"尽力传送"外，本身并不能进行差错控制。因此，IP 数据报在传输时有可能出现差错、故障和拥塞等情形。为此，在 TCP/IP 协议的网络层专门设计了网际控制报文协议 ICMP（Internet Control Message Protocol），当路由器发现传输错误后，立即向信源主机发送 ICMP 报文，报告出错情况，以便信源主机采取相应的纠正措施。

ICMP 就是为 IP 协议提供差错报告和控制数据、处理路由、协助 IP 协议实现提出报文传送的控制机制，它可以发送关于所发 IP 数据报的有关问题报告，如目标或端口不可达，或者网络中出现拥塞等。

由于 IP 数据报携带源地址和目标地址，但它并不知道前面转发这个数据报的路由器的地址，因此，ICMP 只能将差错报文发送给源节点，而不是传给中间的路由器。应当注意，ICMP 唯一的功能是报告问题而不是纠正错误，纠正错误的任务由发送方完成。

1. ICMP 报文的格式

ICMP 报文本身是利用 IP 数据报承载的，因此，它的头部还是 IP 数据报的头部，其格式如图 6.8 所示。

图 6.8　ICMP 报文的格式

2. ICMP 报文的类型

ICMP 报文的类型较多，不同的类型由报文中的类型字段和代码字段共同决定，主要分为 ICMP 差错报文和 ICMP 查询报文两种。ICMP 查询报文用来表示数据包在传输过程中发生了错误，提供诊断信息。ICMP 差错报文需要特别处理，对它进行响应时，不会生成另一份 ICMP 差错报文，否则会无休止循环下去。ICMP 报文类型见表 6.7。

表 6.7　ICMP 报文类型

类型字段值	ICMP 报文的类型	差错报文	查询报文
0	回送应答		是
3	目标不可达	是	
4	源抑制	是	
5	重定向	是	
8	回送请求		是
11	数据报的 TTL 超时	是	
12	数据报的参数有问题	是	
13	时间戳请求		是
14	时间戳应答		是

续表

类型字段值	ICMP 报文的类型	差错报文	查询报文
15	信息请求（已作废不用）		是
16	信息应答（已作废不用）		是
17	地址掩码请求		是
18	地址掩码应答		是

1）目标不可达（Destination Unreachable）

当目标节点不存在或关机或分组太大不能封装到帧中时，IP 数据报就不能发送到目标节点，路由器检测到错误后，就会向源主机发回一个 ICMP 分组。它包含不能到达目标节点的分组的完整 IP 头及分组数据的前 64 位。这时，源主机就能知道哪个分组无法投递。

2）回送请求（Echo Request）

回送请求是由路由器或主机向一个特定的目标主机发出的询问，收到这个询问的主机必须响应并发送回 ICMP Echo 应答报文。这种询问报文主要用来测试目标是否可达，稍后介绍的 ICMP 网络测试工具 ping 用于测试两个主机之间的连通性，ping 使用了回送请求和回送应答报文。

3）回送应答（Echo Reply）

回送应答主要用于对回送请求做出响应时发送。

4）参数问题（Parameter Problem）

当一个 IP 数据报的头部字段中有一个错误或非法值时，路由器就向源主机参数问题发回一个参数问题的数据包。这个数据包包含问题的 IP 头部和一个指向出错字段的指针。

5）重定向（Redirect）

当主机向路由器发送了一个数据报，但这个路由器知道其他路由器能将数据报更快传递时，为方便以后路由，此路由器就向主机发送一个重定向数据包。重定向数据包通知主机其他路由器的位置，以及此后将具有相同目标地址的数据报发向哪里。

6）源抑制（Source Quench）

当源主机速率较高而目标主机速率较慢时，目标主机就不得不丢弃一些数据报。通过高层协议，源主机会知道丢失了哪些数据报，就会不断重发这些数据报。这种情况下，目标主机就会向源主机发送 ICMP 源抑制报文，使源主机暂停发送数据报，过一段时间再恢复正常。

7）超时（Time Exceeded）

当 IP 数据报的 TTL 值为 0 时，路由器就会删除这个数据报，并向源主机发回一个 ICMP 超时数据包，说明 IP 数据报没有被正确投递。

8）时间戳请求和应答（Timestamp Request and Reply）

时间戳分组可以使主机能够估计网络的分组投送效率。源主机创建并发送一个含有发送时刻（原时间戳）的时间戳分组；目标主机收到这个分组后，创建一个接收时刻（接收时间戳），并发出含有应答时刻（传输时间戳）的应答分组；源主机收到应答分组时，记录到达时刻；到达时刻与原时间戳的差就是一次来回所需的时间。

9）地址掩码请求和应答（Address Mask Request and Reply）

网络中的主机可以向路由器发送一个地址掩码请求分组，以获取主机所在网络的网络掩码。

10）信息请求和应答（Information Request and Reply）

信息请求和应答原来是用于主机启动时获取它自己的 IP 地址的，现在有其他协议负责，因此这两个 ICMP 报文已作废。

3. ICMP 网络测试工具

ICMP 网络测试工具在实际工作中经常用到，下面介绍几个常用的工具。

1）ping

ping 使用了 ICMP 机制，主要提供 IP 连接性（网络连通性）的反馈信息。工作时，由源主机构造一个 ICMP Echo 报文并发送出去。如果这个报文被网络正确传送到目标节点，按照 ICMP 协议规范，收到 ICMP Echo 报文的目标节点会向源地址回送一个 ICMP Echo Reply 报文，否则显示超时信息。ping 的过程是一个双向的过程，只有双向都能传输才能说明是正常的。

2）Tracert

Tracert 是一个路由跟踪工具，利用 IP 头部的 TTL 字段和 ICMP 报文进行跟踪。它用于检查到某一目标节点经过了哪些中间转发路由器。IP 数据报的头部中 TTL 字段是为了避免 IP 数据报沿一个路由环永久循环而设置的，接收到 IP 数据报的路由器都要将该数据报中 TTL 字段值减1。当 TTL 值为 0 时，路由器就丢弃这一数据报，并向源主机发回一个 ICMP 超时错误。

Tracert 在建立通往目标节点经过的所有路由器的列表记录时用到了 ICMP 报文。Tracert 发送一系列数据报文，并等待每一个响应记录相应的路由器地址。具体操作如下：发送第一个数据报将 TTL 值置为 1，第一个路由器收到这个报文后将 TTL 值减 1，并在丢弃这一数据报的同时，发回一个 ICMP 超时报文。而 ICMP 报文通过 IP 数据报传送，Tracert 可以从中取出第一个路由器的 IP 源地址。Tracert 发送的第二个数据报的 TTL 值为 2，第一个路由器将 TTL 减 1 后转发到下一个路由器，第二个路由器丢弃这个报文并发回含有第二个路由器地址的 ICMP 超时报文。照此下去，一直到最后一个路由器，Tracert 可依次收到第三、四……路由器的超时报文，发现到达目标节点经过的所有中间路由器的列表记录。

使用 Tracert 时需要注意，因为 IP 数据报可能存在丢失、重复或乱序传递，所以 Tracert 必须准备处理重复响应或重复丢失的数据报。另外，路由可能动态变化，如果在跟踪过程中，路由发生了变化，下一个探测报文可能和前一个探测报文走一条不同的路径，也有可能 Tracert 探测的路由器序列并不对应网络中一条从来合法的路径。因此，Tracert 适合于一个相对稳定的网络。

6.3.3　逆向地址解析协议（RARP）

逆向地址解析协议 RARP（Reverse Address Resolution Protocol）可以完成物理地址到 IP 地址的映射，也采用广播的方法来获取 MAC 地址相对应的网络 IP 地址。当 RARP 用于系统引导时，无法知道自己 IP 地址的主机。如第一次连接到网络的主机（当它启动时）、无盘工作站或拨号上网的计算机，它们的 IP 地址是不能从本机获得的。

无盘工作站因为没有自己的硬盘，所以将 IP 地址存放到网络服务器中。但是，无盘工作站在启动引导时不知道自己的 IP 地址，它本身又需要在拥有 IP 地址的情况下才能和服务器通信，因而在操作系统运行之前，必须首先获得并使用 IP 地址才能从服务器中取得操作系统从而启动计算机。

无盘工作站有自己的网卡，拥有一个物理地址，在 ROM 中还有一个基本输入/输出系统。因此无盘工作站为了获得 IP 地址，由 ROM 先发送"我的 IP 地址是多少"的 RARP 报文向全网广播，这个报文中包含无盘工作站自己的物理地址。

这时，RARP 虽然是广播报文，但网络中实际上只有 RARP 服务器能做出响应。RARP

服务器中有一个本网"物理地址-IP 地址"的映射表，通过查表得到该无盘工作站的 IP 地址。因为 RARP 服务器已经知道无盘工作站的物理地址，这时就不再采用广播方式，而是直接向无盘工作站发送"你的 IP 地址是某某"的应答报文，无盘工作站收到后便知道了自己的 IP 地址。

6.3.4　网际组报文协议（IGMP）

IP 协议有单播和组播两种类型的通信方式。单播指的是仅在一个发送者和一个接收者之间的通信，是一对一的通信。组播是将一份相同的报文同时发送给多个接收者的通信方式，是一对多的通信。组播有许多应用，例如远程教育、视频点播，以及通知多个旅行代办人取消一次旅行等。

IP 的寻址方式支持组播，所有 IP 地址以"1110"开头（D 类地址）的都是组播地址，有超过 250 000 000 个地址用于分配。其中，有些地址是永久指定的。

网际组报文协议 IGMP（Internet Group Message Protocol）用于支持在主机和路由器进行组播，可以让一个物理网络上的所有路由器知道当前网络中有哪些主机需要组播。组播路由器通过这些信息便可以知道组播数据报应该向哪些接口转发。

6.4　传输控制协议（TCP）

IP 是一个不可靠的面向无连接的协议，不能确保数据报的正确传递。IP 只是尽力传输数据到目的地，但不提供任何保证。IP 在处理数据报时一旦发生错误，就会简单地将其丢弃，并给源端计算机返回 ICMP 错误报文。

TCP/IP 的传输层有 TCP 和 UDP 两个协议，当需要可靠的端到端的传输服务时，就需要使用 TCP，当传送数据量少、速度要求快但对可靠性要求不严的数据（特别是语音、视频等多媒体信息）时，使用 UDP 协议。例如从网络上下载一个软件就需要使用 TCP 协议，而传送 IP 电话语音或看网络电视直播时可以使用 UTP 协议，因为对诸如 IP 电话的语音包也使用 TCP 协议就会有确认和重传机制，接收方就会感受到无法忍受的延时或包的先后次序已变，达不到传输的实时性要求了。

6.4.1　TCP 提供的服务

传输控制协议 TCP（Transmission Control Protocol）是一个面向连接的协议，提供有序、可靠、全双工虚电路传输服务。它通过采用认证、重传机制等方式确保数据的可靠传输，为应用程序提供完整的传输层服务。TCP 可向上层提供面向连接的服务，确保所发送的数据报被可靠完整地接收。一旦数据报遭到破坏或丢失，通常由 TCP（而不是高层中的应用程序）负责将其重新传输。

TCP 提供的服务有以下 7 个：

（1）面向连接。TCP 提供的是面向连接的服务，一个应用程序在通信前，需通过 TCP 先请求一个到目的节点的连接，然后使用这个连接来传输数据报。

（2）点对点通信。每个 TCP 连接是两个端点间的点到点的通信。

（3）传输可靠性。TCP 能确保一个连接传输数据后，不会发生数据的丢失和乱序。

（4）全双工通信。一个 TCP 允许数据以全双工的方式进行通信，并允许一个应用程序在任意时刻发送数据。

（5）流接口。TCP 提供了一个流接口，一个应用程序可以利用它发送一个连续的字节流。

（6）可靠的连接建立。TCP 要求当两个应用创建一个连接时，两端必须使用这个新的连接。

（7）完美的连接终止。一个应用程序打开一个连接，传输完数据，就请求终止连接。TCP 确保在终止连接前传递的所有数据的可靠性。

6.4.2　TCP 段格式

1. TCP 的分段和重组

在 TCP/IP 协议中，应用层创建的数据单元称为报文；TCP 或 UDP 创建的数据单元称为段（Segment）或用户数据报；网络层创建的数据单元称为数据报。在 Internet 中传输数据报是 TCP/IP 协议的主要职责。

IP 和 UDP 采用数据报的方式，把属于一次传输的多个数据项看成完全独立的单元，每个数据报之间是没有联系的。在接收端，每个数据报的到来都是一个独立的事件，而且是无序的，接收端也无法预知某个数据报什么时候到达。

TCP 则是面向连接的服务，负责包含在报文中的完整的比特流的可靠传输。报文由发送端的应用程序生成，在传输被确认已完成或丢弃虚电路之前，所有的段必须被接收并得到确认。TCP 在进行通信时，发送端的 TCP 将长的传输划分为更小的数据单元，同时将每个数据单元组装成帧，也称为段。每个段都包括一个用来在接收后重排的序列号、确认 ID 号及用于滑动窗口 ARQ 的窗口大小字段。分段后的每个段都封装在 IP 数据报中，在接收端，TCP 收集每个到来的数据报，并根据序列号进行重组。

2. TCP 的段格式

TCP 的段格式如图 6.9 所示。它是通过牺牲速度（需要进行连接建立、等待确认和连接释放）来提高可靠性的。所以其格式比后面介绍的 UDP 格式要复杂得多。

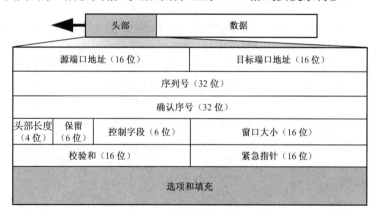

图 6.9　TCP 的段格式

TCP 的段格式中头部各字段的含义如下。

（1）源端口地址。标识源计算机上应用程序的端口号。

（2）目标端口地址。标识目标计算机上应用程序的端口号。

（3）序列号。指明当前数据报在原始数据流（报文）中的位置，也可用在两个 TCP 软件之间提供初始发送序号。

（4）确认序号。用来确认接收来自其他通信设备的数据。这个确认序号只有在控制字段中设置了 ACK 位后才有效，这时它定义了下一个预计到来的字节序列号。

（5）报文头部长度（HLEN）。4 位二进制能表示十进制 0~15，单位为 4 字节。所以最多能表示头部长度 15×4=60 字节。

（6）保留。6 位字段备用，6 个位必须都设置为 0。

（7）控制字段。共 6 个码位，它们分别是：

紧急标志（URG），如果设置（值为 1），则指明紧急指针字段有效。

确认标志（ACK），如果设置，则指明确认字段有效。

入栈标志（PSH），如果设置，则指明可以指向入栈功能。

重置标志（RST），如果设置，则指明重置连接。

同步标志（SYN），如果设置，则指明要同步的序号。此标志可用在正建立一个连接之时。

终止标志（FIN），如果设置，则指明发送方不再发送数据。用于三种连接终止——终止请求、终止验证（ACK 位被设置）和终止验证的确认。

（8）窗口大小。定义了滑动窗口的大小，即指明接收计算机可接收的数据报个数。

（9）校验和。用于差错控制。

（10）紧急指针。只有在设置紧急标志 URG 后才能使用，是发送方通知接收方段中的数据是紧急数据。

（11）选项和填充。选项用于给接收方传输附加信息；填充用来确保头标充满到 32 位的倍数。

6.4.3　端口号和套接口

1. 端口号

在单机系统中，计算机的外部设备都有一个端口地址，例如，打印机、键盘、声卡、网卡等都有自己的端口地址，并统一编址到计算机的内存中。在 TCP/IP 中，端口的含义已扩展到了"应用"。

网络通信的最终地址不是主机，而是进程。TCP 和 UDP 用端口描述通信的进程，所以计算机网络中的端口是进程访问传输服务的访问点。对于 TCP 或 UDP 的应用程序，都有标识该应用程序的端口号，即端口号用于区分各种网络应用。端口号的长度是 16 位，所以可提供 2^{16}=65 536 个不同的端口号。TCP 段的头部有源端口地址和目标端口地址，所指的就是端口号。

例如，一条城市道路分为人行道、非机动车道、公交专用道、机动车慢车道、快车道等，参与交通行为的人，需要根据自己的情况，选择对应的车道（服务类型）。又如，运动会 100×4 米接力赛中，跑道分为 1、2、3、4、5、6 等 6 个（服务类型），运动员根据自己所在的队进入对应的跑道参加比赛。

虽然每个计算机都可以自己分配端口号，但只能是本地唯一的，不一定和网络中其他主机所使用的端口号一致。因此，Internet 分配号管理局公布了一个常用的端口号表，端口号 1~255 作为公共端口，是保留号，并将它公布于众，这样常用的进程对应哪个端口号就统一了。例如，HTTP 的端口号为 80，FTP 的端口号为 21，Telnet 的端口号为 23，SMTP 的端口号为 25，DNS 的端口号为 53 等。256~1 024 用于 UNIX 服务。

除了保留的端口号外，另一种方法称为本地分配，一般使用 1 024~65 536 之间的端口号。当进程需要访问传输服务时，先向本地提出申请，操作系统返回一个可用的端口号。本地分配方式不受网络规模的限制，但通信双方互相之间需要预先知道，如将 HTTP 的端口号分配为 8080。

2．套接口

IP 地址加上 TCP 软件使用的端口号构成了套接口。由于 IP 地址具有唯一性，而端口号对各个计算机也是唯一的，所以套接口也是唯一的。端口号是抽象的，不指定某一特定的端口。而套接口却是具体的，是指向某一特定的端口的（确定的应用程序的地址），通信时可根据套接口让一个过程和另一个过程进行对话。有时会有多台计算机共享同一个目标计算机的套接口。这个过程称为多路复用。

3．有关地址的概念

计算机网络中有各种地址，主要有如下 3 种。

（1）数据链路层地址

数据链路层地址是指网络节点 MAC 地址（物理地址、网卡地址、NIC 地址）。对于以太网，就是网卡地址，它由 48 位二进制数组成，通常用 12 位十六进制数表示，例如 00-AA-00-3F-89-4A。

物理地址封装到数据链路层 MAC 帧的头部。

（2）网络层地址

网络层地址也称为逻辑地址或软件地址，在 TCP/IP 协议中就是 IP 地址，IPv4 的地址由 32 位二进制数组成，例如 211.70.248.2。IPv6 地址由 128 位二进制数组成。

IP 地址封装到 IP 数据报，作为 IP 数据报头部消息。

（3）传输层地址

传输层地址就是端口号，由 16 位二进制数组成。例如，提供 HTTP 服务的应用程序的端口号为 80。

6.4.4　TCP 工作流程

在 TCP 协议中，通信双方是通过段来交换数据的。TCP 段由 20 字节的头部、一个选项和填充部分及数据部分组成。一个 TCP 段的长度一方面受 IP 包的长度（65 535）字节的限制，同时也受所在网络的最大传输单位（MTU）的限制。需要传输的报文由上层应用程序生成，并从高层传输到 TCP。传输层的 TCP 接收字节并把它们组合为 TCP 数据段，同时加上 TCP 段的头部信息。

传输开始前，需要在源端和接收端之间建立连接。首先，TCP 的发送软件向接收端发出建立连接的请求，请求报文中有一个套接口，是唯一的。接收端的 TCP 软件指定其唯一的套接口号，并将它发回到源计算机。在传输期间，这两个套接口定义了两台计算机之间的连接。

连接（虚电路）建立以后，TCP 将数据段传输到 IP，IP 将其作为数据报通过网络发送该报文。IP 可以对数据段做任意改变，例如对数据进行分段和重组，然而这些过程对 TCP 是完全透明的。经过网络上的复杂传输过程后，接收端的 IP 将接收到的数据段传输到接收端的 TCP，TCP 对此数据段处理后，使用相关协议将它传到上面的应用程序。

当报文包含多个 TCP 数据段（不是 IP 数据报）时，接收端根据每个数据报头标中的序号将报文重组。如果数据段丢失或损坏，TCP 将该段传输错误的报文发送到源端，源端再重新发送。

1．建立连接

在建立连接时，需要指定一些直到连接释放前都有效的特性，如优先权值、安全性值等 QoS 值。这些特性在连接建立过程中通信双方都是同意的。建立连接过程使用三次握手方

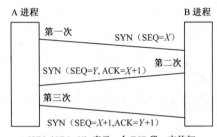

SYN（SEQ=X）表示一个 TCP 段，它的初始序号为 X，SYN 标志为 1，ACK 标志为 0。SYN（SEQ=Y,ACK=X+1）表示初始序号为 Y，ACK 标志为 1，确认号为 X+1

图 6.10　TCP 建立连接三次握手过程

式，如图 6.10 所示。

第一次握手是 A 进程向 B 进程发出连接请求，包含 A 端的初始序号为 X；第二次握手是 B 进程收到请求后，发回连接确认，包含对 B 端的初始序号 Y 和 A 端的初始序号 X 的确认；第三次握手是 A 进程收到 B 进程的确认后，向 B 进程发送 X+1 号数据，包括对 B 进程初始序号 Y 的确认。

2．数据传输

数据传输时，A 进程的 TCP 从它的上层协议接收数据后，以递增序号的方式将数据分段封装并发送到 B 进程。B 进程通过将序号加 1 的确认数据报来确认该报文。

3．连接释放

TCP 连接释放过程和建立连接过程类似，同样使用三次握手方式进行释放。一方发出释放请求后并不立即断开连接，而是等待对方确认，对方收到请求后，发回确认报文，并释放连接，发送方收到确认后才拆除连接。

面向连接是保证数据传输可靠性的重要前提。除此以外，TCP 为了保证可靠，还有确认、重传机制和拥塞控制等。确认是指接收端对接收到的最长字节流（TCP 段也是字节流）进行确认的，而不是对每字节进行确认的；超时重传是一个时间片，如果某字节在发送的时间片内得不到确认，发送就认为该字节出了故障，就会再次发送；拥塞控制是指限制发送端发送报文的速率，是通过控制发送窗口的大小（可连续发送的字节数的多少）而达到的。

6.5　用户数据报协议（UDP）

用户数据报协议 UDP（User Datagram Protocol）是最简单的传输层协议，和 IP 一样提供面向无连接的、不可靠的数据报传输服务，唯一与 IP 不同的是 UDP 提供协议端口号，以保证进程间的通信。基于 UDP 的应用程序必须自己解决诸如报文丢失、报文重复、报文失序和流量控制等问题。这些问题可由高层或低层提供，UDP 只充当数据报的发送者或接收者。

因为 UDP 协议没有连接建立、释放连接的过程和确认机制，因此数据传输速率较高，具有更高的优越性，被广泛应用于如 IP 电话、网络会议、可视电话、现场直播、视频点播（VOD）等传输语音或影像等多媒体信息的场合。

6.5.1　UDP 数据报格式

UDP 所产生的数据包称为用户数据报。它的报文头部比 TCP 的报文头部要简单得多。UDP 数据报格式如图 6.11 所示。

UDP 数据报格式中头部各字段的含义如下：

（1）源端口地址，是源计算机创建报文的应用程序的端口号。

（2）目标端口地址，是目标计算机接收报文的应用程序的端口号。

（3）总长度，定义了用户数据报的总长度，单位是字节。

（4）校验和，用于差错控制。

UDP 建立在 IP 之上，所以 UDP 报文是封装在 IP 数据报中之后才进行传输的。UDP 数据报报文封装格式如图 6.12 所示。所谓封装，是 IP 协议在 UDP 数据报文前加上一个 IP 报文头部。

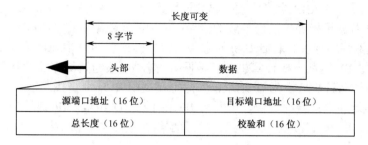

图 6.11　UDP 数据报格式

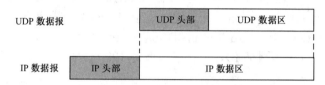

图 6.12　UDP 数据报报文封装格式

TCP 段和 UDP 数据报中都没有指定主机的地址，识别主机的任务由网络层（IP）完成。前面已介绍过，IP 头部有源计算机和目标主机的 IP 地址。

6.5.2　UDP 数据报的传输

在源端，UDP 先构造一个用户数据报，然后将它交给 IP，UDP 便完成了工作。它没有建立连接三次握手过程。在目标端，UDP 先判断所收到的数据报的目标端口号是否与当前使用的某个端口匹配。如果是，则将数据报放入相应的接收队列；否则，抛弃该数据报，并向源端发送“端口不可到达”的报文。有时虽然端口号匹配，但如果相应端口的缓冲区已满，UDP 也会抛弃该数据报。UDP 传输数据报时也没有确认和重传机制。

6.6　本章小结

（1）TCP/IP 定义了网际层、传输层和应用层协议，底层还有一个网络接口层，TCP/IP 实际上没有定义它，因为网络接口层是一些已有的网络，如 Ethernet、FDDI 等。

（2）TCP/IP 是由一组通信协议所组成的协议簇，其中 TCP 和 IP 是两个主要协议。网际层包含 IP、ICMP、ARP、RARP 和 IGMP 等协议；传输层有 TCP 和 UDP 两个端到端的协议；应用层协议很多，主要有 HTTP、FTP、SMTP、SNMP、Telnet、TFTP、DNS 和 ping 等，以及路由协议如 RIP、OSPF 等。

（3）基于 TCP 协议的协议有 Telnet、FTP、SMTP、HTTP 等；基于 UDP 协议的协议有 RIP、TFTP、SNMP 等。

（4）IP 协议提供不可靠、面向无连接的数据报服务，不检查、不回送确认，只是尽力传输数据报到目的地，不提供任何保证。这种特性不是一种缺点。它提供了传输功能的主框架。用户可以根据需要在传输层对给定的应用添加必要的功能。

（5）IP 数据报是一个可变长度的数据包（最小为 20 字节，最大 65 536 字节）。它由头部和数据两部分组成。头部长度为 20～60 字节。IP 数据报头部字段中，重点掌握版本号、生存周期 TTL、源 IP 地址和目标 IP 地址等概念。

（6）IP 协议负责网络层寻址、路由选择、分段等；ARP 负责把网络层地址解析成物理地址，比如 MAC 地址；RARP 负责将硬件物理地址解析成网络层地址；ICMP 负责提供诊断功能，报告由于 IP 数据报投送失败而导致的错误；IGMP 负责管理 IP 组播。

（7）计算机网络中寻找目标计算机的方法：数据链路层通过物理地址查找计算机（局域网）；网络层通过 IP 地址查找计算机（广域网）；高层协议通过域名查找计算机；域名通过 DNS 服务器进行域名解析转换为 IP 地址，实际上还是用 IP 地址查找。

（8）IPv4 地址和电话号码类似，由网络 ID 和主机 ID 组成。IP 地址分为 A、B、C、D 和 E 共五类，A、B、C 三类地址作为基本类分配给终端设备（如主机、路由器等），D 类是组播地址，E 类是保留地址。

（9）A 类地址用于大型网络，用第一字节 8 位表示网络 ID，第一字节值为 1～126，24 位主机 ID 可以有 1 700 万个 IP 地址；B 类地址用于中型网络，用第一、二字节 16 位表示网络 ID，第一字节值为 128～191，16 位主机 ID 可以有 65 000 个 IP 地址；C 类地址用于小型网络，用前三字节 24 位表示网络 ID，第一字节值为 192～223，24 位主机 ID 可以有 254 个 IP 地址。

（10）IP 定义了保留地址。这些保留地址不分配给主机。有本机地址、网络地址、直接广播地址、有限广播地址、回送地址和保留的内部地址等。例如，IP 地址开头为 "0" "10" "127" "172.16～172.31" "192.168" "255.255.255.255" 等。这些地址不少，导致 IPv4 地址资源更加紧张。

（11）主机除了设置 IP 地址外，还需设置子网掩码、网关和 DNS 服务器等。子网掩码和 IP 地址按位 "逻辑与" 后，可得到主机的网络 ID，以判断通信双方是否属于同一网络（如电话系统根据区号确定电话号码是本地还是长途）；网关用于不同网络的主机通信时的数据转达，就像单位的传达室或者一个班级的班主任，负责对内对外的联络转发。如果没有指定网关，则通信仅局限于本地网络；DNS 服务器用于将域名解析为 IP 地址，就像手机打电话时找到通信录中的某人直接拨号，手机系统会自动将姓名转换为电话号码。

（12）子网划分技术主要是为了解决 IPv4 地址不够分配的问题，企事业单位为了便于网络管理也进行子网划分。解决 IPv4 地址不足的办法还有可变长子网掩码（VLSM）、无类域间路由（CIDR）和网络地址转换（NAT）等技术，但解决问题的根本方法是采用 IPv6。

（13）IP 提供不可靠、面向无连接的数据报服务，不检查、不确认，只是以最快的方式传输数据。传输层 TCP 和 UDP 协议都建立在 IP 协议基础上，为应用层提供了不同的服务。TCP 是可靠的、面向连接的协议，为用户提供可靠的传输服务；UDP 是不可靠的、面向无连接的协议，为用户提供的服务也不可靠，传输过程中的问题由应用层解决。

（14）一个主机在同一个时刻可进行不同进程和各种通信，端口号就用于进行区分不同的进程（标识不同应用程序的编号），就像标准运动场区分为 1、2、3……等 8 个跑道。端口号的长度是 16 位，可提供 65 536 个不同的端口号，其中 1～255 为公共端口，是保留号。

（15）IP 地址和端口号组成套接字（Socket），编写网络程序需要用到。TCP 和 UDP 都使用端口和套接字的概念。

（16）数据链路层地址为 MAC 地址，对于以太网，就是网卡地址，由 48 位二进制数组成；网络层地址也称为逻辑地址或软件地址，在 TCP/IP 协议中就是 IP 地址，由 32 位二进制数组成；传输层地址就是端口号，由 16 位二进制数组成。

（17）OSI/RM（TCP/IP）各层对应的数据传输单元、网络设备和地址名称见表 6.8。

表 6.8　OSI/RM（TCP/IP）各层对应的数据传输单元、网络设备和地址名称

OSI/RM 或TCP/IP 层名	数据传输单元	网 络 设 备	地 址 名 称	地址所占位数	对应层协议举例
物理层	bit（或位、位流、数据流）	中继器（集线器、Hub）	——	——	RS-232C（或 X.21、RS-449/422/423、RJ-45）
数据链路层	Frame（或帧）	网桥（交换机、Switchs）	物理地址（MAC 地址、NIC 地址、网卡地址）	48	PPP（或 HDLC）
网络（际）层	Packet（或包、分组）	路由器（Router）	逻辑地址（软件地址、IP 地址）	32	IP（或 X.25）
传输层	Segment（或段）	——	端口地址	16	TCP（或 UDP）
应用层	Message（或报文）	网关（Gateway）	——	——	HTTP（或 DNS、FTP、SNMP、SMTP、POP3）

6.7　实验 5　IP 地址和子网掩码等设置

1．实验目的

（1）了解 TCP/IP 协议簇，重点掌握 IP 协议的作用、IP 地址类别、网络 ID、主机 ID 和保留地址等基本概念。

（2）掌握子网掩码、默认网关和 DNS 服务器的作用。

（3）掌握 IP 地址的设置方法。

（4）学会常用网络命令 ipconfig 和 ping 的使用方法。

2．实验环境

安装 TCP/IP 协议的计算机，要求计算机在局域网环境下，最好局域网能接入互联网，以便于测试。

3．实验时数

2 学时。

4．复习及准备

复习本章 6.1 节 IP 地址部分的内容，预习第 10 章 10.2 节常用网络命令中的 ipconfig 命令和 ping 命令。

5．实验内容

实验前再次学习 IP 协议的作用、IP 地址类别、网络 ID、主机 ID 和保留地址等基本概念，并掌握子网掩码、默认网关和 DNS 服务器的作用。

检查计算机 TCP/IP 设置信息常用的方法有两种：一种方法是打开"Internet 协议（TCP/IP）属性"窗口检查；另一种方法是在命令提示符下使用 ipconfig 命令查询。

1）通过"Internet 协议（TCP/IP）属性"窗口检查 TCP/IP 设置信息

打开"Internet 协议（TCP/IP）属性"窗口，如图 6.13 所示。打开方法有下列三种：

（1）打开"开始"→"控制面板"→"网络连接"→"本地连接"→"属性"窗口；

（2）右键单击"网上邻居"，单击"属性"→"网络连接"→"本地连接"→"属性"窗口；

（3）双击任务栏中的"本地连接"图标，单击属性。如果任务栏中没有""图标，可以设置一个。

其中方法（2）和（3）较为便捷、常用。

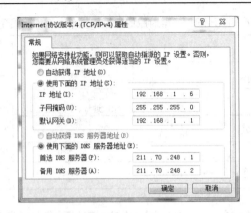

图 6.13　Internet 协议（TCP/IP）属性窗口

2）利用 ipconfig 命令检查计算机 TCP/IP 等网络设置信息

在命令提示符方式下，使用 ipconfig 命令可检查当前计算机的主机名、网卡及相应的物理地址、IP 地址等信息。进入命令提示符有两种方法。

（1）单击"开始"→"运行"中输入"CMD"进入命令方式。

（2）单击"开始"→"所有程序"→"附件"→"命令提示符"，进入命令方式。

Windows 命令提示符窗口如图 6.14 所示。这时可以使用第 10 章 10.2 节中介绍的 ping、arp、netstat 等网络命令，每个命令都可以在命令后面加上斜杠问号"/?"，显示该命令使用帮助信息，例如"ipconfig/?"。ipconfig 命令使用参数"/all"可以选择全部设置信息。

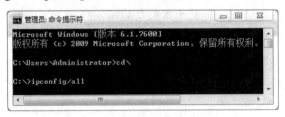

图 6.14　Windows 命令提示符窗口

在命令提示符下输入"ipconfig/all"，记录当前计算机主机名、网卡物理地址、IP 地址、子网掩码和默认网关等设置信息并写到报告中，用于实验设置结束后恢复原始设置。

3）使用 ping 命令进行网络连通测试

没有更改当前计算机 IP 地址和子网掩码前，使用"ping 命令"测试网络连通性。

（1）ping 自己。在图 6.14 所示的命令提示符方式下输入命令"ping 127.0.0.1"，记录数据并写到实验报告中。

（2）ping 同一个网络中的其他计算机。在同一个网络中其他计算机上查看 IP 地址，例如"192.168.1.20"，则在命令提示符方式下输入命令"ping 192.168.1.20"，记录数据并写到实验报告中。

（3）如果实验室计算机能接入外网，则 ping 一下外网"ping www.baidu.com"，记录数据并写到实验报告中。

3）设置 IP 地址

在图 6.13 中的 TCP/IP 属性窗口中，设置的主要有 IP 地址、子网掩码、默认网关和 DNS 服务器四个项目。这四项可以有自动获取和指定 IP 地址两种方式，点选相应选项，单击"确定"按钮即可。

（1）自动获取 IP 地址

自动获取 IP 地址的方式不需要手动设置 IP 地址等，所连接的网络安装有 DHCP 服务器，每一个接入网络的移动设备会自动分配一个动态 IP 地址。家庭、办公室、宾馆、机场等大多数使用这种方式，后面的章节组建无线网络实验中，无线路由器默认启用 DHCP 服务器，这样接入该无线路由器的手机、笔记本等移动设备就不需要手动设置 IP 地址。学校、企事业单位的计算机（实验室）也常用，每一台计算机不需要设置 IP 地址，减少工作量，方便管理。

（2）指定 IP 地址

指定 IP 地址方式，需要向单位或部门的网络管理员索取 IP 地址、子网掩码、默认网关和 DNS 服务器，并在图 6.13 中的 Internet 协议（TCP/IP）属性窗口中，点选"使用下面的 IP 地址"和"使用下面的 DNS 服务器地址"，并在相应的选项中填入这些数据，单击"确定"按钮。

当然能够使用第（1）种方式自动获取 IP 地址的移动设备，也可以自己指定 IP 地址，但必须和接入的网络在同一个子网段上，即网络 ID 和子网掩码相同。利用无线路由器自己组建的网络（家庭/办公室），能够查到无线路由器的网络 ID 和子网掩码，不是自己组建的网络，可以向网管索取或者在同一网段的其他移动设备上利用 ipconfig 命令查询得到。注意，设置时 IP 地址不能和该网络中其他设备 IP 地址相同而发生冲突，可以换一个 IP 地址尝试。

4）测试网络连通性

（1）设置好 IP 地址，可以在命令提示符下输入"ipconfig"，查看计算机设置的或自动获取的 IP 地址信息。

（2）打开"网上邻居"，查看同一组的计算机是否都能找到。

（3）重复步骤"3）"，使用 ping 命令进行网络连通测试，测试网络连通情况并记录数据。

（4）如果实验室计算机没有硬盘保护功能，请利用实验步骤"1）"或"2）"所记录的数据，通过上述 IP 地址设置方法，恢复本机原来的 IP 地址等四项数据。

注意：有时网络虽然是连通的，但由于目标端主机安装了防火墙（设置 ping 包不通行），所以会造成 ping 包丢失或网络不通的假象。这时单击任务栏网络连接图标，单击"更改 Windows 防火墙设置"，在弹出的 Windows 防火墙窗口中选择关闭选项。

如果有问题，查看网络中其他计算机工作组名、子网掩码和网络 ID 是否相同。

6．实验思考题

（1）子网掩码和默认网关有什么作用？

（2）C 类网络保留地址的范围是多少？

习　　题

一、选择题

1．无盘工作站向服务器申请 IP 地址时，使用的是（　　）协议。

　　A．ARP　　　　　　B．RARP　　　　　C．ICMP　　　　　D．IGMP

2．子网掩码产生在哪一层（　　）。

　　A．表示层　　　　　B．网络层　　　　　C．传输层　　　　　D．会话层

3. 当一台主机从一个网络移到另一个网络时，以下说法正确的是（　　　）。

    A．必须改变它的 IP 地址和 MAC 地址

    B．必须改变它的 IP 地址，但不需改动 MAC 地址

    C．必须改变它的 MAC 地址，但不需改动 IP 地址

    D．MAC 地址、IP 地址都不需改动

4. 网段地址为 154.27.0.0 的网络，若不做子网划分，能支持（　　　）台主机。

    A．254　　　　　　　B．1 024　　　　　　C．65 533　　　　　D．16 777 206

5. 保留给程序员自环测试的 IP 地址是（　　　）。

    A．164.0.0.1　　　　B．130.0.0.1　　　　C．200.0.0.1　　　　D．127.0.0.1

6. 某公司申请到一个 C 类 IP 地址，现要连接 6 个子公司，最大的一个子公司有 26 台计算机，每个子公司在一个网段中，则子网掩码应设为（　　　）。

    A．255.255.255.0　　　　　　　　　B．255.255.255.128

    C．255.255.255.192　　　　　　　　D．255.255.255.224

7. B 类地址的默认掩码是（　　　）。

    A．255.0.0.0　　　　B．255.255.0.0　　　C．255.255.0.0　　　D．255.255.255.0

8. TCP 和 UDP 协议的相似之处是（　　　）。

    A．传输层协议　　　　　　　　　　B．面向连接的协议

    C．面向非连接的协议　　　　　　　D．以上均不对

9. IP 协议的特征是（　　　）。

    A．可靠，无连接　　　　　　　　　B．不可靠，无连接

    C．可靠，面向连接　　　　　　　　D．不可靠，面向连接

10. C 类地址最大可能的子网 ID 位数是（　　　）。

    A．6　　　　　　　　B．8　　　　　　　　C．12　　　　　　　D．14

11. （　　　）是一种广播，主机通过它可以动态发现对应于一个 IP 地址的 MAC 地址。

    A．ARP　　　　　　B．DNS　　　　　　C．ICMP　　　　　D．RARP

12. 目前网络设备的 MAC 地址由_____位二进制数字构成，IP 地址由_____位二进制数字构成。（　　　）

    A．48，16　　　　　B．64，32　　　　　C．48，32　　　　　D．48，48

13. TCP/IP 的（　　　）负责建立、维护和终止虚连接，多路复用上层应用程序。

    A．应用层　　　　　B．传输层　　　　　C．网络层　　　　　D．数据链路层

14. ping 命令发出的是（　　　）报文。

    A．TCP 请求报文　B．TCP 应答报文　C．ICMP 请求报文　D．ICMP 应答报文

15. 划分子网是在 IP 地址的（　　　）部分。

    A．网段 ID　　　　B．主机 ID　　　　　C．子网 ID　　　　　D．默认子网掩码

16. RARP 的作用是（　　　）。

    A．将自己的 IP 地址转换为 MAC 地址

    B．将对方的 IP 地址转换为 MAC 地址

    C．将对方的 MAC 地址转换为 IP 地址

    D．知道自己的 MAC 地址，通过 RARP 协议得到自己的 IP 地址

17. 一个 B 类地址网大约能有（　　　）台主机。

    A．254　　　　　　B．16K　　　　　　C．63K　　　　　　D．2M

18. A 类地址第一字节的范围是（　　　）。

　　　　　　A. 0～126　　　　　　B. 0～127　　　　　　C. 1～126　　　　　　D. 1～127

19. 一个 B 类 IP 地址最多可用（　　　）位来划分子网。

　　　　A. 8　　　　　　　　B. 14　　　　　　　　C. 16　　　　　　　　D. 22

20. 子网掩码 255.255.192.0 的二进制表示为（　　　）。

　　　　A. 11111111 11110000 0000000 00000000

　　　　B. 11111111 11111111 00001111 00000000

　　　　C. 11111111 11111111 11000000 00000000

　　　　D. 11111111 11111111 11111111 00000000

21. IP 地址和它的子网掩码"相与"运算后，所得的是此 IP 地址的（　　　）。

　　　　A. A 类地址　　　　B. 主机 ID　　　　C. 网络 ID　　　　D. 解析地址

22. IP 地址 190.233.27.13 是（　　　）类地址。

　　　　A. A　　　　　　　　B. B　　　　　　　　C. C　　　　　　　　D. D

23. 一个 B 类 IP 地址，使用主机 ID 中 5 位划分子网，则每个子网最多可以有（　　　）台主机。

　　　　A. 510　　　　　　　B. 512　　　　　　　C. 1 022　　　　　　D. 2 046

24. DHCP 客户端使用地址（　　　）来申请一个新的 IP 地址。

　　　　A. 0.0.0.0　　　　B. 10.0.0.1　　　　C. 127.0.0.1　　　　D. 255.255.255.255

25. 现将一个 C 类地址划分为 9 个子网，每个子网最多 14 台主机，下列（　　　）是合适的子网掩码？

　　　　A. 255.255.224.0　　　　　　　　　B. 255.255.255.224

　　　　C. 255.255.255.240　　　　　　　　D. 没有合适的子网掩码

26. IP 地址中网络 ID 的作用是（　　　）。

　　　　A. 指定了主机所属的网络　　　　　B. 指定了网络上主机的标识

　　　　C. 指定了被寻址的子网中的某个节点　D. 以上都不是

27. IP 地址"190.233.27.19/16"的网络 ID 是（　　　）

　　　　A. 190.0.0.0　　　　B. 190.233.0.0　　　C. 190.233.27.0　　　D. 190.233.27.1

28. 没有任何子网划分的 IP 地址"125.3.54.56"的网络 ID 是（　　　）。

　　　　A. 125.0.0.0　　　　B. 125.3.0.0　　　　C. 125.3.54.0　　　　D. 125.3.54.32

29. IP 地址"175.25.0.0/24"的子网掩码是（　　　）。

　　　　A. 255.255.0.0　　　B. 255.255.255.0　　C. 255.255.24.0　　　D. 依赖于地址类型

30. UDP 段通过使用（　　　）来保证可靠性。

　　　　A. 网际协议　　　　B. 应用层协议　　　　C. 网络层协议　　　　D. 传输控制协议

31. （　　　）地址用来支持多播。

　　　　A. A 类　　　　　　　B. B 类　　　　　　　C. E 类　　　　　　　D. 以上都不是

32. 关于 IP 主机地址，下列说法正确的是（　　　）。

　　　　A. IP 地址主机部分可以全 1 也可以全 0

　　　　B. IP 地址网络 ID 部分可以全 1 也可以全 0

　　　　C. IP 地址网络 ID 部分不可以全 1 也不可以全 0

　　　　D. IP 地址可以全 1 也可以全 0

33. 本地网络上的主机通过（　　　）查找本地网上其他的网络设备。

　　　　A. 端口号　　　　　B. 硬件地址　　　　C. 默认网关　　　　D. 逻辑网络地址

34. 当 C 类地址的子网掩码为 255.255.255.224 时，则包含的子网位数、子网数目、每个子网中主机数目正确的是（　　　）。

       A．2，2，62　　　　B．3，6，30　　　　C．4，14，14　　　　D．5，30，6

35．为了区分各种不同的应用程序，传输层使用（　　　）来进行标识。

       A．IP 地址　　　　　B．端口号　　　　　　C．协议号　　　　　　D．服务接入点（SAP）

36．IP 地址 205.140.36.88 的（　　　）表示主机 ID。

       A．205　　　　　　　B．205.140　　　　　　C．88　　　　　　　　D．36.88

37．IP 地址 129.66.51.37 的（　　　）表示网络 ID。

       A．129.66　　　　　　B．129　　　　　　　　C．192.66.51　　　　　D．37

38．基于 TCP 协议的应用程序是（　　　）。

       A．ping　　　　　　　　　　　　　　　　B．TFTP

       C．OSPF　　　　　　　　　　　　　　　D．TELNET、FTP、SMTP、HTTP

39．基于 UDP 协议的应用程序是（　　　）。

       A．TELNET　　　　　B．HTTP　　　　　　C．SMTP　　　　　　D．RIP、TFTP、SNMP

二、问答题

1．TCP/IP 协议中网际层和传输层各有哪些协议？

2．你知道的 TCP/IP 协议中有哪些应用层协议？

3．请叙述 IP 协议的作用。它的传输单元是什么？

4．TCP 和 UDP 都是传输层协议，它们主要有什么区别？

5．IP 数据报的长度为多少？IP 数据报的头部长度为多少？IP 数据报格式中选项字段有什么作用？

6．IP 地址分为哪几类？每类的第一字节的十进制数值范围分别为多少？

7．什么是公有地址？什么是私有地址？

8．可分配给用户的 A、B 和 C 类地址的地址范围是多少？保留的内部地址的地址范围是多少？

9．什么是静态 IP 地址和动态 IP 地址？

10．子网掩码有什么作用？

11．网际控制报文协议（ICMP）有什么作用？

12．IP 地址设置有哪些方法？路由器需要分配 IP 地址吗？

13．划分子网有什么作用？

14．什么是端口号和套接口？它们有什么作用？

15．请叙述 TCP 建立连接时的三次握手过程。

16．简单叙述 TCP 工作流程。

17．请描述 UDP 数据报格式和 UDP 传输数据过程。

18．假设某单位已从 NIC 处得到一个 C 类 IP 地址 211.70.248.0，现根据需要将它划分为 12 个不同的子网，每个子网主机数不超过 14 台。请确定每个子网的网络地址、开始和结束地址及广播地址，并计算出该网络的子网掩码。

19．现需要对一个局域网进行子网划分。其中，第一个子网包含 2 台计算机，第二个子网包含 260 台计算机，第三个子网包含 62 台计算机。如果分配给该局域网一个 B 类地址 128.168.0.0，请写出 IP 地址分配方案。

第7章 网络互联设备和多层交换

7.1 网络互联概述

局域网技术的日趋完善使得计算机技术向网络化、集成化方向迅速发展，越来越多的局域网之间要求相互连接，实现更广泛的数据通信和资源共享。网络互联是指通过采用合适的技术和设备，将不同地理位置的计算机网络连接起来，形成一个范围、规模更大的网络系统，实现更大范围内的资源共享和数据通信。

由于不同的网络间存在各种差异，因此网络互联除了提供网络之间物理上的链路连接、数据转发和路由选择外，还必须容纳网络间的差异。例如，不同的寻址方式、地址及目录维护机制、分组（帧）的长度和格式、传输速率和差错恢复机制、是面向连接还是无连接等。

注意：有的书上常将"互连"和"互联"两个术语混用，事实上它们两者之间是有区别的。互连（Internet-connection）指的仅是物理上连接在一起，实现网络距离上的延伸，如使用中继器连接扩大网络距离（连接的是同构网）。而互联（Internet-working）指的是不仅在物理上连接在一起，而且在逻辑上也连接在一起，其中包括协议组的转换、数据包的封装等，互联的网络可以是同构的也可以是异构的。

物理层和数据链路层设备（集线器和交换机）连接的是局域网，它们是网络内部互联设备。而真正意义上的网络互联是网络层以上的设备，如路由器、网关。但交换机有三层以上的，所以，将所有层的网络设备都称为网络互联设备。

1. 网络互联类型

计算机网络有 LAN、MAN、WAN，网络互联主要是这几种网络之间的互联，网络互联有以下 5 种类型。

1）局域网之间的互联（LAN-LAN）

局域网之间的互联可分为同构网的互联和异构网的互联两种类型。

（1）同构网的互联。同构网是指互联的网络具有相同的特性，也就是说具有相同的体系结构，使用相同的通信协议，所呈现的界面也相同。同构网一般是由同一厂家提供的某种单一类型的网络，不同厂家提供的符合统一标准的网络，因为在实施上存在某些差异，也很难说是同构的。

（2）异构网的互联。异构网是指互联的网络具有不同的性质和结构，使用的通信协议也不同，至于差异有多少没有一个固定的度量，可能是完全不同的，也可能仅存在部分差异。但是网络之间通信时，必须进行协议的转换。

2）局域网与城域网的互联（LAN-MAN）

3）局域网与广域网的互联（LAN-WAN）

4）多个远程局域网利用公用网互联（LAN-WAN-LAN）

5）广域网与广域网的互联（WAN-WAN）

2．网络互联层次

网络互联主要是将不同网段、网络或子网之间通过网络互联设备连接起来，实现它们之间的数据传输、通信、交互和资源共享。网络互联时需要解决许多问题。例如，当分组从一个面向连接的网络经过面向无连接的网络时，可能需要重新封装，以处理一些发送者没有想到的而接收者又不准备管的事情；是否需要协议转换和地址转换；在通过不支持多点播送的网络传递多点播送的分组时，需要为每个目的节点生成一个单独的分组；一个最大分组为 1 500 字节的网络如何传递一个 8 000 字节的分组；不同网络系统差错控制、流控制和拥塞控制往往也不同。不同的安全机制、参数设置、计费规则，甚至内部保密规则都能引发各种各样的问题。

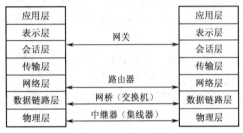

图 7.1　网络互联设备与 OSI/RM 的对应关系

OSI/RM 共有 7 个层次，不同功能层次的网络互联时，所选择的网络互联设备也不同。网络互联按功能层次划分，主要有物理层互联、数据链路层互联、网络层互联和高层互联。相应的网络互联设备有中继器、网桥、交换机、路由器和网关等，它们和 OSI/RM 的对应关系如图 7.1 所示。中继器和网桥用于局域网内部连接；路由器和网关用于广域网的连接。

7.2　物理层互联设备——中继器

物理层互联设备只作用于物理层，主要有中继器（Repeater），也称为转发器或收发器。中继器可以将传输过来的二进制位信号进行复制、整形、再生和转发，连接相同物理层协议的局域网，用于局域网传输距离的延伸，增加因受传输介质所限制的节点数，及连接不同传输介质和接口的同构网（如以太网）。

1．中继器（Repeater）

中继器的功能仅仅是将信号整形、再生数字信号，以维持通过局域网的电平，扩大局域网的传输距离。中继器是一个再生器而不是一个放大器，一个中继器可以连接两个以上的网络段，它通常用于同一幢楼里的局域网之间的互联。在 IEEE 802.3 中，MAC 协议的属性允许电缆可以长达 2 500m，但是传输线路仅能提供传输 500m 所需的能量，因此在必要时使用中继器来延伸电缆的长度。例如，10Base5 网络的传输距离为 500m，使用了中继器后，网络直径可延长到 2 500m。中继器也可连接不同传输介质和接口的局域网，如通过中继器将10Base5、10Base2、10Base-T 等互联在一起。第 4 章图 4.10 就是这种互联的例子。

局域网对中继器的使用有一定的限制，这就是在第 4 章 4.2 节中介绍的 5-4-3-2-1 中继规则。利用中继器连接的网络虽然在物理上可以是两个以上的网络，但在逻辑上将它们合并为一个网络，属于同一个冲突域。由于受冲突域直径的限制，构建时一定要遵守中继规则。如果需要连接的网络希望是各自独立的，则需要选用后面介绍的互联设备。

2．集线器（Hub）

集线器是中继器的一种，如同汽车类中的轿车一样，是指一种基于星型结构的共享式网络互联设备，所连接的以太网为共享式以太网，其作用和中继器类似，与中继器执行相同的功能，遵循相同的中继规则。Hub 是一种多端口的中继器，每个端口都具有发送与接收数据的能力，主要用于 10Base-T 和 100Base-T，也用于互联使用不同传输介质和接口的局域网。

当某个端口收到连在该端口上的主机发来的数据时，就转发至其他端口。在数据转发之前，每个端口都对它进行再生、整形，并重新定时。Hub 在英语中有"中心"的意思。

用 Hub 连接的以太网是共享式以太网，虽然物理上是星型结构，但逻辑上仍是一个总线结构。用 Switch 连接的以太网是交换式以太网，物理上、逻辑上都是星型结构，Switch 和 Hub 外形上类似。随着 Switch 价格的下降，现在用 Hub 连接的以太网较为少见。

3．广播风暴

中继器或集线器向所有节点或端口转发广播消息，因此它不能控制广播风暴。

广播不仅占用大量的网络带宽，还占用计算机 CPU 大量的处理时间。所谓广播风暴是一种状态，指的是在网上广播的消息导致大量响应，每个响应又导致大量响应，网络长时间被大量的广播数据包所占用，使正常的通信无法正常进行。严重的广播风暴有可能封锁所有网络通信量，表现为网络速度奇慢，甚至会有网络瘫痪的情形发生。

导致广播风暴的原因有很多，当网卡或集线器的一个端口出现故障或网络病毒泛滥时，都有可能引发广播风暴。网卡检测网络载波或者发送数据包，都会随时向网络中传输广播数据，因此，即使没有用户发送数据帧，网络上也会出现一定数量的广播帧。当网络中节点数过多，网络负荷过大时，就会导致网络延时加大，数据无法传输，网络处于瘫痪状态，出现广播风暴。广播风暴可以通过仔细设置网络的方法，阻止非法广播消息的传播。

7.3　数据链路层互联设备——网桥

数据链路层互联设备作用于物理层和数据链路层，用于对网络中节点的物理地址进行过滤、网络分段以及跨网段数据帧的转发。它既可以延伸局域网的距离，扩充节点数，还可以将负荷过重的网络划分为较小的网络，缩小冲突域，达到改善网络性能和提高网络安全性的目的。

数据链路层互联设备所连接的网络，在物理层和数据链路层的协议既可以相同，也可以不同，但网络层以上使用的协议必须是相同或兼容的。数据链路层互联设备主要有网桥和交换机。

7.3.1　网桥（Bridge）

中继器只是在比特到达时将其复制，而网桥是一个存储转发设备。网桥接收一个完整的数据帧，并将它传输到数据链路层检验校验和，然后再下传到物理层，转发到另一个不同的网络。

1．网桥的作用

网桥可以根据物理地址（网卡地址或 MAC 地址）对数据帧进行过滤和存储转发，通过对数据帧筛选实现网络分段。当一个数据帧通过网桥时，网桥检查数据帧的源物理地址和目的物理地址，如果这两个地址属于不同的网段，则网桥将该数据帧转发到另一个网段，否则不转发。所以，网桥能起到隔离网段的作用，对共享式网络而言，网络的隔离意味着缩小了冲突域，提高了网络的有效带宽。网桥互联网段如图 7.2 所示。

图 7.2 中有两个网桥，它连接三个网段。它将原来一个大的冲突域分成了三个冲突域，同一时刻三个网段中可各有一个节点同时发送数据帧。网桥进行数据帧的过滤和存储转发。例如，当 A1 发送数据帧给 X1 时，网桥 1 可通过检查数据帧中源地址和目的地址，确

认 A1 和 X1 属于同一个网段，网桥 1 就不转发该数据帧（过滤掉）。而当 A1 发送数据帧给 B3 时，因为 A1 和 B3 属于不同的网段，网桥 1 存储转发该数据帧到网段 2，并通过网桥 2 转发到网段 3。

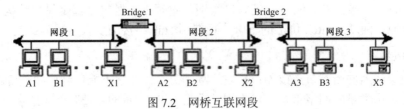

图 7.2　网桥互联网段

网桥的作用有两个方面：第一个作用是将一个负载过重的网络分割成若干小段，每个网段各自享用自己独立的带宽，以提高网络的效率。对于一个设计良好的网络而言可以使大多数的数据帧不用跨越网桥即可传输数据，从而减少网络的信息流量。构建网络时可以按照单位划分部门的原理进行分类，如将一个单位按财务、人事和后勤分成三个部门（网段），只有当传输的数据帧是跨"部门"的，才会通过网桥转发。另一个作用是延伸网络的距离，因为使用中继器会受网络直径和中继规则的限制，通过网桥可进一步延伸网络的距离。例如，通过电话线和远程网桥实现远程局域网之间的互联。

2．网桥的分类

网桥可以由软件和硬件组成，它有以下几种分类方法。

（1）按网桥所处的位置可分为内桥和外桥两种。内桥由服务器兼任，它在服务器内部插入 2 个以上的网卡，加上相应的软件就可作为网桥使用。一个服务器中最多可插入 4 个网卡以连接 4 个网段。外桥一般是专用的硬件设备。

（2）按网桥分布的地理范围可分为本地网桥（Local Bridge）和远程网桥（Remote Bridge）。本地网桥用于连接两个相邻的局域网段，但连接远程的网段时，需要在每个网段的一侧安装远程网桥，并通过传输介质（如电话线）进行连接。远程网桥需要成对使用，如图 7.3 所示。

图 7.3　远程网桥互联网段

（3）按网桥的功能可分为简单网桥、多端口网桥和透明网桥。

简单网桥是最便宜的网桥，它连接两个网段，同时有一个表，表中包含两个网段中所有站点的地址。这个表是网络管理人员手工输入的，当站点有变动时，需要更新表的内容，因此安装维护较麻烦。

多端口网桥可以连接两个以上的网段。这时网桥中有多个表，每个表存储通过对应端口所能到达的所有站点的物理地址。

透明网桥可以自己建立站点地址表。首次使用时，表的内容是空的，它通过下面介绍的学习功能建立起一个完整的站点地址和各自所属网段的表，并存放在透明网桥的内存中。

3．网桥的学习功能

网桥接收到一个数据帧时，它检查数据帧的源地址（物理地址），并将该地址与网桥的路径表中各项进行对比，如果在路径表中没有找到对应项，则将新的源地址加入路径表中，这就是网桥对网络地址的学习功能。这种能力可以使网络中发生移动计算机、更换办公室等情况时，不需要手工改动路径表中的数据，能根据学习到的地址自动重新设置网桥。

为此，通常网桥都配备具有某种学习算法的软件，网桥通过发送一个广播信息，将根据所有站点产生的应答判断各个站点的位置，网桥监听所有输入/输出端口，检查所有数据帧的源地址和目标地址的位置。这样网桥就建立了一个所有站点的路径表，并根据此表决定什么时候转发数据帧，什么时候过滤数据帧。网桥的学习功能在网段应用较多，对使用多个网桥的情况很有效，它避免了管理上的麻烦。

4．网桥的特点

（1）网桥能延伸网络的距离并能隔离网段，对不需要转发的数据帧进行过滤，缩小了冲突域，有效地提高了网络的流量，改善了网络的性能和安全性。

（2）网桥可以互联传输介质不同、介质访问控制方式不同的网络。但不能互联网络层以上的、协议不同的网络。

（3）网桥不能隔离广播，即不能对广播数据包进行过滤，因此它也不能控制广播风暴。广播风暴需要通过更高层的互联设备（如路由器）才能解决。

（4）网桥没有路由功能，当存在多条路径时，它只使用某一固定的路径转发数据帧。

7.3.2　交换机（Switch）

交换机是网桥的一种，使用它所连接的以太网为交换式以太网，在工业上指工作在第二层的网络互联设备，现在交换技术可以工作在网络层及应用层。因此有所谓的第三层、第四层及高层交换的概念。这里只讨论工作在第二层的交换机。

交换机和集线器从外观上看十分相似，它是一种低价位、高性能的多端口网络设备，除了具有集线器的全部特性外，还具有自动寻址、数据交换等功能。

1．交换机的工作原理

交换机是网桥的一种，网桥传统上是基于软件的，通过执行代码完成过滤和学习的过程，而交换机将这些功能转移到了硬件上，而且功能更强大，处理能力更强，并具有一些新的特性。

交换机是一种特殊的网桥，它的一个端口就是一个冲突域。所有的交换机都由数据转发逻辑部分和输入/输出接口部分（端口）组成，输入/输出接口部分用于连接网络中其他设备或计算机。而数据转发逻辑部分负责把数据转发到正确的地方，它们都是按照透明网桥协议（IEEE 802.1D）进行设计的。在以太网中，当交换机的一个端口连接一个计算机时，虽然还是采用 CSMA/CD 介质访问控制方法，但在一个端口是一个冲突域的情况下，实际上只有一个计算机竞争线路，在数据传输时，只在源端口和目标端口间进行通信，不会影响其他端口，减少了冲突的发生。只要网络上的用户不同时访问同一个端口，而且是全双工交换的话，就不会发生冲突了。另外，有的交换机还具有差错控制的功能。

以太网交换机在接收到数据帧时，如果没有在 MAC 地址表中查找到目的 MAC 地址，则把以太网帧发送到除本端口以外的所有端口。交换机也是按照存储转发的原理工作的，具有数据帧的过滤和地址学习功能。交换机地址学习功能是：它首先检查端口传输过来的数据帧的物理地址，并与交换机内部的动态路径表进行比较，若物理地址不在路径表中，则加入路径表中，若在路径表中，则将数据帧转发到对应的目标端口。注意，它不向所有的端口转发数据帧，而只向目标端口转发数据帧。

2．交换机的带宽

在前面的章节中曾介绍过，共享式集线器多个端口共享一个带宽，一个 16 口 100Mbps 集线器组成的以太网，每个端口实际拥有的带宽只有 100/16Mbps。而交换机可以为每个端口提供专用的带宽，并允许多对节点同时按端口的带宽传递信息。例如，由一个 16 口 100Mbps 交换机组成的交换式以太网，可以为每个端口都提供 100Mbps 的专用带宽，则该交换机的最大数据流通量为 16×100Mbps。

3．交换机的性能参数

1）单 MAC 地址和多 MAC 地址端口

端口是交换机上用于连接计算机或其他网络设备的接口，交换机上的端口分为单 MAC 地址端口和多 MAC 地址端口。单 MAC 地址每个端口只能存放一个 IP 地址，用于连接单个计算机或服务器。而多 MAC 地址每个端口均能存放多个 IP 地址，一个端口除了可以连接单个计算机外，还可以连接集线器或交换机，这些设备上连接的多个计算机的多个 IP 地址，可以被多 MAC 地址端口识别，这类端口也被称为共享端口。

2）端口密度

端口密度是指交换机提供的端口的数目，交换机的端口密度一般为 8 的倍数，如 8、16、24、32、48 口等。

3）管理端口

交换机上都配有管理端口（Console 口或 AUX 口），用户可以通过管理端口对交换机进行设置。例如，通过端口的设置可实现流量控制和虚拟局域网 VLAN 功能。

4）业务接口

业务接口分为普通接入接口和上行汇聚端口。交换机能支持的接口数量直接决定了交换机的接入性能，它支持的接口类型也决定了交换机在网络中的应用位置。例如，10M/100M 接入端口的交换机一般应用于网络的边缘，而 1 000M 接入端口的交换机应用于网络的核心或汇聚层。

交换机上一般都有一个或多个与其他类型网络或介质连接的端口。例如，BNC 接口、RJ-45 接口、单模或多模光纤接口等。

5）主板（背板）

主板（背板）提供业务接口和数据转发单元的联系通道。背板交换容量的大小决定交换机的最大交换容量，它是交换机性能的一个重要指标。

背板带宽又称背板吞吐量，它类似于计算机主板上的总线，是交换机接口处理器（接口卡）和数据总线间所能吞吐的最大数据量。一台交换机的背板带宽越高，处理数据的能力就越强，价格也就越高。中等规模以上的局域网，对于网络中心的主干交换机背板带宽的要求要比下一级交换机高，一般可达到几十吉比特甚至几百吉比特的数据吞吐量。一般来说，一台背板带宽为 2.4Gbps 的 24 口交换机，每端口平均分配 100Mbps，可以满足大多数数据传输业务对网络速度的要求。

6）主处理器

主处理器（CPU）是交换机运算的核心部件，CPU 的主频决定了交换机的运算速度。

7）Flash

Flash 能提供永久存储功能，用于保存交换机的设置文件和系统文件。Flash 能快速恢复业务，有效保证交换机的正常运行，同时为交换机软件的升级维护提供方便、快捷的方式。

8）MAC 地址的数量

交换机能够记住连接到各端口的计算机网卡的物理（MAC）地址，交换机不同记住的

MAC 地址数量也不同。单 MAC 地址端口只能记住一个地址，对于多 MAC 地址端口的交换，一个端口记住的地址较多。对于中高档交换机可以有 2k、4k 或 8k 的地址空间。例如，对于一个 2k 地址空间的交换机，可以支持 2 048 个 MAC 地址，也就是说，当通过交换机端口连接其他的 Hub 或交换机来扩展连接时，最多可连接 2 048 个计算机或网络设备。

4．交换机的分类

1）广义上交换机的分类

广义上交换机分为广域网交换机和局域网交换机两类，局域网交换机还分为半双工、全双工、三层交换机等。

广域网交换机主要应用于电信领域，提供通信基础平台，而局域网交换机则应用于局域网络，用于连接终端设备等。

2）局域网交换机的分类

局域网交换机又可以分为以太网交换机、快速以太网交换机、千兆以太网交换机、FDDI 交换机、ATM 交换机和令牌环交换机等多种。帧交换是应用最广泛的局域网交换技术，它通过对传统传输媒介进行微分段，提供并行传送的机制，以减小冲突域、获得高的带宽。ATM 交换采用 53 字节的固定长度信元交换，由于长度固定，因而便于用硬件实现。ATM 的带宽可以达到 25M、155M、622M 甚至数吉比特的传送能力。

3）根据架构局域网交换机分类

根据架构特点，局域网交换机有机架式、带扩展槽固定设置式、不带扩展槽固定设置式三种产品。机架式交换机是一种插槽式的交换机，这种交换机扩展性较好，可支持以太网、快速以太网、千兆以太网、ATM、令牌环及 FDDI 等不同网络类型，但价格较贵，不少高端交换机都采用机架式结构。带扩展槽固定设置式交换机是一种有固定端口并带少量扩展槽的交换机，这种交换机在支持固定端口类型网络的基础上，还可以通过扩展其他网络类型模块来支持其他类型网络，这类交换机的价格居中。不带扩展槽固定设置式交换机仅支持一种类型的网络（一般是以太网），可应用于小型企业或办公室环境下的局域网，价格最便宜，应用也最广泛。

按照是否可堆叠，交换机又可分为可堆叠式交换机和不可堆叠式交换机两种。堆叠式交换机是指通过堆叠模块，将两台以上的交换机在逻辑上合并为一台交换机，主要目的是为了增加端口密度，背板带宽也随之扩展。堆叠要比级联交换效率高得多，如果一个网络需要不断扩充，中心交换机必须有堆叠能力；而如果一个网络规模已确定，交换机的堆叠能力就不是很重要了。一般在以太网中采用多台交换机的级联方式，用户级的交换机一般是 1 个端口连接 1 台主机。

4）从应用规模上交换机的分类

在应用规模上，交换机又分为企业级交换机、部门级交换机和工作组级交换机等，各厂商划分的标准并不完全一致。企业级交换机都是机架式；部门级交换机可以是机架式，也可以是固定设置式；而工作组级交换机一般为固定设置式，功能较为简单。一般作为骨干交换机时，支持 500 个信息点以上大型企业应用的交换机为企业级交换机，支持 300 个信息点以下中型企业的交换机为部门级交换机，而支持 100 个信息点以内的交换机为工作组级交换机。

5）根据应用不同交换机的分类

在内部网 Intranet 中，交换机分为核心层、汇聚层和接入层三种。

（1）核心层：核心层的功能主要是实现骨干网络之间的优化传输，主要任务是冗余能力、可靠性和高速的传输。核心层是所有流量的最终承受者和汇聚者，所以对核心层的设计以及网络设备的要求十分严格，核心层设备将占投资的主要部分。

（2）汇聚层（分布层）：汇聚层的功能主要是连接接入层节点和核心层中心。汇聚层设计为连接本地的逻辑中心，仍需要较高的性能和比较丰富的功能。

（3）接入层：通常将网络中直接面向用户连接或访问网络的部分称为接入层。

接入层允许终端用户连接到网络，因此接入层交换机具有低成本和高端口密度特性；汇聚层位于接入层和核心层之间，它是多台接入层交换机的汇聚点，处理来自接入层设备的所有通信量，并提供到核心层的上行链路。因此汇聚层交换机与接入层交换机比较，需要更高的性能、更少的接口和更高的交换速率；核心层的主要目的在于通过高速转发通信，提供油画，可靠的骨干传输结构，因此核心层交换机应拥有更高的可靠性、性能和吞吐量。

6）交换机按其可管理性的分类

按照交换机的可管理性，又可把交换机分为可管理型交换机和不可管理型交换机，区别是在于 SNMP、RMON 等网管协议的支持。可管理型交换机便于网络监控、流量分析，但成本较高。大中型网络在汇聚层应该选择可管理型交换机，在接入层视应用需要而定，核心层交换机则全部是可管理型交换机。

7）按照 OSI 七层网络模型交换机的分类

按照 OSI 的七层网络模型，交换机又分为第二层交换机、第三层交换机、第四层交换机等，一直到第七层交换机。基于 MAC 地址工作的第二层交换机最为普遍，用于网络接入层和汇聚层。基于 IP 地址和协议进行交换的第三层交换机普遍应用于网络的核心层，也少量应用于汇聚层。部分第三层交换机也同时具有第四层交换功能，可以根据数据帧的协议端口信息进行目标端口判断。第四层以上的交换机称为内容型交换机，主要用于互联网数据中心。

在选择交换机时，需要考虑交换机的各种性能指标，主要包括交换容量、背板带宽、处理能力、吞吐量、MAC 地址的数量和是否支持全双工等参数。另外，在以太网中引入交换机后，也不能使网络容量无限扩大。

交换机不能避免广播风暴。以太网交换机虽然缩小了冲突域，但对 MAC 帧的寻址采用了广播方式，因此使用交换机连接的网络仍是同一个广播域。冲突域和广播域是两个不同的概念。当用交换机连接的网络太大时易引起广播风暴。这就需要有路由器在网络层上进行分段，路由器将网络分割成若干个子网，从而缩小了其底层以太网的广播域，抑制了广播风暴。后面介绍的三层交换机和使用交换机划分虚拟局域网等也可以抑制广播风暴。

7.4　网络层互联设备——路由器

交换机工作在数据链路层，它通过 MAC 地址将数据帧传送到目标主机。而网络层通过网络层互联设备，根据 IP 地址将数据包重新包装转发到目标节点。网络层互联设备主要是路由器，当它接收到数据包时，负责寻址，选择转发到下一个节点的最佳路径（路由）。路由器广泛应用于计算机网络，是 Internet、Intranet 和 Extranet 必不可少的设备之一。

7.4.1　路由器（Router）

1. 路由器的基本概念

路由器是用于连接两个或多个网络的网络层设备，路由是报文传输过程中的路径信息。路由器丢弃所有的广播帧，可以隔离多个局域网之间的广播信息，故可以抑制广播风暴。

路由器所互联的网络都是独立的子网，它所连接网络的网络 ID 可以不同，使用的协议也有可能不同。因此，路由器在多个网络之间提供网间服务，并具有相应的协议转换功能。例如，通过 TCP/IP 将若干个以太网连接到 X.25 包网络上；利用路由器连接 Ethernet、FDDI、ATM 和 DDN 网络等，如图 7.4 所示。当两个局域网要保持各自不同的管理控制范围时，就需要使用路由器，而不用网桥。

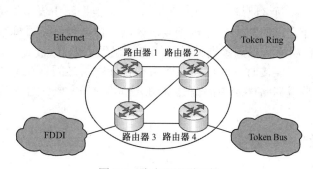

图 7.4　路由器互联网络

路由器和网络中的站点一样工作，但路由器和站点不同，它可以同时连接两个或多个网络，并同时拥有每个所连接网络的网络地址。

2．路由表

路由表、路由协议和路由器三个概念的区别如下。

路由表中存放所连接子网的状态信息。例如，网络上路由器的数目、邻居路由器的名字、路由器的网络地址和相邻路由器之间的距离等信息。而路由协议的作用是根据路由算法生成路由表。路由器的作用主要是路由选择。在路径选择时，路由器是根据路由表进行操作的。当某一路径发生故障或拥挤时，路由器会自动选择别的路径。

路由表有以下两种类型。

1）静态路由表

静态路由表是由网络管理员根据网络设置的情况，事先设置的固定不变的路径表。当网络结构发生变化时，静态路由表也不会发生变化。使用静态路由表的路由器称为静态路由器。

2）动态路由表

动态路由表是能根据网络拓扑、负载的改变等情况自动调整的路径表。它可以根据路由协议提供的功能，自动学习和记忆网络的运行状态，通过算法计算出数据传输的最佳路径。通常都是使用动态路由表，静态路由表较少使用。

3．最小费用路由

最小费用路由是指网络中收发双方之间的一条最短的或最经济的路径。"最短"可以包含路径最短、最便宜、最快或最可靠等因素。例如，路径最短可以用跳数计数，每经过一个路由为一跳，而不管这条路径的实际长度为多少，路径被认为是等长的。这种算法一般将传输数据包的路径长度限制在 15 跳以内。

另一种方法是将一个权值赋予某条链路（两个路由器之间），这个权值可以根据传输速率、拥挤情况和链路介质（如电话线、光纤或卫星等）等因素决定，权值也称为链路的符号长度。当两个路由器之间的线路是半双工或全双工时，同一个链路一个方向上的权值和另一个方向上的权值可能不同。

7.4.2　路由器的工作原理

路由器工作在网络层，它改进了网桥的功能。路由器将数据链路层的数据帧"封装"到含有路由和控制信息的数据包中，并在公共数据网中传输。当路由器收到一个数据包后，就读出其中的源网络和目标网络地址（如 IP 地址），然后根据路由表中的信息，利用复杂的路由算法，为数据包选择合适的路由，并转发该数据包。数据包到达目标节点前的路由器后，再将其分解为数据链路层所认识的数据帧，并把它传输到目标节点。

当互联的网络是远程连接时，一般在源网络和目标网络之间存在多个不同的路径。所谓路由器的路径选择就是根据路由表中的信息自动选择其中的一条最佳路径，而路由表是根据路由算法生成的。

7.4.3　路由器的结构和分类

1. 路由器的结构

路由器的核心部件主要由中央处理单元 CPU、随机存取存储器 RAM、闪存（Flash Memory）、NVRAM、ROM、接口等硬件组成。

1）中央处理单元 CPU

中央处理单元（Central Processing Unit，CPU）负责执行路由器操作系统的指令，也执行通过控制台（Console 接口）或 Telnet 方法输入的用户命令。

2）随机存取存储器 RAM

随机存取存储器（Random Access Memory，RAM）存储正在运行的设置文件，进行报文缓存等工作。在大量数据流向同一个接口时，数据可能不能直接输出到端口，这时 RAM 可以提供数据排队所需的时间。RAM 还能保存路由器设置文件，但当路由器断电时，RAM 中的信息就会被清除。

3）闪存（Flash Memory）

Flash Memory 是一种可擦写、可编程的 ROM，许多路由器把它作为可选部件。Flash Memory 负责保存操作系统的映像和路由器的微码。只要容量允许，用户可以在 Flash Memory 中存储多个操作系统的映像。而且可以将一个路由器 Flash Memory 中的操作系统映像通过普通文件传输协议加载到另一个路由器中。

4）NVRAM

NVRAM 可以在路由器断电后，仍能保持其内容，起到硬盘或软盘的作用。NVRAM 一般用于保存路由器设置文件。

5）ROM

只读存储器（Read Only Memory，ROM）保存的是路由器加电启动时首先需要读入的内容。启动时，ROM 中的代码执行加电检测，同时负责加载操作系统软件。

6）接口

接口是路由器和其他网络设备进行数据交换并相互作用的部分，如以太网接口、同/异步串口、ISDN BRI 接口、语音接口等。也包括物理上不存在但可以通过设置建立的接口，如拨号接口、子接口、虚拟接口等。

2. 路由器的分类

1）边界路由器和内部路由器

路由器按所处网络位置可划分为边界路由器和内部路由器。边界路由器处于网络边缘，用于不同网络的连接，企事业单位的内部网 Intranet 一侧接入到广域网的路由器，通常执行协议路由 RIP 或 OSPF。边界路由器处于网络边界的边缘或末点，提供了对网络的基本安全保护，或者从缺乏网络控制的区域进入到专用网络区域。而内部路由器则处于内部网的内部，在连接不同网络时起到一个数据转发的桥梁作用。第 10 章 10.3.2 节将介绍相关的边界路由协议（BGP）和外部路由协议（EGP）

2）静态路由器和动态路由器

静态路由器需要网络管理员手工修改所有网络的路径表，一般用于小型的网络互联。动态路由器可以根据指定的路由器协议自动修改路由器信息，用于网间互联。

3）单协议路由器和多协议路由器

单协议路由器只支持一种路由协议，它所连接网络的网络层路由协议必须是一样的，如只支持 IP 协议的单协议路由器，它只能连接使用 IP 协议的网络，并且只转发 IP 数据包，丢弃其他路由协议的数据包。大部分的路由器是单协议路由器，而多协议路由器能支持多种路由协议，它可以连接使用不同路由通信协议的网络，如连接 IP 协议的网络和 IPX 协议的网络，可以转发 IP 数据包，也可以转发 IPX 数据包。

7.5　高层互联设备——网关

高层互联是指互联传输层以上协议不同的网络。高层互联设备主要是网关。网关不能完全归为一种网络硬件，它是能够连接不同网络的软硬件结合的产品。网关工作在高三层（会话层、表示层和应用层），作用于 OSI/RM 的所有七层中。

网关用于两个异构网络的互联，所连的网络可以使用不同的格式、通信协议或结构。其特点是具有高层协议的转换功能，因此也称为网间协议转换器。它可以接收一种协议格式的数据包，在转发之前将它转换为另一种协议，如 AppleTalk 和 TCP/IP 之间的数据包格式转换，又如 NetBIOS 到 SNA（ASCII 到 EBDIC）的转换过程中是通过协议仿真使 IBM PC 和 IBM 主机实现通信的。而路由器只能在使用相同协议的网络中转发和接收中继数据包。网关实际上是通过对信息重新封装而使它们能被另一个系统读取的。为了完成这项任务，网关必须能运行在 OSI/RM 的各个层上，必须与应用层通信、建立和管理会话、传输已经编码的数据，以及解析逻辑和物理地址数据。

网关通常是安装在路由器内部的软件，所以工程中常将路由器和网关两个概念混用。一般的 PC 也可以作为网关的硬件平台，例如，安装了防火墙软件的计算机就是一种网关。较为复杂的网关可以是硬件和软件集成在一起的复杂设备。

在实际应用中，网关可以按两种方式分类。

1）按可转换的协议数分类

按可转换的协议数分类可分为双边协议网关和多边协议网关。双边协议网关只能进行两种协议的转换，而多边协议网关可以实现多种特定协议之间的转换，也称为综合网关。

2）按网关的应用类型分类

（1）电子邮件网关。通过这种网关可以从一种类型的系统向另一种类型的系统传输数据。例如，IComMail 是一种反垃圾邮件的网关。

（2）局域网协议转换网关。通过这种网关，可以互联运行不同协议或运行于 OSI/RM 不同层上的局域网网段，可以通过一台服务器兼任局域网网关。局域网网关也包括远程访问服务器，它允许远程用户通过拨号方式接入局域网。

另外，各种局域网的网关也可以通过局域网协议转换实现各种局域网之间的互联。

（3）Internet 网关。这种网关允许并管理局域网和 Internet 的互联。Internet 网关可以限制某些局域网用户访问 Internet。

（4）支付网关。支付网关提供各种银行卡之间的相互支付服务。

（5）IBM 主机网关。IBM 主机网关可以在个人计算机与 IBM 大型机之间建立和管理通信。

（6）通用网关接口（Common Gateway Interface，CGI）。CGI 是 Web 服务器和外部应用程序之间交互的一个标准接口，实现相互之间的数据转换服务，其最主要的功能是将非 HTTP 数据格式转换为 HTTP 格式。

（7）语音网关（Voice Over IP，VOIP）。VOIP 语音网关利用企业的网络，通过 Internet 拨打免费国际、国内长途电话和实时传真。例如，GCP/H.323 SOHO 就是一个语音网关产品，它带有 2 个模拟电话接口，可以连接 2 个普通电话到 VOIP 网络，同时带有 2 个以太网接口，还可以作为路由器使用。此外，它还提供了 DHCP（动态主机设置协议）和 VPN（虚拟专用网）功能，并且提供传输质量服务（QoS）以确保语音质量。

（8）安全网关。安全网关是用于保护局域网的一种网关设备，如 DT-8201 加密机，它设置于路由器的内侧，与路由器配合使用，提供安全的接入公共传输系统和 Internet 的功能。

（9）综合网关。综合网关可以实现各种协议信息转换。iSwitch 就是一种多终端、多服务的信息交换综合服务平台，它与移动通信网、有线电视网和 Internet 等连接，同时与证券公司、银行等众多的服务商连接。用户通过这个平台，可利用计算机、手机、电话、电视或其他终端设备进行股票委托交易、理财、查询和票务预订等多种交易信息的传输。

另外还有其他流行的网关，如无线通信协议网关、计费网关、媒体网关、防火墙应用网关和短信网关等。当所连接的网络类型、使用的协议差别很大时，可以使用网关进行协议转换，由于网关提供一个协议转换功能，因此它的效率比较低，网关的管理也比网桥、路由器更为复杂。

7.6　三层交换和高层交换

交换技术受传统电路交换的启示，让正在通信的双方拥有一条临时的、不受干扰的专用链路。交换技术有许多优点，因此，现代网络除了在第二层使用交换机外，已将交换技术应用于第三、四等层。

7.6.1　三层交换的概念

1．二层交换的优点及三层的瓶颈问题

共享式集线器组成的局域网中所有站点都处于同一个冲突域，而交换机可以检查帧头的目标地址，通过高速背板总线将数据帧只转发到连接目标站点的端口。因此，交换机成为局域网的主要组成部分，和集线器相比，它提供的带宽高，从集线器升级到交换机的过程对用户是透明的，即将网络中的集线器换成交换机，网络中的其他都不用改变，而每个端口就以可独占带宽了。

第二层采用交换技术提高了吞吐率，但是在网络的高层出现了瓶颈。这主要是为了消除过多的广播和提供一定的安全机制，同时也是为了使交换式网络有更好的伸缩性，常将一个大型网络划分为许多独立的子网。但大型扁平式的交换网络会有广播风暴、扩展树环路、网络间的安全以及低效率的寻址等问题，因此在 20 世纪 80 年代将路由器引入到桥接式网络中。

路由器在交换式网络中的作用是不能替代的，但是高性能的 LAN 交换机可以每秒钟向

园区主干网发送数百万个数据包，而主干网上的路由器却最多只能接受 100 万个数据包的一半，这样网络中就有可能出现瓶颈。随着内部网以及交换机中网络使用的不断增加，第三层的瓶颈现象也变得更加严重。

路由器对每个到来的包根据目标地址选择一条合适的路径，每次路由都要花费时间，就像公路上的收费站，容易拥塞。二层交换能力强，速度快，三层路由慢，这就是瓶颈。

2．三层交换机

交换机和路由器相比，交换机的转发能力更强，用户端也不需要任何特定的设置。要构建高性能的局域网，传统路由器的数据转发能力不堪重负，但路由器又拥有交换机所没有的功能——路由功能。因此，网络设备厂商推出了一个综合路由器和交换机功能的产品，即三层交换机，也称交换路由器或路由交换机。

三层交换机是将第二层的交换（高性能和强大的网络流量转发能力）和第三层的路由功能（具有网络可伸缩性）结合起来，再集成一些特殊的服务而形成的。例如，在构造一个千兆位以太网的网络时，采用三层交换机可以以线速度交换整个园区网的流量，同时又能满足 IP 和 IPX 等在第三层路由上的要求，有效地消除了第三层的瓶颈。现在较为流行的大型局域网（如 Intranet）结构如图 7.5 所示。

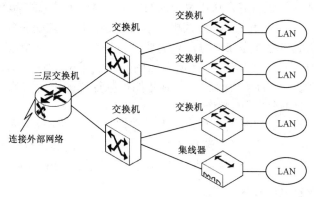

图 7.5　局域网中的三层交换机

7.6.2　三层交换技术

三层交换技术就是二层交换加上三层路由转发技术，解决了传统路由器因低速、复杂所造成的网络瓶颈问题，三层交换是现代局域网交换和路由技术的一个实用性的发展。

1．逐包转发交换

逐包转发交换是对第三层的每个数据包进行转发，这更像路由器，它是通过采用专用集成电路（Application Specific Integrated Circuit，ASIC）技术，将二层交换和三层路由相结合的新一代高速交换机，路由交换机可在 ASIC 中完成数据包的转发任务，而不像传统的交换机和路由器那样将这些任务交给 CPU。传统的交换机和路由器的 CPU 是一种资源共享，因此在重负荷下，整台设备的性能会下降。分布式 ASIC 结构消除了这种性能下降，使所有的功能在很高的速度和数量上运行，支持任何端口之间线速度的交换和路由。

逐包转发交换的优点是：可提供传统路由器的安全性、广播抑制、可管理及冗余性、IP 多路发送等高级特性，缺点是成本略高。

2．IP 交换技术

IP 交换也称直通式路由或一次路由随后交换。可简单地理解为"路由一次，交换多次"，这种技术的路由算法是根据第一个数据包的地址信息寻找路径一次，即"路由一次"；然后将随后的与这个数据包有关联的其他数据包交换到同一路径，即"交换多次"。这种方法可以大大减少路由选择的次数，提高数据包的转发率。就像旅行社组团旅游，各个景点验票时只查验一个人（导游）手中的票，同一个团中所有人都予以放行一样。IP 交换将路由器的转发功能映射到硬件交换矩阵上去，三层交换机的某一个端口接收到一个 MAC 帧后，根据该 MAC 帧的目的地址寻找输出端口，然后向该输出端口转发这个 MAC 帧。同时，交换机利用广播帧和自学习的方法来建立路由表，一旦设置好路由表，后续的数据帧根据目的 MAC 地址和路由表选择路由，从而形成一条从源主机到目的主机的虚电路（IP 数据包本来是数据报方式）。

IP 交换可以用在任何使用 IP 协议的应用中去，而且不仅限于某些特定的 IP 路由协议。IP 交换用了流的概念，流是路由器以同等方式对待的一个数据包序列。例如，由某个源站点向某个目的站点发送的具有相同端口号和相同 QoS 的数据包序列。流的转发和处理由流中开始的几个数据包决定，这些数据包决定了流的分类，这个分类将被高速缓存在具有高度可访问性的存储器中，并被用于不需要进行完全路由表查询的情况，对属于该流的后续数据包进行处理。

大多数 IP 交换方案都采用 ATM 交换机为基础。输入的流被映射到预先建立的 ATM 虚通道（VC）上，建立虚通道并完成映射，只需要检查每个流中的一个或数个数据包即可。一旦为某个流建立虚通道并完成映射，那么所有流的后续流量都将通过 ATM 交换机直接进行交换，这就降低了转发引起的负载问题。在对待如视频这样的平稳的数据流传输时，将极大提高效率，优于路由器到路由器的操作。

IP 交换通过低层的流交换提供了高速路由。它定义了一个协议来向上游的网络节点指明这些流，并将一个链路层标签与每个流相关联，这就使交换能够进行。所有的流都被分类，并且根据流分类进行了优化，优先转发那些不应缓存在交换结构中的流分组。

3．多协议标记交换（MPLS）

1）多协议标记交换的含义

多协议标记交换（Multi Protocol Label Switching，MPLS）是基于标记的 IP 路由选择方法。MPLS 支持多种数据链路层协议，如帧中继、ATM、PPP 和 IEEE 802 以太网协议，同时支持多种网络层协议。标记则指数据包的交换是根据 Label 进行的，标记由 MPLS 协议定义，这些标记可以用来代表逐跳式或显式路由，并指明服务质量（QoS）、虚拟专用网（VPN）或特定类型的流量（如一个特殊用户的流量）。基于标记的交换比 IP 交换存储转发要快。MPLS 在网络中的位置如图 7.6 所示。

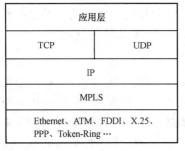

图 7.6　MPLS 在网络中的位置

三层交换的实现可以有基于流驱动和基于拓扑驱动两种。前面介绍的两种三层交换可以看作基于流驱动，它是通过路由缓冲表实现的，也就是说在路由器中保留上一次路由信息提供给下一次路由使用，这样就减少了路由计算和选择，路由缓冲表只是本地有效。MPLS 基于拓扑驱动，它们的交换表和路由表一一对应，在逻辑上路由表和交换表合二为一，统称为"交换路由表"。当网络拓扑发生变化时就会引起路由表的修改变化，而路由表的变化会引起交换表的修改。MPLS 能做到端到端的连接，所以交换路由表是全局有效的，尽管它的标记是本地有效的。

2）多协议标记交换的网络元素

多协议标记交换的网络中，Ethernet 数据包和 ATM 信元中都携带有一个固定长度的标签，该标签用于向交换节点说明如何处理这些数据。对标记的处理远比通常查询处理迅速和简单。多协议标记交换的网络如图 7.7 所示。

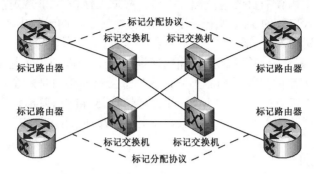

图 7.7　多协议标记交换的网络

MPLS 网络由如下元素构成。

（1）标记路由器。标记路由器位于网络的边缘，负责为进入网络核心的数据包流赋予标记或去除标记，并具有全部第三层功能。

（2）标记交换机。标记交换机根据标记对赋予标记的数据包或信元进行交换。标记交换机通常在支持标记交换之外还支持完整的第三层路由和第二层交换。

（3）标记分配协议（LDP）。LDP 协议和标准的网络层路由协议结合起来，用于在标记交换式网络设备之间分配标记信息，在交换表和路由表之间建立映射，建立路由交换表，建立标记交换通路（LSP）。

（4）标记交换通路（Label Switching Path，LSP）。它是由两个端点之间的标记定义的通道，MPLS 数据包通过 LSP 传送。

3）多协议标记交换的工作原理

当普通的 IP 数据包进入 MPLS 节点时，位于网络的边缘标记路由器将完成端到端 IP 地址与 MPLS 标记的映射，同时，它还给每个 IP 数据包贴上 MPLS 标记。每个 MPLS 节点的标记都放在一个标记信息库（Label Information Base，LIB）中，这时需要用到 OSPF、BGP 等传统路由协议，而且采用 MPLS 的标记分配协议 LDP 将相应连接的标记分配到网络的相应节点上。这时数据包通过 MPLS 中间节点时，已不再需要进行路由选择，只查看 MPLS 标记并根据标记进行标记交换即可，然后将数据包继续转发下去。当数据包离开 MPLS 网络时，边缘标记路由器完成标记和 IP 地址的反映射，也就是去除标记。由于 IP 数据包通过 MPLS 网络时只需进行一次路由，所以网络效率大大提高。

由于标记是一个短且具有固定长度的标签，这使得标记交换机可以进行简单快速的表格查询，并且可以用包括 ATM 信元在内的硬件技术来实现查询和转发功能。由于标记交换将标记的分配机制与数据流分离开，所以将标记与数据包相关联可以采用多种方法。并且这些方法可以包括第二层和第三层数据头部在内，以便在标记网络中实现操作。

MPLS 协议将第三层的包交换转换成第二层的交换，同时支持第二层的各种协议。到目前为止，MPLS 工作组已经将帧中继、ATM 和 PPP 链路及 IEEE 802．3 局域网上使用的标记实现了标准化。MPLS 在帧中继和 ATM 上运行的一个优点是，它为这些面向连接的技术带来了 IP 的任意连通性。目前，MPLS 的主要发展方向是在 ATM 方面。主要的原因是 ATM 具有很强的流量管理功能，可以提供 QoS 方面的服务，ATM 和 MPLS 技术的结合能充分发挥在流量管理和 QoS 方面的作用。

4. 基于路由的 IP 汇聚交换（ARIS）

基于路由的 IP 汇聚变换是在一个集成交换路由器（ISR）网络中建立起数据链路层的交换通路，数据包的标签由帧的目的地址部分携带。根据 MAC 地址规定，所有的标签都是全局唯一的。交换环境入口处的 ISR 执行标准的 IP 数据转发，同时指出 IP 转发表已经被扩展成包含对交换通路的引用。

基于路由的 IP 汇聚变换和标记交换的根本不同之处是前者使用了基于路由的算法而不是标记交换所使用的基于流的交换。和流不同，这种意义上的路由是一个根部位于出口处的反向多目传输分布树。入口点由一个 IP 地址或路由器 ID 这样的出口标识符指定。通过使用 IP 目的地址前缀，构成树叶的入口点和出口点，被交换合并到根出口 ISR 上。

7.6.3　第四层交换

1. 第四层交换

第四层交换在数据传输时，不仅依据第二层的 MAC 地址或第三层的 IP 地址，还依据 TCP/UDP 第四层的端口地址。第四层交换就像是虚 IP，指向物理服务器，它传输的业务有 HTTP、FTP、Telnet 等，这些业务在服务器集群上，需要复杂的负载均衡算法。

TCP/IP 应用层数据包的传输过程中需要交换机和路由器具有更多的智能，第四层交换就是根据这一思想提出的。在第四层的 TCP 和 UDP 信息包的头部有端口号，例如，HTTP 的端口号为 80，FTP 的端口号为 20 等。交换机和路由器可以利用这些额外的信息进行有关 QoS、安全和过滤方面的决策。

第四层交换的主要作用是提高服务器和服务器群的可靠性和可扩性。如果服务器速度跟不上，快速交换网络也不能完全确保端到端的性能，高优先级的业务会因服务器中低优先权的业务队列而阻塞。更糟的情况下，服务器甚至会丧失循环处理业务的能力。设计在服务器上的第四层交换的目的就是扩展过去服务器和应用中第二层和第三层交换的性能和业务流的管理功能。

2. 第四层交换机

第二层和第三层交换机基于 MAC 地址和 IP 地址进行交换，虽然数据交换速率较高，但却无法根据主机的应用需求自主确定或动态限制端口的交换过程和数据流量，即缺乏第四层智能应用交换需求。第四层交换机不仅可以完成端到端交换，还能根据端口主机应用的特点确定或限制它的交换流量。或者说，第四层交换机是基于 TCP/IP 协议应用层的用户应用交换需求的新型局域网交换机。第四层交换机支持第四层以下的所有协议，可识别至少 80 字节的数据包包头长度，可根据 TCP/UDP 端口号来区分数据包的应用类型，从而实现应用层的访问控制和服务质量保证。所以，第四层交换机是以软件技术为主，以硬件为辅的交换设备。

第四层交换机直接面对具体应用，支持的协议有 HTTP、FTP、Telnet 等。第四层交换为每个服务器组设立虚 IP 地址（VIP），每组服务器支持某种应用。例如在域名服务器 DNS 中存储的每个应用服务器地址是 VIP，而不是真实的服务器地址，当某用户申请应用时，一个带有目标服务器组的 VIP 连接请求（发给服务器交换机，服务器交换机在组中选取最好的服务器，将终端地址中的 VIP 用实际服务器的 IP 取代，并将连接请求传给服务器。这样，同一区间所有的包由服务器交换机进行映射，在用户和同一服务器间进行传输。

除了能够区分服务的类型外，还需要对流量进行优先级处理。任何时候都应该优先转发最高优先级的数据包，同时也不能使其他优先级的数据包一点也得不到带宽。这就需要加权公平队列技术，每一种数据流都能获得总带宽的一部分。例如，视频会议获得 40%的带宽，SQL 查询获得 30%，而 20%的带宽分配给 Intranet，另外的 10%分配给电子邮件。

第四层交换可感知网络的应用，能够根据业务方面的优先级、安全和网络能力，对应用流的传输做出相应的决策。

7.7　本章小结

（1）网络互联按功能层次划分，主要有物理层互联、数据链路层互联、网络层互联和高层互联。相应的网络互联设备有中继器、网桥、交换机、路由器和网关等，低三层互联设备一般由硬件组成，高层互联设备一般由软件或软硬件结合组成。

（2）物理层互联设备中继器可以将传输介质传输过来的二进制位信号进行复制、整形、再生和转发。其作用是局域网传输距离的延伸，增加因受传输介质所限制的节点数，以及连接不同传输介质和接口的同构网。

（3）集线器 Hub 是中继器类中的一种，它组成的以太网为共享式以太网，和中继器一样执行相同的功能，遵循相同的中继规则。Hub 主要用于 10Base-T 和 100Base-T，也用于互联使用不同传输介质（如同轴电缆）和接口（RJ-45、BNC、AUI）的局域网。用 Hub 连接的以太网是共享式以太网，虽然物理上是星型结构，但逻辑上仍是一个总线结构。

（4）网桥根据物理地址对数据帧进行过滤和存储转发，实现网络分段。当一个数据帧通过网桥时，网桥检查数据帧源和目的物理地址，如果属于不同的网段（加区号的长途电话），网桥则转发到另一个网段；如果属于同一网段（不用加区号的市内电话）就不转发。所以，网桥能起到隔离网段的作用，共享式网络的隔离意味着缩小了冲突域，提高了网络带宽。

（5）交换机 Switch 是一种特殊的网桥，它的一个端口就是一个冲突域。在交换式以太网中，当交换机的一个端口连接一个计算机时，虽然还是采用 CSMA/CD 介质访问控制方法，但在一个端口是一个冲突域的情况下，实际上只有一个计算机竞争线路。

（6）网络层互联设备是路由器 Router，当它接收到数据包时，负责寻址，选择转发到下一个节点的最佳路径（路由），是 Internet、Intranet 和 Extranet 必不可少的设备之一。路由器丢弃所有的广播帧，可以隔离多个局域网间的广播信息，可以抑制广播风暴。

（7）前面的章节学过的概念：路由选择的工作由路由器完成；路由器根据路由表进行操作；路由表通过路由算法生成；路由算法由路由协议确定。

（8）高层互联设备是网关 Gateway，用于两个异构网络的互联，所连的网络可以使用不同的格式、通信协议或结构，网关也称为网间协议转换器。由于网关通常是安装在路由器内的软件，所以工程中常将路由器和网关两个概念混用

（9）三层交换技术就是将二层交换和三层路由转发结合起来的技术，解决二层交换能力强、速度快，三层路由慢的网络瓶颈问题，例如"路由一次，交换多次"IP 交换技术。

7.8　实验 6　以太网交换机基本设置

1. 实验目的

（1）了解交换机工作原理，掌握华为模拟器软件使用方法。

（2）掌握以太网交换机基本（初级）设置方法。

2．实验环境

根据实验条件，在下面两个环境中选择一个或两个开展实验。

实验环境一：以太网交换机 2 台（本实验使用 H3C 交换机）；Console 电缆 1 条（连接交换机设置端口 Console 和 PC COM 口）；计算机、双绞线 2～4 套；Windows 安装文件。

实验环境二：安装华为模拟器"华为模拟器 eNSP"，在模拟器中添加一个交换机和一个计算机并连接起来。如果选做"8）链路聚合"，则添加两台交换机和相应的计算机。

3．实验时数

2～4 学时。

4．复习及准备

请复习 7.3.2 节交换机知识。

5．实验内容

本实验是网络管理员（网管）对交换机进行设置的入门操作。

交换机种类很多，如 Cisco、D-Link、H3C 和 3COM 等，其设置命令各有差异。本实验以 H3C S3600 为例进行一些基本设置。H3C S3600 是一个支持三层交换的以太网交换机，如果选择的是实验环境二华为模拟器，则命令稍有差异，实验时请参考华为模拟器软件说明。

说明： 如选择实验环境一，需要进行交换机 Console 的连接并使用超级终端，如选择实验环境二华为模拟器，则下述步骤 1）和 2）跳过不做。

1）连接交换机的 Console 口和计算机串口（COM1 或 COM2）（实验环境一才用）

交换机第一次设置必须使用 Console 口。将 Console 串口电缆一端与交换机 Console 口相连，另一端接计算机串口。

图 7.8　"连接描述"对话框

2）启动超级终端（实验环境一才用）

在与交换机 Console 口相连的计算机上，选择"开始→程序→附件→通信→超级终端"选项，弹出"连接描述"对话框，如图 7.8 所示。

如果没有超级终端，打开控制面板，选择"添加/删除程序→添加/删除 Windows 组件→附件和工具→附件→通信窗口"，选择超级终端，按提示操作。

在"连接描述"中输入连接名称，如"Switch"，单击"确定"，在终端连接窗口"连接时使用"中选择"COM1"，单击"确定"，弹出"COM1 属性"，单击"还原为默认值"，将串行口设置还原为 9 600 波特、8 个数据位、1 个停止位、无奇偶校验和数据流控制。单击"确定"，启动超级终端，按回车键，就能进入交换机的用户视图了。

3）用户界面

H3C 系列交换机的用户界面有用户视图、系统视图、以太网端口视图、VLAN 设置视图和 VTY 用户界面视图等。用户视图提示符为"<H3C>"。这时只能查询交换机的一些基本信息，如版本号等，根据需要选择相应的视图模式进行交换机的设置。注意，特定的命令只能在特定的设置视图下使用，否则系统会提示错误信息。

　　4）交换机设置命令使用技巧

　　（1）命令帮助。对于初次设置交换机的用户或当提示输入命令错误时，可以使用帮助，帮助有完全帮助和部分帮助两种。完全帮助是指不在任何视图下，输入"?"获得该视图下所有命令及描述，如"<H3C>?"。部分帮助是指在输入的命令后接一个空格加"?"，就可获得命令的格式、参数，如："[H3C]sysname ?"。

　　（2）历史命令。当需要使用前面已输入过的命令时，可使用光标上下键（或"Ctrl+P"、"Ctrl+N"）查找最近 10 条命令，这时可修改命令回车后再次执行，以减少输入字符。

　　（3）在实验环境一中，许多命令可以在原来的命令格式前，用 Undo 命令撤销设置，恢复默认值。形式是"undo ……"，例如，"undo flow-control"。

　　（4）实验环境一同一视图下在不引起歧义的前提下，输入命令可简略。例如"display current-configuration"命令，输入时可以只输入"disp current"，或只输入"di cu"等都可以。

　　5）交换机的基本设置

　　System 命运为进入系统设置的必需步骤，进入交换机设置界面第一个命令必须是它。如果是实验环境二，在华为模拟器中添加二个交换机 A 和 B 并相连，添加二台计算机分别连接到交换机 A 和 B，双击华为模拟器中第一个交换机图标。

　　（1）进入系统视图

　　<H3C>system

　　（2）交换机改名

　　[H3C]sysname SW_A

　　其中，"SW_A"为新交换机名，当然可以使用其他名字，如 SWITCHA、Zhang。

　　注意：要确认命令提示符已变为中括号。

　　（3）查看当前交换机的设置信息

　　[SW_A]display current-configuration

　　（4）查看交换机以太网某个端口的设置信息

　　[SW_A]display interface Ethernet 0/1

　　参数"0/1"表示交换机的 1 号电口，这个参数可以是 1～24（24 口交换机）中的任一个。这里假设本实验 1 号电口已经连接到计算机。

　　6）对某个端口进行设置

　　（1）进入交换机的以太网端口视图（如 1 号端口）

　　[SW_A]interface Ethernet 0/1

　　注意：H3C 的交换机有的版本命令参数形式有所改变，如"E0/1"改为"E1/0/1"，本命令改为："[SW_A]interface Ethernet 1/0/1"。具体可以使用"?"进行命名帮助。

　　（2）设置 1 号端口以全双工方式工作

　　[SW_A Ethernet0/1]duplex full

　　说明：默认方式下，端口以自动协商（auto）的方式工作。命令中也可以将"duplex"改为"half"，设置该端口为半双工方式。

　　（3）设置 1 号端口的端口速率，如 10Mbps 或 100Mbps。如果是千兆交换机，可以设置为 1000Mbps。也可以通过自动协商（auto）的方式工作。

　　[SW_A Ethernet0/1]speed 100

　　（4）1 号端口启动流量控制功能

　　[SW_A Ethernet0/1]flow-control

可以重复步骤（1）～（4），完成交换机其他端口的设置。

（5）退出某个用户界面。可以按"Ctrl+Z"组合键直接返回到用户视图界面，也可以用"QUIT"命令退回上一级视图。

[SW_A Ethernet0/1]quit

[SW_A]

7）设置连接口

对以太网交换机设置完成部分以太网端口之后，可以根据需要设置交换机之间的连接口为 TRUNK 口（交换机之间连接的串行口即 TRUNK）。

TRUNK 端口具体设置为：

[SW_A]interface Ethernet 0/1（假设 E0/1 为 TRUNK 口）

[SW_A Ethernet0/1]port link-type trunk

8）链路聚合（本项目需要两台交换机，链路聚合为选做项目）

链路聚合是指将多条以太网链路汇聚在一起形成一个汇聚组，以实现出/入负荷在各端口中的分担。从外面看起来，一个汇聚组就像一个端口一样。通过链路聚合，能实现各个聚合端口的负荷分担，同时又增加了链路带宽。

注意：同一汇聚组内的以太网端口类型必须一致，且端口号连续。

（1）在第一台交换机 SW_A 上设置汇聚组的所有端口工作在全双工模式，端口速率都为 100Mbps。命令如下：

[SW_A]interface Ethernet 0/1

[SW_A Ethernet0/1]duplex full

[SW_A Ethernet0/1]speed 100

依次对 Ethernet 0/2 和 Ethernet 0/3 端口做同样的设置

[SW_A Ethernet0/1]interface Ethernet 0/2

[SW_A Ethernet0/2]duplex full

[SW_A Ethernet0/2]speed 100

[SW_A Ethernet0/2]interface Ethernet 0/3

[SW_A Ethernet0/3]duplex full

[SW_A Ethernet0/3]speed 100

[SW_A Ethernet0/3]quit

[SW_A]

（2）实验环境一中，用步骤 1）的方法将计算机连接到第二台交换机的 Console 口（实验环境二中，双击华为模拟器中第二个交换机图标），在新的交换机上进行如下设置：

[H3C]sysname SW_B

[SW_B] interface Ethernet 0/1

[SW_B Ethernet0/1]duplex full

[SW_B Ethernet0/1]speed 100

依次对 Ethernet 0/2 和 Ethernet 0/3 端口做同样的设置

[SW_B Ethernet0/1]interface Ethernet 0/2

[SW_B Ethernet0/2]duplex full

[SW_B Ethernet0/2]speed 100

[SW_B Ethernet0/2]interface Ethernet 0/3

[SW_B Ethernet0/3]duplex full

[SW_B Ethernet0/3]speed 100

[SW_B Ethernet0/3] quit

[SW_B]

（3）完成两台交换机设置后（本实验每交换机只设了 3 个端口），开始设置链路聚合。

[SW_A]link-aggregation Ethernet 0/1 to Ethernet 0/3 both

[SW_B]link-aggregation Ethernet 0/1 to Ethernet 0/3 both

9）保存设置

设置完交换机后，可以在用户视图下保存这些设置值到 Flash 中，这样即使交换机关机后，下次启动这些设置继续生效。保存设置需要返回用户视图界面。

10）连接

连接两台交换机，并将计算机连接到刚才已设置的端口（1、2、3 端口）

将两台 PC 分别连接到已设置好的端口上（全双工、传输速率为 100Mbps，并已启动流量控制功能）。测试网络的连通性。

11）保存设置

[SW_A]quit　　　（或按"Ctrl+Z"组合键）

<SW_A>save

12）出现故障的处理

当交换机出现故障，可在不关闭电源的情况下使用 reboot 命令重启交换机。

<SW_A>reboot

6．实验思考题

（1）交换机主要性能参数有哪些？

（2）交换机单 MAC 地址和多 MAC 地址端口有什么区别？

（3）交换机主板容量（交换容量）指的是什么？

习　　题

一、选择题

1．当路由器接收到的 IP 数据报的目的地址不在同一网段时，采取的策略是（　　　）。

　　A．丢掉该分组　　　　　　　　　　　　B．将该分组分片

　　C．转发该分组　　　　　　　　　　　　D．以上答案均不对

2．路由器在网络层的基本功能是（　　　）。

　　A．设置 IP 地址

　　B．寻找路由和转发报文

　　C．将 MAC 地址解释成 IP 地址

3．路由器并不具备（　　　）功能。

　　A．路由协议　　　　　　　　　　　　　B．减少冲突和碰撞

　　C．支持两种以上的子网协议　　　　　　D．存储、转发、寻径

4．以下属于数据链路层的设备是（　　　）。

　　A．中继器　　　　B．交换机　　　　C．路由器　　　　D．网关

5．以下属于物理层的设备是（　　　）。

　　A．网桥　　　　　B．网关　　　　　C．中继器　　　　D．交换机

6．不能用来对以太网进行分段的设备有（　　　）。

　　A．网桥　　　　　　　B．交换机　　　　　C．路由器　　　　　D．集线器

7．交换机如何知道将帧转发到哪个端口（　　　）。

　　A．用 MAC 地址表　　　　　　　　　B．用 ARP 地址表

　　C．读取源 ARP 地址　　　　　　　　D．读取源 MAC 地址

8．在以太网中，设备（　　　）可以将网络分成多个冲突域，但不能将网络分成多个广播域。

　　A．网桥　　　　　　　B．网关　　　　　　C．路由器　　　　　D．集线器

9．对路由理解正确的是（　　　）。

　　A．路由是路由器　　　　　　　　　　B．路由是信息在网络路径的交叉点

　　C．路由是用以设置报文的目的地址　　D．路由是指报文传输时的路径信息

10．以下关于以太网交换机的说法（　　　）是正确的。

　　A．以太网交换机是一种工作在网络层的设备

　　B．以太网交换机最基本的工作原理就是 802.1D

　　C．生成树协议解决了以太网交换机组建虚拟局域网的需求

　　D．使用以太网交换机可以隔离冲突域

11．以下说法错误的是（　　　）。

　　A．网桥能隔离网络层广播　　　　　　B．中继器是工作在物理层的设备

　　C．路由器是工作在网络层的设备　　　D．以太网交换机工作在数据链路层

12．为了延伸网络距离，可以使用（　　　）再生、整形信号。

　　A．中继器　　　　　　B．交换机　　　　　C．路由器　　　　　D．网桥

13．作为网络层设备的路由器，具有（　　　）主要特性。

　　A．两台路由器直连接口间的数据转发

　　B．两台路由器直连接口间的帧交换

　　C．路由选择和限制广播

　　D．数据包过滤

14．设备（　　　）可以看成一种多端口的网桥设备。

　　A．中继器　　　　　　B．交换机　　　　　C．路由器　　　　　D．集线器

15．以太网交换机在接收到数据帧时，如果没有在 MAC 地址表中查找到目的 MAC 地址，则（　　　）。

　　A．把以太网帧复制到所有的端口

　　B．把以太网帧单点传送到特定端口

　　C．把以太网帧发送到除本端口以外的所有端口

　　D．丢弃该帧

16．异构计算机网络的连接须用（　　　）作为互联设备。

　　A．中继器　　　　　　B．交换机　　　　　C．网关　　　　　　D．路由器

二、问答题

1．术语"互连"和"互联"有什么不同？

2．网络互联有哪几种类型？对应于 OSI/RM，每一层的网络互联设备有哪些？

3．堆叠式集线器有什么作用？

4．交换机能支持的 MAC 地址数目是什么意思？

5．中继器的功能是什么？有什么优缺点？

6. 交换机与集线器的主要区别是什么？

7. 什么是广播风暴？导致广播风暴的原因是什么？

8. 网桥有什么作用？有哪几种网桥？交换机是不是网桥？

9. 交换机的主要性能参数有哪些？交换机能不能避免广播风暴？为什么？

10. 路由器的主要作用是什么？

11. 叙述路由表、路由协议和路由器的概念。

12. 什么是最小费用路由？

13. 叙述路由器是由哪几个核心部件组成的。

14. 路由器分为哪几种类型？

15. 什么是网关？它工作在哪一层？

16. 网关分为哪几类？

17. 能将异种网络互联起来，实现不同网络协议相互转换的网络互联设备是什么？

18. 什么是单协议路由器？什么是多协议路由器？

19. 为什么要引入三层交换机设备？

20. 三层交换的优点是什么？

21. 多协议标记交换（MPLS）的含义是什么？

22. 交换机能不能避免广播风暴？为什么？

第 8 章　无　线　网　络

8.1　无线传输技术

8.1.1　无线网络概述

无线网络既包括远距离无线连接的全球语音和数据网络，也包括优化的红外线技术及射频技术。无线网络和有线网络最大的不同在于传输媒体的不同，它利用无线电和光技术取代网线，在空中传输数据，主要针对一些需要移动办公或不进行物理布线的场合，成为有线网络的扩展和补充。无线接入分为以下 4 种。

（1）无线个人网（Wireless Personal Area Network，WPAN）。WPAN 的代表是蓝牙（Bluetooth），蓝牙的标准是 IEEE 802.15，其传输距离为 10m，传输速率为 1Mbps。

（2）无线局域网（Wireless Local Area Network，WLAN）。WLAN 标准是 802.11 系列，其传输距离为 100～300m，传输速率为 1～54Mbps，802.11n 速率可达 300～600Mbps。

（3）无线城域网（Wireless Metropolitan Area Network，WMAN）。WMAN 基于 IEEE 802.16 标准，代表是 WiMax，其传输距离为 5km，传输速率约为 70Mbps，现在正逐步开始应用。

（4）无线广域网（Wireless Wide Area Network，WWAN）。代表是移动、联通的无线网络，其传输距离为 15km，传输速率约为 3Mbps，发展速度更快。

无线接入分为 WLAN 和 WWAN 两种。WWAN 利用电信、移动、联通的 2G/3G/4G/5G 功能，将计算机、手机、iPad 等接入互联网。WLAN 使用无线网络设备（如无线路由器）构建，采用 802.11 系列标准。机场、学校、酒店等企事业单位大多做了这些无线覆盖。

无线网络的传输技术分为光学传输和无线电波传输两大类。光学传输有红外线 IR（InfraRed）和激光（Laser）等技术；无线电波传输采用扩频、窄频微波、HomeRF、全球移动通信系统及蓝牙等技术。

8.1.2　红外线和激光传输

红外线或激光的传输性能受限于光的特性，需注意以下两点：

（1）光无法穿透大多数的障碍物，就算穿透了也会出现折射和反射的情况。

（2）光的传输路径必须为直线，但可以通过折射及反射的方式改变路径。

1．红外线

红外线（InfraRed，IR）传输标准是 1993 年由 IrDA 协会制定的，其目的是为了建立互通性好、低成本、低功耗的数据传输解决方案，目前的笔记本电脑都备有红外线通信端口。

红外线传输有直接红外线连接 DB/IR、反射式红外线连接 DF/IR 和全向型红外线连接 Omni/IR 三种方式。

1）直接红外线连接

直接红外线连接是指将两个需要建立连接的红外线通信设备的端口面对面放置（两者之间不能有阻隔物），即可建立连线，如两台笔记本电脑之间就可以建立这样的连接。这种连接方式比较安全，在发送数据过程中不会被人截取，但发送范围较小。

红外线通信端口发射出的红外线，会以圆锥形向外散出，要建立连线，必须让计算机所射出的红外线可以被对方计算机的红外线通信端口收到，所以两台计算机要建立连接时，就必须面对面放置。一般以通信端口为中心，左右偏移 15° 的范围之内都可接收。

2）反射式红外线连接

反射式的连接方式不需要让红外线通信端口面对面，只要是在同一个封闭的空间内，彼此就能建立连接。这种方式很容易受到同一空间内其他干扰源的影响，导致数据传输失败，甚至无法建立连接。

3）全向型红外线连接

全向型红外线连接吸收直接红外线连接和反射式红外线连接两种方式的长处，设置一个反射的红外线基地台作为中继站，各设备的红外线通信端口指向基地台，彼此便能建立连接。

红外线传输有以下两个缺点：一是传输距离太短，约在 1.5m 之内；二是易受阻隔，只要有任何障碍物屏蔽了红外线，连接就会中断。所以在无线局域网中，红外线传输并不受重视，应用也较少。

2．激光

激光和红外线传输都属于光波传输技术，不过激光无线网络的连接模式只有直接连接一种。这是因为激光是将光集中成一道光束，再射向目的地的，途中几乎不会产生反射现象，在许多需要保证安全的连接环境中，激光传输是一种极佳的选择。

激光传输适用于空旷或拥有制高点的地方，它不需要挖掘路面、埋设管线。

8.1.3　无线电波传输

无线电波的穿透力强，而且是全方位传输，不局限于特定方向，所以大部分的无线网络都采用无线电波作为传输介质。当布线和维护线路成本较高时，环境又较为复杂时，采用无线电波的无线网络是一个好的解决方案。

WLAN 主要采用无线电波传输技术，无线电波传输技术有 ISM 频段扩频、窄频微波、HomeRF 和 Bluetooth 等。

1．ISM 频段及扩频

无线电波频率资源受到特别的管制，但有许多频段是属于公用开放的频段，每个国家开放的无线电公用频段范围和数量不同。其中，2.4GHz（2.4GHz～2.483 5GHz）频研是规划给工业、科研及医疗（Industrial Scientific and Medical，ISM）领域的，工业、科研和医疗的无线电设备都工作在 ISM 频段，用户不用申请便可直接使用。后来 ISM 频段也开放给所有使用无线电波的其他设备，全世界（除西班牙和法国外）都开放该频段，所以无线网络设备也大多采用 2.4GHz 频段为主要传输频率。

由于 2.4GHz 的 ISM 频段是公用频段，所以无线网络需要通过调制技术发送无线信号，以避免和无线网络外的信号相互干扰。同属于 ISM 频段的公用频段还有 900MHz（900MHz～928MHz）和 5.8GHz（5.725GHz～5.850GHz）等。

无线网络大多数采用源自军方的扩频技术传输数据，扩频技术的保密能力与抗干扰能力都很强，所以得到了广泛的应用。WLAN 中的扩频技术有跳频扩频 FHSS 和直接序列扩频 DSSS 等。

2. 窄频微波

微波采用高频率短波长（3～30GHz）的电波传输数据，可提供点对点的远距离无线连接，缺点是较易受到外界干扰，如雷雨天气或邻近频道的噪声干扰。

使用微波的无线网络还没有统一的标准，各厂商生产的产品无法互通。

正因为微波易受外界干扰，所以在微波开放的公用频段内，有很多的无线电产品会发送电波。如果在公用频段使用窄频微波传输数据，很容易受到噪声干扰，导致传输质量不良。无线网络使用微波频段时一般不使用公用频段，需要申请专用频道，而且用非常窄的带宽（窄频微波）来传输信号。这种窄频微波的带宽刚好能将信号塞进去，这样不但可以大幅减少频带的耗用，也可以减轻噪声干扰的问题。

使用无线电波传输技术的还有移动通信系统、蓝牙和 HomeRF 等。移动通信系统的无线传输技术主要用于无线广域网 WWAN。蓝牙是一种短距离、低功率、低成本无线连接技术标准，HomeRF 是一种家用无线网络的标准。这些标准将在后面介绍。

8.2　无线广域网 WWAN

WWAN 是使手机、PDA、笔记本电脑等移动设备在蜂窝网络覆盖范围内可以随时连接到互联网的技术，WWAN 接入示意图如图 8.1 所示。无线广域网可涵盖广泛的地理区域，主要使用电信、移动、联通提供的 GSM、GPRS、CDMA、2G/3G/4G/5G 和 WAP 等技术接入网络。

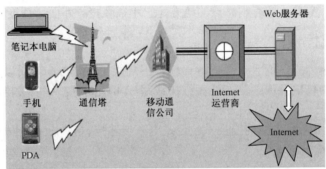

图 8.1　WWAN 接入示意图

8.2.1　GSM 和 GPRS

1. 全球移动通信系统 GSM

全球移动通信系统（Global System for Mobile Communications，GSM）俗称"全球通"，是欧洲电信标准协会（European Telecommunications Standard Institute，ETSI）于 1990 年年底制定的数字移动网络标准，是第二代移动通信技术，也是一种无线电波传输技术。标准主要说明如何将模拟语音转为数字信号，再通过无线电波传送出去，目的是让全球各地使用同一个移动电话网络标准，实现用户国际漫游。

GSM 为世界最大的移动通信网络，掌握了全球约三分之二的市场，我国于 20 世纪 90 年代初采用此项技术，此前一直采用蜂窝模拟移动技术，即第一代 GSM 技术（2001 年 12 月 31 日我国关闭了模拟移动网络）。GSM 系统包括 GSM 900（900MHz）、GSM 1800（1 800MHz）及 GSM1900（1 900MHz）等频段，中国移动、中国联通各拥有一个 GSM 网。大多数手机是

双 频 （ 900MHz 、 1 800MHz ） 手 机 ， 可 以 自 由 在 两 个 频 段 间 切 换 ， 三 频 手 机 可 在 GSM900\GSM1800\GSM1900 三 个 频 段 内 自 由 切 换 。

　　GSM 系统信号传输方式和传统有线电话相同，都采用电路交换技术，即通信时通话两端独占一条线路，在未结束通话时，此线路将一直被占用着。基于 GSM 技术的通信系统有 GPRS、EDGE 及基于 3G 的 WCDMA 及其延伸技术 HSDPA，提供的传输速率如下。

　　（1）通用分组无线业务（General Packet Radio Service，GPRS）：传输速率为 56～ 114kbps。

　　（2）增强型数据速率 GSM 演进技术（Enhanced Data Rate for GSM Evolution，EDGE）：最高速率可达 384kbps，一般为 200kbps。

　　（3）宽带码分多址（Wideband Code Division Multiple Access，WCDMA）：基于 3G 的无线接口第三代移动通信系统，传输速率可达 2Mbps。

　　（4）高速下行分组接入（High Speed Downlink Packet Access，HSDPA）：WCDMA 在现有的 3G 业务中稍显力不从心，HSDPA 是提高 WCDMA 网络高速下行数据传输速率最为重要的技术，理论最大值可达 14.4Mbps，在中国香港、中国台湾、韩国、欧洲、美国等地区或国家，基本可实现 3.6Mbps 的速率，少部分地区可实现 7.2Mbps 的速率。

2. 通用分组无线业务 GPRS

　　GSM 的数据传输速率只有 9.6kbps，所以利用 GSM 平台接入 Internet 时速度太慢，1998 年提出一种新的技术来加速 GSM 数据传输的速率，这就是 GPRS。通用分组无线业务 GPRS（General Packet Radio Service）是数字移动通信时代的宽带网络结构，GPRS 在 GSM 结构的基础上构建，将数据交换技术改变，达到数据高速传输的目的。它和 GSM 的关系就如同传统调制解调器拨号和 ADSL 宽带上网的关系一样，传统调制解调器拨号和 ADSL 宽带上网都利用电话线路，通过调制解调器接入 Internet，只是 Modem 和 ADSL Modem 的数据传输速率不同，GSM 采用电路交换技术，而 GPRS 采用的是报文分组交换（注意，GPRS 中的 P 代表 Packet）技术。GPRS 的数据传输速率理论上可达 171.2kbps，比 GSM 快了近 20 倍。由于报文分组交换技术不像电路交换那样独占带宽，所以当多人使用信道时，会影响其性能，再加上无线电波易受干扰及软件限制，所以 GPRS 实际传输速率在 115kbps 以内。

8.2.2　码分多址 CDMA

　　码分多址（Code Division Multiple Access，CDMA）允许所有的使用者同时使用全部频带，并且把其他设备发出的信号视为杂讯，不必考虑信号碰撞（Collision）的问题。CDMA 技术的出现源自第二次世界大战，初衷是防止敌方对己方通信的干扰，战争期间被广泛应用于军事抗干扰通信，后来由美国高通公司更新为商用蜂窝电信技术。1995 年第一个 CDMA 商用系统运行，CDMA 技术诸多优势在实践中得到了检验，从而在北美、南美和亚洲等地得到了迅速推广和应用。全球许多国家和地区，包括中国内地与香港、韩国、日本、美国都已建有 CDMA 商用网络。美国和日本将 CDMA 作为主要移动通信技术，美国 10 个移动通信运营公司中有 7 家选用 CDMA，韩国有 60% 的人口成为 CDMA 用户。澳大利亚主办的第 27 届奥运会中，CDMA 技术更是发挥了重要作用。中国联通于 2002 年 1 月 8 日正式开通了 CDMA 网络并投入商用，2008 年 10 月 1 日后转由中国电信经营，手机号段为 133、153、189 和 180 等。

　　CDMA 的优点一是语音编码技术，其通话品质比 GSM 好，而且可以把环境噪声降低，使通话更为清晰；二是利用扩频通信技术，减少手机之间的干扰，可以增加用户的容量；三是手机功率可以做得比较低，使手机电池使用时间更长，更重要的是降低了电磁波辐射；四是带宽可扩展较大，适合传输影像等数据，因此 3G 网络选用 CDMA 技术；五是安全性能较好，CDMA 有良好的认证体制，使用码分多址，增强了防盗听的能力。

基于 CDMA 技术的通信系统及提供的传输速率如下。

（1）码分多址（Code Division Multiple Access，CDMA）：最高速率是 230.4kbps，下载实际速度在 10kbps～15kbps。

（2）CDMA2000 适用于 3G，是第三代 CDMA 的名称，它的第一阶段也称为 1x，其整体系统容量增加一倍，数据速率增加到 614kbps。

（3）CDMA2000 1x EV-DO：具有比 CDMA2000 1x 更高的高速数据速率技术，韩国、日本等国家已经实现了 2.4Mbps 的峰值速率，目前我国可达 3.1Mbps。

8.2.3　无线应用协议 WAP

无线应用协议（Wireless Application Protocol，WAP）是一个移动电话网络协议。它是 1997 年 9 月由爱立信（ERICSSON）、诺基亚（NOKIA）、摩托罗拉（MOTOROLA）和美国 Phone.com 公司携手合作，邀请许多专家学者和技术工程人员共同制定的。WAP 的推出，使得用户除了可以使用移动式笔记本电脑接入网络外，使用 PAD 等轻薄、普及、便宜的随身设备也可以轻松上网。

1999 年年底，全球各大移动通信公司已有将近 9 成的基站更换，以支持 WAP 的设备，并陆续推出支持 WAP 的手机，当时由于受限于 GSM 数据传输速率为 9.6kbps 的限制，再加上手机屏幕过小、价格又较贵，所以 WAP 的应用范围变得很小。GPRS 普及以后，这些问题都得到了解决。

WAP 主要说明数据如何在无线通信网络中传输，包括如何进行保密的操作，如何将数据压缩以减少带宽的损耗，以及如何在手机上正确显示所需信息。

WAP、GPRS 和 OSI/RM 对照相比，WAP 位于第 5～7 层，而 GPRS 则位于第 1～4 层，因此，WAP 和 GPRS 彼此之间是互补的关系。

8.2.4　3G 网络

1．3G 通信技术

3G（3rd-Generation）是第三代移动通信技术的简称，是指支持高速数据传输的蜂窝移动通信技术。1995 年问世的第一代模拟制式手机（1G）只能进行语音通话，1996～1997 年出现的第二代 GSM、TDMA 等数字制式手机（2G）增加了接收数据的功能，如接收电子邮件或网页。相对第一代模拟制式手机和第二代 GSM、TDMA 等数字手机，3G 通信的名称较多，ITU-T 规定为国际移动电话系统 IMT-2000（International Mobile Telecom System-2000）标准，欧洲的电信业巨头们则称其为通用移动通信系统（Universal Mobile Telecommunications System，UMTS）。

3G 与 2G 的主要区别是 3G 在传输声音和数据速度上的提升，它能够在全球范围内更好地实现漫游，并处理图像、音乐、视频流等多种媒体形式，提供包括网页浏览、电话会议、电子商务等多种信息服务，同时与 2G 系统有良好的兼容性。为了提供这种服务，3G 必须能够支持不同的数据传输速率，也就是说在室内、室外和行车的环境中能够分别支持至少 2Mbps、384kbps 及 144kbps 的传输速率。

国际电信联盟正式公布第三代移动通信标准，分别是欧洲的 WCDMA、美国的

CDMA2000 和中国提出的 TD-SCDMA，它们已成为 3G 时代最主流的三大技术之一。

（1）WCDMA

宽频码分多址（Wideband CDMA，WCDMA），是基于 GSM 网发展出来的 3G 技术规范，是欧洲提出的宽带 CDMA 技术，与日本提出的宽带 CDMA 技术基本相同。WCDMA 的支持者主要是以 GSM 系统为主的欧洲厂商，日本公司也或多或少参与其中，包括欧美的爱立信、阿尔卡特、诺基亚、朗讯、北电，以及日本的 NTT、富士通、夏普等厂商。该标准提出了 GSM（2G）-GPRS-EDGE-WCDMA（3G）的演进策略。这套系统能够架设在现有的 GSM 网络上，对于系统提供商而言可以较轻易地过渡。预计在 GSM 系统相当普及的亚洲，对这套新技术的接受度会相当高。因此 WCDMA 具有先天的市场优势。

（2）CDMA2000

CDMA2000 是由窄带 CDMA 技术发展而来的宽带 CDMA 技术，它由美国高通北美公司为主导提出，支持者有摩托罗拉、Lucent 和后来加入的韩国三星，韩国现在成为该标准的主导者。CDMA2000 从原有的窄带 CDMA 结构直接升级到 3G，建设成本低廉。目前使用 CDMA 的地区只有日、韩和北美，所以 CDMA2000 的支持者不如 WCDMA 多。不过 CDMA2000 的研发技术却是当时各标准中进度最快的，许多 3G 手机都已经率先面世。该标准提出了从 CDMA IS95(2G)-CDMA20001x-CDMA20003x(3G)的演进策略。CDMA20001x 被称为 2.5 代移动通信技术。CDMA20003x 与 CDMA20001x 的主要区别在于应用了多路载波技术，通过采用三载波使带宽增加。当时中国电信正在采用这一方案向 3G 过渡，并已建成了 CDMA IS95 网络。

（3）TD-SCDMA

时分同步码分多址（Time Division-Synchronous CDMA，TD-SCDMA）是由中国独自制定的 3G 标准，它以我国知识产权为主，并被国际广泛接受和认可，从而使 TD-SCDMA 标准成为我国电信史上的重要里程碑。

2．中国的 3G 业务

1999 年 6 月 29 日，中国原邮电部电信科学技术研究院（现大唐电信科技产业集团），向 ITU 提出时分同步码分多址 TD-SCDMA，TD-SCDMA 标准具有辐射低的特点，被誉为绿色 3G。该标准将智能无线、同步 CDMA 和软件无线电等当时国际领先技术融入其中，在频谱利用率、对业务支持的灵活性、频率灵活性及成本等方面具有独特优势。另外，由于中国内地庞大的市场，该标准受到各大主要电信设备厂商的重视，全球一半以上的设备厂商都宣布可以支持 TD-SCDMA 标准。该标准提出不经过 2.5 代的中间环节，直接向 3G 过渡，非常适用于 GSM 系统向 3G 升级。军用通信网也是 TD-SCDMA 的核心任务。

2009 年 1 月 7 日，工业和信息化部为中国移动、中国电信和中国联通发放三张第三代移动通信（3G）牌照，并开始进行测试和试商用。其中，中国移动增加了基于 TD-SCDMA 技术制式的 3G 牌照；中国电信增加了基于 CDMA2000 技术制式的 3G 牌照；中国联通增加了基于 WCDMA 技术制式的 3G 牌照。此举标志着我国正式进入 3G 时代。3G 业务提供的传输速度可以和 DSL 相媲美。

WWAN 为因工作需要不断移动使用网络的人们提供了巨大的方便。只要有蜂窝服务提供的信号，都可以使用网络。

3G 应用中最先需要普及的是"无线宽带上网"，6 亿手机用户随时随地使用手机上网。而无线互联网的流媒体业务将逐渐成为主导。3G 的核心应用包括宽带上网、视频通话、手机电视、无线搜索、手机音乐、手机购物和手机网游等。

8.2.5 4G 网络

1. 4G 通信技术

4G 是第 4 代移动通信技术（4th generation mobile communication technology）的简称。4G 通信技术在 3G 基础上优化升级、创新发展，集 3G 与 WLAN 于一体，能够传输高质量视频、图像等多媒体信息等，传输速度更快。4G 无线通信的信号更加稳定，网络速度是 3G 的十几到几十倍。而且兼容性也更平滑，通信质量也更高。我国在 2001 年开始研发 4G 技术，在 2011 年正式投入使用，中国 4G 网络的主要制式有 TD-LTE 和 FDD-LTE。

LTE（Long Term Evolution）是长期演进的缩写，它是 3G 向 4G 过渡升级过程中的演进标准，包含 LTE TDD（又称为 TD-LTE）和 LTE FDD 两种模式。

2013 年 12 月 4 日工信部正式向三大运营商发布 4G 牌照，中国移动、中国电信和中国联通均获得 TD-LTE 制式牌照；2015 年 2 月 27 日，工信部向电信和联通发放 FDD-LTE 制式牌照，电信和联通拥有 TDD 和 FDD 两种制式的 4G 牌照。

2. 4G 优势及特点

4G 通信技术与 3G 相比有以下优势：第一，在图片、视频传输上能够实现原图、原视频高清传输，其传输质量与电脑画质不相上下；第二，利用 4G 通信技术，在软件、文件、图片、音/视频下载方面速度最高可达到每秒几十兆，这是 3G 通信技术无法实现的，同时这也是 4G 通信技术一个显著优势，这种快捷的下载模式能够为我们带来更佳的通信体验；第三，在智能通信设备中应用 4G 通信技术让用户体验更快的上网速度，速度可以高达 100M，是 3G 的 20 倍；第四，4G 通信技术具有较强的抗干扰能力，可以利用正交频分多路复用技术，进行多种增值服务，防止信号干扰；第五，4G 通信技术的覆盖能力较强，在传输的过程中智能性极强。4G 通信技术特点如下：

（1）高质量信号传播能力。3G 通信技术所能覆盖的面积有限，无法实现全方位信号接收，容易出现通信质量低下的问题。而 4G 拥有极强的信号传播能力，它既能满足常规通信需求，也能满足高图画质量要求的电视业务、视频会议需求。

（2）快速的数据传输速度。4G 技术的频宽为 2～8 GHz。相当于 3G 网络通信频宽的约 20 倍，所以拥有较快的通信传输速度，上行速度方面，4G 也能达到 3G 的 20 倍以上。4G 技术的接入能力更强，始终保证拥有较快的传输速度，使数据通信更为流畅。

（3）更高的智能化水平。4G 技术的高智能化主要体现在它的应用功能方面，拥有自主选择和处理能力，可以为 4G 手机用户提供个性化定制服务。例如，常用的地理位置定位技术虽然在 2G、3G 网络就已实现，但 4G 技术的地理位置定位更精确、更快速。

（4）灵活的通信方式。4G 通信技术下通信方式种类更多，4G 手机用户不再局限于传统语音通信模式，可以使用视频通信模式，这种高智能化的通信模式随时随地都可以展开。4G 通信技术也将手机与多媒体平台及计算机上的功能联系起来，通过手机就能实现更多种类的通信方式，使人们的社交活动变得更加高效，内容也更加丰富精彩。

3. 4G 关键技术

4G 关键技术包括正交频分复用、调制与编码技术、智能天线技术、MIMO 技术、软件无线电技术、多用户检测技术等核心的技术。

1）正交频分复用 OFDM

通信系统中，一个信道的带宽通常比传送一路信号所需的带宽要宽得多，如果一个信道只传送一路信号是非常浪费的，为了充分利用信道的带宽，可以采用频分复用的方法。

正交频分复用 OFDM（Orthogonal Frequency Division Multiplexing）技术通过频分复用实现高速串行数据的并行传输，它具有较好的抗多径衰弱的能力，能够支持多用户接入。OFDM 主要思想是：将给定信道分成许多正交子信道，同时将高速数据信号转换成并行的低速子载波，每个子载波经过调制在子信道上进行传输，各子载波并行传输。

OFDM 中的各个载波是相互正交的，每个载波在一个符号时间内有整数个载波周期，每个载波的频谱零点和相邻载波的零点重叠，这样便减小了载波间的干扰。

OFDM 技术的优点是可以消除或减小信号波形间的干扰，主要缺点是功率效率不高。

2）调制与编码技术

4G 采用新的调制技术，如多载波正交频分复用调制技术、单载波自适应均衡技术等调制方式，以保证频谱利用率和延长终端电池的寿命。

4G 采用更高级的信道编码方案（如 Turbo 码、级连码和 LDPC 等）和自动重发请求（ARQ）技术、分集接收技术等，从而在低 Eb/NO 条件下保证系统足够的性能。

3）智能天线技术

智能天线技术将时分复用技术与波分复用技术融合起来，具有抑制信号干扰、自动跟踪及数字波束调节等智能功能。该技术可充分利用移动用户信号并消除或抑制干扰信号。4G 通信技术中，智能天线可以对传输的信号实现全方位覆盖，每个天线的覆盖角度是 120°，为保证全面覆盖，发送基站至少安装三根天线。智能天线技术可以对发射信号实施调节，获得增益效果，增大信号的发射功率，而增益调控与天线的辐射角度没有关联，只是在原来的基础上增大了传输功率而已。这种技术既能改善信号质量，又能增加传输容量。

4）多输入/多输出 MIMO 技术

多输入/多输出 MIMO（Multi Input Multi Output）技术是在发送端或接收端采用多个天线进行数据传输，并通过信息处理技术来达到系统容量最大化、质量最优的技术的集合。MIMO 技术就如同在发送端和接收端之间存在多个独立信道同时传输数据，它利用多发射、多接收天线进行空间分集，采用的是分立式多天线，能够有效将通信链路分解成为许多并行的子信道，OFDM 系统使用 MIMO 技术来提高容量。

MIMO 模式下的信道容量大于单天线模式下的信道容量，信道容量随发送端和接收端最小天线数目呈线性增长。MIMO 能够更好地利用空间维度的资源、提高频谱效率。使信号在空间获得阵列增益、分集增益、复用增益和干扰抵消增益等，从而获得更大的系统容量、更广的覆盖和更高的用户速率。

MIMO 利用的是映射技术，首先，发送设备会将信息发送到无线载波天线上，天线在接收信息后，会迅速对其编译，并将编译之后的数据编成数字信号，分别发送到不同的映射区，再利用分集和复用模式对接收到的数据信号进行融合，获得分集增益。

5）软件无线电技术

软件无线电用软件来操纵、控制传统的纯硬件电路，是利用软件加载的方式实现各种类型的无线电通信系统的一种具有开放式结构的新技术。软件无线电基本思想就是将模/数转换器（A/D）及数模转换器（D/A）尽可能地靠近射频天线，建立一个具有"A/D-DSP-D/A"模型的、通用的、开放的硬件平台，在这个硬件平台上尽量利用软件技术来实现电台的各种功能模块。例如，使用数字信号处理器（DSP）技术，通过软件编程实现各种通信频段的选择，如 HF、VHF、UHF 和 SHF 等；通过软件编程来完成信息抽样传送、量化、编码/解码、运算处理和变换，以实现射频电台的收发功能；通过软件编程实现不同信道调制方式的选择，如调幅、调频、单边带、数据、跳频和扩频等；通过软件编程实现不同的保密结构、网络协议和控制终端功能等。软件无线电技术是软件化、计算密集型的操作形式。

软件无线电使得系统具有灵活性和适应性，能够适应不同的网络和空中接口。软件无线电技术能支持采用不同空中接口的多模式手机和基站，能实现各种应用的可变 QoS。软件无线电技术受到国家的重视，在"九五"和"十五"预研项目和"863"计划中都将软件无线电技术列为重点研究项目，我国提出的第三代移动通信系统方案 TD-SCDMA，就是利用软件无线电技术设计的。

软件无线电技术的重要价值在于：传统的硬件无线电通信设备只是作为无线通信的基本平台，而许多通信功能则可以由软件来实现。软件无线电技术的出现是通信领域继固定通信到移动通信，模拟通信到数字通信之后的第三次革命。

6）基于 IP 的核心网

4G 移动通信系统的核心网全部基于 IP，可以实现不同网络间的无缝互联。核心网独立于各种具体的无线接入方案，能提供端到端的 IP 业务，能同已有的核心网兼容。核心网具有开放的结构，能允许各种空中接口接入，同时核心网能把业务、控制和传输等分开。采用 IP 后，无线接入方式和协议与核心网络协议、链路层是分离独立的。IP 与多种无线接入协议兼容，因此在设计核心网络时具有很大的灵活性，不需要考虑无线接入究竟采用何种方式和协议。

7）多用户检测技术

多用户检测是 CDMA 通信系统中抗干扰的关键技术。CDMA 通信系统中，由于各个用户之间所用的扩频码通常难以保持正交，因而造成多个用户之间的相互干扰并限制系统容量的提高。由个别用户产生的多址干扰虽然很小，但随着用户数的增加或信号功率的增大，多址干扰就成为宽带 CDMA 通信系统的一个主要干扰，这就需要使用多用户检测技术。多用户检测的基本思想就是把所有用户的信号都当作有用信号而不是干扰信号来处理，这样就可以充分利用各用户信号的用户码、幅度、定时和延迟等信息，对单个用户的信号进行检测，从而大幅度地降低多径多址干扰。如何把多用户干扰抵消算法的复杂度降低到可接受的程度则是多用户检测技术能否使用的关键。

4．4G 的应用

4G 技术在通信领域得到了很广泛的应用，缩短了人与人之间的距离，同时，在电视直播或者智能手机中的应用也非常广。

1）云计算

云计算对于我国经济发展具有十分重大的意义，由于信息计算量十分巨大，对云计算便提出了更高的要求，4G 以前，这一项工作需要大量的人力、物力和财力，有了 4G 这个平台后，云计算的效率大大提高了。

2）电视直播

利用 4G 网络进行电视信号的传输，一方面可以降低传输的成本，另一方面可以提高电视信号的质量和传播速度，甚至实现超长距离的传输。由于运营商架设了许多信号传输的中转站，电视信号的传播基本没有盲区，能够达到家家户户都能看电视。4G 通信技术能够突破山区复杂地形的制约，同时受自然灾害的影响比较小，所以在地形情况比较复杂、气候条件比较差的地区进行直播，4G 通信技术是个很好的选择。

3）移动医护

移动医护是指医院内部依靠移动网络平台建立医疗服务信息系统，以方便医护人员与病人间建立沟通渠道。利用移动医护系统，医护人员借助手持智能终端设备准确并有效地开展诊疗工作，当病人有需求或有突发状况时，可以直接通过手持设备对医生进行呼叫。通过 4G 通信技术，医护人员和病人之间的沟通更加方便快捷，效率更高。

4）智能手机

智能手机采用 4G 通信技术后，手机的通话质量能够得到很好的提升，数据传输质量和速度也有了很大提高。

5. 4G 的不足

随着经济社会及物联网技术的迅速发展，云计算、社交网络、车联网等新型移动通信业务不断产生，对通信技术提出了更高层次的需求，移动通信网络将会完全覆盖我们的办公区、娱乐休息区、住宅区，且每一个场景对通信网络的需求完全不一样。例如，一些场景对高移动性要求较高，一些场景要求较高的流量密度等，对于这些需求，4G 网络还不能完全满足。

8.2.6 5G 网络

互联网在不断发展，越来越多的设备接入到移动网络中，新的服务和应用也层出不穷，为满足日益增长的移动流量需求，5G 应运而生。

1. 5G 通信技术

5G 是第 5 代移动通信技术（5th generation mobile communication technology 或 5th-Generation）的简称，5G 移动网络与 3G、4G 一样都是数字蜂窝网络，声音和图像等模拟数据经数字化后在网络中传输，蜂窝中 5G 无线设备与蜂窝中本地天线阵中的低功率自动收发器（发射机和接收机）进行通信。收发器从公共频率池分配频道，这些频道在地理上分离的蜂窝中可以重复使用。本地天线通过带宽光纤或无线回程连接与电话网络和互联网连接。当用户从一个蜂窝穿越到另一个蜂窝时，移动设备将自动"切换"到新蜂窝中的天线。

5G 网络的主要优势在于，数据传输速率远远高于以前的蜂窝网络，最高可达 10Gbit/s，比当前的有线互联网要快，比 4G LTE 蜂窝网络快 100 倍；另一个优点是较低的网络延迟，低于 1ms（更快的响应时间），而 4G 的网络延迟为 30～70ms。由于数据传输更快，5G 网络将不仅为手机提供服务，还为一般家庭和办公网络提供服务，与有线网络进行竞争。

2. 5G 发展历程

国内的华为、移动等，国外的高通、三星和爱立信等均有 5G 研发团队。2013 年 2 月，欧盟宣布拨款 5000 万欧元，加快 5G 移动技术的发展，计划到 2020 年推出成熟的标准；2013 年 5 月 13 日，韩国三星电子有限公司宣布，已成功开发 5G 核心技术；2014 年 5 月 8 日，日本电信营运商 NTT DoCoMo 宣布将与 Ericsson、Nokia、Samsung 等 6 家厂商合作，开始测试 5G 网络，传输速率有望提升至 10Gbps；2015 年 9 月 7 日，美国移动运营商 Verizon 无线公司宣布，将从 2016 年开始试用 5G 网络，2017 年在美国部分城市全面商用。

3. 中国 5G 发展及 5G 牌照

2017 年 11 月 15 日，工信部发布《关于第五代移动通信系统使用 3300-3600MHz 和 4800-5000MHz 频段相关事宜的通知》确定 5G 中频频谱，能够兼顾系统覆盖和大容量的基本需求；2017 年 11 月下旬工信部发布通知，正式启动 5G 技术研发试验第三阶段工作；2018 年 2 月 23 日，沃达丰和华为宣布，两公司在西班牙合作采用非独立的 3GPP 5G 新无线标准和 Sub6 GHz 频段完成了全球首个 5G 通话测试；2018 年 2 月 27 日，华为在 MWC2018 大展上发布了首款 3GPP 标准 5G 商用芯片巴龙 5G01 和 5G 商用终端，支持全球主流 5G 频段；2018 年 6 月 28 日，中国联通公布了 5G 部署，以 SA 为目标架构，前期聚焦 eMBB；2018 年 11 月 21 日，重庆首个 5G 连续覆盖试验区建设完成，5G 远程驾驶、5G 无人机、虚拟现实等多项 5G 应用同时亮相。

2019 年 6 月 6 日，工信部正式向中国电信、中国移动、中国联通、中国广电四家运营商发放 5G 商用牌照；2019 年 8 月 12 日，中国电信决定 9 月率先在京放出 5G 专用号段的手机号码，且老用户升级 5G 无须换卡、换号；2019 年 9 月 10 日，在布达佩斯举行的国际电信联盟 2019 年世界电信展上，华为公司发布了《5G 应用立场白皮书》，展望了 5G 在多个领域的应用场景，并呼吁全球行业组织和监管机构积极推进标准协同、频谱到位，为 5G 商用部署和应用提供良好的资源保障与商业环境；2019 年 10 月 31 日，移动、电信和联通三大运营商公布 5G 商用套餐，并于 11 月 1 日正式上线。

4．5G 关键技术

5G 的关键技术包括：基于 OFDM 优化的波形和多址接入、实现可扩展的 OFDM 间隔参数配置、OFDM 加窗提高多路传输效率、灵活的框架设计、超密集异构网络、网络的自组织、网络切片、内容分发网络、设备到设备通信 D2D、机器对机器 M2M、边缘计算、软件定义网络。

1）基于 OFDM 优化的波形和多址接入

5G 采用基于正交频分复用（OFDM）优化的波形和多址接入技术，OFDM 技术被 4G LTE 和 Wi-Fi 系统广泛采用，因其可扩展至大带宽应用，而具有较高的频谱效率和较低的数据复杂性，能够很好地满足 5G 要求。OFDM 技术可实现多种增强功能，例如通过滤波增强频率本地化、在不同用户与服务间提高多路传输效率，以及创建单载波 OFDM 波形，实现高能效上行链路传输。

2）可扩展的 OFDM 间隔参数配置

5G 新空口（New Radio，NR）是基于 OFDM 的全新空口设计的全球性 5G 标准，使 5G 实现超低时延、高可靠性。

为了支持更丰富的频谱类型/带（连接尽可能丰富的设备，5G 将利用所有能利用的频谱，如毫米微波、非授权频段）和部署方式，5G NR 将引入可扩展的 OFDM 间隔参数配置。为了支持多种部署模式的不同信道宽度，5G NR 必须适应同一部署下不同的参数配置，在统一的框架下提高多路传输效率。另外，5G NR 也能跨参数实现载波聚合，比如聚合毫米波和 6GHz 以下频段的载波。

3）OFDM 加窗提高多路传输效率

5G 将被应用于大规模物联网，这意味着会有数十亿设备在相互连接，5G 势必要提高多路传输的效率，以应对大规模物联网的挑战。为了相邻频带不相互干扰，频带内和频带外信号辐射必须尽可能小。OFDM 能实现波形后处理，如时域加窗或频域滤波，从而提升频率局域化。

4）灵活的框架设计

设计 5G NR 的同时，采用灵活的 5G 网络架构，进一步提高 5G 服务多路传输的效率。这种灵活性既体现在频域，更体现在时域上，5G NR 的框架能充分满足 5G 的不同服务和应用场景。这包括可扩展的时间间隔（Scalable Transmission Time Interval，STTI），自包含集成子帧。

5）超密集异构网络

2G 时代，几万个基站就可以覆盖全国网络，4G 时代中国的基站超过 500 万个。而 5G 需要每平方公里支持 100 万个设备，网络必须非常密集，需要大量的小基站来进行支撑。而且在一个网络中，不同的终端需要不同的速率、功耗，也会使用不同的频率，对于 QoS 的要求也不同。这样的情况下，很容易造成网络之间的相互干扰。5G 网络需要采用一系列措施来保障系统性能，如不同业务在网络中的实现、各种节点间的协调方案、网络的选择以及节能配置方法等。

在超密集网络中，密集的部署使得小区边界数量剧增，小区形状也不规则，用户可能需要频繁切换。一个复杂的、密集的、异构的、大容量的、多用户的网络，需要平衡，保持稳定，减少干扰，为了满足移动性需求，需要不断完善算法来解决这些问题。

6）自组织网络

自组织网络 SON（Self-Organizing Network）是伴随 LTE 发展而引出的一套完整的网络理念和规范，由运营商提出，主要思路是实现无线网络的一些自主功能，减少人工参与，降低运营成本。可以为自配置、自优化和自愈。

SON 的功能主要指网络部署阶段的自规划和自配置，网络维护阶段的自优化和自愈合。自配置即新增网络节点，可实现即插即用，具有低成本、安装简易等优点；自规划是动态进行网络规划并执行，同时满足系统的容量扩展、业务监测或优化结果等方面的需求；自优化是根据终端和基站的性能测量网络运行状况，对网络参数进行自我调整优化，以达到提高网络性能和质量并减少网络优化成本的目的；自愈合指系统检测发现网络问题时的自我治愈，能自动检测问题、定位问题，部分或者全部消除问题，最终实现对网络质量和用户感受的最小化影响。

7）网络切片

网络切片是一种按需组网的方式，可以把运营商的物理网络切分成多个虚拟的端到端网络，每个网络适配各种类型的应用和服务需求。一个网络切片可分为无线网子切片、承载网子切片和核心网子切片三部分。

网络切片技术把一个独立的物理网络切分成多个逻辑网络，这样可以不用为每一个服务建立一个专用的物理网络，大大节省了网络部署的成本。

在同一个 5G 网络上，运营商把网络切片成智能交通、无人机、智慧医疗、智能家居和工业控制等多个不同的网络，将其开放给不同的运营者，这样一个切片的网络在带宽、可靠性能力上也有不同的保证，计费体系、管理体系也不同。5G 的切片网络可以为各种业务提供不同的网络、不同的管理、不同的服务和不同的计费，让业务提供者更加灵活地使用 5G 网络。

8）内容分发网络

5G 网络中，有大量复杂的业务，尤其是音频、视频业务大量出现甚至会出现瞬时爆炸性的急剧增长，极大地影响用户访问互联网的服务质量。仅仅依靠增加带宽并不能解决问题，因为它还受传输中路由拥塞和延迟、服务器处理能力等因素的影响。这就需要对网络进行改造，有效地分发大流量的业务，降低用户获取信息的时延，让网络适应爆发性业务增长的需要。

内容分发网络（Content Delivery Network，CDN）尽可能避开互联网上有可能影响数据传输速度和稳定性的瓶颈和环节，使内容传输得更快、更稳定。通过在传统网络中添加新的层次，即智能虚拟网络，CDN 系统综合考虑各节点连接状态、负载情况以及用户距离等信息，源服务器只需要将内容发给各个代理服务器，便于用户从就近的代理服务器上获取内容，使得网络拥塞状况得以缓解，缩短响应时间，提高响应速度，提高用户体验。

9）设备到设备通信 D2D

设备到设备通信（Device-to-Device communication，D2D）是一种基于蜂窝系统的近距离数据直接传输技术。D2D 会话的数据直接在终端之间进行传输，不需要通过基站转发，而相关的控制信令，如会话的建立、维持、无线资源分配以及计费、鉴权、识别、移动性管理等仍由蜂窝网络负责。蜂窝网络引入 D2D 通信，可以减轻基站负担，降低端到端的传输时延，提升频谱效率，降低终端发射功率。当无线通信基础设施损坏，或者在无线网络的覆盖盲区，终端可借助 D2D 实现端到端通信甚至接入蜂窝网络。在 5G 网络中，既可以在授权频段部署 D2D 通信，也可在非授权频段部署。

10）机器对机器 M2M 通信

机器对机器（Machine-to-Machine，M2M）通信技术是指在传统的机器上安装传感器、控制器等赋予机器以"智能"属性，是一种以机器终端智能交互为核心的、网络化的应用与服务，从而实现机器与机器间的通信交流，为客户提供综合的信息化解决方案，以满足客户对监控、指挥调度、数据采集和测量等方面的信息化需求。M2M 通信是物联网中不可或缺的重要组成部分。M2M 根据其应用服务对象可以分为个人、家庭、行业三大类。

物联网需要将物体（包括机器）连接在一起，通过网络实现智能的融合和通信，而M2M 是物联网最常见的应用形式，在智能电网、安全监测、城市信息化、环境监测等领域实现了商业化应用。

11）边缘计算

边缘计算源于传媒领域，是指在靠近物或数据源头一侧，建立一个采用网络、计算、存储、应用等能力为一体的开放平台，提供近端服务。应用程序在边缘侧发起，例如在基站进行计算、存储并发出指令，就能产生更快的网络服务响应，满足行业在实时业务、应用智能、安全与隐私保护等方面的基本需求。如果数据都在云端和服务器中进行计算和存储，再把指令发给终端，就无法实现低时延。

边缘计算是物联网、智能制造等所需算法的一种方法，相对于云计算，边缘计算在接近于现场应用端提供计算，而云计算仍然可以访问边缘计算的历史数据。对物联网而言，边缘计算技术可以将许多控制在本地和本地边缘计算层处理，无须交由云端计算处理，大大提升处理效率，减轻云端的负荷。

12）软件定义网络

软件定义网络 SDN（Software Defined Network）是一种新型网络架构，可使用软件编程来定义和控制网络，通过将网络设备的控制面与数据面分离，实现网络流量的灵活控制，使网络作为管道变得更加智能，为核心网络及应用的创新提供良好的平台。

SDN 将整个网络变得开放、标准化、可编程，能够有效降低设备负载，协助网络运营商更好地控制基础设施，降低整体运营成本，人们可以更容易、更有效地使用网络资源。

5．5G 的应用

5G 网络以其更快的网速和稳定性，影响了各行各业。

1）制造业

5G 能够使制造业的生产运作变得更加灵活，安全性提高、维护成本降低、效率更高。制造商能够利用自动化、人工智能、增强现实（AR）以及物联网变为智能工厂。5G 网络质量保证远程控制、监控及重新配置，能够让机械及设备进行自我优化从而达到生产线及整体规划的简化。今后将会出现更多的制造商使用 5G 技术。

2）外科手术

2019 年中国一名外科医生利用 5G 技术实施了全球首例远程外科手术，这名医生利用 5G 网络（5G 网络延时只有 0.1s），操控 48 公里外的一个机械臂进行手术，切除了一只实验动物的肝脏；301 医院利用远程技术指导金华市中心医院完成颅骨缺损修补手术。机器人手术给专业外科医生为世界各地有需要的人实施手术带来了很大希望。

3）智能电网等公用事业

5G 可以为能源产业的生产、传输、分配及使用带来更好的解决方案，智能电网能发挥更强大的功能和效率。5G 能够海量连接许多耗能设备，保证电网的安全性和高可靠性，改善电网监测并使能源需求预测更加准确，让能源管理变得更加高效率，从而降低电力峰值和整体能源成本。5G 环境下使用无人机监控及信息传输，能够大大改善电网正常运行时间。

在密云水库，北京移动通过 5G 无人船实现了水质监测、污染通量自动计算、现场数据采集以及海量检测结果的分析和实时回传等。

4）农业

使用物联网技术可以优化农业生产过程，如水源管理、灌溉施肥、家畜安全及农产物监测。5G 能够提供更及时的数据监控、追踪和自动化农业系统，提高生产效率及安全性。

5）VR/AR

虚拟现实（Virtual Reality，VR）是一种计算机仿真系统利用 VR 技术可以创建并让用户体验虚拟世界。它利用计算机生成一种模拟环境，使用户沉浸到该环境中。

增强现实（Augmented Reality，AR）也称为扩增现实，是一种将真实世界信息和虚拟世界信息巧妙融合的技术，将原本在现实世界难以体验的实体信息在计算机等设备上实施模拟仿真处理，在真实世界中叠加虚拟信息的内容并加以有效应用，这一过程能够被人类感官感知，从而实现超越现实的体验。AR 广泛应用于多媒体、三维建模、实时跟踪及注册、智能交互、传感等，将计算机生成的文字、图像、三维模型、音乐、视频等虚拟信息应用到真实世界中，两种信息互为补充，从而实现对真实世界的增强。

VR/AR 要处理大量数据，因此要求更高的网络容量和更快的网络速度，5G 技术使延迟减少了 10 倍，流量及容量提高了 100 倍，这意味着 5G 能够解决这些问题。

6）零售业

使用智能手机等移动设备购物在全球非常受欢迎，尤其在中国。5G 技术支持 AR/VR 应用，因此在零售业推出更多的 VR/AR 体验，例如试穿、虚空间等，消费者可以在家里体验。

7）金融服务

金融方面，用户能体验银行推出的 5G+无人银行；5G 技术使金融机构在移动设备上推广更多的金融服务，5G 技术使网络安全性和速度均大大提高，可以在手机上完成比现有任何流程都还要快速且安全的交易；跟使用者接洽的有可能是 AI 也有可能是远程的银行职员，皆可满足使用者不同的需求。此外，5G 能够允许可穿戴设备（如智能手表）与金融服务共享生物识别数据，以便立即准确验证用户身份，更安全、快速地完成交易。

8）车联网与自动驾驶

车联网技术依托通信技术，逐步进入自动驾驶时代。根据中国、美国、日本等国家的汽车发展规划，车联网与自动驾驶依托传输速率更高、时延更低的 5G 网络。

9）5G 手机

5G 手机相对 4G 手机有更快的传输速率，低时延，通过网络切片技术，拥有更精准的定位。

10）娱乐业及游戏产业

5G 影响媒体和娱乐业，包括移动媒体及广告、家庭网络和电视。5G 网络上，电影下载将从平均 7min 减少到 6s。5G 在 VR/AR 的应用，能够支持使用者与虚拟人物的互动。

5G 可以为游戏业开辟一个全新的市场，快速的运算让使用者获得更好的游戏体验，游戏质量得到了提高。

11）教育业

5G 替 VR/AR 铺好路后，老师能够将这些技术应用于新的教育技术中。例如，学生可以不用外出就直接在世界各地进行虚拟实地考察，从埃及金字塔到中国长城。与传统教育方法相比，VR/AR 教育平台提供了许多好处，包括成本效益及降低风险，教育效果也优于传统课堂教学。

12）云端运算

由于移动装置的低吞吐量、高延迟和不一致的连接性，云端运算的功能和特性方面经常被淡化，但 5G 网络可以提高其影响力及灵活性。5G 的高吞吐量及低延迟性将能够解决现有问题，并将云端运算提升到另一个层次。

6. 5G 的评价

贝尔实验室无线研究部副总裁西奥多·赛泽表示，5G 并不会完全替代 4G 和 Wi-Fi，而是将 4G 和 Wi-Fi 等网络融入其中，为用户带来更为丰富的体验。通过将 4G、Wi-Fi 等整合进5G 里面，用户不用关心自己所处的网络，不用再通过手动连接到 Wi-Fi 网络等，系统会自动根据现场网络质量情况连接到体验最佳的网络之中，真正实现无缝切换。

欧盟数字经济和社会委员古泽·奥廷格表示，5G 必须是灵活的，能够满足人口稠密地区、人口稀疏地区以及主要的交通线等各种场景的需要。

5G 是一个复杂的体系，5G 网络中的终端也不仅是手机，还有无人驾驶、无人飞机、家电、公共服务设备等多种设备。4G 改变生活，5G 改变社会。5G 将会是社会进步、产业推动、经济发展的重要推进器。

8.3　无线局域网 WLAN

WLAN 是以无线信道作为传输媒体的计算机局域网，是局域网的重要补充和延伸，并逐渐成为计算机网络中一个至关重要的组成部分。它绝不是用来取代有线局域网络的，而是用来弥补有线局域网络的不足，以达到网络延伸的目的。无线网络技术较为成熟与完善，已广泛应用于金融证券、教育、大型企业、工矿港口、政府机关、酒店、机场、军队等需要可移动数据处理或无法进行物理传输介质布线的领域。大多无线局域网使用免申请 ISM 的2.4GHz 和 5GHz 公共开放频段。

8.3.1　WLAN 标准

无线局域网仍处于众多标准共存时期，不同的标准有不同的应用。WLAN 标准有IEEE 802.11 协议族、Wi-Fi、蓝牙等。

IEEE 802.11 是在 1997 年审定通过的，它仅限于物理层和传输介质访问控制层 MAC。无线局域网标准 IEEE 802.11 协议簇见表 8.1。

表 8.1 无线局域网标准 IEEE 802.11 协议簇

标　　准	发布时间	定 义 内 容
IEEE 802.11	1997 年	原始 WLAN 标准，2.4GHz 频段，支持 1～2Mbps
IEEE 802.11a	1999 年	用于 5GHz 频段的高速 WLAN 标准，支持 54Mbps
IEEE 802.11b	1999 年	2.4GHz 频段，主流的 WLAN 标准，支持 11Mbps
IEEE 802.11g	2003 年	兼容 802.11b 和 802.11a，2.4GHz 频段的高速 WLAN 标准
IEEE 802.11i	2001 年	完善安全性和各种认证机制
IEEE 802.11e	2001 年	支持所有 IEEE 无线广播接口的 QoS 机制，提供分级服务
IEEE 802.11f	2003 年	致力于内部接入点通信的发展
IEEE 802.11h	2008 年	动态频率选择和传输功率控制
IEEE 802.11n	2009 年	使用 2.4GHz 频段，支持 300Mbps，最高达 600Mbps

1）IEEE 802.11a

IEEE 802.11a 使用 5GHz 频段，该频段也不需申请，是公用开放的频段，不过并非每个国家都开放，因此目前支持此规格的无线设备尚属少数。IEEE 802.11a 使用正交频分复用（Orthogonal Frequency Division Multiplexing，OFDM）传输技术而不是扩频技术。OFDM 不能有效地防止干扰，它通过特殊的频道分割方式，达到快速传输的目的。IEEE 802.11a 根据所使用的调制技术的不同，传输速率为 6～54Mbps 的范围。IEEE 802.11a 与 802.11b 不兼容。

需要说明的是，2.4GHz 的可用带宽只有 80MHz，而 5GHz 的可用带宽达 300MHz。OFDM 技术需使用较大的带宽，因此不适合用在拥挤且可用带宽较小的 2.4GHz 宽带。

2）IEEE 802.11b

IEEE 802.11b 使用 2.4GHz 频段，是采用高速直接序列扩频（HR/DSSS）的传输技术，传输速率为 11Mbps。

802.11b 有时也被误认为无线保真（Wireless Fidelity，Wi-Fi），实际上 Wi-Fi 是无线局域网联盟（WLANA）的一个商标。后来人们逐渐习惯用 Wi-Fi 称呼 802.11b 协议。笔记本电脑的迅驰技术就基于该标准。

Wi-Fi 支持 11Mbps 的数据传输速率，它是一种短距离无线技术，通信半径约为 100m。尽管 Wi-Fi 技术通信质量不是很好，数据安全性能也不尽如人意，但由于推出时间早，产品种类多，因此被广泛应用于人员密集的地方，如家庭、办公楼、机场、车站、咖啡店和图书馆等无线网络中。

3）IEEE 802.11g

由于 802.11b 和 802.11a 使用不同的频段和不同的传输技术，两者不兼容，所以 IEEE 又推出了兼容 802.11b 和 802.11a 的 802.11g 标准。IEEE 802.11g 有两个特点，一是在 2.4GHz 频段使用正交频分复用（OFDM）调制技术，可使数据传输速率提高到 20Mbps 以上；二是能够与 IEEE 802.11b 系统互联互通，可共存于同一个网络，延长了 IEEE 802.11b 产品的使用寿命，降低了用户的投资。

它和 802.11b 一样工作在 2.4GHz 频段内，使用 2.4GHz 频段，传输速率主要有 54Mbps、108Mbps 等，可向下兼容 802.11b。

4）802.11n

由于无线局域网技术发展很快，WLAN、蓝牙、HomeRF、UWB 等竞相绽放，虽然 IEEE 802.11 系列的 WLAN 应用最广，但 WLAN 依然面临带宽不足、漫游不方便、网管不强大、系统不安全等问题。为了实现高带宽、高质量的 WLAN 服务，使无线局域网达到以太网的性能水平，802.11n 应运而生。

802.11n 使用 2.4GHz 频段，可以将 802.11a 及 802.11g 提供的数据传输速率由 54Mbps 提高到 300Mbps 甚至 600Mbps。它采用多输入/多输出（MIMO）与正交频分复用（OFDM）技术相结合的技术，提高了无线传输质量，也使传输速率得到了极大提升。

802.11n 采用智能天线技术，通过多组独立天线组成的天线阵列，动态调整波束，保证让 WLAN 用户接收到稳定的信号，并可以减少其他信号的干扰。因此其覆盖范围可以扩大到数平方千米，使 WLAN 移动性极大提高。

在兼容性方面，802.11n 采用了软件无线电技术，可作为一个可编程的硬件平台，使不同系统的基站和终端都可以通过这一平台的不同软件实现互通和兼容，这样 WLAN 将不但能实现 802.11n 向前、后兼容，还可以实现 WLAN 与无线广域网络的结合，如 3G 网络。

8.3.2 WLAN 硬件设备

WLAN 技术是计算机利用无线网卡通过无线 AP（Access Point）等设备接入局域网，然后通过局域网接入 Internet 的一种技术。无线局域网中常见的设备有无限网卡、无线接入点 AP 和无线路由器、无线天线、基本服务集 BSS 和扩展服务集 ESS 等。

1. 无线网卡

无线网卡的作用和以太网中网卡的作用基本相同，它是无线局域网与计算机连接的接口。在无线信号覆盖区域中，计算机通过无线网卡，以无线电信号方式接入到局域网中，实现无线局域网各客户机间的连接与通信。

无线网卡根据接口类型的不同，主要分为四种类型，即 PCMCIA 无线网卡、PCI 无线网卡、USB 无线网卡、EXPRESS 无线网卡，如图 8.2 所示。图 8.2 中的最后面一个是通过移动通信系统接入 WWAM 的无线网卡的。

图 8.2　PCMCIA、PCI、USB 和 EXPRESS 无线网卡

PCMCIA 无线网卡仅适用于笔记本电脑，支持热插拔，可以非常方便地实现移动无线接入；PCI 无线网卡适用于台式电脑；USB 接口无线网卡适用于笔记本电脑和台式计算机，支持热插拔；EXPRESS 网卡用于 GSM 和 CDMA 网络，凭借其功耗低、热量低、速度快的特点将 PCMCIA 抛在身后。

2. 无线接入点 AP 和无线路由器

AP（Access Point）和无线路由器如图 8.3 所示。它们的作用类似于有线网络中的网桥或集线器。无线路由器也具有路由功能，用于连接两个或多个独立的网络段；AP 是一个在数据链路层实现无线局域网互联的存储转发设备，AP 现在基本已被淘汰，主要使用无线路由器。

无线路由器可以看作一个转发器，移动设备（笔记本、手机、iPad、智能插座等带有 Wi-Fi 功能的智能设备）通过无线路由器接入网络。无线路由器接入外网一般都支持专线

xDSL/Cable Modem，动态、静态 IP 地址等接入方式，还具有路由、DHCP 服务、NAT、防火墙、MAC 地址过滤等网络管理功能，一般的无线路由器信号范围为半径 50m，部分无线路由器的信号范围达到了半径 300m。

（a）AP　　　　　　　　　　（b）无线路由器

图 8.3　AP 和无线路由器

理论上一个无线路由器可以支持一个 C 类地址（即连接 254 个无线节点），但建议一个无线路由器连接 25 台以内的移动设备。市场上流行的无线路由器一般只能支持 15～20 个设备同时在线使用。

3．无线天线

当无线网络中各网络设备相距较远时，随着信号的减弱，传输速率会明显下降以致无法实现无线网络的正常通信，此时就要借助于无线天线对所接收或发送的信号进行增强。

无线天线有多种类型，常见的有室内天线和室外天线两种。室内天线的优点是方便灵活；缺点是增益小，传输距离短。室外天线的类型比较多，一种是锅状的定向天线，另一种是棒状的全向天线。室外天线的优点是传输距离远，适合远距离传输，无线天线如图 8.4 所示。

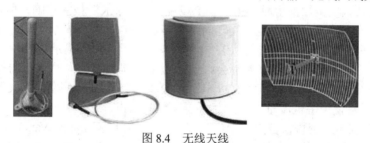

图 8.4　无线天线

4．基本服务集 BSS 和扩展服务集 ESS

无线局域网的最小构件是基本服务集（Basic Service Set，BSS），类似于移动通信中的蜂窝（cell）小区，一个 BSS 由一个基站和若干个移动站组成，所有的站都是运行同样的 MAC 协议并以争用的方式共享无线传输介质的。可以理解为一个基站天线范围内的无线站点集合，或一个无线路由器所覆盖范围内的移动节点集合。

一个 BSS 可以是独立的，也可以通过主干分配系统（Distribution System，DS）接入另一个 BSS，两个及以上的 BSS 就构成了一个扩展服务集（Extended Service Set，ESS）。DS 可采用常用的有线以太网或其他的无线方式连接。无线局域网的基本服务集 BSS 和扩展服务集 ESS 如图 8.5 所示。

图 8.5 中，BSS1 中的移动站点（手机等移动设备）A 如果要和另一个基本服务集 BSS2 中的移动站 B 通信，就必须经过两个接入点 AP1 和 AP2，即 A→AP1→AP2→B。

所谓的漫游也是移动终端从一个基本服务集漫游到另一个基本服务集，而仍然保持通信。例如校园网内的无线局域网，手机等移动设备从一个无线路由器漫游到另一个无线路由器区域；坐火车或自己驾车时手机从一个基站漫游到另一个基站，这个手机在不同的 BSS 中所使用的接入点基站（或 AP）已经改变了，但仍然保持通信。

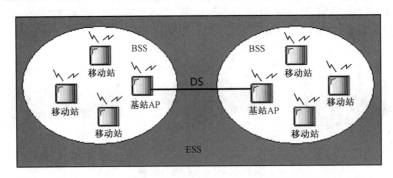

图 8.5　　无线局域网的基本服务集 BSS 和扩展服务集 ESS

8.3.3　WLAN 的安全性

现在的生活中，手机、PDA 等移动设备是生活中必备的东西，Wi-Fi 也成了生活必需品之一。但是，2017 年 10 月 16 日，比利时研究人员表示，WPA2 安全加密协议已经被"KRACK"（密钥重装攻击）技术攻陷。

WPA（Wi-Fi Protected Access），有 WPA 和 WPA2 两个标准，是一种保护无线网络安全的加密协议，可以防止无线路由器和连网设备被黑客入侵，是一种广泛应用于网络传播过程中的安全防护机制。通俗来说，大多数 Wi-Fi 是要输入密码的，这一过程不止用于防止蹭网，更重要的是验证你的手机和路由器之间的通信没有被别人窃取，WPA2 加密协议几乎是所有无线路由器默认安全加密手段。由于 WPA2 被"KRACK"技术攻陷，所以即使更换 Wi-Fi 密码，也无法保护信息的安全。一夜之间绝大多数 Wi-Fi 都不安全了。最直接的影响是用户所使用的无线网络处于易受攻击的状态，信用卡、密码、聊天记录、照片、电子邮件等都有可能被黑客窃取，尽管并非所有人都会因此而遭殃，但随着黑客的不断加入，没有哪个无线网络是绝对安全的。因此，在机场、火车站、商场等公共场所不随意登录那些完全不需要密码的 Wi-Fi，尽量使用手机流量上网，就不容易受到攻击。

对于 WPA2 安全加密协议被"KRACK"攻陷，安全专家 Mathy Vanhoef 表示："该漏洞影响了许多操作系统和设备，包括 Android、Linux、Apple、Windows 等。除了安全补丁，最好的解决办法就是及时下载路由器厂商的固件更新，升级到更安全的加密协议。

1）WLAN 的网络安全

WLAN 在信息的保密性方面没有有线网络那样严格，安装无线网卡的计算机都能访问到无线网络，并有可能进入到无线网络中，这很容易给无线网络带来安全隐患。非法访问者一旦进入到无线网络中，就会很容易地窃取各种信息，造成安全损失。

2）WLAN 的安全措施

需要及时有效地采取应对措施，加大非法攻击者入侵无线网络的难度，WLAN 的安全性措施主要表现在数据加密和控制访问等方面。例如，通过加密技术或采用网络验证识别技术，确保只有事先指定的用户或网络设备才能进入到无线网络中，而其他想强行借助各种无线网络技术访问无线网络的操作都被拒绝。具体措施有正确设置网络密钥、更改默认的 SSID 设置、合适放置天线等。例如，当 AP 支持简单网络管理（SNMP）功能时，应将该功能关闭，以防止非法攻击者获取无线局域网中的隐私信息；如果 AP 支持访问列表功能，就可以利用该功能，在无线网络节点设备中创建"MAC 访问控制表"，将合法的 MAC 地址逐一输入表格，这样只有合法的 MAC 地址节点才能访问 WLAN。

8.4 Wi-Fi 和蓝牙技术

8.4.1 Wi-Fi

1. Wi-Fi 基本概念

Wi-Fi（或 WiFi）是由"Wireless（无线电）"和"Fidelity（保真度）"两个单词的缩写组成的，根据英文标准韦伯斯特词典的读音注释，标准发音为"wai fai"。

Wi-Fi 使用 IEEE 802.11 系列协议，它是无线局域网中的一部分。Wi-Fi 也是一个无线网络通信技术的品牌，由 Wi-Fi 联盟（Wi-Fi Alliance）所持有。Wi-Fi 工作在 2.4GHz 或 5GHz 频段，覆盖距离不远，目的是改善基于 IEEE 802.11 标准的无线网络产品之间的互通性，能将个人计算机、手持设备（Pad、手机）等终端以无线方式连接起来。

只要将 AP 或无线路由器（热点）连接到提供网络接入功能的接口，就可以把有线网络信号转换成 Wi-Fi 信号，一般 Wi-Fi 信号的覆盖半径在 100m 以内，但因受墙壁等阻挡物影响，实际半径会更小一些。

Wi-Fi 与蓝牙技术一样，同属于短距离无线技术，是一种网络传输标准，主要的优势在于不需要布线，可以不受布线条件的限制，非常适合移动办公用户的需求，并且由于发射信号功率低于 100mW，低于手机发射功率，所以 Wi-Fi 得到了普遍应用，并给人们带来了极大的方便。虽然 Wi-Fi 通信质量有待改进，数据安全性能比蓝牙差一些，但传输速度快，符合个人和社会信息化的需求。

由于 Wi-Fi 的工作频段在世界范围内是无须任何运营执照的，因此提供了一个世界范围内可以使用的、费用低廉且数据带宽极高的无线空中接口。基于 Wi-Fi 技术的无线局域网已经日趋普及，住宅区、机场、图书馆、宾馆饭店、咖啡厅等区域都有 Wi-Fi 接口。有了 Wi-Fi 可以打网络电话、浏览网页、收发电子邮件、下载音乐、传递数码照片等，不用担心速度慢和花费高的问题。

Wi-Fi 在掌上设备上的应用越来越广泛，而智能手机就是最为普及的一个。与早前应用于手机上的蓝牙技术不同，Wi-Fi 具有更大的覆盖范围和更高的传输速率，因此智能手机一般都具有 Wi-Fi 功能。

2. WLAN 和 Wi-Fi 的区别

WLAN 和 Wi-Fi 都是无线局域网，概念上还经常将它们混用，实际上它们是有区别的。例如，对于连接到同一无线路由器组成的无线网络上的移动设备，苹果手机使用 Wi-Fi 表示无线网络，而华为手机使用 WLAN 来表示。

WLAN（无线局域网）所包含的协议标准有 IEEE 802.11a、IEEE 802.11b、IEEE 802.11g、IEEE 802.11n、IEEE 802.11e、IEEE 802.11i 等。802.11a 使用 5GHz 频段，最大传输速率为 54Mbps；而 802.11b 和 802.11g 使用 2.4GHz 频段，分别支持 11Mbps 和 54Mbps 的传输速率；802.11n 使用 2.4GHz 频段，支持 300Mbps 甚至高达 600Mbps 的传输速率。

Wi-Fi 基于 IEEE 802.11，目的是为了改善基于 IEEE 802.11 标准的无线网络产品之间的互通性，由 Wi-Fi 联盟持有。Wi-Fi 主要采用 802.11b，使用 2.4GHz 附近的频段，也可使用 IEEE 802.11a。

WLAN 和 Wi-Fi 区别归纳如下：

（1）含义不同。WLAN 利用射频技术进行据传输，用来弥补有线局域网络的不足，构建的是无网线、无距离限制的网络。Wi-Fi 是无线保真的意思，发射的信号功率低于 100mW，低于手机发射功率，给人们带来了极大的方便。

（2）Wi-Fi 包含于 WLAN 中，是 WLAN 中的一个子标准，属于采用 WLAN 协议的一项新技术。使用 2.4GHz 频段，主要采用 802.11b，传输速率为 11Mbps。采用 IEEE 802.11a 后，使用 5GHz 频段，传输速率达到 54Mbps。

（3）覆盖范围不同，和蓝牙一样，Wi-Fi 是小范围、短距离的，覆盖范围约为 90 米，用于办公室、家庭和咖啡厅等局限范围。而 WLAN 覆盖范围就广泛得多，它可以覆盖一个区域、校园或企业，加天线后覆盖半径最大可以到 5km。

8.4.2　2.4G Wi-Fi 和 5G Wi-Fi 比较

Wi-Fi 通常使用 2.4GHz 和 5GHz 两个 ISM 频段中的一个或者两个（双频段），Wi-Fi 技术至今已经发展到了第五代。第一代 Wi-Fi 标准受工艺和成本限制，芯片的工作频率只能固定在 2.4GHz，最高传输速率只有 2Mbps。随后出现的 802.11a、802.11b、802.11g、802.11n 等四个 Wi-Fi 版本的标准，速度越来越快。使用较为普遍的 802.11n 标准于 2004 年推出，它比之前的 802.11g 快了 10 倍，比更早的 802.11b 快了 50 倍，覆盖的范围也更广。

1．5G Wi-Fi

5G Wi-Fi（802.11ac）是指运行在 5GHz 无线电波频段，并采用 802.11ac 协议的 Wi-Fi。5G Wi-Fi 的最大特征是更高的无线传输速率（达到 433Mbps），一些高性能的 5G Wi-Fi 传输速率还能达到 1Gbps 以上。

5G Wi-Fi 运行在 5GHz 频段，能同时覆盖 5GHz 和 2.4GHz 两大频段，带宽提高到 40MHz、80MHz 或更高。5G Wi-Fi 还能改善无线信号覆盖范围小的问题，虽然 5GHz 比 2.4GHz 的衰减更大，难穿过障碍物，但由于覆盖范围更大，信号会产生折射，反而会更容易使各个角落都能收到信号。

注意：并不是运行在 5GHz 频段的 Wi-Fi 就是 5G Wi-Fi 了，运行在 5GHz 频段的 Wi-Fi 协议标准包括第一代 802.11a、第四代 802.11n（2.4GHz 和 5GHz 双频段），但它们采用的协议是 802.11n 标准，性能比采用 802.11ac 有所降低，而只有采用 802.11ac 协议并运行在 5GHz 频段的 Wi-Fi 才是真正 5G Wi-Fi，虽然同样是在 5GHz 频段上，但是 802.11n 标准速度慢，802.11ac 标准速度快。

2．2.4G Wi-Fi 和 5G Wi-Fi 比较

2.4G 频段处于 2.4 GHz～2.483GHz 之间，2.4G Wi-Fi 基于 IEEE 802.11b 技术标准。5G 频段处于 5.725GHz～5.850GHz 之间，5G WiFi 基于 IEEE 802.11ac 标准，因为 IEEE 802.11ac 技术本身工作在 5GHz 频段，所以也称为 5G WiFi。

1）2.4G Wi-Fi 优缺点

2.4G Wi-Fi 优点：2.4G Wi-Fi 的信号比 5G Wi-Fi 要好，根据电磁波物理特性波长越长衰减越少的原理，2.4G Wi-Fi 频段的频率波长较长，信号穿过障碍物衰减相对较少，传播距离更远；2.4G Wi-Fi 缺点：2.4G 信号频宽较窄，家电、无线设备大多使用 2.4G 频段，无线环境更加拥挤，干扰较大。

2）5G Wi-Fi 优缺点

5G Wi-Fi 的优点：5G Wi-Fi 信号频宽较宽，无线环境比较干净，干扰少，网速稳定，且 5G Wi-Fi 信号可以支持更高的无线传输速率；5G Wi-Fi 的缺点：5G Wi-Fi 信号频率较高，传播时衰减较大，覆盖距离比 2.4G 信号小。

所以，2.4G Wi-Fi 和 5G Wi-Fi 是互补的，2.4G Wi-Fi 信号好但带宽较 5G Wi-Fi 要小。在

选择无线路由器时，尽量选择双频无线路由器，这样就能同时兼顾 2.4G Wi-Fi 和 5G Wi-Fi 的优缺点了。

8.4.3 蓝牙技术

1. 蓝牙的由来

蓝牙（Bluetooth）一词曾是公元 10 世纪一位丹麦国王 Harald Blatand（英译为 Harold Bluetooth）的绰号。由于国王酷爱吃蓝莓，每天牙龈都被染成蓝色，人称蓝牙国王。公元 10 世纪，北欧的瑞典、芬兰与丹麦等"诸侯争霸"，丹麦国王 Harald Blatand 挺身而出，依靠他无与伦比的沟通能力和不懈努力，结束了血腥的战争，使各方都坐到了谈判桌前。通过沟通，各国冰释前嫌。所以，蓝牙也就成了沟通的代名词，蓝牙国王从此名垂青史。

1995 年，爱立信公司最先提出蓝牙概念，其目的是开发出一种连接手机和无线耳机技术，使用户不必受电线限制。1998 年 5 月爱立信（Ericsson）、国际商用机器（IBM）、英特尔（Intel）、诺基亚（Nokia）和东芝（Toshiba）等五家世界著名的计算机和通信公司成立了蓝牙特别兴趣小组 Bluetooth SIG（Special Interest Group），该组织向产业界无偿转让该项专利技术，制定了一套短距离无线连接技术的标准，实现了全球统一的目标，这个标准就是蓝牙。

一千多年后的今天，用丹麦国王的绰号命名这种新技术标准，含有将四分五裂的局面统一起来的意思，旨在希望它成为一个"沟通能力"很强的无线通信标准。事实上，蓝牙概念是由爱立信的营销人员提出的，用户了解了蓝牙技术的应用范围及其性能后，就感觉到用蓝牙这个概念来命名这种无线技术再贴切不过了。

2. 蓝牙技术

蓝牙标准是 IEEE 802.15，实际上是一种短距离无线通信技术，可以进行一些易携带的移动设备（蓝牙耳机、音响、移动电话、PDA、笔记本电脑、相机和电子秤等）之间的无线信息交换，而不必借助电缆，并且能够实现无线上网。实际应用还可以拓展到各种家电产品、电子产品和汽车等，组成一个巨大的无线通信网络。

一个蓝牙网络可以有 8 个蓝牙设备，其中一个是主控端（Master），其他则是客户端（Client）。同时每一个蓝牙设备又可成为另一个蓝牙网络的成员，通过此特性将蓝牙网络无限扩展出去，形成一个更大的蓝牙局域网。

蓝牙也利用开放的 ISM 频段，使用高速跳频扩频 FHSS 和时分多址 TDMA 等先进技术。蓝牙的跳频扩频和 IEEE 802.11 类同，只不过其跳跃的频率很高，用每秒 1 600 次的跳频频率实现无线电波的传输。

蓝牙最高数据传输速率为 1Mbps，最大传输距离为 10m，通过增加发射功率可达到 100m。由于蓝牙使用的是最拥挤的 2.4GHz 频段，该频段是一个开放的空间，因此防干扰和传输效率就非常重要。蓝牙传输技术主要有以下几个：

（1）采用高速跳频（1 600 次/s）和小信息包传送技术，这样重传的包不会对传输速度有太大影响。

（2）对于语音数据的正确性要求不高，若语音信息包丢失，不重传该包，以避免延迟。

（3）对于传输数据信息，接收端检查其正确性，若有错误则重传信息包，以确保数据无误。

蓝牙，对于手机乃至整个 IT 业而言已经不仅是一项简单的技术，而是一种概念。当蓝牙联盟信誓旦旦地对未来前景做出美好憧憬时，整个业界都为之震动。抛开传统连线的束缚，彻底地享受无拘无束的乐趣，蓝牙足以让人精神振奋。蓝牙标志和蓝牙适配器如图 8.6 所示。

图 8.6　蓝牙标志和蓝牙适配器

蓝牙是一种短距离、低功率、低成本的无线电波传输技术的代称，这个技术可以将所有使用蓝牙的设备互相连通。除了可以使两台或多台笔记本电脑实现无线通信之外，还应用于其他无线设备（如 PDA、手机、无线电话）、图像处理设备（如照相机、打印机、扫描仪）、安全产品（如身份识别系统和安全检查系统）、消费娱乐设备（如无线耳机、MP3、游戏机）、汽车产品（如全球卫星定位系统 GPS）、家用电器（如音像设备和厨房设备）等领域。例如，一部蓝牙手机在家里可以变成无线电话，还可以当遥控器使用，也可以将它作为一个个人数字助理 PDA（Personal Digital Assistant）来使用，手机之间可以利用蓝牙传输图像、音乐等资料。

现在，越来越多的消费类电子设备都内置了蓝牙功能，在生活中经常可以看到。采用蓝牙技术的 PDA 可以接入 Internet；蓝牙手机可以将信息发送到电视机上进行显示等。无线个人网（WPAN）一般也都使用蓝牙技术。蓝牙技术全球开放，具有很好的兼容性，全世界可以通过廉价的蓝牙网连成一体。

3. 蓝牙技术优势

1）全球可用

因为在免申请的 2.4GHz 波段运行，所以蓝牙技术全球免费使用，许多制造商都积极地在其产品中实施此技术，以减少使用零乱的电线，实现数据传输或语音通信。

2）设备范围

蓝牙技术得到了广泛的应用，集成该技术的产品从手机、汽车到医疗设备等，使用该技术的用户从工业市场到企业等相当多。低功耗，小体积及低成本的芯片使得蓝牙技术可应用于极微小的设备中。

3）易于使用

蓝牙技术是一项即时技术，它不要求固定的基础设施，且易于安装和设置。

4）全球通用的规格

蓝牙技术是当今市场上支持范围最广、功能最丰富且安全的无线标准。自 1999 年发布蓝牙标准以来，共有超过 4 000 家公司成为 Bluetooth SIG 成员。同时，蓝牙产品的数量也成倍增长。

4. 蓝牙的应用

1）居家

现在越来越多的人开始居家办公，生活更加随意而高效。通过使用蓝牙技术产品，人们可以免除居家办公时电缆缠绕的苦恼。鼠标、键盘、打印机、笔记本电脑、耳机和扬声器等均可以无线使用，这不但可以增加空间美感，还为室内装饰提供了更多创意和自由。另外，通过在移动设备和 PC 之间同步信息，用户可以随时随地存取最新的信息。蓝牙还能使家庭娱乐更加便利，用户可以无线控制 PC 或 Apple iPod 上的音频文件，允许从相机、手机、笔记本电脑向电视发送照片与朋友共享。

2）工作

通过蓝牙技术，办公室里再也不用整理凌乱的电线，可以有条不紊地高效工作；PDA 可与计算机同步信息；外围设备可直接与计算机通信；员工可通过蓝牙耳机在整个办公室内行走时接听电话，所有这些都无须电线连接。

启用蓝牙设备能够创建自己的即时网络，与同事共享演示稿或其他文件，不受兼容性或电子邮件访问的限制；使用蓝牙设备能方便地召开小组会议，通过无线网络与其他办公室的同事进行对话。

3）旅途

具有蓝牙功能的手机、PDA、笔记本电脑、耳机和汽车等能够在旅途中实现免提通信，使用 GPRS 或 4G 等移动网络无线将 PC 和 PDA 连接到 Internet，即使在旅途中也能高效工作。蓝牙技术应用最广的就是一些支持蓝牙的通话设备，如手机的蓝牙耳机、车载免提等。

4）娱乐

蓝牙技术能真正实现无线娱乐，内置了蓝牙的游戏设备可以在地下通道、飞机场或起居室中轻松地发现对方设备，然后进行游戏；使用无线耳机可方便地欣赏 MP3 播放器里的音乐；通过手机蓝牙发送照片到打印机或朋友的手机也非常简单。

蓝牙技术支持语音和数据传输，支持点对点及点对多点通信，可穿透不同物质及在物质间扩散，在近距离内廉价地将几台数字化设备呈网状连接起来。

利用蓝牙技术，能够有效地简化 PDA、笔记本电脑、无线耳机和移动电话等移动通信终端设备之间的通信，也能够成功地简化这些设备与 Internet 之间的通信，从而使现代通信设备与 Internet 之间的数据传输变得更加迅速高效，为无线通信拓宽道路。

8.5　本章小结

（1）无线网络传输分为光学传输和无线电波传输两大类。光学传输有红外线 IR 和激光等；无线电波传输采用扩频、窄频微波、HomeRF、移动通信蜂窝系统及蓝牙等技术。

（2）ISM 频段用于工业、科研和医疗的无线电设备，全世界（除西班牙和法国外）都开放该频段，用户不用申请便可直接使用。后来 ISM 频段也开放给所有使用无线电波的其他设备，无线网络也大多采用 ISM 频段。同属 ISM 公用频段的有 2.4GHz（2.4～2.483 5GHz）、900MHz（900MHz～928MHz）和 5.8GHz（5.725～5.850GHz）等。

（3）全球移动通信系统 GSM 俗称"全球通"，是第二代移动通信技术，也是一种无线电波传输技术。GSM 包括 GSM 900（900MHz）、GSM1800（1 800MHz）及 GSM1900（1 900MHz）等频段，大多数手机是双频手机，可以自由在两个频段（900MHz、1 800MHz）间切换，三频手机可在 GSM900\GSM1800\GSM1900 三个频段内自由切换。

（4）GSM 的数据传输速率只有 9.6kbps，速度太慢，GPRS 在 GSM 结构基础上构建。GSM 采用电路交换技术，而 GPRS 采用的是报文分组交换。GPRS 的数据传输速率理论上可达 171.2kbps，实际大约为 115kbps 以内。

（5）码分多址 CDMA 把其他设备发出的信号视为杂讯，初衷是防止对方对己方通信的干扰。优点：一是把环境噪声降低，使得通话更为清晰；二是减少手机之间的干扰，可以增加用户的容量；三是手机功率可以做得比较低，延长手机电池使用寿命，降低电磁波辐射；四是带宽可扩展，适合传输影像等数据；五是安全性能较好，增强了防盗听的功能。

（6）3G 支持高速数据传输的蜂窝移动通信，与 2G 的主要区别是传输速度的提升，适合处理图像、音乐、视频流等多种媒体形式。3G 标准分别是欧洲的 WCDMA（中国联通使用）、美国的 CDMA2000（中国电信使用）和中国提出的 TD-SCDMA（中国移动使用）。

（7）4G 集 3G 与 WLAN 于一体，能够传输高质量视频、图像等，传输速率更快。4G 的网络速度是 3G 的十几到数十倍，通信质量更高。中国 4G 网络的主要制式有 TD-LTE 和 FDD-LTE，移动获得 TD-LTE 制式牌照，电信和联通拥有 TDD 和 FDD 两种制式牌照。

（8）5G 与 3G、4G 一样是数字蜂窝网络，数据传输速率远远高于以前的蜂窝网络，最高可达 10Gbps，比当前的有线互联网要快，比 4G LTE 蜂窝网络快 100 倍。另一个优点是较低的网络延迟（低于 1ms）。2019 年 6 月 6 日，工信部正式向中国电信、中国移动、中国联通、中国广电发放 5G 商用牌照；2019 年 10 月 31 日，移动、电信和联通三大运营商公布 5G 商用套餐，并于 11 月 1 日正式上线。

（9）WLAN 是局域网的重要补充和延伸，并逐渐成为计算机网络中一个至关重要的组成部分。大多无线局域网使用 ISM 的 2.4GHz 和 5GHz 免申请的公共开放频段。802.11n 将 802.11a 及 802.11g 提供的 54Mbps 传输速率提高到 300Mbps 甚至高达 600Mbps。

（10）Wi-Fi 是无线电和保真度的意思，是 IEEE 802.11 系列中的一种，也是无线通信技术品牌，由 Wi-Fi 联盟持有。Wi-Fi 工作在 2.4GHz 或 5GHz 频段，覆盖距离不远，目的是改善基于 IEEE 802.11 的无线产品的互通性，能将笔记本、Pad、手机等以无线方式连接起来。

（11）WLAN 和 Wi-Fi 区别：Wi-Fi 包含于 WLAN 中，是 WLAN 中的一个子标准，属于采用 WLAN 协议的一项新技术，主要采用 802.11b，传输速率为 11Mbps。另外，Wi-Fi 覆盖范围较小，约 90m。而 WLAN 覆盖范围就广泛得多，加天线后最大可以到 5km。

（12）蓝牙标准是 IEEE 802.15，它是一种短距离无线通信技术，可以将一些易携带的移动设备之间进行无线信息交换。蓝牙也利用开放的 ISM 频段，最高数据传输速率为 1Mbps，最大传输距离为 10m，通过增加发射功率可达到 100m。

8.6　实验 7　组建无线网络

1．实验目的

（1）掌握利用手机设置热点方法组建无线网络的方法。
（2）掌握使用 360 随身 Wi-Fi、无线网卡等组建无线网络的方法。
（3）掌握无线路由器的设置方法。

2．实验环境

（1）360 随身 Wi-Fi、无线网卡每人一个。
（2）无线路由器每人或每组一个，直通网络连接线每人或每组 2 根。
（3）台式机（最好配有无线网卡）或笔记本 1 台。
（4）能接入 Internet 网络环境，并下载 360 免费 Wi-Fi、猎豹免费 Wi-Fi 等软件。

3．实验时数

2 学时。

4．复习及准备

请复习 8.3 节无线局域网相关知识。

5．实验内容

组建无线网络的方法很多，下面介绍几种常用的方法。

1）利用手机打开个人热点组建无线网络

手机利用移动网络（移动、电信或联通上网，需要流量）接入外网，在手机中打开"设置→移动网络（或无线和网络）→个人热点（AP）或移动网络共享/便携式 WLAN 热点"，设定登录此无线网络的用户名和密码，组建一个无线网络 WLAN。

验证：使用另一台移动设备（手机、笔记本电脑等）连接此热点上网，此方法适用于小范围几个用户临时组网，例如出差人员需要使用笔记本电脑上网而没有可用的无线网络时，或者手机上网流量用尽时使用。

2）利用 360 随身 Wi-Fi 组建无线网络

本方法需要一台已经接入外网（能上网，无线或有线接入均可）的计算机，例如在办公室计算机能上网，而手机等移动设备没有其他网络可用时，可使用本方法。本方法需要一个360 随身 Wi-Fi，并将 360 随身 Wi-Fi 插入能接入外网的计算机。如果该计算机已安装 360 安全卫士，将 360 随身 Wi-Fi 插入 USB 接口后会自动安装驱动并进行设置；未安装 360 安全卫士的计算机，可在网站 http://wifi.360.cn 下载驱动安装，将 360 随身 Wi-Fi 插入 USB 接口，然后设置更改登录此无线网络的用户名和密码。

验证：在另一台手机、iPad 等移动设备上使用上述用户名和密码登录该 Wi-Fi，查看网络连通情况，具体操作可参考产品说明书。此方法适用于办公室、机房、网吧，笔记本电脑能上网的车站、机场等场合，组建较简单。

3）利用无线网卡和软件（如猎豹免费 Wi-Fi）组建无线网络

和方法 2）类似，本方法也需要一台已经接入外网的计算机，但需要购置一个带有普通的 USB 接口无线网卡，并将该无线网卡插入计算机，另外还需要上网下载猎豹免费 Wi-Fi 并安装。猎豹免费 Wi-Fi 电脑版是一款免费的、极简的无线路由器，安装并运行猎豹免费 Wi-Fi后，就能利用该软件设置免费 Wi-Fi，设置方法较为简单，可以参考软件使用说明，使用过程当中可以随时更改登录该免费 Wi-Fi 的用户名和密码。

验证：在另一台手机、iPad 等移动设备上使用上述用户名和密码登录该 Wi-Fi，查看网络连通情况，此方法适用于办公室、机房、网吧，笔记本电脑能上网的车站、机场等场合，组建较简单。

无线路由器外观形式：普通（包括多天线式穿墙王）、移动电源（充电宝）式、扩展器式（利用同一电表下强电线路传输无线信号）

4）使用无线路由器组建 WLAN （选做）

无线路由器使用场合较为广泛，也较为常见，家庭、办公室等场合大都使用无线路由器。无线路由器的安装设置：产品说明书介绍较为详细，请参照产品说明书安装设置。不同的路由器安装设置稍有区别，下面介绍通常的安装设置方法。

（1）无线路由器 WAN 口连接。需要通过双绞线将无线路由器的 WAN 口接入以太网（墙上的网络模块）或接到 xDSL Modem/Cable Modem 的 ADSL 的 LAN 口，ADSL Modem通过电话线或光缆入网的方式一般电信服务人员已经接通，这里不再赘述。

设置无线路由器有两种方式，一种是使用计算机（有线方式）进行设置，这时需要将无线路由器的任意一个 LAN 口通过双绞线接入到笔记本电脑、台式机等作为设置计算机。第二种方式是用手机（无线方式）设置。

完成硬件连接的最后一步是无线路由器上电，接入电源适配器，打开无线路由器电源开关。

（2）使用计算机设置无线路由器。注意：如果该无线路由器已经设置过，可以使用尖细物按住"Reset"按钮约 5～10s 后，恢复路由器默认设置；如果是一个新路由器，可以直接设置。一般在路由器背面的背贴都贴有该路由器的设置地址（IP 地址或域名、用户名和密码等）信息，通常无线路由器的默认地址为 C 类保留地址，例如：192.168.1.1（厂商不同，默认 IP 也有差异）。

在设置计算机上打开浏览器，在浏览器的地址栏输入该地址（如果有域名尽量用域名，因为 IP 地址可能被设置更改过），打开用户登录页面，输入默认用户名和密码（如 admin/admin），单击"确定"按钮，进入无线路由器设置界面，初学者可以选择 "设置向导"按照提示完成设置，专业人员可以选择逐项设置方式进行设置。

注意，如果不能够打开设置界面，是因为计算机和无线路由器的 IP 地址不在同一个网段，这时参考前面的章节中 IP 地址和子网掩码的设置方法，将设置计算机的 IP 地址设置为自动获取（禁用代理服务器），或设置为与无线路由器同一网段（如 192.168.1.10/255.255.255.0）。

（3）使用手机设置无线路由器。首先，手机接入无线路由器。手机上点击"设置"→"无线和网络/WiFi/WLAN"，搜索该无线路由器，输入管理用户名和密码连接到路由器。如果该无线路由器已经设置过，通过"Reset"按钮恢复路由器默认设置。

在手机上打开浏览器，在浏览器地址栏输入路由器背贴上的设置地址（IP 地址或域名），按回车键进入路由器设置界面。同样尽量用域名，因为背贴上的 IP 地址会因路由器的设置而发生改变。

（3）进入设置界面，单击"设置向导"，单击"下一步"，按页面提示进行设置即可。通过设置向导设置完成后，也可以在设置界面左侧找到相应的项目修改设置参数，设置项目主要有选择上网方式（WAN 口设置，接入互联网方式），设置上网参数，包括无线路由器新的 SSID 号（无线网络/WiFi/WLAN 名称）、密码、设置 LAN 地址（规划您的局域网）和设置 DHCP 服务（可自动分配 IP 地址范围，即地址池开始地址和结束地址）等内容。

（4）上网方式和上网参数。无线路由器上网方式选择窗口如图 8.7 所示。

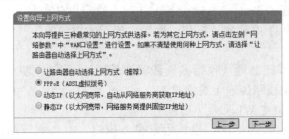

图 8.7 无线路由器上网方式选择窗口

上网方式是指无线路由器接入 Internet 的方式，即无线路由器的 WAN 口入网方式，主要有三种。第一种方式，当入网时需要用户名和密码时，例如使用 ADSL 方式或部分企事业单位等，用户已经知道入网的用户名和密码，就选择 "PPPoE"方式，这种方式较为常见；第二种方式，当不需要用户名和密码就能直接上网时，如部分宾馆、企业等，这时可选择"动态 IP"方式，无线路由器可以自动获取接入外网的 IP 地址等参数；第三种方式，"静态 IP"方式一般较少使用，接入外网的静态（固定）IP 地址需要向单位网管索取。如果不清楚使用无线路由器所接入的外网采用何种方式，则选择"让路由器自动选择上网方式"。

一般情况下，选择 PPPoE 方式较为常见。在图 8.7 所示的界面中，选择"PPPoE（ADSL 虚拟拨号）"方式，单击"下一步"，弹出用户名（上网账号）和密码（上网口令）输入界面，如图 8.8 所示。根据单位网络管理员或 ISP（Internet 服务提供商）提供的信息，输入用户名和密码，单击"下一步"。

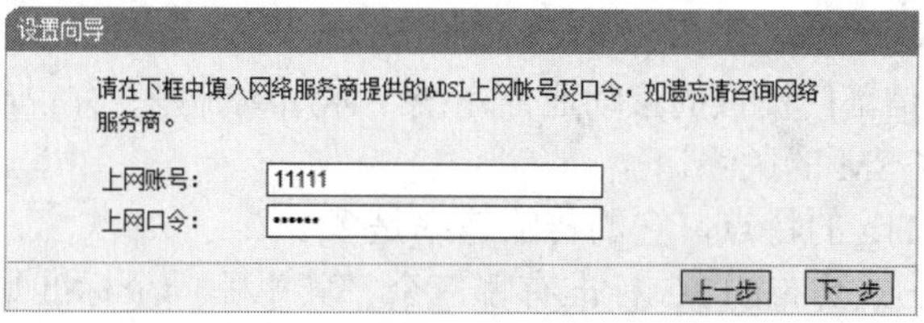

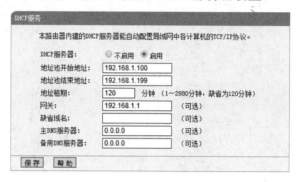

图 8.8　PPPoE 上网方式用户名和密码

无线路由器设置 DHCP 服务器后，可以为连接本路由器的移动设备自动分配 IP 地址，DHCP 服务器设置界面如图 8.9 所示，选择"启用"，根据需要修改地址池开始地址和结束地址，一般不用修改。单击"保存"按钮，完成 DHCP 服务器设置。

图 8.9　DHCP 服务器设置

（5）连接测试。利用手机、PAD、笔记本电脑或者安装有无线网卡的计算机，使用用户名和密码连接到无线路由器，测试网络联通情况。在笔记本电脑或者台式计算机上，在命令提示符下输入 ipconfig/all，查看获得的 IP 地址、子网掩码等参数。

6．实验思考题

（1）设置无线路由器时，上网方式（无线路由器接入 Internet 的方式）中，什么时候选择"PPPoE"方式？。

（2）无线路由器设置 DHCP 服务器有什么用？

习　　题

一、选择题

1．（　　）不属于无线网络。

    A．HomeRF　　　　B．Bluetooth　　　C．100Base-Tx　　D．WAP

2．（　　）不是红外线传输的模式。

    A．直接红外线连接　　　　　　　　B．反射红外线连接

    C．全向型红外线连接　　　　　　　D．广域型红外线连接

3．（　　）不是 GSM 可以应用的频段。

    A．1 700MHz　　　B．1 800MHz　　　C．1 900MHz　　　D．900MHz

二、问答题

1．无线网络可以分为哪几种？

2．无线网络的传输技术可分为哪两大类？请各举一个例子。

3．什么是 ISM 频段？

4．WWAN 采用电信部门提供的移动通信系统，你知道哪些？并说出它们各自的特点。

5．简述 GPRS 和 GSM 的关系。

6．简述 IEEE 802.11g 的特点，它的传输速率是多少？

7．国际电信联盟正式公布的 3G 标准有哪三个？其中哪一个标准是中国制定的？

8．WLAN 主要采用哪些标准？

9．举例说明你生活中蓝牙技术的应用。

第 9 章　广域网技术

广域网（WAN）分布距离远，它通过各种类型的连接实现更大地理区域内的连接，内联网（如 Intranet）等通过当地的 ISP 或 NSP 接入到广域网。广域网不具备规则的拓扑结构，速度慢、延迟大，其重要组成部分是通信子网，而通信子网通常由公共传输系统组成。公共传输系统包括传输线路和交换节点两部分，它仅仅工作在 OSI 的低两层（物理层和数据链路层），也有的工作在低三层。常见的公共传输系统按其提供业务的不同，可分为窄带和宽带两种，窄带公共网络包括公共电话交换网 PSTN、综合业务数字网 ISDN、数字数据网 DDN、公共分组交换网 X.25、帧中继（Frame Relay）等；宽带公共网络有异步传输模式、同步数字传输体系 SDH、ATM 和交换多兆位数据服务 SMDS 等。X.25、F.R.、B-ISDN 属于包交换网络，DDN 属于专线服务，而 PSTN 属于电路交换服务。

广域网的用户分为家庭用户、小型办公室用户、小区用户和企事业单位用户等，相比而言，大中型企事业单位一般要求接入的网络服务质量高、速度快。家庭用户（包括家居办公 SOHO）、小型办公室等用户接入广域网时一般使用已有电话线，它们使用普通 Modem、ISDN Modem、ADSL Modem 等设备，这部分内容将在本章 9.1～9.4 节介绍；小区用户和企事业单位等接入广域网时，使用 DDN、X.25、帧中继、ATM、B-ISDN 等网络，一般由电信、移动、联通等通过专线（光缆到楼，双绞线到户）接入，这部分内容将在本章 9.5～9.8 节介绍；接入广域网还可以通过无线的方式。

9.1　公共电话交换网（PSTN）

公共电话交换网 PSTN（Public Switched Telephone Network）就是人们平时所用的电话系统。传统的 PSTN 是以模拟技术为基础的电路交换网络，租用它实现数据通信较为廉价，但传输质量较差，网络资源利用率也较低。

由于 PSTN 分布范围广、代价小，因此是家庭用户、移动用户和要求不高的小型网络接入广域网的首选。PSTN 还可提供专线，传输效率高，但代价也高，是早期企业常用的方式。

终端方式可以通过 ISP 的某台主机，以终端身份接入广域网（如 Internet），用户不必申请 IP 地址和域名，只需要从 ISP 的主机上申请一个账号即可。终端方式需要的硬件设备有 PC、Modem（调制解调器）和电话线。为了实现与主机的通信，需要安装通信软件，如 Windows 下的 Terminal 等。用户通过拨号登录到 ISP 的主机上，利用该主机提供的软件访问 Internet。终端方式入网较为经济，适用于业务量很小的单位和个人，目前已经很少使用。

9.1.1　SLIP/PPP 协议

SLIP/PPP 是串行线路 IP 协议（Serial Line IP Protocol）和点到点协议（Point to Point Protocol）的简称。这种方法的优点是用户计算机成了网络的一个节点，有自己的 IP 地址（尽管它是每次拨号上网动态分配得到的），可享有 Internet 的所有服务。

1. 串行线路 IP 协议（SLIP）

SLIP 协议是较早的一个协议，已被 PPP 协议所替代。SLIP 是利用电话线访问 Internet 的方法，完成数据报的封装和传输，但不提供寻址、区分多种协议、检错、纠错等功能。因此 SLIP 较为简单，实施起来也比较容易。

2．点到点协议（PPP）

PPP 协议是一个数据链路层协议，它提供点对点串行线路上传输多种协议数据报的方法，是 TCP/IP 网络中最主要的数据链路层协议。PPP 支持多种协议，同时还支持异步/同步通信、错误检测、选项商定、头部压缩等机制，广泛应用于如 PSTN、ISDN、DDN 等广域网，也能应用于同步数字系列（Synchronous Digital Hierarchy，SDH）和同步光纤网络（Synchronous Optical Network，SONET）等高速线路。

3．PPP 身份验证

PPP 是针对点到点链路上传输网络协议数据而提出的，通常利用拨号线路进行通信。但是语音交换机对数据通信中的安全性考虑得很少，因此，PPP 协议增加了通信双方的身份验证和安全性协议，即在网络层协商 IP 地址前，先要通过身份验证。PPP 的身份验证有口令认证协议 PAP 和查询握手认证协议 CHAP 两种方式。

1）口令认证协议 PAP

口令认证协议 PAP（Password Authentication Protocol）是一种简单的认证协议，验证从用户端（被验证方）发起，并以明文传输密码。PAP 协议只在连接建立时进行，是两次握手认证协议，如图 9.1 所示。验证过程如下。

（1）被验证方（访问网络的用户端）发送用户名和口令。

（2）验证方（系统端）检验用户名和口令的合法性。例如，如口令合法，则给用户端发送确认 ACK 报文，并接受连接；不合法，则发送 NAK 报文，并拒绝连接。

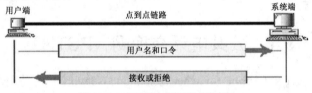

图 9.1　PAP 两次握手认证过程

因为 PAP 是以明文方式传输用户名和口令的，传输过程中如被截获，便有可能对网络安全造成威胁。因此，PAP 适用于对网络安全要求相对较低的环境。

2）查询握手认证协议 CHAP

查询握手认证协议 CHAP（Challenge Handshake Authentication Protocol）是三次握手协议，它比 PAP 安全性更高。这种方法在网络上只传输用户名，口令是保密的，不直接传输用户口令。CHAP 的三次握手认证过程如图 9.2 所示。和 PAP 相反，它是由验证方（系统端）首先发起验证请求的，就像取款机或者一些网络应用软件主动询问你的用户名和口令一样。

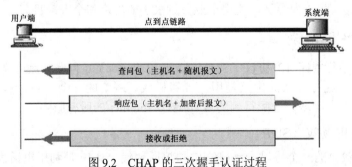

图 9.2　CHAP 的三次握手认证过程

CHAP 的验证过程如下。

（1）系统端向用户端发送一个查问包，该包中包含系统端的主机名（用户名）和一些随机产生的报文。

（2）用户端根据主机发来查问包中的主机名，在用户端用户数据库中查找用户口令。如找到与发送来的包中的主机名相同的用户，便利用接收到的随机报文，加上用户端的密钥和报文 ID，用加密算法得到一个结果。将这个结果和自己的主机名作为响应包发送给系统。

（3）系统端收到响应包后，利用对方的用户名在本端的用户数据库中查找对方的用户口令，再用本端保留的密钥、随机报文和报文 ID 用相同的算法得出结果，并与用户端响应包中的应答比较，根据比较结果做出接收或拒绝处理（ACK 或 NAK）。

CHAP 协议不仅在连接建立时进行，在数据传输过程中也按随机时间间隔继续进行验证。每次随机数据都不同，以防第三方猜出密钥。系统端一旦发现结果不一致，就立即断开线路。同时，它在网络上只传输用户名，而不传输用户口令，所以安全性比 PAP 要高。

9.1.2　拨号入网

拨号入网方式采用模拟传输技术，使用 Modem 实现远程通信，Modem 的传输速率有 14.4kbps、19.2kbps、28.8kbps、33.6kbps 和 56kbps 等几种。拨号入网可以采用终端方式也可以使用 SLIP/PPP 协议。

1．单机入网

单机入网时用户需要得到 DHCP 服务器发来的一个动态 IP 地址。由于 IP 地址数量有限，采用多用户共用某几个 IP 地址的方法，如 100 个地址供 1 000 个用户轮流使用，当某个用户拨号入网时，DHCP 会分配给该用户 100 个 IP 地址中的某一个，用户使用完毕后，主机收回该 IP 地址，供其他用户使用，这就是动态 IP 地址分配。动态 IP 地址使得用户在每次拨号入网时所得到的 IP 地址可能不同，因此，就不能作为主机节点供他人访问。

2．一线多机入网

一线多机在早期的网吧和办公室中经常使用，它是局域网中的多个计算机，利用一条电话线共享入网的方式。它需要对网络中的计算机进行设置，一般能上网的计算机设为代理服务器，其他计算机设置为客户机。可以利用 Windows 中的"Internet 连接共享"进行设置；也可以使用专用软件，如 WinGate、Sygate 等。

9.2　综合业务数字网（ISDN）

综合业务数字网（Integrated Services Digital Network，ISDN）能使用户利用现有的电话线，实现用户端数字信号入网，是数字传输和数字交换综合而成的数字电话网，整个思想就是电话网络数字化。1984 年 CCITT 对它的定义是："ISDN 是综合数字电话网发展起来的一个网络，它提供端到端的数字连接以支持广泛的服务，包括声音和非声音的，用户的访问是通过少量用途的用户网络接口标准实现的。"

ISDN 的特点是用户通过一个标准的用户网接口，可以享用各种类型的网络服务，用户利用 ISDN 可以实现上网和打电话同时进行，因此中国电信将其取名为"一线通"。

ISDN 将所有的用户服务都变成数字的而不是模拟的，它将模拟的本地用户环路替换为数字用户环路。完全数字的业务比模拟业务更加有效和灵活，通过 ISDN，用户可实现电话、传真、数据和图像等多种业务的数据传输和处理，在用户端，所有的通信都合并为单个接口，因此它是一个综合业务的数字网。每个用户都通过一个数字的管道连接到 ISDN 中心局，每个管道可以具有不同的传输速率。

ISDN 具有电路交换、包交换和无交换连接等功能，它先提供了 X.25 业务，主要是开发简单，后来又提供帧中继业务，可大大提高数据处理的效率。一般来说，ISDN 只提供低三层的功能，当一些增值的业务需要网络内部的高层功能支持时，可以在 ISDN 网络内部实现，也可以由单独的服务中心提供。

9.2.1 ISDN 的信道和用户接口

1. 信道

为了实现灵活性，ISDN 将用户和 ISDN 局之间的数字管道定义了三种类型的信道，它们是载体信道（B 信道）、数据信道（D 信道）和混合信道（H 信道），ISDN 信道类型见表 9.1。

表 9.1　ISDN 信道类型

信　　道	数据速率（kbps）
载体信道（B 信道）	64
数据信道（D 信道）	16, 64
混合信道（H 信道）	384, 1 536, 1 920

B 信道是基本的用户信道，它被定义为 64kbps，可以用全双工方式传输任何数字信息，如数字数据、数字化语音或其他低速率的信息。而 D 信道虽然名字是数据信道，但它是用来传输控制信息的信令信道。ISDN 采用了与以前不同的将数据和控制信息分开的办法。而 H 信道具有多种速率，适合视频、网络会议等信息传输。

2. 用户接口

窄带 ISDN（N-ISDN）有两种类型的标准接口：基本速率接口 BRI 和主速率接口 PRI。后者适用于大型企业和集团用户。

1）基本速率接口 BRI

基本速率接口（Basic Rate Interface，BRI）的速率为 144kbps，它包含了三个信道，两个用于语音或数据传输 64kbps 的 B 信道和一个 16kbps 的 D 信道（2B+D）。另外，ISDN 本身需要 48kbps 的带宽，因此 BRI 实际占用 192kbps 的带宽。

BRI 适用于家庭用户或小型企业，一般不需要更换现有的电话线，就可以在同一条双绞线上传输模拟信号和数字数据，但需要专门的 ISDN Modem，接线方式也需要做一些调节。目前我们国家使用 ISDN 主要采用 BRI 模式（它是 CCITT 的标准）。用户只要拥有一条 ISDN 线路，就可以进行上网、电话、收发传真和可视图文等多种业务。

2）主速率接口 PRI

主速率接口（Primary Rate Interface，PRI）包含两种，第一种接口包含了 23 个 B 信道和一个 64kbps 的 D 信道（23B+D），PRI 本身需要 8kbps 的带宽，所以 PRI 占用一个 1 544kbps（1.44Mbps）的数字信道。它正好和北美 DS-1 的 T1 线路相同，实际这种设计就是为了兼容已经存在的 T1 线路。第二种接口是欧洲的 PRI，包含了 30 个 B 信道和两个 64kbps 的 D 信道（30B+2D），总容量是 2.048Mbps，这是 E1 线路的标准，30B+2D 的设计兼容已存在的欧洲 E1 标准。

N-ISDN 在欧洲一些国家按用户需求已代替了普通电话线路，但在美国，由于 ADSL 和电缆调制解调器（Cable Modem）的出现使 N-ISDN 的使用相对较少。

9.2.2 宽带 ISDN（B-ISDN）

N-ISDN 是 PSTN 逻辑演变的一个结果，它无法传输可视电话和视频点播（VOD）等多媒体信息的宽带业务，由于当时还没有今天的 ATM 和三网融合的信息高速公路，而且 N-ISDN 将电路交换、包交换和无交换等功能放在同一个交换机中，带宽设计被证明也较窄。因此，N-ISDN 不适合同时传输大量数字业务的并发信号。

随着信息社会的到来，各个领域对通信的要求越来越高，除原有的语音、数据、传真业务外，还要求综合传输高清晰度电视、广播电视、高速数据传真等宽带业务。未来的社会将是一个全球经济、全球通信网的信息化社会，随着光纤通信的迅速发展，通信业务向着高速化、综合化及智能化的方向发展。但是大部分网络，都是面向特定的业务需求而建设的，无法适应未来网络的发展。因此需要建立一个单一的多功能网络，这便是宽带 ISDN（B-ISDN）。B-ISDN 是未来通信网发展的方向。1988 年，CCITT 指定 ATM 作为实现 B-ISDN 的技术基础。

宽带 ISDN（B-ISDN）为用户提供了 600Mbps 的传输速率，几乎是 PRI 的 400 倍，现在已经出现支持更高速率的技术。B-ISDN 基于 ATM 技术，表现了思想上的一个重大革命，改变了通信的所有方面，B-ISDN 是电信界从双绞线到光纤的一个改变，未来信息高速公路主要由 B-ISDN 和 ATM 组成。

9.3 数字用户线（xDSL）

用户到电信的"最后一公里"是模拟线路（本地用户环路），它成了传输瓶颈。因此，需要一种高速的用户接入方案。xDSL 很好地为用户解决了这个问题。

xDSL 是用户数字线路 DSL（Digital Subscriber Line）的统称，它是一种点到点的接入技术，利用现有电话网的用户环路为用户提供高速的数据传输，本地用户环路是带宽为 1MHz 或更宽的双绞线电缆。由于电话用户环路已经被大量铺设，所以这种技术得到了广泛的应用。xDSL 中的"x"代表不同种类的数字用户线路技术，不同种类之间主要是传输速率、距离和对称/非对称的区别。

9.3.1 xDSL 工作原理

传统的 PSTN 是一种模拟传输技术，它利用普通的 Modem，传输速率不能超过 56kbps。而 DSL 不需要将数字数据进行 A/D 转换，便可将电话线更大的带宽用于传输数字数据。同时，DSL 技术还可以将信号分离，将一部分带宽用于传输模拟信号（语音），而大部分带宽用于传输数字数据。因此，使用这种技术需要用户端安装一台分离器，以分离语音和非语音数据。

有几种调制技术可为不同的 DSL 所使用。如分立多音频技术（DMT）、无载波振幅调制（CAP）、多虚拟线路（MVL）等。另外，影响实际数据传输速率的一个因素：在不使用增音器的情况下，最大传输距离为 5.5km，而且传输速率也随用户与电话局之间距离的增加而下降；另一个因素：用户线路的规格中较粗的 24 号线比 26 号线要好。当距离超过 5.5km 时，可使用光纤扩充用户环路，仍能使用 DSL。

9.3.2 xDSL 的种类

下面介绍几种主要的数字用户线路技术。

1. 非对称数字用户线（ADSL）

非对称数字用户线（Asymmetrical Digital Subscriber Line，ADSL）是 xDSL 技术中最常用的一种，它一问世就以至少 1Mbps 的带宽令业界刮目相看，其气势让 ISDN 技术相形见绌。ADSL 不需要改造用户线路，它利用普通铜质电话线作为传输介质，用户只要拥有 ADSL 专线和专用的 ADSL Modem，无须拨号（一直在线）过程便可以入网。

ADSL 将双绞线电缆的带宽（1MHz）划分为三个频带，第一个频带为 0Hz～25kHz，用于常规的电话业务，这种业务只需使用 4kHz 的带宽，其余的作为警戒频带；第二个频带为 25～200kHz，用于上行传输数据；第三个频带为 200kHz～1MHz，用于下行传输数据。

ADSL 在不影响现有电话业务的情况下，进行非对称高速数据传输，它的上行传输速率为 224～640kbps，下行传输速率为 1.5～9.2Mbps，实际使用时，传输距离一般为 3～5.5km，因为传输距离等因素速率会降低。ADSL 利用分离器，将模拟语音信号和数字调制信号分开，即使在 ADSL 连接失败时也不影响语音服务。正因为如此，ADSL 技术已成为接入 Internet、视频点播、访问远程局域网络等理想的接入方式。ADSL 频带划分和各频带的传输速率如图 9.3 所示。

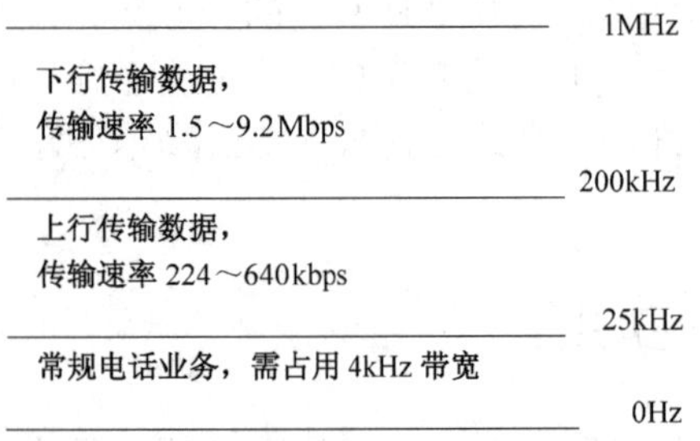

下行传输数据，
传输速率 1.5～9.2Mbps　　1MHz

上行传输数据，
传输速率 224～640kbps　　200kHz

常规电话业务，需占用 4kHz 带宽　　25kHz

　　0Hz

图 9.3　ADSL 频带划分和各频带的传输速率

2. 高比特率数字用户线（HDSL）

高比特率数字用户线（High bit-rate Digital Subscriber Line，HDSL）是对称的高速数字用户线技术，通过两对或三对双绞线提供全双工 1.544/2.048Mbps（T1/E1）数据传输能力，支持 640kbps、1 168kbps 和 2 320kbps 三种速率，但不支持语音服务和 ISDN。HDSL 没有中继时的传输距离根据用户线的规格不同而不同，为 4～7km。

3. 对称数字用户线（SDSL）

对称数字用户线（Symmetrical Digital Subscriber Line，SDSL）是 HDSL 的一个分支，它也称为单线对数字用户线（Single-pair Digital Subscriber Line，SDSL）或中等比特率数字用户线（Middle bit-rate Digital Subscriber Line，MDSL）。SDSL 使用一对双绞线在上下行方向上实现 E1/T1 的传输，上行和下行速率相同，从几百 kbps 到 2Mbps，传输距离约为 3km。

4. 速度自适应数字用户线（RADSL）

速度自适应数字用户线（Rate-Adapted Digital Subscriber Line，RADSL）可以根据线路质量动态调整自己的速率。它是在 ADSL 基础上发展起来的，也属于非对称传输模式。其上行传输速率为 128～768kbps，下行传输速率为 384kbps～9.2Mbps，传输距离约为 5.5km。

5. 甚高比特率数字用户线（VDSL）

甚高比特率数字用户线（Very high bit-rate Digital Subscriber Line，VDSL）是较先进的数字用户线技术，在一对铜质双绞线上实现数字数据双向传输，上行传输速率为 1.5～7Mbps，下行传输速率为 13～52Mbps，传输距离为 300m～1.3km。

另外，传输速率高达 155Mbps 的超高比特率数字用户线也正在研究中。

9.3.3　xDSL 的接入

xDSL 的接入由用户端和 xDSL 局端两部分组成。用户端设备由 xDSL 调制解调器和语音分离器组成，语音分离器将线路上的音频信号分离出来接到电话或传真机上，xDSL 调制解调器对用户的数据进行调制或解调。

xDSL 局端设备由 DSLAM 接入平台、DSL 局端语音分离器和数据汇聚设备等组成。其中，数据汇聚设备为可选的设备，它可为 DSL 提供不同的广域网接口，如 ATM、帧中继等；语音分离器将线路上的音频信号分离出来接入电话交换机，而将高频数字信号送到 DSL 系统；DSLAM 接入平台可以同时有多种 DSL 接入卡和网管卡等，它将线路上的调制信号调整为数字信号。

9.4　CATV 接入

有线电视 CATV（Cable TV）网的传输介质是同轴电缆，它已走进千家万户。为提高传输距离和质量，许多有线电视网正逐渐用混合光纤同轴电缆 HFC（Hybrid Fiber Coaxial）替代纯同轴电缆。所谓混合光纤同轴电缆网，是信号首先通过光纤传输到光纤节点（Fiber Node），再通过同轴电缆传输至有线电视网用户。利用 HFC，网络的覆盖面积可以扩大到整个大中型城市，信号的传输质量可以大幅度提高。

HFC 的通频带为 750MHz，45～750MHz 主要用于传输有线电视信号。其中，45～582MHz 用来传输模拟的 CATV 信号，每一通路需带宽 6～8MHz，因此可传输 60～80 路电视节目；582～750MHz 用于传输附加的模拟 CATV 或数字 CATV 信号，特别是视频点播 VOD（Video On Demand）。

从上述可以看出，CATV 的传输带宽远远没有得到充分利用，它有着巨大的潜力。1998 年 3 月 ITU 第 9 工作组，通过了 DOCSIS（the Data Over Cable Service Interface Specification），成为多媒体线缆网络系统的国际标准。

利用 CATV 接入广域网，是指利用 HFC 中没被使用的 0～45MHz 频带，需要电缆调制解调器（Cable Modem），它是近几年开始试用的一种超高速 Modem，从理论上讲 Cable Modem 下载数据的峰值速率最高可达到 36Mbps，这比拨号接入方式速率至少要高 640 倍。随着 Internet 的迅猛发展，基于 HFC 建立一个宽带 IP 网将成为未来发展方向。一级干线以环路为主，二级干线（从工作站到光节点）采用星型结构，每个光节点可以覆盖 500～1500 个用户群。

Cable Modem 与普通的 Modem 相比，不仅体积更大，结构也更复杂，它集调制解调器、路由器、加密/解密装置、网络接口卡和以太网集线器等于一体。Cable Modem 连接方式分为两种：对称速率型和非对称速率型。对称速率型的上行和下行传输速率相同，都在 500kbps～2Mbps 之间；非对称速率型的上行传输速率在 500kbps～10Mbps 之间，下行传输速率为 2～40Mbps。实际应用时，上行速率在 200kbps～2Mbps 之间，下行速率在 3～10Mbps 之间。

尽管利用 CATV 接入广域网拥有廉价和带宽优势，使它具有广阔的应用前景，但也存在以下问题：

（1）首先需要将原有的基于纯同轴电缆单向传输的 CATV 改造为双向传输的 HFC。为了实现双向通信，需要用双路信号放大器替换原有的单路信号放大器。为了能接入广域网，还需要安装 IP 路由器。

（2）由于 Cable Modem 模式采用的是将几个节点连在一起形成的一个总线型网络结构，这样网络用户要和邻居分享带宽。当在传输数据时正好有较多的用户收看电视节目或邻居正在上网时，会影响传输速率。为改进传输性能，可以改为星型结构。

无线接入技术、ADSL 接入技术和 CATV 接入技术，各有自己的优缺点。下面简单说明一下它们存在的问题。ADSL 接入技术是点到点连接，独占线路带宽，但是用户端与 ADSL 局端的距离及线路质量会影响传输速率，电缆越粗传输质量越好。另外，因为 ADSL 使用原有电话线路作为传输介质，因此它的抗干扰性比 CATV 接入方式要差；CATV 接入技术的主要问题是与邻居共享带宽，邻居打开电视或正在使用网络下载数据，都会影响其他共享用户的传输速率；而无线接入技术需要解决的主要问题是要防止非法用户的入侵，以及数据的加密和解密问题。

9.5　数字数据网（DDN）

数字数据网 DDN（Digital Data Network）可以采用铜电缆、光纤、微波或卫星等作为传输介质，向用户提供永久性连接，它是一种使用数字信道传输数据的数字传输网络，是面向所有专线用户或专用网用户的基础电信网。DDN 专线能够为用户提供多种速率。

1．DDN 的特点

数字数据网 DDN 有如下特点：

（1）DDN 是纯数字线路，传输质量高，延迟小，可靠性高。

（2）通信速率根据需要可在 2.4kbps～2.048Mbps 之间进行选择，当 DDN 专线是光纤时，接入速率可达千兆位/秒。

（3）可以集电话、传真、数字数据传输、视频和多媒体服务于一体，向用户提供永久性连接。

（4）传输距离远，DDN 的传输距离可以跨地区甚至跨国。

（5）投资和运行费用较高。

因为 DDN 是点到点的专用连接，所以用户租用 DDN 就是租用了一条高质量、高带宽的双向数字信道，可直接进行数字通信。DDN 和 X.25 的区别是：X.25 是一个面向连接的虚电路分组交换网，需要呼叫建立临时虚连接，而 DDN 不具备交换功能，在用户申请专线后，连接就已建立；X.25 按流量计费，DDN 可以按固定的月租收费。所以 DDN 更适用于实时性、突发性、高速和通信量大的系统。

2．DDN 用户接入方式

1）用户终端接入 DDN

用户终端接入 DDN 需要一个调制解调器，调制解调器分为基带传输和频带传输两种。基带传输需要让数据形成适当的波形，使数据信号在带宽受限的信道上传输时，不会因波形失真而产生码间干扰；频带传输是利用给定线路中的频带信道进行数据传输，它的应用范围比基带传输方式广泛得多，传输距离也比基带方式远。

调制解调器根据收发信号占用电缆芯数的不同，分为 2 线和 4 线两种，在要求传输距离长、速率高的情况下，应选择 4 线。

2）局域网接入 DDN

局域网接入 DDN 时，不仅需要一个调制解调器，还需要路由器，以便进行地址区别，使局域网中的多个用户能同时访问广域网。用户端将两对双绞线与基带 Modem 相连，再将基带 Modem 与路由器的同步串口相连，将路由器的 LAN 口连接至局域网。

我国的数字数据主干网是 ChinaDDN，它于 1994 年正式开通，由中国电信经营，用于大、中型企业局域网的远程连接。ChinaDDN 的结构分为国家级、省级、地市级 DDN，通过各级 DDN 将国内外的用户连接起来。各级网管中心负责用户数据的生成、网络的控制、调整和警告处理等维护工作。接入 DDN 的可以是一个用户终端，也可以是网络，它们都需要使用调制解调器。

9.6　公共分组交换网（X.25）

X.25 协议是 CCITT 于 1976 年制定的，它描述了 DTE 与 DCE 之间的接口标准，是广域网的包交换协议，世界上绝大多数国家都提供 X.25 协议。X.25 提供了面向连接的虚电路服务，强调的是高可靠性，它在 OSI/RM 的低三层都要进行差错检测和错误处理，特别是在第二、三层都采用了确认机制和超时重传等手段。

X.25 定义了物理层、帧层和分组层三个层次。物理层定义了一个称为 X.21 的协议，它和其他物理层协议如 EIA RS-232 等类似；帧层相当于 OSI/RM 的数据链路层；分组层相当于 OSI/RM 中的网络层，其主要功能是向主机提供多信道的虚电路服务。

X.25 分组层将包作为数据传输单元，主要功能是在源和目的节点间建立逻辑信道，对每一条逻辑信道所建立的虚电路执行与数据链路层单链路协议类似的链路建立、数据传输、流量控制、顺序和差错检测、链路的拆除等操作。利用 X.25 分组层协议，可提供多个可靠的面向连接的虚电路服务。

X.25 提供虚呼叫和永久虚电路（PVC）两种虚电路服务。虚呼叫需要通过呼叫建立连接及拆除过程的虚电路服务，永久虚电路是指两个 DTE 之间有一个永久性的连接，类似于专线。

X.25 所规定的虚电路服务属于面向连接的 OSI/RM 服务方式，这正好符合 OSI/RM 中的网络层服务标准定义，这就为公用数据网与 OSI/RM 结合提供了可能。OSI/RM 网络层的功能是提供独立于运输层的中继和路由选择及其他与之相关的功能。在面向连接的网络层服务中，要进行通信的网络层实体必须首先建立连接，这与 X.25 中建立虚电路的呼叫建立规程相类似。

X.25 有如下 5 个特点。

1）能接入不同的用户设备

X.25 内各节点具有存储转发功能，并向用户提供了统一的 DTE 和 DCE 之间的接口标准，因此能保证不同的传输速率、码型和传输控制规程的用户设备都能接入 X.25，并且它们之间能相互通信，而 PSTN 是一个线路交换网络，不具备这个能力。

2）可靠性高

X.25 强调的是高可靠性，它在分组层为用户提供了面向连接的虚电路服务，在物理层、帧层和分组层都进行差错检测处理，而且在帧层和分组层都采用了确认和超时重传机制。X.25 网络内部的每个节点（交换机）至少与另两个交换机相连，一旦一个中间交换机有故障，可以选择另一个传输路径传输数据。而 PSTN 只是一个物理层的延伸，没有上层协议保证其容错性能。

3）多路复用

用户端是以点到点的方式接入 X.25 的，虽然只有一个物理链路，但可多路复用多条逻辑信道（虚电路），使一个用户能同时与多个用户进行通信。每条虚电路都通过呼叫建立，其路径可能不同。而在传统的 PSTN 中，通信双方一旦建立连接，该线路就被占用，在连接拆除前即使通信双方没有数据传输而线路空闲时，其他用户也不能使用该线路。

4）流量控制和拥塞控制

当发送端传输过快时，容易丢失数据包，通过重传会加重网络负担，X.25 具有流量控制功能，并有拥塞控制机制以防止拥塞。

5）支持多种协议

X.25 支持多种协议，如 IP、IPX、AppleTalk 和 DECnet 等，它们通过 X.25 网络时都被封装到 X.25 的包内进行传输。

我国的 X.25 网是 ChinaPAC，它已连通了县级以上的城市和地区，提供比普通电话线更高的信道容量和可靠性。城市间的传输速率为 64～256kbps，用户接入的数据传输速率为 2.4kbps、4.8kbps 和 9.6kbps。

9.7　帧中继（Frame Relay）

X.25 基于铜质模拟线路，主要使用模拟信道，网络设施质量较差，为了保证网络传输可靠性，需要强大的差错检测与流量控制机制。网络层每个包在经过所有节点时，都要进行检查，以保证包的正确无误，相比而言速度较慢，不太适应越来越高的用户需求。现代数据通信主干线已逐步采用光纤，传输速率提高、误码率降低，网络设备的可靠性也显著提高。因此，X.25 在每一层都进行差错检测就会浪费宝贵的时间，降低网络传输效率。对于现代数据通信中的语音、视频和图像等突发性数据，X.25 技术已显得不太适应了。

帧中继（Frame Relay）和 X.25 一样是面向连接的、虚电路协议。但帧中继建立在大容量、低损耗、低误码率的光纤线路之上，出错概率很小。X.25 数据帧的交换在网络层，而帧中继的数据帧的交换是在数据链路层进行的，去掉网络层，中间节点也不负责确认与重发，只进行简单的检错，一旦有错就将其丢弃，也没有在每个中间节点设置流量控制和路由选择。TCP/IP 网络是将 X.25、帧中继、ATM、PPP、Ethernet 等网络连接起来的协议。当 TCP/IP 将 X.25 作为网络接口层时，TCP/IP 中的 IP 协议和 X.25 中的分组层功能是一样的，则网络层的功能就会重复（多余），影响效率，IP 和 X.25 网络层功能重复见表 9.2。帧中继使用快包技术，所以，它是一种比 X.25 效率高得多的快速交换技术。

表 9.2　IP 和 X.25 网络层功能重复

X.25	TCP/IP	帧 中 继
	应用层	
	传输层	
分组层	网际层	
帧层	网络接口层，如 X.25、帧中继、PPP、Ethernet	数据链路层
物理层		物理层

1．帧中继的特点

帧中继以帧为传输单位，着眼于快速传输。帧中继只在物理层和数据链路层操作，最大限度地提高网络吞吐量。因此它可用于主干网，为已经有网络层协议的网络提供服务。对于 X.25 网络，如果 TCP/IP 想利用 X.25 服务，那么 TCP/IP 中的网络层 IP 和 X.25 的网络层会有一个重复差错检测的过程。而帧中继省略了网络层，就不会有这种情况发生。另外，帧中继允许一帧的大小为 9 000 字节，可适合所有类型的局域网。由于 X.25 与帧中继很相似，因此很容易从 X.25 升迁到帧中继。

帧中继的缺点是：虽然它的传输速率与 X.25 相比较高，某些帧中继网络的传输速率可达到 44.376Mbps，但和更高速率的协议（如 B-ISDN）相比仍显得不够。另外，帧中继允许可变长度的帧，这可能会产生可变的延时。

2．帧中继的接入

帧中继能提供永久虚连接和交换式虚连接，用户端可以是一个局域网，也可以是一个主机。如果是一个局域网，则路由器就作为 DTE；如果是主机，则可以直接接入到帧中继网络的交换机上。

帧中继可依附在 DDN 网或 X.25 网上，如在 DDN 网的节点上安装帧中继模块和帧装/拆模块就可实现。

在我国，帧中继最初是通过在 ChinaDDN 上设置模块来实现的，后来出现了帧中继宽带业务网（CHINAFRN），CHINAFRN 提供帧中继永久虚电路（PVC）和帧中继交换虚电路（SVC）等业务，并具备 ATM 业务功能。帧中继用户接入速率为 64kbps～34Mbps，并且接入 Internet 的价格比 DDN 还要低。

3．X.25 和帧中继的比较

（1）X.25 强调高可靠性，而帧中继着眼于快速传输。

（2）X.25 有自己的网络层，当 TCP/IP 想利用 X.25 的服务时，由于 TCP/IP 中已有一个网络层协议 IP，在网络层的功能中就会有一个重复过程。而帧中继只在物理层和数据链路层操作，省略了网络层，因此不会发生网络层重复的情形。

（3）X.25 中每个数据包都需要在第三层进行转发，而帧中继中数据帧的交换在第二层进行。

（4）X.25 中数据包在传输过程中，在每个中间节点都要进行差错检查和流量控制。而帧中继中数据链路层不负责确认与重发，只简单检查数据帧有没有错误，一旦传输有错即丢弃数据帧。

（5）帧中继允许突发性数据，用户不必遵守 X.25 或 T 线路规定的恒定速率。

9.8　异步传输模式

帧中继是以帧为单位在数据链路层进行交换的，而异步传输模式（Asynchronous Transfer Mode，ATM）是以信元（cell）为传输单位的，ATM 也是在数据链路层进行交换的。ATM 是信元中继协议，它和 B-ISDN 的结合可实现全世界网络之间的高速连接，ATM 是信息高速公路上的"高速公路"，它比帧中继的传输速率更高，短距离时高达 2.2Gbps，长距离时可达 10～100Mbps。

9.8.1　ATM 基本概念

传统网络的交换方式主要有电路交换和包交换。电路交换的主要缺点是带宽的浪费（通信双方独占信道），而包交换的主要不足是信息延迟的不确定性。ATM 克服了这两者的缺点，它支持可变带宽、不同的传输介质和使用不同的传送技术。

1．包网络

基于包交换的网络都是为特定的业务而设计的，而各种应用对网络的速率、带宽等要求不一样。一个包由数据和额外开销比特组成，额外开销比特以头部和尾部形式出现，它用于识别路由、流量控制、差错控制及比特填充等所需的数据。

不同协议使用的包长度及包的复杂性不同。有的协议提供可变长度的包，如以太网的帧为 64～1 518 字节，IPv4 数据报中的数据长度为 20～65 536 字节。也有的网络包短到 200 字节，如果它们共享较长的链路，进行信道的复用，由于包大小可变，会导致通信量不可预测和时延的不确定。交换机、复用器和路由器必须融合复杂的软件系统来管理不同大小的包，这些网络设备必须阅读大量报文头信息，并对每个比特计数，以保证每个包的完整性。

不同长度的包网络之间的互联一般速率较慢，而且费用昂贵，包的长度不同也不能提供稳定、高速的传输，如图 9.4（a）所示。图 9.4（a）中当线路 1 中的 X 包先到达复用器（MUX）时，MUX 先将 X 包放到新的路径上，这时即使线路 2 中的包 A 有更高的优先级，包 A 也必须等待，由于包 X 较长（虽然有效数据相对较少），使得包 A 有不公平的时延。如果包 A、B、C 是语音包（如 IP 电话），则是不能接受这种时延的。

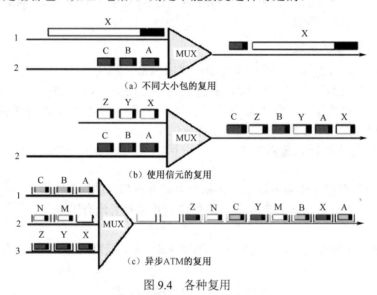

（a）不同大小包的复用

（b）使用信元的复用

（c）异步 ATM 的复用

图 9.4　各种复用

传统的数据传输允许有一定的时延，而语音和视频等多媒体信息的传输则不允许有太大的时延。

2．信元网络

包网络带来的问题可通过 ATM 信元网络解决，在 ATM 中，所有的业务类型都可以在同一网络上传送，因为 ATM 可以把各种应用适配成信元传送，它被认为是一种最适合 B-ISDN 的交换方式。光纤技术的发展为 ATM 技术的应用创造了条件。

ATM 信元由信头和信息段两部分组成，信元长度固定，为 53 字节。其中信头 5 字节，信息段 48 字节，这样每个信元都花费同样的传输时间。由于信元的发送无固定周期，因此可以采用异步时分复用传输技术，这也是将 ATM 称为异步传输模式的理由。传输时每个时间片传输一个信元，发送和接收时都按时间片进行处理，这种交换方式综合了包交换和电路交换的优点，克服了电路交换方式中网络资源利用率低，以及包交换方式中延迟和抖动等缺点，大大提高了网络效率，容易实现高达数百 Mbps 以上的传输速率。

在信元网络中，所有的数据都装入相同大小的信元中，这就可以按照完全可预测和统一的方式进行传输。由于信元都为 53 字节，长度小，因此避免了由于信道复用不同大小的包所带来的问题。同时，小的信元可以通过 ATM 交换机有效地进行交换，可按时到达目标节点，如图 9.4（b）所示。它将图 9.4（a）中线路 1 的 X 包分割成 X、Y、Z 三个同样大小的信元，这样两条链路中就没有一个信元需等待长时间的时延。将链路的高速率和小信元结合，可以让收发双方不会觉得有分段或复用的情况，这对处理语音类等实时信息的传输相当有效。

另外，由于信元大小固定，交换机和终端节点可将每个信元作为传输单元处理，而不将它们作为比特流，即信元网络的最小传输单元是信元而不是比特，而交换和复用可用硬件来实现，这样使得网络操作更为有效也更为廉价。

3. 异步 ATM

ATM 采用异步时分多路复用处理多个信道的信元，如图 9.4（c）所示，当线路 2 开始没有需要发送的信元时，MUX 分配的时间片为空（不分配时间片）。在 ATM 传输模式中，只要信道有空闲，便将信元投入信道，提高了信道利用率。由于 ATM 的高速性，使声音、图像和数据等能同时在 ATM 信道中传输。

ATM 是一种面向连接的交换技术，用户进行通信前先申请虚路径，提出业务要求，网络则根据用户需求和资源占用状况，决定是否为用户提供虚路径，实现按需动态分配带宽，通过异步 TDM 达到处理信道中信元的目的。

ATM 没有链路控制和流控制，当信元传输出错或丢失时，ATM 无相应的修正方法。但现在的传输链路可靠性大大提高，而且出错后可交由上层协议（如 TCP）处理。

4. 传输路径 TP、虚通路 VP 和虚电路 VC

ATM 网络中，两个端点之间的连接是通过传输路径（Transmission Path，TP）、虚通路（Virtual Path，VP）和虚电路（Virtual Circuit，VC）完成的。一个虚通路提供两个交换机之间的一条连接或多个连接的全体，就像一条高速公路可以双向通行，每个方向上可以有多个车道一样。用于同一报文的所有信元沿着同一条虚电路传输，并保持它们的原始次序一直到目标节点，一个虚电路就像高速公路上的一个车道；传输路径 TP 是一个端节点与一个交换机或两个交换机之间的物理连接。TP、VP 和 VC 间的关系如图 9.5 所示。

图 9.5　TP、VP 和 VC 间的关系

5. VPI 和 VCI

为了规定从源端点到目标端点的传输数据的路线，需要使用标识来表示该虚连接。一个虚连接由虚通路标识符（Virtual Path Identifier，VPI）和虚电路标识符（Virtual Circuit Identifier，VCI）两个数定义，它们是两级层次的标识符。VPI 定义的是特定的 VP，而 VCI 定义的是在 VP 中的一个特定的 VC。VPI 对所有的虚连接都是相同的，把它们捆绑成一个 VP。

ATM 和 X.25 及帧中继一样，使用永久虚电路（PVC）和交换虚电路（SVC）两种类型的连接。

6．ATM 交换

ATM 用交换确定信元从源端点到目标端点的路由，一般使用 VP 和 VPC 两种交换类型。VP 交换只用 VPI 确定信元的路由，而 VPC 交换使用 VPI 和 VCI 两个来确定信元的路由。典型的 ATM 网络大多数交换都是 VP 交换，而在网络的边界处大都是利用 VPI 和 VCI 进行交换的。

9.8.2　ATM 网络元素

一个 ATM 网络包括两种网络元素，它们是 ATM 端点和 ATM 交换机。ATM 端点是 ATM 网络中能够产生或接收信元的源站或目的站，它通过点到点链路与 ATM 交换机相连。ATM 交换机是一个快速分组交换机，一般交换容量能达到数百吉比特，其主要构件是交换机构（Switching Fabric）、若干个高速输入/输出端口，以及必要的缓冲区。

ATM 有两种主要的接口：

1）用户网络接口（UNI）

用户网络接口（User Network Interface，UNI）也称为用户到网络接口（User-to-Network Interface），它是 ATM 端点与它们所连接的 ATM 交换机之间的接口。

2）网络节点接口（NNI）

网络节点接口（Network Node Interface，NNI）也称为网络到网络接口（Network-to-Network Interface），它是 ATM 网络中两个 ATM 交换机之间或两个 ATM 网络之间的接口。

ATM 网络的每一种不同的接口都有其特定的协议。

9.8.3　ATM 的应用

ATM 是广域网技术，它为未来具有统一结构的网络定义了复用和交换的方法，并且得到了高速大容量的同步光纤网（SONET）或同步数字系列（SDH）的支持。ATM 可根据不同应用的特性要求（如延迟、丢失率等）提供多个服务质量（QoS）类别，它支持语音、数据、电视、图像和电路仿真等广泛的业务。

ATM 可以用在广域网中，作为主干网，用于连接局域网或其他的广域网。

ATM 也可用在局域网中，但需要解决如下问题。

1）面向连接和无连接

LAN 都是面向无连接的协议，在传输数据时不需要建立连接和拆除连接的过程。而 ATM 是面向连接的协议。

2）寻址方法的差别

LAN 中寻址是通过源和目的节点的物理地址进行，并确定数据传输线路的。而 ATM 是利用虚连接标识符确定一个信元的传输路径的。

3）组播与广播传递

LAN 能进行组播与广播传递，而 ATM 网络虽然也可以进行一点到多点的连接，但实现组播与广播传递却没有容易的办法。

9.9　本章小结

（1）广域网分布距离远，它通过各种类型的串行连接实现更大的地理区域内接入，局域网（企业网）通过广域网线路接入到当地 ISP。广域网拓扑结构是网状结构，与局域网相比速度慢、延迟大，入网站点无法参与网络管理。所以，广域网内需要复杂的互联设备（如交换机、路由器、网关），构成通信子网，负责数据交换、包的路由和协议转换等工作。

（2）广域网分为窄带广域网和宽带广域网，窄带网包括 PSTN、ISDN、DDN、X.25、Frame Relay 等。宽带网有 ATM、B-ISDN、SDH 和 SMDS 等。PSTN、ISDN、ADSL 都是利用现有电话网作为广域网接入方案的，现有电话网带宽为 1MHz 或更宽的双绞线电缆。

（3）PSTN 以电路交换技术为基础，用于传输模拟信号的网络，用户通过 Modem 和电话线拨号入网，最高传输速率为 56kbps，由于传输速率太低，现在已基本被淘汰。

（4）ISDN 提供终端用户到终端用户的全数字服务，实现语音、数据、图形、视频等综合业务的数字化传递方式。窄带 ISDN 有基本速率接口 BRI 和主速率接口 PRI 两种类型，BRI 的速率为 144kbps，使用的是 2B+D 信道，适用于家庭或小型企业。

（5）PRI 包含两种，一种规定了 23B+D 信道，支持 1 544kbps（1.44Mbps）的数据传输速率，兼容已经存在的北美 DS-1 的 T1 线路。另一种规定了 30B+2D 信道，支持 2.048Mbps（2Mbps）的数据传输速率，30B+2D 的设计就是为了兼容已存在的欧洲 E1 标准。PRI 适用于大型企业和集团用户。

（6）ADSL 是家庭和小型企业用户使用较多的广域网接入方案，它在不影响现有电话业务的情况下，进行非对称高速数据传输，它的上行传输速率为 224～640kbps，下行传输速率为 1.5～9.2Mbps，实际使用时，传输距离一般为 3～5.5km。

（7）CATV 接入利用 HFC 中没被使用的 0～45MHz 频带（电话线只有 0～1MHz），通过 Cable Modem 接入广域网，有对称和非对称速率两种连接方式。对称型上、下行速率都为 500kbps～2Mbps；非对称型理论值上行为 500kbps～10Mbps，下行为 2～40Mbps。由于 CATV 接入和邻居分享带宽，会影响传输速率。

（8）DDN 是点到点的专用连接的纯数字线路，使用铜电缆、光纤、微波或卫星等作为传输介质，向用户提供永久性连接。它是一种使用数字信道传输数据的数字数据网络，是面向所有专线用户或专用网用户的基础电信网。DDN 专线能够为用户提供多种速率。

（9）X.25 是广域网的包交换协议，提供了面向连接的虚电路服务，注重高可靠性，它在 OSI/RM 的低三层均进行差错检测和错误处理，在第二、三层均采用了确认机制和超时重传等手段。

（10）DDN 和 X.25 的区别是：X.25 是一个面向连接的虚电路包交换网，需要建立临时虚连接，而 DDN 不具备交换功能，在用户申请专线后，连接就已建立。X.25 按流量计费，DDN 可以按固定的月租收费。所以 DDN 更适用于实时性、突发性、高速和通信量大的系统。

（11）帧中继和 X.25 一样是面向连接的、虚电路协议，但 X.25 大都基于铜质模拟线路，每一层都进行差错检测，降低了网络传输效率。而帧中继建立在光纤线路之上，出错概率很小，传输速度快。最主要的是帧中继省略了网络层，交换只在第二层进行，不进行确认和重发，提高了传输效率。因此不会像 X.25 那样在接入 IP 网络时发生网络层重复的情形，所以，帧中继是比 X.25 效率高得多的快速交换技术。

（12）ATM 信元网络中，信元长度固定，为 53 字节，它克服了包交换网络信息延迟的不确定性等缺点，支持可变带宽和不同的传输介质并使用不同的传送技术。ATM 是信元中继协议，它和 B-ISDN 的结合可实现网络之间的高速连接，ATM 是信息高速公路上的"高速公路"，它比帧中继的传输速率更高，短距离时高达 2.2Gbps，长距离时可达 10～100Mbps。

9.10　实验 8　路由器基本设置（背靠背模拟广域网）

1．实验目的

（1）了解 RIP 和 OSPF 等路由协议概念。

（2）掌握在路由器上设置路由协议的方法。

（3）掌握使用路由器或华为模拟器实现背靠背模拟广域网的方法。

2．实验环境

根据实验条件，在下面两个环境中选择一个开展实验。

实验环境一：每组计算机 2 台、交换机 1 台、路由器 2 台、1 条标准 Console 电缆，1 条连接两个路由器的串口（Serial）电缆，直通双绞线 4 根。

实验环境二：华为模拟器"华为模拟器 eNSP"。

3．实验时数

2～4 学时。

4．复习及准备

因为实验需要设置路由协议，请预习第 10 章 10.3.2 节路由协议知识。

5．实验内容

1）构建实验环境

路由器有设置口（Console）、异步端口（AUX）、以太网口（Ethernet 0/0、Ethernet 1/0）和同/异步串口（Serial）等，异步端口 AUX 主要用于远程配置，也可用于拨号连接，还可通过收发器与 Modem 进行连接。

组建背靠背模拟广域网实验环境，如图 9.6 所示，两个路由器采用背靠背的方式连接两个网络，下面的实验过程中需要进行设置的两个路由器串口（Serial）的 IP 地址、以太网口（Ethernet）的 IP 地址，以及两个计算机的 IP 地址见图 9.6。注意：背靠背连接使用串口（Serial）电缆将两个路由器的串口（S0）相连。

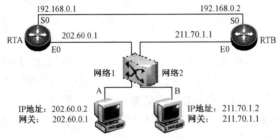

图 9.6　背靠背模拟广域网实验环境

实验环境说明：

（1）实验环境模拟两个 C 类网络，网络 1（左边部分）和网络 2（右边部分）背靠背。

网络 1 的网络 ID 是"202.60.0.0/24"，子网掩码为"255.255.255.0"。由路由器 RTA（E0口 IP 地址为"202.60.0.1"）和计算机 A（IP 地址为"202.60.0.2"）组成，网关地址为路由器 A 的 E0 口地址；与网络 2 背靠背连接的路由器 A 串口（S0）IP 地址为"192.168.0.1"。

网络 2 的网络 ID 是"211.70.1.0/24"，子网掩码为"255.255.255.0"。由路由器 RTB（E0

口 IP 地址为 "211.70.1.1"）和计算机 B（IP 地址为 "211.70.1.2"）组成，网关地址为路由器 B 的 E0 口地址；与网络 1 背靠背连接的路由器 RTB 串口（S0）IP 地址为 "192.168.0.2"。

（2）计算机 A 和 B 虽然使用同一个交换机，但因为不属于同一个网络，它们之间是不能直接通信的，需要通过路由器，相互之间才能访问。

（3）路由器需要设置的项目很多，如 PPP 协议（PAP 和 CHAP 认证）、帧中继和防火墙等。本实验只进行一些基本的路由协议设置。

（4）如果选择环境一，需要做下面步骤 2）中的路由器、交换机、计算机连接并启动超级终端；如选择实验环境二（华为模拟器），则步骤 2）跳过不做，但下面的实验中用到的命令和真实环境稍有差异，实验过程中可在模拟器中使用帮助 "？" 参考。

2）电缆连接并启动超级终端

（1）连接 Console 口和计算机的串口。将 Console 串口设置一端连接到任一个计算机的串行口，另一端连接到路由器 RTA 的 Console 口。

（2）启动超级终端。在与路由器 Console 口相连的计算机上，执行 "开始→程序→附件→通信→超级终端" 命令。在弹出的超级终端串口属性设置窗口中，单击下方的 "还原默认值" 按钮，将该串行口设置为每秒位数为 9 600 波特，单击 "确定" 按钮，启动超级终端。

3）设置计算机 A

计算机 A 属于网络 1，IP 地址为 "202.60.0.2"、子网掩码为 "255.255.255.0"、默认网关为 "202.60.0.1"，环境一的设置方法请参考第 6 章 6.7 节的实验 5 进行。环境二计算机的 IP 地址等设置方法请参考第 4 章 4.10 节的实验 3 进行。下面简单介绍环境二的设置方法。

双击华为模拟器中 PCA 图标：

root	用户名
linux	密码
?	命令帮助
ifconfig eth0 202.60.0.2　netmask 255.255.255.0	设置 IP 地址为 "202.60.0.2"
route add default gw 202.60.0.1	设置默认网关为 "202.60.0.1"

4）设置计算机 B

PCB 设置方法和 A 类似，IP 地址为 "211.70.1.2"、子网掩码为 "255.255.255.0"、默认网关为 "211.70.1.1"，环境二登录用户名、密码同 A，登录命令此处略，后两步命令如下。

双击模拟器中 PCB 图标：

ifconfig eth0 211.70.1.2　netmask 255.255.255.0	设置 IP 地址为 "211.70.1.2"
route add default gw 211.70.1.1	设置默认网关为 "211.70.1.1"

5）测试网络连通性

参照实验 5 和实验 3，使用 ping 命令测试计算机 A 和计算机 B 的连通性，记录结果。因为它们分别属于网络 1 和网络 2，所以暂时还不能 ping 通过。

6）设置网络 1 中的路由器，网络 ID 是 "202.60.0.0"

先设置第一个路由器（或双击模拟器中的 Router A 图标）。

（1）路由器进入系统视图（进入路由器设置界面的第一步，也是必需步骤）。

＜H3C 或 Quidway>system

（2）路由器改名为 RTA。

[H3C]sysname RTA

（3）查看路由器的当前版本和当前设置信息（只是查看，此步骤可以不做）。

[RTA]display ver

[RTA]disp curr

（4）设置路由器串口（S0）IP 地址。

[RTA]interface s0

[RTA-Serial0]ip　address 192.168.0.1 24

注意：参数"24"表示子网掩码的长度，"24"也可以改为"255.255.255.0"，下同。

（5）进入以太网口（E0）设置界面，设置路由器 E0 口 IP 地址。

[RTA-Serial0]interface e0

[RTA-Ethernet0]ip add 202.60.0.1 24

7）设置网络 1"202.60.0.0"到网络 2"211.70.1.0"的静态路由

在第一个路由器上 RTA，进行操作

[RTA-Ethernet0]quit

[RTA]ip route-static 211.70.1.0 255.255.255.0 192.168.0.2 preference 60

说明："192.168.0.2"是网络 1"202.60.0.0"访问网络 2"211.70.1.0"时下一跳路由器地址。preference 60 表示静态路由加入路由表的优先级为 60（范围为 0～255，默认优先级 60，RIP 优先级为 100，OSPF 优先级为 10，直接连接网络的路由优先级最高为 0）。

[RTA]display ip route-table　　　　　　　查看路由器的路由表信息

8）设置网络 2 中路由器 RTB 的 S0 口、E0 口的 IP 地址及到网络 1 的静态路由

用步骤 6）和 7）的同样方法设置路由器 RTB 的 S0 口、E0 口的 IP 地址和静态路由，下面采用简略命令的方式进行设置。如果选择环境一设置前将 Console 电缆连接到 RTB 的 Console 口。

[H3C]sysname RTB

[RTB]int s0

[RTB-Serial0]ip add 192.168.0.2 24

[RTB-Serial0]int e0

[RTB-Ethernet0]ip add 211.70.1.1 24

[RTB-Ethernet0]quit

[RTB]ip rout 202.60.0.0 24 pre 60　　　　　如果模拟器不认简略命令请将命令完整输入

　　完整输入：ip route-static 202.60.0.0 255.255.255.0 192.168.0.1 preference 60

9）设置网络 1 和网络 2 之间的默认路由

在第一个路由器 RTA 上：

[RTA]ip rout 0.0.0.0　0.0.0.0　192.168.0.2　　　环境一中子网掩码"0.0.0.0"可简写为 0

说明：IP 地址和子网掩码都为 0.0.0.0，表示本网络中所有的 IP 地址，或没有 IP 地址，也就是整个网络。在路由器中用"0.0.0.0/0"配置为默认路由，作用是帮助路由器发送路由表中找不到匹配路由的包，数据包都将送到全零网络的路由中去。

在第二个路由器 RTB 上：

[RTB]ip rout 0.0.0.0　0.0.0.0　192.168.0.1

[RTB]display ip route-table　　　　　　　查看路由器 RTB 的路由表信息

10）测试网络连通性

使用 ping 命令测试网络 1 中的计算机 A 和网络 2 中的计算机 B 的连通性，记录结果。环境一中如果测试不通，需要分别在两个路由器的接口视图下完成 shutdown（关闭端口）和 undo shutdown（开启端口）命令之后，路由协议才能生效。RTA 上的操作如下：

[RTA]interface s0

[RTA-Serial0]shutdown

[RTA-Serial0]undo shutdown

[RTA]interface e0

[RTA-Ethernet0] shutdown

[RTA-Ethernet0] undo shutdown

[RTA]disp ip rout

同样，在路由器 RTB 上进行上述操作。

然后再使用 ping 命令测试连通性。

11）设置 RIP 协议（选做）

在上面实验的基础上，先删除静态路由的设置，再设置 RIP 协议。操作步骤如下：

[RTA]undo ip ro 211.70.1.0 24 192.168.0.2　　　　　24 表示 255.255.255.0

[RTA]undo ip ro 0.0.0.0　0.0.0.0　192.168.0.2

[RTA]rip

[RTA-rip]network all

[RTB]undo ip ro 211.70.1.0　　24　　192.168.0.2

[RTB]undo ip ro 0.0.0.0　0.0.0.0　192.168.0.2

[RTB]rip

[RTB-rip]network all

RIP 协议设置完成后，分别在两个路由器的接口视图下完成 shutdown 和 undo shutdown 命令，然后使用 ping 命令测试网络的连通性，记录结果。

[RTA]disp ip rout

[RTB]disp ip rout

12）设置 OSPF 协议（选做）

在上面实验的基础上，先关闭 RIP 协议，再设置 OSPF 协议。操作步骤如下：

[RTA]undo rip

[RTA]ospf

[RTA]disp ip rout

[RTA]int e0

[RTA-Ethernet0]ospf enable area 0

[RTA-Ethernet0]int s0

[RTA-Serial0]ospf enable area 0

[RTA-Serial0]quit

[RTA]ospf enable

[RTB]undo rip

[RTB]ospf

[RTB]int e0

[RTB-Ethernet0]ospf enable area 0

[RTB-Ethernet0]int s0

[RTB-Serial0]ospf enable area 0

[RTB-Serial0]quit

[RTB]ospf enable

OSPF 协议设置完成后，使用 ping 命令测试网络的连通性，记录结果。

6．实验思考题

（1）设置路由器时，命令中子网掩码 24 表示什么？子网掩码 0 又表示什么？

（2）IP 地址为"0.0.0.0"、子网掩码也为"0.0.0.0"时，表示什么意思？

习　　题

一、选择题

1．ADSL 通常使用（　　　）。

　　A．电话线路进行信号传输　　　　　　　　B．ATM 网进行信号传输

　　C．DDN 网进行信号传输　　　　　　　　　D．有线电视进行信号传输

2．目前，Modem 的传输速率最高为（　　　）。

　　A．33.6Mbps　　　　B．56kbps　　　　C．56Mbps　　　　D．64kbps

3．非对称数字用户线是（　　　）。

　　A．HDSL　　　　　B．ADSL　　　　　C．SDSL　　　　　D．RADSL

4．以下属于分组交换的是（　　　）。

　　A．PSTN 网　　　　B．SDH　　　　　C．X.25 网　　　　D．有线电视网

5．属于点到点连接的链路层协议是（　　　）。

　　A．X.25　　　　　B．IP　　　　　　C．ATM　　　　　D．PPP

6．CHAP 是三次握手的验证协议，其中第一次握手是（　　　）。

　　A．被验证方直接将用户名和口令传递给验证方

　　B．验证方将一段随机报文和用户名传递到被验证方

　　C．被验证方生成一段随机报文，用自己的口令对这段随机报文进行加密，然后与自己的用户名一起传递给验证方

7．ISDN 基本速率接口（BRI）速率是（　　　）。

　　A．16kbps　　　　B．64kbps　　　　C．144kbps　　　　D．2048kbps

8．ISDN BRI 的物理线路是（　　　）。

　　A．2B+D　　　　　B．30B+D　　　　C．同轴电缆　　　　D．普通电话线

9．ISDN BRI 用户接口是（　　　）通道。

　　A．2B+D　　　　　B．30B+D　　　　C．同轴电缆　　　　D．普通电话线

10．ISDN 中的 PRI 线路中，D 通道的作用是（　　　）。

　　A．收发传真和语音　　　　　　　　　　　B．传送同步信号

　　C．传送信令　　　　　　　　　　　　　　D．用户数据通道

11．欧洲标准的 ISDN PRI 接口可以提供（　　　）个 B 信道。

　　A．2　　　　　　　B．23　　　　　　C．30　　　　　　D．32

12．X.25 协议包含了三层，即（　　　）。

　　A．表示层、会话层、传输层　　　　　　　B．会话层、传输层、分组层

　　C．传输层、分组层、帧层　　　　　　　　D．分组层、帧层、物理层

13．帧中继技术是一种广域网技术，有许多优秀的技术特性，其中不包括（　　　）。

　　A．信元长度固定

　　B．是一种国际标准

　　C．简化了 X.25 的第三层功能

D．在链路层完成统计复用，帧透明传输和错误检测

14．以下不是广域网协议的是（　　　）。

　　A．PPP　　　　　　　B．X.25　　　　　　C．Fream Relay　　D．Ethernet

15．帧中继仅完成（　　　）核心层的功能，将流量控制、纠错等留给智能终端完成，大大简化节点机之间的协议。

　　A．链路层和网络层　　　　　　　　B．网络层与传输层

　　C．传输层与会话层　　　　　　　　D．物理层与链路层

16．帧中继采用（　　　）技术，能充分利用网络资源，因此帧中继具有吞吐量高、时延短、适合突发性业务等特点。

　　A．存储转发　　　　B．虚电路技术　　　C．半永久连接　　　D．电路交换技术

17．帧中继没有（　　　）的特点。

　　A．基于虚电路　　　　　　　　　　B．带宽统计复用

　　C．确认重传机制　　　　　　　　　D．一种快速分组交换技术

18．帧中继是一种（　　　）的协议。

　　A．面向连接　　　　B．网络协议　　　　C．面向无连接　　　D．可靠

二、填空题

1．ADSL"非对称"性是指_____。

2．数字用户线 xDSL 主要有_____、_____、_____、_____和_____等种类。

3．ATM 网络的基本数据单元是信元，一个信元的长度为____字节，其中____字节为头部，____字节为有效载荷。

4．ADSL 将双绞线 1MHz 的带宽划分为三个频带，每一个频带为_____，用于常规电话业务；第二个频带为_____，用于上行传输数据；第三个频带为_____，用于下行传输数据。

5．ADSL 的上行传输速率为_____，下行传输速率为_____，传输距离一般为_____。

6．Modem 的最高传输速率为_____。

7．ISDN 数字管道定义了_____、_____和_____三种信道，用户接口分别为_____、_____。

8．BRI 定义的信道为_____，传输速率为_____；PRI 定义的信道为_____，传输速率为_____。它们分别符合 EIA/TIA 制定的_____标准。

三、问答题

1．常见的公共传输系统主要有哪些？

2．公共传输系统主要提供哪三种通信服务？

3．点到点协议（PPP）是一种什么样的协议？

4．小型局域网利用 Modem 接入 Internet 时（一线多机入网）采用什么方法？

5．ISDN 是一种什么样的网络？

6．N-ISDN 定义了哪三种类型的信道？各自的数据传输速率是多少？分别用于传输什么数据？

7．N-ISDN 定义了哪两种类型的用户接口？相应的数据传输速率（带宽）是多少？

8．PPP 的身份验证有哪两种，叙述其相应的验证过程。

9．什么是宽带 ISDN？

10．画出局域网通过 ISDN 接入 Internet 的网络系统结构图。

11．叙述 xDSL 的工作原理。

12．如何使用 xDSL 实现与 Internet 的连接？

13．ADSL 划分的三个频带的带宽各为多少？接入 Internet 时的上行、下行传输速率为多少？

14．无线接入、ADSL 接入和 CATV 接入各有什么优缺点？

15．在目前情况下，使用 CATV 接入 Internet 还存在哪些问题？

16．ATM 网络包括哪两种网络元素？

17．ATM 论坛根据各种服务的通信量和 QoS 等参数，按照比特率定义了哪五类服务？

18．数字数据网 DDN 有什么特点？

19．画出局域网通过 DDN 接入 Internet 的网络系统结构图。

20．X.25 是什么网络，它有哪些特点？

21．X.25 在体系结构上定义了哪几个层次？

22．帧中继和 X.25 的主要区别是什么？

23．ATM 信元由哪两部分组成，信元长度为多少？

24．大、中型集团用户 Internet 接入技术有哪些？

第 10 章　TCP/IP 应用层及 Intranet

10.1　TCP/IP 应用层协议

应用层负责用户和应用程序之间的通信，是用户和网络间的接口，用于实现对网络资源的访问。应用层的另一个功能是解决不同系统的文件传输问题，因为网络系统不同，文件的命名方式、文本行表示等都不一样，文件传输时容易出现不兼容的问题。OSI/RM 高三层中的会话层和表示层划分意义不大，反而增加了复杂性，而 TCP/IP 将 OSI/RM 高三层合并为一层，简单实用。

TCP/IP 的应用层为用户提供了许多网络应用程序。常用的 TCP/IP 应用层协议有域名系统 DNS、远程登录 Telnet、文件传输协议 FTP、简单邮件传输协议 SMTP、邮局协议 POP、简单网络管理协议 SNMP、Windows Internet 命名服务 WINS、动态主机设置协议 DHCP 和超文本传输协议 HTTP 等。TCP/IP 的应用层协议中，基于 TCP 协议的协议有 Telnet、FTP、SMTP 和 HTTP 等；基于 UDP 协议的协议有 SNMP、DNS、TFTP、DHCP、RIP 和 RPC 等。

10.1.1　域名系统（DNS）

1. 域名和域名系统

虽然 IP 地址采用点分十进制后增加了可读性，但是数字地址标识还是不方便记忆，为克服这个缺点，TCP/IP 协议引入了域名系统（Domain Name System，DNS）。域名也称为主机识别名或主机名，它是由具有一定意义的、方便人们记忆和书写的英文单词、缩写或中文拼音等组成的（还可以使用中文域名）。例如，中国教育和科研计算机网的主机 IP 地址为"202.112.0.36"，其对应的域名为"www.cernet.edu.cn"。与 IP 地址相比，它更直观、更便于记忆。而域名系统是由分布在世界各地的 DNS 服务器组成的，DNS 服务器需要解决如下 3 个问题：

① 主机的命名机制；
② 主机的域名管理；
③ 主机的域名和 IP 地址之间的映射。

IP 地址与域名之间存在着对应关系，在 Internet 中可以通过 DNS 服务器进行域名解析，完成将域名转换为 IP 地址的工作。而 IP 地址转换为主机的物理地址是由地址解析协议 ARP 处理的。

2. 域名系统的层次结构

域名系统采用层次结构，按地理域或机构域进行分层管理。整个域名系统数据库类似于计算机的文件系统的结构，是一种树型结构。树的顶部为根节点，根下面的就是域，而域又可以进一步划分为子域，每一个域或子域都有域名。域名系统的层次结构如图 10.1 所示。

在域名系统中，主机域名是由从该主机名开始向上直到根的所有标记组成的，标记之间用"."隔开。域名结构为"本地名.组名.网点名（local.group.site）"，由于在子域前还有主机名，因此，最终的层次型主机域名可表示为：主机名.本地名.组名.网点名。

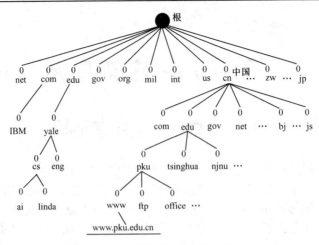

图 10.1　域名系统的层次结构

例如，按机构域命名的域名"cernet.edu.cn"中，cernet 是教育网的主机名，edu 是组名，cn 为网点名。域名中的域分为多级，其中最低级域为"cernet.edu.cn"；第二级域为"edu.cn"，代表教育机构；第一级域为"cn"，代表中国。

域名还可以按地理域划分，如域名"nj.js.cn"中，代表南京、江苏、中国。

最高级域分为两大类：机构性域名和地理性域名。各种域名代码在 Internet 委员会公布的一系列工作文档中做了统一的规定。机构性最高级域名见表 10.1。

机构性域名后还可以加上地理性域名，地理性域名一般为国家或地区标识符，世界上每一个国家都有标识符，地理性最高级域名见表 10.2，表中列出了部分国家和地区地理性域名。其中，美国的国家域名 us 在使用时可以省略。

表 10.1　机构性最高级域名

名　　字	机 构 类 型
ARPA（ARPAnet-Internet）	阿帕网
COM（Commercial）	商业机构（大多数公司）
EDU（Education）	教育机构（如大学和学院）
NET（Network）	Internet 网络服务提供者经营管理机构
GOV（Government）	政府机关
MIL（Military）	军事系统（军队用户和他们的承包商）
ORG（Other organizations）	其他组织机构
Int	国际组织

表 10.2　地理性最高级域名

国家或地区	域　　名
中国	cn
中国香港	hk
中国台湾	tw
中国澳门	mo
日本	jp
英国	uk
澳大利亚	au
…	…

3. 域名的管理

域名由中心管理机构将最高一级名字划分为几个部分，并将各部分的管理权授予相应机构。每个管理机构可以将自己管辖范围的名字进一步划分为若干子部分，也将子部分的管理权授予若干子机构。这样由逐级授权的结构形成的最终域名就可以得到 Internet 管理中心的认可。

为保证主机域名的唯一性，每个机构或子机构中只要确保下一级的名字不重复就可以，而不同层可以有相同的名字。这样上层不必越级去管理更下层的命名，下层的命名发生变化也不影响上层的工作，使得 Internet 中心管理机构的管理工作并不繁重。

4．域名解析和地址解析

1）域名解析

将域名转换为 IP 地址称为域名解析，而将 IP 地址转换为主机的物理地址称为地址解析。域名解析由 DNS 服务器完成，地址解析由地址解析协议 ARP 完成，如图 10.2 所示。

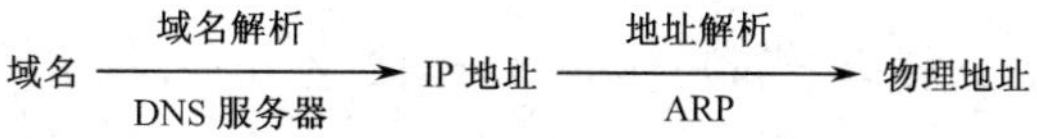

图 10.2　域名解析和地址解析

域名解析是希望得到解析的主机向 DNS 服务器发送询问报文，DNS 服务器运行一个解析器软件，查找相应的 IP 地址，找到后回答一个相应的应答报文，主机便得到报文中的 IP 地址，完成域名解析。当被询问的 DNS 服务器中无法解析域名时，会向它上一级 DNS 服务器询问，依次类推，一直到完成解析过程或询问完所有的 DNS 服务器而失败为止。

DNS 服务器是域名系统的核心，它可以完成名字至地址的映射。域名有层次结构，相应的 DNS 服务器也有层次结构，它们相对独立，又相互合作。DNS 服务器中地址映射信息会随着网络的变化，不断进行调整。

2）地址解析

地址解析是协议地址到物理地址的映射过程。地址解析要根据网络使用的协议和硬件编址方案进行。例如将 IP 地址解析为以太网地址与解析为 ATM 地址的方法是不同的，因为以太网和 ATM 的硬件编址方案不同。地址解析算法可以有三种：

① 查表。地址解析的映射信息存储在内存中的一张表里，当需要地址解析时，可以在表中查找得到；

② 相近形式计算。它仔细地为每个计算机挑选 IP 地址，可以通过对 IP 地址进行简单的布尔运算和算术运算就能得到每个计算机的物理地址；

③ 消息交换法。消息交换法是通过网络交换信息。一台计算机发出某个地址解析的请求后，另一台计算机发送一个应答消息，其中包含了所需的信息。

TCP/IP 协议中的地址解析协议（Address Resolution Protocol，ARP）可以完成 IP 地址至物理地址的映射。任何时候一台主机或一个路由器，需要查找同一网络中的另一台主机的物理地址，它会发送一个包含 IP 地址的 ARP 查询请求广播包，网络中的每一台主机都会接收并处理这个包，只有与 IP 地址匹配的主机会发送一个包含其物理地址的应答，而其他的主机会丢弃收到的请求，不发送任何应答消息。

5．根域名服务器

根域名服务器可以理解为用来管理互联网的主目录，是保障互联网应用的基础。当访问某个网站时必须先从 DNS 解析开始，由于根域名服务器处于最高级，所以它拥有绝对控制权。过去，全球只有 13 个根域名服务器（名字编号为"A"至"M"，1 个为主根，其余 12 个为辅根），10 个（包括 1 个主根）在美国，2 个在欧洲（英国和瑞典），1 个在日本。当时，其他国家可以有根域名镜像服务器，其中，中国有 3 个根域名镜像服务器。所谓"镜像"（根域名）服务器，存放的解析表是镜像软件，它可以帮助提高访问网页的速度，但网络中所有中间节点的 DNS 解析结果最终都会汇总到根域名服务器上。根域名服务器随时可以得到所有子域 DNS 解析的相关数据，这对其他国家的信息安全是很大的威胁，此外，所有的域名解析均需要支付信息服务费。许多国家都在考虑如何解决这个问题，例如进行军事演习时，不使用现在的网络，脱离现在的根域名服务器如何处理等。

为什么根域名服务器只有 13 个呢？这和 DNS 报文格式有关，在 IPv4 设计的时候，规定 DNS 报文大小为 512 字节，能容纳根域名服务器的个数就包含在一个 512 字节中。其中，固定的头部信息占 12 字节；查询问题部分（Question Section）占 5 字节；回答部分（Answer Section）占 31 字节；附加部分（Additional Section）占 16 字节；其他记录部分占 15 字节。所以总的字节为：

12+5+31+16n+15m（n 一般等于 m）=48+31n=512 字节

得 $n \approx 14.968$

在部署 Internet 时 n 的值不超过 15，加上预留缓冲区，所以根域名服务器只能够有 13 个。

雪人计划（Yeti DNS Project）由中国下一代互联网工程中心领衔发起，联合日本 WIDE 机构（M 根运营者）等共同创立。雪人计划是一个 IPv6 根服务器测试和运营实验项目，它在兼容 IPv4 根服务器的基础上，打破现有的根服务器困局，为下一代互联网提供更多的根服务器解决方案。2016 年，在美国、日本、印度、俄罗斯、德国、法国等 16 个国家完成了 25 台 IPv6 根域名服务器的架设，形成了 13 台原 IPv4 根域名服务器+25 台 IPv6 根域名服务器的新格局，中国部署了其中的 4 台 IPv6 根域名服务器（1 个主根，3 个辅根）。

10.1.2　远程登录（Telnet）

远程登录 Telnet 是一个客户机/服务器程序，Telnet 是网络终端 "Terminal network" 的英文缩写。它可以为用户提供一个以终端方式与远程主机进行的连接，使得本地终端看起来就像远程主机上的一个终端一样，运行远程主机上的各种应用程序，使用该主机提供的各种资源。

远程登录是 Internet 最基本的服务之一，E-mail、FTP 等都是在 Telnet 的基础上实现的。远程登录工作时，用户通过键盘发送字符串（命令）给终端驱动程序，本地操作系统接收这些字符但不解释它们，这些字符串被送到 Telnet 程序，再通过 Telnet 送到远程主机，并变换成远程主机能理解的相应字符，远程主机将这些字符传输给适当的应用程序，得到的结果再通过 Telnet 返回给终端。

利用远程登录可以使用远距离的大型计算机和外围设备资源检索 Internet 上的数据库，也可以访问世界上众多图书馆信息目录和其他信息资源，网络管理员也可以通过 Telnet 对远程主机进行设置和管理。使用 Telnet 时，用户需要知道远程主机的名字或 IP 地址，并且要使用正确的用户名和口令。

实现远程登录的工具程序很多，最常见的就是 Telnet 程序（与 Telnet 协议同名），在 UNIX、Windows 系列中都可以找到并运行。作为协议，Telnet 也包含在许多访问 Internet 的应用系统中，当这些应用系统在前台工作时，Telnet 则在后台为它们提供服务。

10.1.3　文件传输协议（FTP）和简单文件传输协议（TFTP）

1. 文件传输协议（FTP）

文件传输协议（File Transfer Protocol，FTP）用于将文件从一个主机复制到另一个主机。在网络上进行 "上传" 和 "下载" 就是利用 FTP 程序实现的。FTP 是一个客户机/服务器系统，用户在本地主机上运行 FTP 客户程序，而在远程主机上运行 FTP 服务器程序（这种远程主机称为 FTP 服务器），这两部分共同合作完成文件传输任务。

FTP 不同于其他客户机/服务器系统，它在主机之间建立了两个连接，一个连接用于数据传输，而另一个连接用于控制信息（命令和响应）。这种将数据传输和控制分开的方式使得

FTP 更加有效，控制连接使用非常简单的通信规则，它只需要一次传输一条命令和响应，而数据传输需要复杂的规则，因为传输的数据类型不同。

Internet 上有两种 FTP 服务器：一种是普通的 FTP 服务器，连接到这种服务器时需要用户名和口令，普通 FTP 服务器既允许下载文件，也允许上传文件；另一种是匿名 FTP 服务器，用户即使没有合法的用户名和口令也可以连接到这种服务器，下载或上传文件。匿名 FTP 服务器也需要用户名和口令，但它使用一个公共的用户名 anonymous 和一个标准格式的口令，匿名 FTP 服务器通常只允许下载文件。

在实际应用中，下载文件通常在网页中通过链接的方式就可完成。另外还有一些专门的上传/下载工具，如 CuteFTP、FlashFXP 等。

2．简单文件传输协议（TFTP）

简单文件传输协议（Trivial File Transfer Protocol，TFTP）用于简单地复制一份文件。例如，当启动一个无盘工件站或路由器时，通常只需要下载引导程序和设置文件。这时不需要 FTP 的全部功能，只需要利用 TFTP 快速复制文件的协议就可以了。

TFTP 非常简单，软件包都可以装到无盘站的 ROM 中。当 TFTP 用于引导程序时，让客户读或写文件，读是将文件从服务器站点复制到客户站点，而写是将文件从客户站点复制到服务器站点。

10.1.4　简单邮件传输协议（SMTP）

简单邮件传输协议（Simple Mail Transfer Protocol，SMTP）是一种基于 FTP 的能提供可靠且有效电子邮件传输的协议，相对简单，主要用于系统之间邮件信息的传递。

1．SMTP 的功能

SMTP 可以给网络用户之间提供邮件交换，并支持：

① 发送一条报文给一个或多个接收者。

② 发送包含文本、声音、图像和视频的报文。

2．多用途 Internet 邮件扩展（MIME）

SMTP 受某些限制，例如，它不支持法语、德语、希伯来语、俄语、汉语和日语等 7 位 ASCII 字符的语言，也不能发送二进制文件、视频或音频数据。多用途 Internet 邮件扩展（Multipurpose Internet Mail Extension，MIME）能发送多媒体数据并使用本国语言发送电子邮件，MIME 不是一个邮件协议，也不能替代 SMTP，它只是 SMTP 的一个扩展的补充协议。

MIME 可以对邮件及附件进行编码，经 MIME 编码的邮件或附件体积会增加，但是它可以通过 SMTP 发送非 ASCII 数据，并完成非 ASCII 数据和 ASCII 数据之间的转换。

3．邮局协议（POP3）

邮局协议（Post Office Protocol，POP）主要用于从邮件服务器中取回邮件。POP3 是该协议的第 3 版。邮件到来后，首先存储在邮件服务器中，当用户需要查看邮件时，可以通过 POP3 协议将邮件下载到用户的计算机中。

一般来说，在网络中发送邮件的服务器为 SMTP 服务器，而接收邮件的服务器为 POP3 服务器。在许多单位，邮件总是由一台 24 小时在线的 SMTP 服务器来接收的，这个服务器代表该组织的每个主机来接收邮件，它如同一个单位的收发室，邮递员将属于该单位的信函、包裹单等先送到该单位的收发室，然后再由收件人自己去取邮件。

收发、管理电子邮件的工具软件有很多，Windows 系统下自带的有 Outlook Express，还有专门的电子邮件工具 Foxmail 等。这些软件人们经常使用，这里就不做详细介绍了。

10.1.5　简单网络管理协议（SNMP）

简单网络管理协议（Simple Network Management Protocol，SNMP）是利用 TCP/IP 协议管理网络上设备的一个框架，它为监控和维护网络提供了一组基本操作。

1. 管理者和代理

SNMP 使用管理者和代理的概念，管理者（也称管理站点）一般为一台运行 SNMP 客户程序的主机，它控制和监控一组代理。而代理（也称被管理站点）是一个运行 SNMP 服务器程序的路由器（或主机）。管理是通过管理者和代理间进行的简单交互完成的。

每一个被管理站点都存放一个管理信息数据库，它由代理负责维护。而管理者可以访问这个数据库。例如，路由器可以存储收到和转发的数据报数量，管理者可以根据这个数据报量判断路由器是否拥挤。管理者也可以让路由器执行某些操作。例如，路由器会定期检查计数器的值，当值为 0 时就重新启动自己。管理者可以只发送一个简单的分组，使得路由器中的计数器值为 0，这样就可以让管理者达到远程重新启动路由器的目的。

代理也可作用于管理进程，代理上的 SNMP 服务器程序可以检查环境，当发现异常时，就会给管理者发送一个告警信息，这个告警信息称为陷阱。

因此，SNMP 管理有下面三种：

① 管理者通过请求反映代理的信息，可以检查代理的情况；

② 管理者可通过在代理的数据库中重新置值，来强制代理执行某一项任务；

③ 代理可通过向管理者发送一个告警信息作用于管理进程。

2. 组件

网络管理除了 SNMP，还通过另外两个协议协作完成。它们是管理信息结构（Structure of Management Information，SMI）和管理信息库（Management Information Base，MIB）。SMI 的功能是命名对象，它定义可存储在对象中的数据类型，并说明在网络上传输时如何进行编码。而 MIB 是管理者可以管理的所有对象的集合，每个代理都有自己的 MIB。

通过 SMI 和 MIB，能管理不同厂家的网络软/硬件设备。

10.1.6　超文本传输协议（HTTP）和万维网（WWW）

1. 超文本传输协议（HTTP）

超文本传输协议（Hyper Text Transfer Protocol，HTTP）主要用于 WWW 中，它以明文、超文本、音频和视频等形式传输数据。传统的文本文件可以用各种文字处理软件去处理，而不像 Word 文档、WPS 文档、PDF 文档那样相互之间不通用。超文本系统是一个用计算机链接相关文档的系统，可以实现各种检索。当链接被激活后，便可以检索并转到相关的文档中显示。被链接的文档又可以链接其他文档，如此循环嵌套，以至无穷。超文本文件只包含文本，而超媒体文件可以包含文字、声音和视频等各种多媒体信息。

HTTP 的思想非常简单，它使用 TCP 协议传输文件，而且只在浏览器和服务器之间传输数据。浏览器首先向服务器发送一个请求，而服务器发送一个报文作为响应给浏览器。从浏览器到服务器的命令嵌入到请求报文中，而请求的文件内容和其他信息嵌入到响应报文中。HTTP 事务如图 10.3 所示。

图 10.3　HTTP 事务

2. 万维网（WWW）

WWW（World Wide Web）译为万维网，也简称为 Web 或 3W 等，它是指遍布全球并被链接在一起的信息存储库，综合了易修改、可移植和对用户友好的特性。它是现代计算机和网络界最杰出的成果之一，可以毫不夸张地说，没有 WWW 就没有 Internet 的今天。WWW 技术在 Web 服务器端提供各种信息服务，客户端使用统一界面的浏览器访问 Internet 资源，WWW 可以根据用户的需求组织和传输各种信息，使信息的交流和共享在全球范围内变得极为迅速和方便。

WWW 的最大特点是为用户提供良好的信息查询界面，它把各种形式的信息，如文本、图像、声音、视频等无缝地集成在一起。用户只需要提出自己的请求，而不管所要访问的服务器或信息究竟在什么地方，就可以通过浏览器查到所需的信息。

万维网计划最初是由位于瑞士的欧洲粒子物理实验室提出的，目的是让分散在世界各地的物理学家能共享最新研究成果并进行科研合作，也就是创建一个新系统来处理分布式资源。这个由物理学家发明的万维网 WWW 改变了世界。

万维网是一个分布式结构，使用浏览器的用户可以访问服务器提供的各种服务。这些服务器分布在世界各地，它们被称为 Web 站点。对用户来说，可完全不必知道 Web 服务器究竟在世界的什么地方。

实现超文本信息服务需要 3 方面的内容：

① 统一资源定位符（Uniform Resource Locator，URL），URL 给网络上的每一个资源分配一个唯一的标识符，以描述资源存放位置及软件访问它的方式；

② 资源检索机制，目前 Internet 上使用最多的是超文本传输协议 HTTP，也可以使用其他通信协议，如文件传输协议 FTP 等；

③ 描述超文本逻辑结构的系统，常用的有超文本标记语言（Hyper Text Markup Language，HTML）、动态 HTML 或扩展标记语言（Extensible Markup Language，EML）等。

注意：XML 并不是标记语言。它只是用来创造标记语言（如 HTML）的元语言。它是 HTML 的补充，为 HTML 扩展更多功能。不能用 XML 来直接写网页，即便网页包含了 XML 数据，依然要转换成 HTML 格式才能在浏览器上显示。

3. 统一资源定位符（URL）

统一资源定位符（URL）用来标识或定位网络上的文档或其他资源，即指明信息所在的位置和使用方式，用来表示 Internet 和 Web 的地址。每个 Web 主页，包括 Web 节点中的网页，都有一个存放地址，它们需要通过 URL 来定位。URL 的语法形式如下：

<协议>：//<信息资源地址> [：端口号/<文件路径>]

（1）协议。表示所访问的服务器的通信协议，如 HTTP、FTP 等。

（2）信息资源地址。可以使用域名（包括中文域名），也可以输入所要访问的服务器的 IP 地址，它是存放信息的主机地址。例如：

ftp://211.70.248.2

（3）端口号。端口号在第 8 章 8.3.3 节中已做过介绍，它标识了应用程序提供的服务类型。标准的通信协议有默认的端口号，如 HTTP 的默认端口号为 80，FTP 的默认端口号为 21，Telnet 的默认端口号为 23 等。端口号在 URL 中省略时，表示的就是默认端口号。例如：

http://www.edu.cn:80 或 http://www.edu.cn

这两个效果是相同的。

（4）文件路径。有时根据查询需要，可以输入所要访问文件的路径，路径本身可以包含斜杠。

10.2 常用网络命令

Windows 平台下常用的网络命令有 ipconfig、ping、netstat、arp、tracert、pathping、route、Telnet、ftp、nbtstat 和 net 等。它们都是在 DOS 命令提示符下进行的。DOS 命令提示符可从 Windows 系统的"开始"→"程序"→"附件"→"命令提示符"（也可以在"开始"→"运行"窗口中输入"cmd"）进入命令行界面。

10.2.1 ipconfig 命令

ipconfig 命令用于显示本机 TCP/IP 协议 IP 地址、子网掩码和默认网关等信息，检查 TCP/IP 设置是否正确，对于自动获取 IP 地址的客户端较为实用。

1．ipconfig 命令格式

ipconfig[/? | /all | /renew [adapter] | /release [adapter] |
        /flushdns | /displaydns | /registerdns |
        /showclassid adapter | /setclassid adapter [classid]]

2．ipconfig 命令参数

1）ipconfig

无任何参数时，只显示计算机 IP 地址、子网掩码和默认网关值，无参数的 ipconfig 命令如图 10.4 所示。

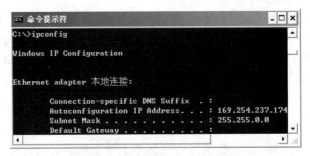

图 10.4 无参数的 ipconfig 命令

2）ipconfig/all

使用/all 选项时除显示无参数时的信息外，还显示主机名、网卡物理地址、DNS 服务器等详细信息。

3）ipconfig/renew

如果计算机使用 DHCP 服务器进行设置，可使用 ipconfig /renew 命令开始刷新设置，重新获得 IP 地址等设置值。

4）ipconfig /release

/release 和/renew 用于自动获得 IP 地址的计算机，它们的作用都是释放主机的当前 DHCP 设置值。/release 将所有地址交还给 DHCP 服务器；/renew 交还地址后重新获得一个 IP 地址。

5）ipconfig /flushdns

删除本机上的 DNS 域名解析列表。

6）ipconfig /displaydns

显示本机的 DNS 域名解析列表。

10.2.2　ping 命令

1．ping 命令概述

ping 是一个测试程序，用于验证与远程计算机的连通性。如果 ping 返回信息正确，表示网络设置正常，如果网络不通，则显示目标不可达（超时）。在默认参数情况下，ping 发送 4 个 ICMP 请求，每个 32 字节。发送后会得到 4 个回送应答，每个应答包括数据报生存周期（TTL）值，以及应答时间等。如果应答时间短，表示网速快（或数据报经过的路由器数少）。

TTL 起始值是一个 2 的乘方数（如 32、64、128、256 等），起始值和返回值之间的差即为经过的路由器数。例如命令提示符下输入"ping 211.70.248.2"后，就显示返回信息。

ping 命令目标计算机参数除了可以是 IP 地址，也可以是主机名或域名，例如 ping 央视网站，可以输入"ping www.cctv.com"，则显示的返回信息如图 10.5 所示。TTL 返回值为 246，可推算源地址 TTL 起始值为 256，则数据报经过了 10（256-246=10）个路由器。返回信息中还查询到了域名"ping www.cctv.com" 对应的 IP 地址"58.53.220.133"，ICMP 回应信息还显示共发送了 4 个包，返回了 4 个包，丢失 0 个包，数据报大小 32 字节，包往返最短时间是 17ms，最长时间是 20ms，平均时间是 17ms 等信息。

图 10.5　ping 中央电视台网站返回信息

如果 ping 不通，对端主机则显示"目标不可达（Destination host unreachable）"信息，说明网络有故障，ping 不通百度网站返回信息如图 10.6 所示。但有时网络是连通的，但由于目标端主机安装了防火墙（设置 ping 包不通行），也会造成 ping 包丢失或网络不通的假象。

2．ping 命令格式

可以使用"ping/?"显示 ping 命令详细参数：

ping [-t] [-a] [-n count] [-l size] [-f] [-i TTL] [-v TOS] [-r count] [-s count] [[-j host-list]|[-k host-list]] [-w timeout] target_name

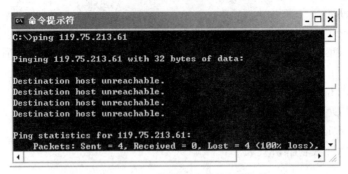

图 10.6　ping 不通百度网站返回信息

主要几个参数的含义如下：

-t　　　　　　　　一直 ping 指定的计算机直到按下 Ctrl+C 组合键；

-a　　　　　　　　将地址解析为计算机名（NetBios）；

-n count　　　　　定义由 count 指定的 echo 数据报个数，默认值为 4，见图 10.6；

-l size　　　　　　定义 echo 数据报的大小，默认为 32 字节，最大可定义为 65 527；

-f　　　　　　　　在数据报中发送"不要分段"标志，数据报就不会被路由上的网关分段；

-i TTL　　　　　　将 TTL（生存周期）设置为指定的值；

-v TOS　　　　　　将"服务类型"字段设置为 TOS 指定的值；

-r count　　　　　在"记录路由"字段中记录传出和返回数据报的路由；

-s count　　　　　指定 count 指定的跃点数的时间戳；

-j host-list　　　　利用 host-list 指定松散的源路由；

-k host-list　　　　利用 host-list 指定严格的源路由；

-w timeout　　　　指定超时间隔，单位为 ms；

target_name　　　目标主机 IP 地址，网络连通情况下可以为域名（DNS 服务器解析）。

说明：

（1）参数"-t"。这个参数会一直 ping 指定的计算机直到按下 Ctrl+C 组合键为止，主要用于在网络时通时断的时候检测网络故障情况，但这也是一个最基本的网络攻击命令，可以被一些别有用心的人作为拒绝服务攻击（DDoS）的工具，黑客利用数百台计算机连续发送大量 ping 数据报给某个主机，而使许多网站瘫痪。

（2）参数"-l size"。ping 发送的数据报默认为 32 字节，可以自己定义，最大为 65 527。这个参数配合参数"-t"，就能实现网络攻击，所以要慎用。例如，下面的命令会对目标主机有一定的危险性，所以实验时仅限于本地实验环境中验证练习使用：

ping -l 65535 -t 192.168.2.61

此命令会不停地向 192.168.2.61 主机发送 65 535 字节的最大数据报进行攻击，只有一台计算机发起攻击一般不会有问题，如果足够多的计算机同时发起攻击，目标主机就有可能"down"机。

（3）参数"-n count"。count 默认值为 4，可以自己定义发送的数据报个数，以更好地衡量网络速度，例如测试发送 50 个数据报的返回平均时间，可以键入如下命令：

ping -n 50 119.75.213.61

然后查看返回信息中发送的数据报数、返回的数据报数、丢失的数据报数、发送最快数据报的时间（如 35ms）、发送最慢数据报的时间（39ms）、平均时间（37ms），从而衡量网络速度。

（4）参数"-r count"，此参数仅限于 IPv4，count 值为 1～9。例如跟踪本地到百度服务器所经过的路由情况，可以输入如下命令：

ping -r 9 www.baidu.com

（5）如果使用的是 IPv6，还可以使用以下参数：

-R　　　　　　　跟踪 round-trip 路径；

-S srcaddr　　　使用的源地址；

[-4] [-6]　　　　强制使用 IPv4 或 IPv6。

3．ping 检测网络故障的典型次序

当 ping 与对端主机不通时，表示网络有故障，这时需要查找故障原因。一般，检测顺序可以采用以下步骤。

（1）ping 127.0.0.1。如果 ping 不通，表示本机 TCP/IP 的安装或运行存在问题。

（2）ping 本机 IP（本机 IP 地址可以用 ipconfig 或第 6 章 6.7 节的实验方法查询）。如果 ping 不通，则表示本地设置有问题，也可能是 IP 地址冲突，这时候断开外网后再执行本命令；如果 ping 正确，也可能是网络中有另一个计算机设置了相同的 IP 地址。

（3）ping 局域网内其他主机的 IP。当返回正确的回送应答时表示本地网络正常。但如果收到 0 个回送应答，则表示子网掩码不正确、网卡设置错误或电缆系统有问题。

（4）ping 网关 IP。应答正确表示局域网中的网关路由器正在运行并能够做出应答。

（5）ping 远程 IP。如果收到 4 个应答，表示成功使用了默认网关。对于拨号上网用户则表示能够成功访问 Internet（但不排除 ISP 的 DNS 会有问题）。

（6）ping 域名，例如：ping www.cctv.com。本命令还可以将域名所对应的 IP 地址显示出来，见图 10.5，如果 ping 不通，则表示 DNS 服务器的 IP 地址设置不正确或 DNS 服务器有故障。

注意：如果步骤（1）～（6）都正常，说明本机的本地和远程通信的功能正常。

10.2.3　netstat 命令

netstat 可以查看本机 TCP/IP 网络连接状况，显示 IP、TCP、UDP 和 ICMP 等协议相关的统计数据。由于 IP、UDP 是面向无连接的不可靠协议，数据报传输时可能会出错，TCP/IP 允许这些错误。如果出错有较高的比例或情况加剧，可以使用 netstat 检查出错原因。

1．netstat 命令格式

netstat 命令格式如下：

netstat [-a] [-b] [-e] [-n] [-o] [-p proto] [-r] [-s] [-v] [interval]

2．netstat 命令参数

netstat 主要参数的含义如下：

① -a 显示所有连接和侦听的端口；

② -e 显示以太网统计，该参数可以与-s 选项结合使用；

③ -n 以数字格式显示地址和端口号；

④ -s 显示每个协议的统计，默认情况下，显示 TCP、UDP、ICMP 和 IP 协议的统计；

⑤ -p proto 显示由 proto 指定的协议的连接，如果与-s 选项一同使用将显示每个协议的统计，proto 可以是 TCP、UDP、ICMP 或 IP；

⑥ -r 显示路由表的内容；

⑦ interval 重新显示所选的统计，在每次显示之间暂停 interval 秒，按 Ctrl+C 组合键停止重新显示统计，如果省略该参数，netstat 将打印一次当前的设置信息。

3．netstat 常用参数

1）netstat

无参数时，显示本机当前 TCP/IP 网络的连接状况，执行 netstat 返回信息如图 10.7 所示。

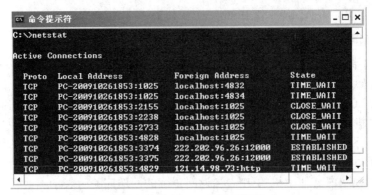

图 10.7　执行 netstat 返回信息

2）netstat -e

参数 "-e" 用于显示数据报的总字节数、错误数、删除数、数据报的数量和广播数量，其中既有发送数据报数量，也有接收数据报数量，用来统计一些基本的网络流量。

3）netstat -a

参数 "-a" 显示当前所有有效连接信息列表，当前连接状态有已建立的连接、监听连接请求等。

4）netstat -n

参数 "-n" 显示所有已建立的有效连接，服务名称以数字形式显示，较为直观。

使用参数 "-n" 和 "-a" 可以查看对端的 IP 地址。

5）netstat -s

参数 "-s" 能显示各个协议统计数据。当应用程序（如 Web 浏览器）运行速度较慢，或不能正常显示 Web 页时，可以用本参数找到出错的关键字，进而确定问题所在。

6）netstat -r

参数 "-r" 可以显示路由表信息，类似于后述的 "route print"。除了显示有效路由，还显示当前有效连接。最常用的形式为 "netstat-na"，通过 "-na" 参数可以查看本机开放的一些不正常的端口。

10.2.4　arp 命令

IP 数据报通过局域网发送时，数据链路层设备（网卡）并不识别 32 位 IP 地址，需要把目标主机的 IP 地址，转换为 48 位 MAC 地址，才能进行传输。

arp 是地址解析协议，主机的 arp 缓存中包含一个或多个表，用于存储 IP 地址和 MAC 地址映射表。arp 命令用于显示和修改 arp 缓存中的 IP 地址和 MAC 地址映射表，它还可以查看另一主机 arp 缓存中的 IP 地址与物理地址映射表。

　　ARP 采用缓存技术, 缓存中存放最近查找过的 IP 到 MAC 的地址映射表, 以达到快速寻址的目的。ARP 高速缓存中的地址映射是动态的, 当发送一个数据报给某主机而高速缓存中不存在该主机 IP 和 MAC 的映射关系时, ARP 会自动添加。

　　ARP 命令也可以用人工方式输入静态的 IP 到 MAC 的地址映射, 如为默认网关和本地服务器, 进行这项操作可减少网络上的信息量。

1．arp 命令格式

arp -s inet_addr eth_addr [if_addr]

arp -d inet_addr [if_addr]

arp -a [inet_addr] [-N if_addr]

　　其中, inet_addr 为 Internet 地址, 如 IP 地址; eth_addr 为物理地址, 如网卡地址; if_addr 为网络接口。

2．arp 命令参数

　　(1) -a 为 all 的意思, 用于查看高速缓存中的所有地址映射。-a 也可以用 -g 替代, -g 是 UNIX 平台使用的选项, Windows 系统也接受。

　　(2) -d 删除主机中一个由 inet_addr 指定的静态地址映射, inet_addr 可以使用 "*" 来表示所有主机。

　　(3) -s 向 arp 高速缓存中添加一个静态地址映射, 该地址映射在计算机引导过程中将保持有效状态。或者在出现错误时, 人工设置的物理地址将自动更新该地址映射。

　　例如, 在命令提示符下输入 "arp -a", 显示映射表信息如图 10.8 所示。

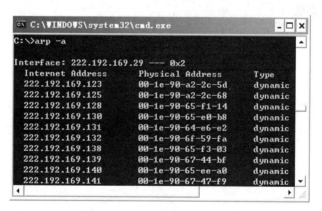

图 10.8　arp -a 命令的屏幕信息

　　其中第一列为 IP 地址, 第二列为对应的物理地址, dynamic 表示获取类型是动态的。

　　如果显示信息为:

No arp Entries Found

　　则表示目前无 IP 地址的 arp 映射信息。

　　arp 欺骗是黑客常用的攻击手段之一, arp 欺骗分为两种, 一种是对路由器 arp 表的欺骗; 另一种是对内网 PC 的网关欺骗。

　　对路由器 arp 表的欺骗是指截获网关数据, 它通知路由器一系列错误的内网 MAC 地址, 并按照一定的频率不断进行, 使真实的地址信息无法通过更新保存到路由器中, 导致路由器只能发送数据给错误的 MAC 地址, 造成正常 PC 无法收到信息。另一种 arp 欺骗是伪造网关, 即设置假网关, 让被它欺骗的 PC 向假网关发送数据, 而数据没有到达正常的路由器，用户就不能正常上网。

通过前面几个命令的学习，现在可以使用 ipconfig 命令查看自己的网络设置；用 ping 命令检查网络连通性；用 netstat 命令查看别人与本地主机连接时隐藏的 IP 信息；用 arp 命令查看网卡的 MAC 地址映射等。

10.2.5　tracert 命令

tracert 是路由跟踪实用程序，用于检查 IP 数据报访问目标主机所经过的路径，每一跳经过的路由器、所需时间等信息。如果数据报没有传递到目标，tracert 显示最后转发数据报的那个路由器；如果存在 DNS，tracert 返回信息中会有城市、地址和通信公司的名字。当指定的目标 IP 地址较远时，tracert 运行速度就较慢，经过的每个路由器都需要约 15s。

tracert 命令是通过 TTL 字段、ICMP 出错报告来确定源主机到目标主机的路由的。路径中每个路由器先将 TTL 值减 1 再转发数据报，当 TTL 为 0 时，路由器丢弃该包，并向源主机发送 "ICMP 超时" 报告。这时源主机再发送一个 TTL 值为 1 的回应数据报，随后在回应路径中每经过一个路由器，TTL 递增 1，直到目标主机响应或 TTL 达到最大值。tracert 命令按返回 "ICMP 已超时" 报告的路径顺序显示近端路由器列表，从而确定路由。tracert 可以用来检测确定网络故障的大体位置。

1．tracert 命令格式

tracert [-d] [-h maximum_hops] [-j host-list] [-w timeout] [-R]
　　　　[-S srcaddr] [-4] [-6] target_name

2．tracert 命令参数

-d	不将地址解析为主机名；
-h maximum_hop	指定搜索目标的最大跃点（跳步）数 maximum_hop；
j host-list	指定沿 host-list 的松散源路由；
-w timeout	每次应答等待 timeout 指定的毫秒数；
-R	跟踪 round-trip 路径，仅用于 IPv6；
-S srcaddr	使用的源地址，仅用于 IPv6；
[-4]或[-6]	强制使用 IPv4 或 IPv6；
target_name	目标计算机名。

3．tracert 的使用

tracert 的使用较为简单，只需在 tracert 后跟一个 IP 地址或 URL，最常见的用法如下：

tracert IP address [-d]

该命令返回到达 IP 地址所经过的路由器列表。使用-d 选项可更快地显示路由信息，因为 tracert 不尝试解析路径中路由器的名称。

例如，在命令提示符下输入 "tracert www.baidu.com"，tracert 命令的屏幕信息如图 10.9 所示。可以看到，从本地主机到 www.baidu.com（IP 地址为 119.75.216.30）共经过了 10 个路由节点。

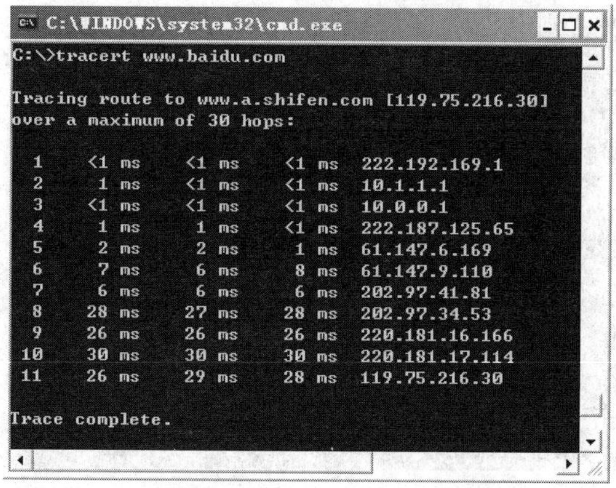

图 10.9　tracert 命令的屏幕信息

10.2.6　pathping 命令

pathping 命令是一个路由跟踪工具，提供源和目标间的中间节点处的网络滞后和网络丢失信息。它将 ping 和 tracert 命令的功能结合起来，显示 ping 和 tracert 不提供的其他信息。

pathping 命令先执行与 tracert 相同的路由跟踪功能，然后在一段时间内定期将 ping 命令发送到源和目标之间的各路由器，并根据各路由器返回数值生成统计结果。pathping 命令能显示路由器或链接处数据包的丢失程度，因此很容易确定导致网络问题的路由器或子网。

1. pathping 命令格式

pathping [-g host-list] [-h maximum_hops] [-i address] [-n] [-p period]
　　　　 [-q num_queries] [-w timeout] [-4] [-6] target_name

2. pathping 命令参数

① –g　 host-list 沿着主机列表列出松散源路由；
② -h　 maximum_hops 搜索目标的最大跃点数；
③ -i　 address 使用指定的源地址；
④ –n　 不将地址解析成主机名；
⑤ -p　 period 在 ping 之间等待的毫秒数；
⑥ -q　 num_queries 每个跃点的查询数；
⑦ -w　 timeout 每次等待回复的毫秒数；
⑧ -4　 强制 pathping 使用 IPv4；
⑨ -6　 强制 pathping 使用 IPv6。

pathping 命令把 ping 和 tracert 两个命令结合在了一起。典型的用法是 pathping target_name，target_name 是域名或 IP 地址。返回信息是传输路径中经过的路由器列表，以及每一个节点的数据统计，包括每一个节点的数据包丢失数。

例如，在命令提示符下输入 pathping www.163.com，pathping 命令的屏幕信息如图 10.10 所示。

运行 pathping 时，先显示路由跟踪结果，它与 tracert 命令显示的路径相同。然后在下一个 325s（这个时间会根据跃点计数变化）显示忙消息，在此期间，pathping 在以前列出的所有路由器和它们之间的链接之间收集信息，最后显示测试结果。

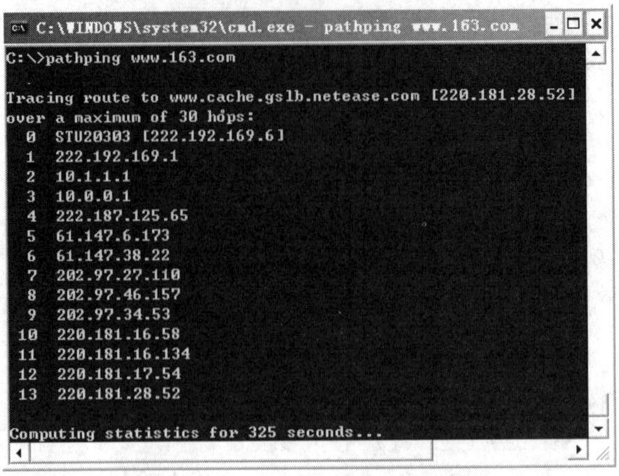

图 10.10　pathping 命令的屏幕信息

10.2.7　route 命令

route 命令用来查看路由表，每个主机和每个路由器都配有自己的路由表。多数路由器使用动态路由协议交换和更新路由器之间的路由表，根据需要有时也选择人工方式添加路由表项到路由表中。route 用来显示、人工添加和修改路由表项，从而配置一个更有效的路由。

1．route 命令格式

route [-f] [-p] [command] [destination] [MASK netmask] [gateway]
　　　[METRIC metric][IF interface]

2．route 命令参数

（1）command 可以是下列参数中的任一个。

Print：目标网络或地址显示路由；

Add：添加路由；

Delete：删除路由；

Change：修改路由表中的路由。

（2）-f 清除所有网关项的路由表，如果该参数与某个命令组合使用，路由表将在运行命令前被清除。

（3）-p 该参数与 add 命令一起使用时，路由在关机重启后仍存在。默认情况下，系统重新启动不保留路由。

（4）destination 需到达的目标网络地址。

（5）MASK netmask 指定与该路由器 IP 地址相关的子网掩码。如果没有指定，将使用255.255.255.255。

（6）gateway 指定网关。

（7）METRIC metric 指定 metric，比如到达目的地的代价（如经过的路由器数）。

3．route 命令的使用

route 命令常有以下几种使用方法。

1）route print

用于显示当前路由表中的项目。

2）route add

可以将路由项目添加到路由表中。例如，设定目标网络 209.98.32.33 的路由，它经过 5 个路由器，首先要经过本地网络上的路由器，设路由器的 IP 地址为 202.96.123.5，子网掩码为 255.255.255.224，则输入以下命令：

route add 209.98.32.33 mask 255.255.255.224 202.96.123.5 metric 5

又如本地主机 IP 为 10.214.28.122，默认网关为 10.214.28.1，子网掩码为 255.255.0.0。现添加一项路由，使得本机访问 10.13.0.0 网络时通过默认网关，则可以输入如下命令：

route add 10.13.0.0 mask 255.255.0.0　10.214.28.1

添加完成后通过 route print 命令查看是否已经存在该路由项。

3）route change

route change 用来修改路由，但不能改变传输目的地。例如将数据传输路由改由另一个路由器传输，它采用一条包含 3 个网段的更直的路径，在命令提示符下输入如下命令：

route add 209.98.32.33 mask 255.255.255.224　　202.96.123.250 metric 3

4）route delete

本命令用于从路由表中删除路由。例如：

route delete　10.13.0.0

10.2.8　Telnet 命令

Telnet 和 ftp 作为不安全的服务在安全性要求较高的网络中已经不常使用，但在局域网和安全性要求不高的场合也会使用。Telnet 为用户提供了在本地计算机上完成操控远程主机工作的能力，要开始一个 Telnet 会话，必须输入用户名和密码来登录远程服务器。注意：Telnet 不仅方便用户进行远程登录，也给黑客提供了一种入侵手段和"后门"。

1．Telnet 命令格式及参数

Telnet [-a] [-e escape char] [-f log file] [-1 user] [-t tern] [host [port]]

Telnet 命令参数如图 10.11 所示。

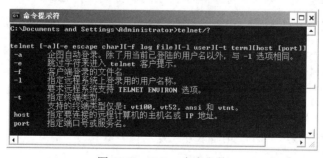

图 10.11　Telnet 命令参数

2．Telnet 模式下的命令

在命令提示符输入 Telnet 命令，进入 Telnet 模式。屏幕显示 Telnet 模式提示符：

Microsoft Telnet>?

Telnet 模式支持的命令如图 10.12 所示，命令可以缩写。例如在该提示符下键入 display 或 d 都表示查看当前设置信息。

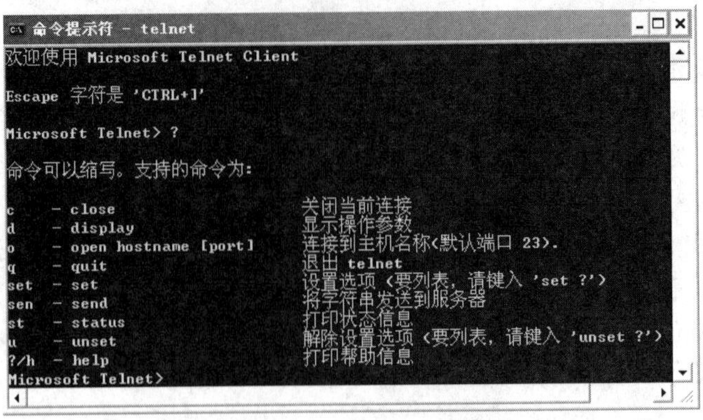

图 10.12　Telnet 模式支持的命令

3．Telnet 的使用

在 Windows 2000 中，Telnet.exe 是客户端程序，tlntsvr.exe 是服务器端程序，同时还有 Telnet 服务器管理程序 tlntadmn.exe。Windows 2000 虽然安装了 Telnet 服务，但是默认不启动，服务器端启动 Telnet 的方法是选择"开始"→"程序"→"管理工具"→"计算机管理"→"服务和应用程序"命令选项，单击窗口左侧的"服务"选项，再双击右侧的"Telnet 项目"选项，设置为启动服务即可。

例如，使用 Telnet 服务连接到远程主机 10.50.10.45，则可以输入命令"c:\>Telnet 10.50.10.45"，并输入用户名和密码。也可以在 Telnet 模式下键入命令：

Microsoft Telnet> open 10.50.10.45

使用 Telnet 命令一定要有正确的远程主机名和端口号，端口号不是默认值 23 时，需要向对方索取端口号，否则不能进入对方主机。登录到远程主机后，就可以进行各种操作了。

10.2.9　ftp 命令

ftp 命令使用文件传送协议（FTP）在本地与远程主机或远程主机与远程主机之间传送文件，FTP 协议允许在使用不同文件系统的主机之间进行数据传送。

1．ftp 命令格式

ftp [-v] [-d][-I] [-n] [-g] [-s:filename] [-a] [-A] [-x:sendbuffer]
　　[-r:recvbuffer] [-b:asyncbuffer] [-w:windowsize] [[host] [Port]]

2．ftp 命令参数

（1）-v　显示远程服务器的全部响应，并提供数据传输的统计信息。当 ftp 命令的输出是到终端（如控制台或显示）时，此显示方式是默认方式。

（2）-n　防止在起始连接中的自动登录。

（3）-i　关闭多文件传送中的交互式提示。

（4）-d　将有关 ftp 命令操作的调试信息发送给 syslogd 守护进程。

（5）-g　禁用文件名中的元字符拓展。

（6）-s:filename　在指定的文本文件 filename 中包含命令参数，当 ftp 启动时，这些命令会自动运行，不需要进行参数的交互过程。

（7）-a　当绑定数据连接时使用任何一个本地接口。

（8）-A　匿名登录。

（9）-x:sendbuffer　指定发送的 SO SNDBUF 大小，默认是 8192。

（10）-r:recvbuffer　指定接受的 SO RCVBUF 大小，默认是 8192。

（11）-b:asyncbuffer　指定 async 数目，默认是 3。

（12）-w:windowsize　指定默认的传输缓冲区大小，默认是 65535。

3．ftp 子命令

在命令提示符下键入 ftp 命令，进入 ftp 命令模式，显示 ftp 模式提示符为"ftp>?"。
在 ftp 模式下，有相应的子命令，可以键入 help 或?进行查询，如图 10.13 所示。

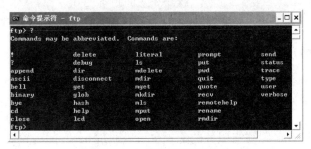

图 10.13　ftp 模式下的子命令

常用子命令及功能如下。

（1）!：从 ftp 子系统退出到系统 SHELL。

（2）bye 或 quit：结束与远程计算机的 FTP 会话并退出 ftp 模式。

（3）?或 help：显示 ftp 子命令。

（4）cd：更换远程目录。

（5）lcd：更换本地目录，若无参数，将显示当前目录。

（6）open：与指定的 ftp 服务器连接。格式为

　　　open　hostname [Port]

如果 ftp 服务器没有提供匿名登录，则需要输入用户名和密码。

（7）get 和 recv：将远程文件下载（复制）到本地计算机，格式为

　　　get remote-file [local-file]

（8）send 和 put：上传文件到指定服务器，格式为

　　　send local-file [remote-file]

（9）dir：查看当前目录下的文件和子目录名。

4．ftp 应用举例

ftp 应用举例 1，如图 10.14 所示。

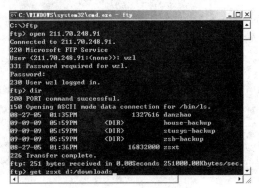

图 10.14　ftp 应用举例 1

应用举例 2：

C:\>ftp o ftp.xzcat.edu.cn	#打开远程 ftp 服务器 ftp.xzcat.edu.cn
ftp>dir	#查看文件和子目录名
ftp>cd pub	#切换到 pub 子目录
ftp>dir	#显示文件和文件夹内容
ftp>lcd d:\	#切换本地目录到 d:\
ftp>get　xxx.exe	#下载 xxx.exe 文件到本地 d:\
ftp>bye	#结束与远程计算机的 FTP 会话并退出 ftp 模式

10.2.10　netsh 命令

netsh 是 Windows 系统中一个功能强大的网络配置命令行（脚本）工具，它可以查看或者更改本地计算机或者远程计算机上的网络配置，netsh 命令提供了脚本功能，配置完成后可以将脚本保存为文本文件，便于存档或者针对指定的计算机运行这个脚本文件来执行批处理命令。winsock、route、ras 等网络服务的配置也可以通过 netsh 的内置命令进行操作，可以使用帮助命令"netsh/?"来获取 netsh 命令格式、参数和功能，如图 10.15 所示。netsh 命令的网络配置内容相当多，对网络管理员来说，有些网络系统做过策略，许多操作必须在命令行下完成。下面简单介绍几个常用功能。其他的可以参考 netsh 的帮助文件。

图 10.15　netsh 命令格式、参数和功能

1．防火墙设置

C:\>netsh firewall set opmode mode = enable　　　　启用防火墙
C:\>netsh firewall set opmode mode = disable　　　　关闭防火墙
C:\>netsh firewall reset　　　　　　　　　　　　　重置防火墙

2．查看网络设置

netsh interface ip show　　[选项]
选项如下：
address　　　- 显示 IP 地址设置。
config　　　 - 显示 IP 地址和更多信息。
dns　　　　 - 显示 DNS 服务器地址。
icmp　　　　- 显示 ICMP 统计。
interface　　- 显示 IP 接口统计。
ipaddress　 - 显示当前 IP 地址
ipnet　　　　- 显示 IP 的网络到媒体的映射。
ipstats　　　- 显示 IP 统计。
joins　　　　- 显示加入的多播组。
offload　　　- 显示卸载信息。
tcpconn　　 - 显示 TCP 连接。
tcpstats　　 - 显示 TCP 统计。
udpconn　　- 显示 UDP 连接。
udpstats　　- 显示 UDP 统计。
wins　　　　- 显示 WINS 服务器地址。

3．设置接口 IP/网关 IP

netsh interface ip set address static 192.168.1.100 255.255.255.0 192.168.1.253
然后查看网络设置：

C:\>netsh interface ip show config
就会显示刚才设置的 IP 地址（192.168.1.100）、子网掩码（255.255.255.0）、默认网关（192.168.1.253），以及 DNS 服务器和 WINS 服务器等信息。

4．查看并导出、导入网络配置（脚本）文件

（1）查看并导出网络配置（脚本）文件，文件名为"exam1.txt"。

C:\>netsh –c　interface dump >c:\exam1.txt　　（">"表示导出；">>"表示追加）
（2）导入网络配置（脚本）文件

C:\>netsh -f c:\ exam1.txt

5．重置 Winsock 目录（netsh winsock reset 命令）

netsh winsock reset 命令的作用是重置 Winsock 目录。如果 Winsock 协议设置有问题，会导致网络连接出现问题，这时候就需要用 netsh winsock reset 命令来重置 Winsock 目录恢复网络。本命令可初始化网络环境，以解决由软件冲突、病毒等原因造成的参数错误问题。注意：执行本命令并重启计算机后，需要在计算机上重新设置 IP 地址。

netsh 是一个能够通过命令行操作几乎所有网络相关设置的接口，比如设置 IP、DNS、网卡、无线网络等；Winsock 工作在应用层，是 Windows 网络编程接口，提供与底层传输协

议无关的高层数据传输编程接口；reset 是对 Winsock 的重置操作。

6．Windows 7 重置 Winsock

要为 Windows 7 重置 Winsock，请按照下列步骤操作：

（1）参考 6.7 节实验，使用下面两种方法中的一种进入命令提示符。

① "开始" → "运行" 中输入 "CMD" → 进入命令方式；

② "开始" → "所有程序" → "附件" → "命令提示符" → 进入命令方式。

（2）在命令提示符处输入命令 netsh winsock reset，按回车键。

（3）输入命令 exit，按回车键，退出命令提示符窗口。

7．Windows 10 重置 Winsock

部分用户在升级到 Windows 10 后，会遇到除了 Windows 10 自带的 Microsoft Edge 浏览器外，其他应用都不能联网的情况，也可以通过重置 Winsock 解决，具体操作如下：

（1）按 "Win+X" 组合键，选择 "命令提示符（管理员）" 选项，注意不要选择上面的那个 "命令提示符" 选项，否则可能会收到 "请求的操作需要提升" 的提示。

（2）在 CMD 窗口中输入 netsh winsock reset，按回车键。

（3）收到 "成功重置 Winsock 目录，你必须重新启动计算机才能完成重置" 的提示后，重启计算机，网络即可恢复正常。

10.2.11　nbtstat 和 net 命令

nbtstat 命令提供的 NetBIOS 统计数据，显示本地计算机和远程计算机的 NetBIOS 名称表和 NetBIOS 名称缓存。nbtstat 可以刷新 NetBIOS 名称缓存和使用 Windows Internet 名称服务注册的名称。

1．nbtstat 命令格式

nbtstat [[-a RemoteName] [-A IP address] [-c] [-n]

　　　　 [-r] [-R] [-RR] [-s] [-S] [interval]]

2．nbtstat 命令参数

（1）-a　RemoteName 显示远程计算机的 NetBIOS 名称表，RemoteName 是远程计算机的 NetBIOS 计算机名称。

（2）-A　IP address 显示远程计算机的 NetBIOS 名称表，其名称由远程计算机的 IP 地址指定。

（3）-c　显示 NetBIOS 名称缓存内容、NetBIOS 名称表及其解析的各个地址。

（4）-n　显示本地计算机的 NetBIOS 名称表。

（5）-R　清除 NetBIOS 名称缓存的内容并从 Lmhosts 文件中重新加载带有#PRE 标记的项目。

（6）-RR　重新释放并刷新通过 WINS 注册的本地计算机的 NetBIOS 名称。

（7）-r　显示 NetBIOS 名称解析统计资料。在设置为使用 WINS 的 Windows 系统中，该参数返回已通过广播和 WINS 解析、注册的名称号码。

（8）-S　显示客户端和服务器会话，只通过 IP 地址列出远程计算机。

（9）-s　显示 NetBIOS 客户和服务器会话，并试图将目标 IP 地址转化为名称。

（10）interval　重新显示选择的统计资料，在每个显示之间暂停 interval 秒，按 Ctrl+C 组合键停止重新显示统计信息。如果省略本参数，nbtstat 将只显示一次当前的设置信息。

例如，在命令提示符下输入如下命令：

nbtstat -a IP

表示通过 IP 地址显示另一台计算机的物理地址和名字列表，所显示的内容就像对方计算机自己运行"nbtstat -n"一样。而命令"nbtstat -s IP"能显示另一台计算机的 NetBIOS 连接表。

3. net 命令

在 Windows 2000 中，很多网络命令都以 net 开头，在命令提示符下键入"net /?"，可以看到所有可用的 net 命令列表。

net 命令格式：

NET [ACCOUNTS | COMPUTER | CONFIG | CONTINUE | FILE | GROUP | HELP |
HELPMSG | LOCALGROUP | NAME | PAUSE | PRINT | SEND | SESSION |
SHARE | START STATISTICS | STOP | TIME | USE | USER | VIEW]

net help command 可以获得 net 命令的帮助。例如要查看 net share 命令的帮助信息，可以输入 net help share。感兴趣的读者参考有关资料学习 net 命令的使用。

UNIX 和 Linux 平台下的网络命令和 Windows 下的网络命令使用方法类似，主要有 ping、Telnet、ftp、netstat、ifconfig、traceroute、rcp、route 等。

10.3 Internet、Intranet 和 Extranet

10.3.1 Internet 结构和自治系统

Internet 本来是指"交互的网络"，又称"网际网"，其中文译名较多，如"因特网""国际互联网""互联网"等，正式的译名应为"互联网"。注意，"internet"代表一般的互联网，它泛指由多个计算机网络互联而成的广域网。而"Internet"特指当前全球最大的、开放的、世界范围内众多网络相互连接而成的国际互联网，其前身是 ARPAnet（阿帕网）。

Internet 实际上是由 TCP/IP 协议和路由器（网关）将各种同构和异构的网络互联起来的广域网，也就是说 Internet 的主要元素是网络、路由器和协议。在第 5 章 5.5 节介绍过，网关通常是安装在路由器内部的软件，所以，在 Internet 中，常将路由器和网关两个概念混用。

Internet 不是某个公司或政府部分建立的，也没有一个权威的机构能够拥有或控制它，军事、经济力量再强大的国家，也不能垄断和控制 Internet。它是各个国家、部门、科研单位、院校和企业等在 ARPAnet 的基础上逐步互联而形成的。Internet 的发展速度相当快，到现在 Internet 究竟有多大、包含多少个网络和多少个主机，很难说清楚，因为它每天都在不停的变化中。不过 Internet 并不是无序发展的，Internet 的技术、管理和发展的由 Internet 网络委员会 IAB 来监督。它影响着人们的工作、生活，是人类有史以来的所有信息技术和信息传播的成果。

1. 网点和自治系统

Internet 不是一个单一的网络，它由许许多多个网络互联而成。这些网络是整个 Internet 的一小部分，它们既是独立的，不必依赖于大网络，又和 Internet 通过网关进行相互通信。每个网络可以很大，如广域网，也可以很小，如局域网，其规模没有什么确切的规定。

各个国家或地区的网络是以网点（site）的形式连入 Internet 的，构成 Internet 的一部分，而在网点内部形成自己的内部结构，构成一个自治系统（Autonomous System，AS）。所谓的自治系统是指由一系列网关和网络组成的系统，它由一个独立的组织或机构管理，其拓扑结构、地址建立与更新机制等内部操作都由组织或机构自由选择。

　　自治系统是一个由单一实体进行控制和管理的路由器集合，自治系统也称为域。自治系统内部路由器的更新被认为是可信和可靠的。进行路由计算时先在自治系统之内，然后再在自治系统之间，这样当自治系统内部的网络发生变化时，只会影响自治系统内部的路由器，而不会影响自治系统外的其他部分，它隔离了网络拓扑结构的变化。

　　网点和自治系统两者之间有相同点也有不同的地方，有时两个概念混用。自治系统强调地区性，如中国公用计算机互联网 ChinaNet，它作用在中国范围内，由中国自治。而网点强调的是逻辑上的，如教育网（edu），各个国家都有，全球所有的教育网组成一个网点，而中国自己的教育网（edu.cn）又是一个自治系统。

　　自治的含义有两个方面，一个是网络的拓扑结构和网络大小自治，另一个是路由自治，其中主要的是路由自治。路由自治又有两个含义：第一，网点内的网关具有自己网点内部的全部路由信息，并将需要传出本网点的数据通过一个默认的路径先传输到核心网关；第二，网点内的非核心网关要向核心网关报告内部的路由信息，使得来自网点外的访问能通过核心网关进入本网点，从而访问网点内相应的主机。

　　Internet 树型层次结构如图 10.16 所示。这样可以有一个统一的机制处理路由和管理问题，并完成交换路由信息等问题。

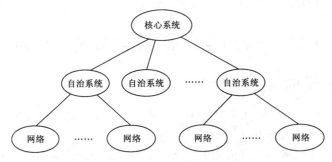

图 10.16　Internet 树型层次结构

　　自治系统是一个组织或机构内部的计算机网络系统。每个自治系统都有一个全球唯一的标识符，即自治系统号，当网关间交换路由信息时，相应的报文中便携带了网关所对应的自治系统号。

2．Internet 的体系结构

　　Internet 是由主干和外围两部分组成的，主干部分采用核心结构进行管理，而外围部分由若干自治系统构成。在自治系统中，可包括许多网络（LAN、MAN 或 WAN）。这种体系结构具有良好的可扩展性。在树型层次结构中，当在除了核心系统外的某层增加新的对象时，最多给上层增加一点管理上的负担，对其他层和同层的其他对象毫无影响。

　　Internet 的树型结构的缺点是：它基于一个集中式的核心网关，一旦核心网关系统出现故障，就会无法正常工作（自治系统的核心网关出现故障，只影响本自治系统）。所以需要对 Internet 的体系结构进行修改，使其管理和控制分散化，逐步走向分布式管理的体系结构。

10.3.2　路由协议

　　自治系统内部可以根据情况自主选择各种路由协议，与其他自治系统无关。虽然一个自治系统和其他的自治系统可能是直接相连的，但也不会把自己内部的路由信息传递给别的自治系统。路由器分为内部路由器和外部路由器两种，属于同一个自治系统且交换路由信息的路由器称为内部邻居，使用的路由选择算法称为内部网关协议（Interior Gateway Protocol，

IGP）；而属于不同自治系统且交换路由信息的路由器（这种路由器是边界路由器）称为外部邻居，它们之间的路由选择算法称为外部网关协议（Exterior Gateway Protocol，EGP），如图 10.17 所示。

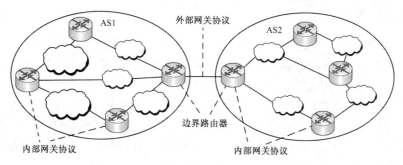

图 10.17　Internet 内部和外部网关协议

在第 5 章 5.13 节中曾介绍过路由选择的概念。需要注意的是，路由选择和路由协议的概念是不同的，路由选择是根据路由表中的信息执行信息转发的操作，而路由协议是一个程序，其功能是确定到达每个目标网络的最佳路径，并在网络系统中分发路由信息。Internet 中对路由表的操作有两个阶段，第一阶段是路由表的初始化，即路由表的建立；第二阶段是根据网络情况更新路由表的信息。

1．路由协议概述

路由协议可分为静态路由协议和动态路由协议两大类。而动态路由协议又分为路由信息协议 RIP、开放式最短路径优先协议 OSPF、内部网关路由协议 IGRP 和 OSI/RM 的中间系统到中间系统（Intermediate System to Intermediate System，IS-IS）协议等。

静态路由（Static Routing）是一种特殊的路由，它是由网络管理员通过手工方法在路由器中设置而成的。一般用于网络规模不大、路由器数量较少、路由表相对较小的场合。这种方法较为简单，容易实现。但是在大规模的网络中，路由器的数量很多，路由表的表项也较多且相对复杂，这时如果还采用手工方法设置静态路由，除了相当烦琐外，还不能自动适应经常变化的网络拓扑结构和链路状态。例如，某段链路发生故障或出现拥挤，如果还是用手工方法去设置路由器以适应这种变化，将对管理员造成很大的压力。因此对于较大的网络，一般都是采用动态路由协议进行路由选择的。

动态（Dynamic）路由协议是当今网络主要选择的方案。使用最多的动态路由协议分为距离矢量（Distance Vector）算法和链路状态（Link-State）算法两种。距离矢量算法只与相邻的路由器交换整个路由表，并进行矢量的叠加，最后让路由器知道整个网络的路由表。

距离向量路由选择协议通常与链路状态路由选择协议相对，这主要是因为距离向量路由选择协议对互联网中的所有节点均发送本地连接信息。距离向量算法的实现和管理都比较简单，但是它的收敛速度慢，报文交换量大，占用很多的网络开销，而且容易产生路由环路。收敛是指路由器发现网络拓扑结构和链路状态发生变化后，路由信息也同步变化的过程。整个同步过程所花费的时间称为收敛时间，或者说某个路由器路由信息变化后反映到所有路由器中所需的时间。常见的基于距离向量算法的协议有 RIP、IGRP 等。

链路状态算法对路由的计算方法和距离向量算法有本质的差别。在距离向量算法中，每个路由表项的学习完全依靠邻居，而且交换的是整个路由表项，而链路状态算法中将路由器分成若干区域，收集区域内的所有路由器的链路状态信息，并根据链路状态信息生成网络拓扑结构，区域内的所有路由器再根据拓扑结构计算路由。

链路状态是对网络拓扑结构的描述，这种方法是指每个路由器都根据区域的情况生成一个链路状态广播，并将它发送到网络中的所有路由器。同时，它也接收所有的路由器链路状态广播，所有的链路状态广播放在一起就是链路状态数据库。常见的基于链路状态算法的协议有 OSPF、IS-IS 等。

2. 路由信息协议（RIP）

路由信息协议（Routing Information Protocol，RIP）是一个距离向量路由协议，它是使用较为广泛的一种内部网关协议。RIP 分为主动和被动两种操作方式，工作在主机中的是被动模式（主机作为路由器工作时除外），它不会传递自己路由表中的信息给其他路由器，而只是接收其他 RIP 路由器广播的路由信息，更新自己的路由表。工作在路由器中的是主动模式，它定期（每隔 30s）广播自己的路由信息给其他的 RIP 路由器，并且根据收到的 RIP 消息自动更新自己的路由表。

每个 RIP 路由器中都有一张路由表，表中的每一项对应一个目标地址，它包含了目标网络的 IP 网络地址、到达目标网络的距离度量（跳数）、到达目标网络所经过的下一个路由器的 IP 地址（如果目标网络是直接相连的，这个字段就不需要）。RIP 的距离度量用跳数来表示，路由器到与它直接相连的网络的距离被定义为 1 跳，而需要通过另一个路由器才能到达的网络的距离为 2 跳，依次类推。当距离为 n 跳时，表示到达目标网络需要经过 n 个路由器。

RIP 在规模不大的系统中工作得很好，但它受到无穷计数问题的困扰。所谓无穷计数是指到达目标网络的距离变成无穷大，无穷大的取值必须考虑网络的规模，取值越大，需要交换的次数会越多，影响网络收敛的速度。在 Internet 的 RIP 协议中，规定距离度量的无穷大值为 15。

3. 内部网关路由协议（IGRP）

内部网关路由协议（Interior Gateway Routing Protocol，IGRP）是一种基于距离向量在自治系统中提供路由选择功能的路由协议。尽管 RIP 对于中小型互联网络非常有用，但是随着网络的不断发展，其受到的限制也越来越明显。

为具有更大的灵活性，IGRP 支持多路径路由选择服务。在循环方式下，两条同等带宽线路能运行单通信流，如果其中一根线路传输失败，系统会自动切换到另一根线路上。多路径可以是具有不同标准但仍然奏效的多路径线路。例如，一条线路比另一条线路优先 3 倍，那么意味着这条路径可以使用 3 次。只有符合某特定最佳路径范围或在差量范围之内的路径才可以用作多路径。

4. 开放式最短路径优先（OSPF）

当一个自治系统很大时，RIP 协议的运行就不令人满意，因此一种新的内部网关协议被提了出来，这就是开放式最短路径优先（Open Shortest Path First，OSPF），它在 1990 年成为标准，现在很多路由器供应商都支持它。它是目前主要的内部网关协议，同时，OSPF 也可用作边界网关路由协议。

OSPF 算法是一个链路状态路由协议，每个路由器维护其本地的链路状态信息，并通过扩散办法把更新的本地链路状态信息分发给自治系统中的各个路由器。因此，AS 中每个路由器都知道 AS 内部的拓扑结构和链路状态信息，从而计算出到每个目标网络的最短路径。OSPF 是一种动态的路由算法，支持各种距离度量，包括物理距离、延迟等，能自动快速地适应拓扑结构的变化，当链路状态信息改变时，路由器都会重新计算到每个目标网络的最短路径。

由于自治系统可能会越来越大而难以管理，因此，OSPF 支持区域（Area）的概念。区域是在 IP 子网技术的基础上产生的，它是由许多网络和连接在网络上的路由器（网关）组合起来的，区域内部的拓扑结构和细节对于自治系统中的其他部分是不可见的。区域内部的通信只考虑区域自身的拓扑结构，因此可大大减少网络带宽的浪费，更有助于网络管理。

OSPF 的特征如下：

（1）简化了 Internet 的拓扑结构，减少了路由信息的交互量。

（2）收敛速度远快于 RIP 采用的路由算法。

（3）支持基于服务类型的路由选择。OSPF 用一种方法为需要服务质量 QoS 的实时通信选择路由，而对其他类型的通信采用其他方法。IP 协议中有一个服务类型字段，OSPF 就是使用这个字段进行服务类型选择的。

（4）路由器之间交互的信息可以验证。OSPF 支持认证服务，只有被授权的路由器才能进行自治系统的路由处理，防止有人通过向路由器发送假路由信息。

（5）指定路由器可以减少广播流量。当某一路由结构改变后，所有的路由器中的路由表通过广播交互。OSPF 可以采用非广播多路访问方式，指定某个路由器发出交互信息。

（6）可以和外部路由协议交换信息。

（7）可以设置虚拟链路。

（8）OSPF 通过对某段路径根据路径的花费（如网络延迟、数据传输速率、物理距离和费用等参数）进行加权的方法来度量，而 RIP 距离向量用跳数度量。例如，路径中数据传输速率为 2.048Mbps 的路径权为 1，而数据传输速率为 9 600bps 的路径权为 20。

5. 外部网关协议（EGP）

外部网关协议（Exterior Gateway Protocol，EGP）用于自治系统之间的路由信息交换，它是一种简单的网络可达性协议，仅适用于树型拓扑结构网络。由于 EGP 存在局限性，所以后来 IETF 制定了标准的边界网关协议 BGP，BGP 将在后面的章节中进行介绍，它也是一种外部网关协议。

由于 EGP 协议是用在自治系统之间的路由协议，中间不会有其他路由器。当某侧的边界路由器接收到不属于自己这一侧自治系统的信息时，路由器丢弃该信息。

EGP 协议包括三个部分：邻居获取协议、邻居可达性协议和网络可达性决定过程。邻居获取是一个标准的二次握手过程，路由器利用邻居获取信息来建立和另一个路由器的通信；邻居可达性是指路由器能够及时知道它的邻居是否可达，如果不可达，路由器将停止向它的邻居发送消息。

6. 边界网关协议（BGP）

EGP 协议有局限性，因此另外又提出了边界网关协议（Border Gateway Protocol，BGP），BGP 是 Internet 早期使用的外部网关协议，后来被广泛使用的 BGP-4 所替代，成为 Internet 标准的外部网关协议。

BGP 是一种真正的外部网关协议，它对于互联的网络拓扑结构没有任何限制，所传递的路由信息足够用来构建一个自治系统的连接图，从而可以把那些路由环路去掉，并支持策略机制。典型的策略问题涉及政治、安全和经济等诸多方面，策略一般由手工设置到每个 BGP 路由器中，它们本身不是协议的一部分。

从 BGP 路由器的角度来看，互联网由其他 BGP 路由器及连接它们的线路组成。如果两个 BGP 共享同一网络，则认为它们是互联的。根据 BGP 在中转通信中的特殊作用，可以将网络分为三类。第一类是支线网络，它们只与 BGP 有一个连接，这种网络不能用来中转通信，因为它们不与别的网络互联；第二类是多线网络，这种网络可以用来中转通信，除非它们拒绝这样做；第三类是中转网络，如主干，它愿意传输第三方分组，但可能有些限制。

BGP 路由器通过创建 TCP 连接来相互通信，这样既提供了可靠性通信，又隐蔽了所经网络的细节。BGP 是一个距离向量路由协议，但与其他距离向量路由协议有所区别，每个 BGP 路由器记录的是使用的确切路由，而不是到达每个目的地的开销。同样，每个 BGP 路由器不是定期向它的邻居提供每个可能的目的地的开销，而是向邻居说明正在使用的确切路由。

10.3.3　Internet 的技术特点和应用

1．Internet 的技术特点

Internet 使用的技术主要有以下方面：
① Internet 使用了广泛应用的超文本信息服务系统 WWW；
② Internet 采用了 HTML、HTTP 等各种公开的语言和标准；
③ Internet 采用了 DNS 域名服务系统，解决了用户的域名和 IP 地址之间的转换问题。

2．Internet 的主要应用

Internet 是当今世界上最大的数据库，它为人们提供了电子邮件、WWW 访问、文件传输（上传和下载）、网络传真、IP 电话、网络视频会议、聊天、游戏、网上论坛（BBS）、电子商务和远程教学等服务。

3．Internet 服务提供商（ISP）

Internet 服务提供商（Internet Service Provider，ISP）或网络服务提供商（Network Service Provider，NSP）可以为用户提供 Internet 的接入和其他相关服务。价格不同，提供的服务也不相同。中国国家级 ISP 主要有：中国电信、中国移动、中国联通、中国广电等。除此之外，各大中城市也有众多的 ISP。

在选择 ISP 时，需要考虑 ISP 的出口带宽、提供的接入速率、中继线数量、费用、技术支持能力和提供的信息量等因素。

10.3.4　Intranet 和 Extranet

1．Intranet 及组成

企业内部网 Intranet，也译为内部网或内联网，它是企业、学校和公司等组织机构在组建内部局域网时，全面采用 Internet 技术而构成的。内部网实际上是一个缩小的 Internet，它以 TCP/IP 协议为基础，以 Web 技术为核心，为用户提供信息浏览服务平台。用户通过 WWW 等工具能方便地浏览企业内部和 Internet 上丰富的信息资源，它将电子邮件、电子新闻和各种数据库应用等系统集成到浏览器界面中，给企业网络建设带来了革命性的变化。

对于 Internet，人们仅仅局限于使用，而对于内部网，从设计、施工到应用，均要工程技术人员自己动手完成。组建一个内部网并不是件困难的事，但是要充分利用好它，却不是一件容易的事。内部网的魅力，不在于它本身，而在于它给应用带来的变化，尤其是使客户机/服务器的二层结构模型变为三层结构。三层结构将传统的驻留于客户机上的软件分解为表示层和功能层，并将功能层转移到服务器上，这给系统的设计、实现、使用及维护均带来很大的方便，加上动态文档的使用，完成了应用系统由集中式系统到分布式系统的转变，这一转变具有革命性的意义，使企业受益匪浅。

Internet 和 Intranet 二者使用相同的技术和产品、工具和网络协议，它们之间的主要区别

在于语义和规模。可以在不拥有 Intranet 的情况下建立对外的 Internet 站点，也可以让建立的 Intranet 不连接 Internet 而独立运行。

内部网的功能集中体现在 Web 服务器的页面上，页面设计的本身并不困难，重要的是如何将众多企业内部的信息归纳、组织到不同的页面中。

不同企业组建的企业内部网的结构不完全相同，但一般都应包括以下几个部分。

1）物理网络

物理网络是 Intranet 的核心，其规模、复杂程度各个企业不尽相同，一般都采用 B/S 网络模型。通信线路和网络设备将分布在企业内的各个节点连接起来，实现企业内部的网络通信。物理网络至少应包括服务器和客户机两个子系统。

（1）服务器。Intranet 上的服务器除了网络操作系统和应用软件外，还包括 WWW 服务器、FTP 服务器、E-mail 服务器和数据库服务器等。WWW 服务器中存储企业的主页信息，并向用户提供 WWW 服务；FTP 服务器供用户下载或上传文件；E-mail 服务器为企业成员提供信息传递的电子邮件服务；数据库服务器存储和管理企业的各种数据和信息。WWW 服务器通过开放式数据库互联与数据库连接。数据库中各种数据都可以用 WWW 的形式显示。通过在主页中嵌入结构化查询语言 SQL 语句，用户就能直接通过主页访问数据库中的数据。

（2）客户机。客户机是 Intranet 中用户与 Intranet 之间的接口，它应包含浏览器、操作系统和网络软件。

将服务器和客户机两个子系统连成一体的是主页和链接，用户通过客户机中的浏览器提出访问服务器信息的请求，服务器接受请求并对数据进行处理后，再将结果以主页的形式返回给客户机，做出响应。

（3）网络设备。网络设备包括传输介质和网络互联设备，传输介质一般为双绞线、光纤、无线等，网络互联设备由集线器、交换机、路由器、三层及以上交换机等组成。

2）通信协议

Intranet 采用 Internet 技术，使用 TCP/IP 协议。

3）网络应用程序

为了提供各种信息和服务，Intranet 中还需要运行各种网络应用程序、网络管理软件、网络安全软件。如各种管理信息系统（MIS）、防火墙（防火墙是一种运行特定安全软件的系统，是 Intranet 的一种安全机制。它在企业内部网与外部网之间构筑了一个保护层，只有被授权的外部访问才能通过防火墙，以防止未授权访问、非法入侵和破坏行为）等软件。

2．Intranet 技术

Intranet 主要使用如下技术。

1）基本技术

（1）TCP/IP 协议。TCP/IP 是 Internet 的基础协议。所以，Intranet 也使用 TCP/IP 协议作为其主要网络通信协议。

（2）IP 地址。Intranet 中使用的 IP 地址可分为两种类型：授权的 IP 地址和非授权的 IP 地址。

授权的 IP 地址（公有地址）由全球统一管理的机构进行地址分配，它具有全球唯一性。在 Intranet 中与外界具有直接通信能力（向外界提供服务）的主机或网络设备必须使用授权的 IP 地址。授权的 IP 地址可以向国际互联网络信息中心（InterNIC）申请，国内用户也可通过中国互联网络信息中心（CNNIC）来申请 IP 地址和域名。

非授权的 IP 地址（私有地址）仅在 Intranet 内部使用，由管理该 Intranet 的运行机构在本 Intranet 内部的统一管理下进行地址分配。这种 IP 地址在 Intranet 内部是唯一的，可以与外部的 IP 地址重复。具有非授权 IP 地址的主机或网络设备没有直接对外通信的权限，它们对外通信可通过代理服务器进行，或者根本不允许对外通信。在 Intranet 内部使用非授权的 IP 地址，可大大节省现有的 IP 地址资源，也便于 Intranet 的安全管理。

（3）域名系统。Intranet 内部的域名服务器负责主机的域名地址对 IP 地址的静态解析。当 Intranet 内部有多个 Web 服务器或其他应用服务器时，域名服务将有助于网络的管理和运行。Intranet 对外服务扩展后，有多个 Web 服务器或应用服务器也对外提供服务，并且已向有关部门申请了三级域名，此时 DNS 域名服务器将承担解析内部四级域名的工作。企业的域名已成为企业在网上的标志。

（4）路由器。路由器是 Intranet 中非常重要的网络设备。广域网基于路由器，而 Intranet 也是一个基于路由器的网络，它采用路由器分隔企业内部的各个子网，以便于子网管理和安全控制。现在一般使用具有路由功能的新型网络设备（如三层交换机）来代替路由器。

2）基于浏览器的应用开发技术

采用浏览器作为集成的客户界面软件在 Intranet 上已经非常流行。作为 Intranet 统一用户界面的浏览器软件，除了可以访问 WWW、电子邮件、FTP 外，还可以访问企业网络的数据库等。以浏览器作为 Intranet 中统一的用户界面而开发各种应用的技术，称为基于浏览器的应用开发技术。

3）数据库技术

数据库访问是 Intranet 中最为重要的应用技术。通过浏览器访问各种商用数据库管理系统（DataBase Management System，DBMS）中的数据库，技术上的关键在于通过 Web 服务器与数据库服务器连接。常用的标准接口有以下几种。

（1）通用网关接口（CGI）。通用网关接口（Common Gateway Interface，CGI）是 Web 服务器运行外部应用程序的规范。CGI 的可移植性好、符合标准，但编程困难、性能较低，在数据库应用中使用得不多。

（2）服务器 API。应用编程接口（Application Programming Interface，API）包括 Web 服务器 API 和 DB 服务器 API，都是对服务器功能的一种扩展。Web 服务器 API 由 Web 服务器软件厂商提供，DB 服务器 API 由 DBMS 软件厂商提供。这些服务器 API 由于与服务器核心软件结合得较好，通常性能都比较高。例如 Web 服务器 API 的基本功能与 CGI 相当，但性能较高，提供了基于 API 的数据库接口以简化编程。典型的产品有 Microsoft 公司的 Internet 数据库连接（Internet Database Connectivity，IDC）和 Netscape 公司的 LiveWire 等。

（3）Java 数据库连接（JDBC）。Java 数据库连接（Java DataBase Connectivity，JDBC）是通过 Java 语言的数据库访问 API 的，其移植性和性能均较好，编程难度不太大。

4）安全控制技术

（1）防火墙。Intranet 与 Internet 的连接一般都要经过防火墙（Firewall），防火墙防外不防内，它可以控制外部站点访问内部网络。防火墙是一种运行特定安全软件的系统，它在企业内部网与外部网之间检查网络服务的请求分组是否合法，网络中传送的数据是否会对网络安全构成威胁。

防火墙通常由包过滤路由器和应用层网关组成。包过滤路由器是基于 IP 的防火墙，实际上就是基于路由器的防火墙。它使用报文动态过滤技术，按照"拒绝除特殊许可服务外的所有服务"的原则，对每个 IP 包的包头进行动态检查，根据源 IP 地址、目的 IP 地址、服务类型及使用协议等做出对 IP 包进行滤除或通过的决定。应用层网关借助代理应用转发内部网和外部网之间服务的设备，其驻留的中间地带称为隔离地带。

（2）访问控制。Intranet 中的大部分信息并不对所有用户开放，用户访问这些信息必须经过授权。访问控制是指控制网络资源未授权的访问，授权用户合法访问 Intranet 资源。访问控制的关键因素是识别现有的全部服务和应用。

（3）身份认证。身份认证是通过鉴别证实连接访问请求的合法性来识别发出访问请求用户身份的。这是防止对方欺骗的重要手段，也是对用户资源访问进行控制的基础。

（4）数据加密。数据加密是在数据传输过程中防止非法截获信息的有效手段，也是提高资源访问控制能力的重要补充手段。它通过使用一定的数学算法替换数据或打乱数据排列顺序实现对数据的加密；通过使用对应算法将替换重排后的数据恢复成明文，从而实现数据解密。

5）其他技术

（1）代理服务器。代理服务器（Proxy Server）也称托管服务器，它受网络管理者的委托对某子网的某些功能进行代管，常常用于需要将内部网络与外部网络分离的场景。因为 Intranet 内部网络中的主机使用未经授权的 IP 地址，所有进出 Intranet 的数据分组都要经过代理服务器进行，对这些主机上的用户使用的各种服务进行控制和转换。代理服务器的安全控制功能可以做得十分强大，但这也会给代理服务器带来很大的开销。

在将 Intranet 接入 Internet 的工作中，代理服务器担任很重要的角色。它在提供给 Intranet 网络用户访问 Internet 能力的同时，还将控制 Intranet 与 Internet 之间的信息交换，提供一些防火墙功能。常见的代理服务器产品有 Micro Proxy Server、WinGate 和 WinProxy 等。

（2）网络地址转换。网络地址转换可以把内部未授权的 IP 私有地址，转换成可以在 Internet 上使用的合法的 IP 地址，同时还可以隐藏企业内部的 IP 地址和内部网络，使其避免遭受黑客的攻击。

（3）负载均衡。负载均衡就是在能提供相同服务的多个服务器之间实行负载分担。

3．Extranet

Extranet 译为外部网或外联网，是由多个各自相对独立的内部网 Intranet 组成的，它使用的协议也是 TCP/IP。Extranet 是由多个合作伙伴联合组建的，它将 Intranet 的范围延伸到多个企业甚至客户，目的是为了实现相互之间的信息交流、资源共享和合作经营，提高企业的经营和管理水平，加强其竞争能力，更好地与生意伙伴进行合作。

在 Extranet 中，各个 Intranet 都有相当一部分信息相互之间可以共享，但这些信息对 Extranet 的外部又不是完全公开的。而每个 Intranet 还有一部分信息对其他的 Intranet 是完全保密的。因此，Extranet 是介于 Internet 和 Intranet 之间的一种网络。

Intranet 所关心的主要问题是如何组织企业内部的信息、信息交流和信息共享，如何按企业的管理模式设计 Intranet 系统。而 Extranet 主要关心的是如何保持核心信息数据的安全。安全是 Extranet 的核心问题。目前 Extranet 在实现技术上和安全性方面还没有完全成熟，另外，Extranet 的实现还涉及企业之间互相协调的问题。因此，Extranet 的发展还需要一定的时间，目前能够实现 Extranet 企业外部网应用的公司和企业仍然很少。

10.4　本章小结

（1）OSI/RM 高三层的会话层和表示层划分意义不大，反而增加了协议的复杂性，而 TCP/IP 将 OSI/RM 高三层合并为一层，简单实用。应用层负责用户和应用程序之间的通信，是用户和网络间的接口，实现对网络资源的访问。

（2）IP 地址与域名之间存在对应关系，域名由方便记忆和书写的英文、数字或中文等组成，比 IP 地址更直观。将域名转换为 IP 地址称为域名解析，由 DNS 服务器完成；而将 IP 地址转换为主机的 MAC 地址称为地址解析，地址解析由地址解析协议 ARP 完成。

（3）域名系统（DNS）由分布在世界各地的 DNS 服务器组成，Internet 中通过 DNS 服务器进行域名解析。域名系统是一种树型结构，按地理域或机构域进行分层管理，树的顶部为根节点（根服务器，主根在美国），根下面的就是域，而域又可以进一步划分为子域，同时将子域内部的管理权授予该子域，这样一层一层下去，实行分级管理，每一个域或子域都有域名。

（4）远程登录（Telnet）是一个客户机/服务器程序，它可以为用户提供一个以终端方式与远程主机建立的连接，本地用户可以把自己的终端当作远程主机的终端，操作、运行远程主机上的各种应用程序，使用该主机提供的各种资源。E-mail、FTP 等都是在 Telnet 的基础上实现的。

（5）文件传输协议（FTP）用于将文件从一个主机复制到另一个主机。网络上进行"上传"和"下载"就是利用 FTP 程序实现的。一般来说，在网络中发送邮件的服务器称为 SMTP 服务器，而接收邮件的服务器为 POP3 服务器。

（6）简单网络管理协议（SNMP）是利用 TCP/IP 协议管理网络上设备的一个框架，它为监控和维护网络提供了一组基本操作。

（7）超文本传输协议（HTTP）主要用于 WWW 中，它以明文、超文本、音频和视频等形式传输数据。超文本系统是一个用计算机实现相关文档链接的系统，该系统可以实现各种检索。

（8）路由信息协议（RIP）是一个距离向量路由协议，它是使用较为广泛的一种内部网关协议。开放式最短路径优先（OSPF）是一个链路状态路由协议，每个路由器维护它自己本地的链路状态信息，并通过扩散办法把更新的本地链路状态信息分发给自治系统中的各个路由器。OSPF 是主要的内部网关协议，同时也用于边界网关路由协议。

10.5　实验 9　常用网络命令的使用

1．实验目的

学会在网络环境中使用网络命令。

2．实验环境

（1）Internet 环境、计算机 1 台。

（2）可选项目：实验室网络环境的一台计算机安装 FTP 服务器，并提供登录用户名和密码；服务器已开启 Telnet 服务。

3．实验时数

2 学时。

4．复习及准备

请复习本章 10.2 节常用网络命令的内容。

5．实验内容

（1）进入命令提示符窗口。参考第 6 章 6.7 节实验步骤 2）进入命令提示符窗口。执行"开始"→"程序"→"附件"→"命令提示符"操作；或者在"开始"→"运行"窗口中输

入 "cmd" 后，进入命令行界面。

（2）参照 "10.2 常用网络命令" 一节，在命令提示符窗口练习网络命令，记录实验结果，重点练习 ipconfig 和 ping 两个命令。

① ipconfig

② ping

③ netstat

④ arp

⑤ tercert

⑥ pathping

⑦ router

下面 3 个命令根据实验室情况选做，前提是实验室网络已安装 FTP 服务器，并提供登录用户名和密码；服务器开启 Telnet 服务并提供登录远程主机的用户名和密码。

⑧ Telnet（选做）

⑨ ftp（选做）

⑩ netsh（选做）

（3）总结各命令的作用，并写到实验报告中。

6. 实验思考题

（1）为什么说 "ping 命令使用参数 "-t" 有一定的网络攻击性，尤其和参数 "-l size" 一起配合使用时后果更为严重，所以要慎用。

（2）IP 数据报中生存周期 TTL 有什么用？

（3）如何根据 ping 命令 TTL 返回值，推算数据报经过了多少个路由器？检查从源主机到目标主机经过了多少个路由器，还可以使用什么命令？

习   题

一、选择题

1．FTP 工作于（   ）。
   A．网络层   B．传输层   C．会话层   D．应用层
2．DNS 的作用是（   ）。
   A．为客户机分配 IP 地址   B．访问 HTTP 的应用程序
   C．将域名解析为 IP 地址   D．将 MAC 地址解析为 IP 地址
3．SNMP 工作于（   ）。
   A．应用层   B．传输层   C．会话层   D．表示层
4．SMTP 工作于（   ）。
   A．网络层   B．应用层   C．会话层   D．表示层
5．要从一台主机远程登录到另一台主机，使用的应用程序为（   ）。
   A．HTTP   B．ping   C．Telnet   D．tracert
6．应用层的（   ）协议提供文件传输服务。
   A．FTP   B．Telnet   C．HTTP   D．SNMP
7．DNS 工作于（   ）。
   A．传输层   B．会话层   C．表示层   D．应用层

8．为了确定网络层数据报所经过的路由器的数目，应该使用（　　　　）命令。

    A．ping　　　　　　　B．arp -a　　　　　　C．tracert　　　　　　D．stack test

9．网络层协议（　　　　）可以提供错误报告和其他回送给源站点的关于 IP 数据报处理情况的消息。

    A．TCP　　　　　　　B．UDP　　　　　　　C．ICMP　　　　　　D．IGMP

二、填空题

1．将域名转换为 IP 地址称为_____，它由_____协议完成；将 IP 地址转换为 MAC 地址称为_____，它由_____协议完成。

2．数据链路层使用的地址为_____；TCP/IP 协议网际层使用的地址为_____；传输层使用的地址为_____。

3．MAC 地址长度是由二进制_____位组成的；IP 地址长度是由二进制_____位组成的；端口地址长度是由二进制_____位组成的。

4．以太网合法帧的长度为_____；ATM 信元的长度为_____；IP 数据报的长度为_____。

5．Internet 中，发送邮件的服务器称为_____；接收邮件的服务器称为_____。

6．ISP 的英文全写为_____，中文名称为_____；NSP 的英文全写为_____，中文名称为_____。

三、问答题

1．什么是 Intranet？什么是 Extranet？

2．Internet 的技术特点有哪些？能提供哪些主要应用和服务？

3．什么是自治系统？画出 Internet 的树型结构。

4．中国主要有哪些 Internet 服务提供商（ISP）？

5．静态路由有什么特点？你知道的动态路由协议有哪几个？

6．基于距离矢量算法的路由协议和基于链路状态算法的路由协议有什么本质上的差别？

7．简单描述 OSPF 协议的工作原理和特征。

8．内部路由器和外部路由器有什么不同？

9．Internet 域名系统的层次结构是如何设计的？

10．URL 指的是什么？它包括哪几个部分，各部分代表什么含义？

11．什么是地址解析？什么是域名解析？通过什么方法实现地址解析和域名解析？

12．简单叙述远程登录的概念和作用？

13．FTP 和 TFTP 各有什么用途？

14．SMTP、MIME 和 POP3 各有什么用途？SNMP 又有什么用途？

15．什么是 Web？什么是超文本？

16．HTTP 如何实现网页文档的传输？HTML 的作用是什么？

17．静态文档、动态文档和活动文档有什么不同？

18．Intranet 主要使用了哪些技术？

19．Internet 信息服务器中，主目录和虚拟目录有什么用途？

20．叙述建立和设置 FTP 服务器的步骤。

21．简述 DNS 服务器的安装设置过程。

第 11 章　网络技术应用

11.1　虚拟局域网（VLAN）

近年来，网络设备性能在不断提高，而成本在不断下降。一般企事业单位组建的大中型局域网都采用了交换技术，它能良好地支持虚拟局域网技术，虚拟局域网对简化网络的管理对保证网络的安全保密和高速可靠运行起到了非常重要的作用。

11.1.1　虚拟局域网概述

1．虚拟局域网的概念

所谓虚拟局域网（Virtual LAN，VLAN）建立在交换式局域网的基础上，它将网络资源或网络用户按照一定的原则进行划分，把一个物理上的网络划分为多个小的逻辑网络，每个逻辑局域网形成各自的广播域。VLAN 的用户或节点可以根据功能、部门、应用等因素划分，而无须考虑其所处的物理位置，划分的原理与一个硬盘的逻辑分区类似。例如根据交换机的端口，将一个单位的网络分成数个 VLAN，如将所有财务部门的计算机组成一个 VLAN，将后勤部门的计算机组成另一个 VLAN 等，每个 VLAN 中的计算机可以处在不同的地理位置，尽管财务部门和后勤部门的计算机在物理上仍属于同一个网络。VLAN 之间相互隔离，保密性强。它们之间的通信需要使用路由器这样的设备才能进行。

在共享式局域网中，一个物理网络是一个逻辑上的工作组，它们属于同一个冲突域，也属于同一个广播域。一个节点发送的广播报文网络上的所有站点都能接收到。但实际应用中许多广播报文并不需要让每一个站点都接收到，因此这样的广播报文既浪费了大量的带宽，又不利于安全。

在交换式局域网中，当交换机接收到一个广播帧，或者交换机 MAC 地址表容量较小，没有某个帧的 MAC 目的地址对应的端口时，该数据帧会被转发到交换机的其他所有端口。在前面的章节中曾介绍过，以太网交换机的一个端口是一个冲突域，所以交换机缩小了冲突域。但是使用交换机连接的网络仍是同一个广播域，因此交换式以太网还不能避免广播风暴。

最早用来隔离广播报文的方法是使用路由器，但是路由器设备较贵，处理广播报文时需要烦琐的软件处理过程，其转发机制可能成为整个网络的瓶颈。VLAN 就是专门为隔离第二层广播报文而出现的技术，一个 VLAN 就是一个广播域，最主要的是多个 VLAN 可以共用一套网络设备，节约了网络硬件的开销，同时迁移站点所需的工作量也大幅下降，相应的联网成本也降低了。

在传统的局域网中，当移动一个站点到另一个地方时，如果考虑到让它仍属于原来的逻辑工作组就可能需要重新布线。因此，逻辑工作组的组成受到了站点所在网段物理位置的限制。而虚拟局域网逻辑工作组的站点组成不受物理位置的限制，同一逻辑工作组的站点可以分布在不同的物理网段上，只要以太网交换机是互联的，它们既可以连接在同一个交换机上，也可以连接在不同的交换机上。当一个站点从一个逻辑工作组转移到另一个逻辑工作组时，只需要通过设置，这台计算机就可以成为原工作组的一员。

2．IEEE 802.1Q 帧格式

1996 年 3 月发布的 IEEE 802.1Q 就是 VLAN 的标准，它统一了众多网络设备厂商的

VLAN 方案，使不同厂商的设备可以在同一个网络中使用。各个设备的 VLAN 设置可以被其他设备所识别。IEEE 802.1Q 标准定义了一种新的帧格式，它在标准的以太网帧的源地址后增加了一个 Tag 域。Tag 域包含 2 字节的标签协议标识（Tag Protocol ID，TPID）和 2 字节的标签控制信息（Tag Control Information，TCI），TCI 又分为 Priority、CFI 和 VLAN ID 三个域。Tag Header 中的一个重要字段就是 VLAN ID，它指明了这一帧所属的 VLAN 编号。IEEE 802.1Q 帧格式如图 11.1 所示。

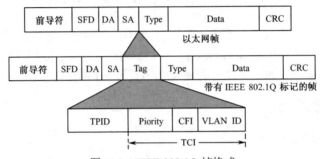

图 11.1　IEEE 802.1Q 帧格式

各字段的含义如下。

（1）标签协议标识（Tag Protocol Indentifier，TPID）。这个字段占 2 字节（16 位），是 IEEE 定义的新类型，表示这是一个加了 802.1Q 标签的帧。

（2）优先级（Priority）。该域占 3 位，用于标识数据帧的优先级。优先级越高，就越优先得到交换机的处理。优先级可以将数据帧分为 8 个等级，这在 QoS 的应用中非常重要。

（3）规范格式指示（Canonical Format Indicator，CFI）。该域仅占 1 位，如果值为 0，表示该数据帧采用规范格式；值为 1，表示该数据帧采用非规范格式。它主要用在 FDDI 介质访问方法中指示数据帧所带地址的比特次序信息。

（4）VLAN 标识（VLAN ID）。该域占 12 位，它明确指定该数据帧属于哪一个 VLAN。12 位的表示范围为 0～4 095，这也是一个网络中能划分的 VLAN 数量。

VLAN 建立在交换式局域网的基础上（交换技术有两种，一种是基于以太网的帧交换，另一种是基于 ATM 的信元交换）。交换技术根据目标地址有目的地选择端口转发数据包，这就为划分逻辑子网提供了技术基础。

将网络分成多个 VLAN 并不只是为了隔离各个网段，它可以提高整个网络的性能和安全性，被隔离的 VLAN 最终还需要通过路由机制互联起来。但这并不是又回到了原来的低性能状态。采用 VLAN 技术通过流量分析后进行合理规划，并使用如三层交换机之类的设备可以构造一个大型高性能的局域网（Intranet）。

11.1.2　划分虚拟局域网的方法

1. 基于交换机端口的划分方法

这是一种简单有效也是最常用的 VLAN 划分方法。它在一个或多个交换机上，根据交换机的端口划分 VLAN，这些端口一直保持这种设置关系直到改变它们。划分 VLAN 时，需要网络管理员对交换机的端口进行分配和设置，不同交换机上若干个端口可以组成一个 VLAN。基于交换机端口的划分方法如图 11.2 所示。图中划分了 3 个 VLAN，其中 VLAN-1 中有 6 台计算机，它们分布在不同的交换机上。

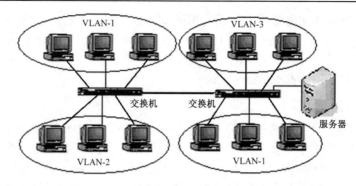

图 11.2 基于交换机端口的划分方法

使用基于交换机端口的方法划分 VLAN 时，有 3 项设置需要考虑：第一个是交换机的端口类型，只有 802.1Q VLAN 交换机才支持带有 802.1Q Tag Header 的帧；第二个是默认的 VLAN 端口，当交换机不能从一个帧的 Tag Header 中获得该帧属于哪一个 VLAN 时，该帧就转发到默认的 VLAN 端口；第三个是 VLAN 广播域，用于界定 VLAN 帧的转发范围。

基于交换机端口的划分方法的特点是设置过程简单明了，是目前最常用的一种方法。但是当计算机从一个端口移动到属于另一个 VLAN 的端口时，为了使该计算机仍属于原来的 VLAN，网管人员必须重新设置。

2．基于 MAC 地址的划分方法

这种方法是以网卡的 MAC 地址来划分的，每一个网卡的物理地址在全球是唯一的。MAC 地址属于数据链路层，以此作为划分 VLAN 的策略，可以很好地独立于网络层上的各种应用。划分 VLAN 时，网络管理员可以指定哪些 MAC 地址的计算机属于哪一个 VLAN。例如，将 MAC 地址为 00-30-80-7C-F1-21、52-54-4C-19-3D 和 00-50-BA-27-5D-A1 的计算机划分为 VLAN-1，不管这些计算机连接到哪个交换机或端口。

基于 MAC 地址的划分方法的优点是：VLAN 与站点的物理位置无关，当一个站点从一个地方移动到另一个地方，或者将连接交换机的端口从一个换到另一个时，只要计算机的 MAC 地址不变，它仍是原 VLAN 的成员，网络管理员不用对交换机进行重新设置。另外，它也独立于网络的高层协议，不管是使用 TCP/IP 还是 IPX。因此这是一种基于用户的 VLAN 划分方法。缺点是所有的用户必须先要被明确地分配到某一个 VLAN，当网络规模较大时，初始设置工作较为麻烦。可以用相应的网络管理工具来设置 VLAN。

3．基于网络层的划分方法

基于网络层的划分方法，是根据网络层协议来划分 VLAN 的。当网络中有多种协议时，可以根据不同的路由协议来划分 VLAN，主机属于哪一个 VLAN 取决于它所运行的网络协议（如 IP 协议或 IPX 协议），而与其他因素无关。这种方法在实际应用中相对较少，因为现在网络使用的大都是运行 IP 协议的主机，即使是运行其他协议的主机组件也被 IP 协议主机所代替。由于一个网络中使用的不同网络层协议数有限，所以划分的 VLAN 数也很小。

4．基于子网的划分方法

基于子网的划分方法也是在网络层进行的，它是根据主机所在的子网隔离广播域的，IP 地址属于哪一个子网就属于哪一个相应的 VLAN，而与主机的其他因素无关。基于子网划分 VLAN 可以利用前面的章节介绍的子网划分方法来实现。

基于子网划分 VLAN 的方法管理设置较为灵活，可以根据具体的应用和服务来组织

VLAN，网络用户自由移动位置后，不需要重新设置主机或交换机，对网络管理员来说是十分有效的。这种划分方法的缺点：一是对于每一个到来的数据包，它都要检查网络层地址，这将消耗不少交换机的资源；二是管理员不能控制用户自行修改主机的 IP 地址等设置选项，用户可以随意更改自己所属的 VLAN 位置。

5. 几种划分方法的比较

在这 4 种方法中，使用较多的是第 1、4 两种方法，第 2、3 种方法作为辅助性方案。而基于交换机端口的划分方法又优于基于子网的划分方法，原因是基于交换机端口的划分方法是基于数据链路层进行数据包的转发和交换的，并且它主要由硬件（交换机）实现，因此它的速率较快。而基于子网的划分方法除了前述的一些缺点外，最主要的是它基于网络层，而且通过软件方法实现，用户可自行修改 IP 地址、子网掩码等设置，安全性不高，所以这种划分方法不如基于交换机端口的划分方法好。

11.1.3　VLAN 的特点

VLAN 的组网与传统的局域网组网类似，区别在于"虚拟"两字。使用 VLAN 的优点如下。

1）减少网络管理

部门重组和人员流动是网络管理员最头痛的事情之一，它可能不但需要重新布线，还需要重新设置网络。借助于 VLAN 技术，网络管理员可以轻松地管理网络和 VLAN 用户，可以在不改动网络物理连接的情况下，任意将工作站在工作组之间或子网之间移动，大大减轻了网络管理和维护的工作量，降低了网络维护的成本。

2）控制广播风暴

广播的频率依赖于网络应用类型、服务器类型、逻辑段数目及网络资源的使用方法，大量的广播会形成广播风暴。尽管交换机可以利用端口/MAC 地址映射表来缩小冲突域，但却不能控制广播风暴。一个 VLAN 是一个广播域，VLAN 越小，受广播活动的影响也就越少，这种设置方式弥补了局域网易受广播风暴影响的弱点。

3）提供较好的网络安全性

共享式以太网非常严重的安全问题是它很容易被穿透，网上任一节点都需要侦听共享信道上的所有信息，通过接入集线器的一个活动端口，用户就可以访问整个网络，网络规模越大，安全性就越差。而 VLAN 将局域网分成多个广播域，不同类型或不同应用要求的用户可以划分到不同的 VLAN。VLAN 之间需要通过路由访问列表、MAC 地址和 IP 地址分配等控制用户访问的权限，通过设置 VLAN 可以限制个别用户的访问权限，甚至能锁定某个设备的 MAC 地址。不同的 VLAN 划分方法其网络的安全性也各不相同。

使用 VLAN 的缺点如下。

（1）在使用 MAC 地址设置 VLAN 时，必须进行初始设置。对于大规模的网络，需要设置很多的计算机。因此，初始设置工作较为烦琐。

（2）在使用交换机端口划分 VLAN 的方法中，用户从交换机的一个端口移动到另一个端口时，必须对 VLAN 的成员进行重新设置。

11.2　虚拟专用网（VPN）

随着计算机网络应用的发展，许多跨国公司或大型企业在多个国家或地区有自己的办事处或销售部门，它们需要远程连接到自己单位的内部网；部分员工需要通过笔记本电脑等移动设备在本地或异地随时连接到企业的内部网，查询或上报各种数据资料。这种远程连接导致网络的复杂性急剧增加。一些企业需要收购和合并其他企业，再加上企业本身的发展壮大，分支机构会越来越多，企业之间的合作及企业与客户之间的联系日趋紧密。这些合作与联系是动态的，总是处于变化发展之中，相应的网络连接也是动态变化的。

虚拟专用网就是为了适应这种需要而出现的，它可以让这些公司或企业临时从公共传输系统中开辟一个私有的通信信道，形成专用的传输链路，以扩大内部网的范围。

11.2.1　虚拟专用网的概念

1．VPN 概念

虚拟专用网（Virtual Private Network，VPN）是依靠 ISP（Internet 服务提供商）和其他 NSP（网络服务提供商），利用公用网络基础设施，构建企业自己的专用网络技术的，是内部网在公共网络如 Internet 上的扩展。VPN 不受地域限制，它是由企业统一控制和管理的网络。与普通企业网相比，由于其基础平台采用公用数据网，与其他用户共享网络资源而不是独占资源，所以线路成本大大降低，管理和维护的工作量也减少。

VPN 采用隧道（Tunnel）技术，在公共数据网络上仿真一条点到点的专线，从而形成企业专用的链路。隧道由 ISP 或 NSP 建立，它将企业或公司处于不同地区的终端或局域网连成一个整体，内部网的数据包通过这条隧道传输。对于不同的信息来源，可以分别给它们开出不同的隧道。企业虚拟专用网如图 11.3 所示。

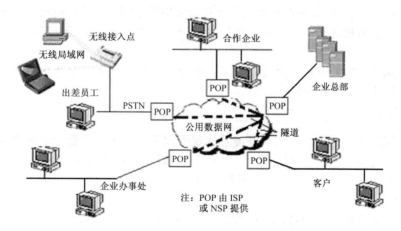

图 11.3　企业虚拟专用网

当需要通信时，VPN 从公用网中独占一部分带宽，作为私有网使用。VPN 通信结束后，这部分带宽又还给公用网。"虚拟"的概念是相对传统企业网络而言的，VPN 不需要建立远程连接，而是通过服务提供商提供的公用网来实现远距离连接。

VPN 可以让用户利用公用网的资源，将分散在各地分支机构的远程工作人员、移动员工、各地的客户和供应商，动态连接起来，加密传输专用数据。VPN 能够为用户节省大量的开支，用户在安全性得到完全保证的前提下，通过当地的电话线或租用线路与企业内部网建立联系，而不必租用长途线路，大大节省了通信费用。无论是拨号接入还是专线接入的用户，VPN 均适用。ISP 或 NSP 通过向企业提供 VPN 服务，可以充分利用现有网络资源，提高业务量，实际上，VPN 用户的数据流量比普通用户要大得多。

企业 VPN 所需的设备很少，只需在数据中心放置一台 VPN 服务器，例如一台 Windows 2000 计算机或支持 VPN 的路由器。远程用户通过 PSTN 连入本地 POP 服务器后，呼叫企业的远程服务器（VPN 服务器），然后由 ISP 的接入服务器来完成连接。在 VPN 中，节点之间的连接并没有传统网络所需的端到端的物理链路，而是利用公用数据网的资源动态组成的。IETF 草案理解的 VPN 是："使用 IP 机制仿真出一个私有的广域网"。

2．VPN 类型

IETF 建议的 VPN 包括 4 种类型。

（1）拨号 VPN。拨号 VPN 是指用户利用拨号的方式访问企业内部网络，用户从企业数据中心获得一个私有地址，但用户数据可跨越公共数据网络进行传输。可利用 PPTP、L2F、L2TP 实现。

（2）虚拟专线 VLL。这是一种最简单的 VPN 类型，两端之间通过 IP 隧道仿真出一条专线，可以利用 IPIP、GRE、L2TP、VTP、IPSec、MPLS 等方式实现。

（3）路由 VPN。企业可以利用公共数据网络建立自己的私有企业网络。用户可自由规划企业各分支机构之间的地址、路由策略和安全机制等。可使用的协议有 IPIP、GRE、L2TP、VTP、IPSec、MPLS 等。

（4）局域网 VPN。它利用 Internet 仿真出一个局域网。

VPN 根据应用的不同可分为三类。

（1）Remote Access VPN。也称为 VPDN，主要为出差、移动办公或在家办公人员与公司企业网建立通信提供安全、快捷的 VPN 隧道连接。

（2）Intranet VPN。提供企业各部门与远程分支机构之间的通信，适用于大型企业总部与多家分公司或分支机构之间的连接。它能够保证公司总部与分公司或分支机构之间数据传输的安全。

（3）Extranet VPN。主要提供合作伙伴、重要客户和供应商与企业网之间的通信。它能保证公司与合作伙伴之间数据传输的安全。

3．VPN 的要求

企业在选用 VPN 方案时，应当既能够实现授权用户与企业网资源的自由连接、分支机构之间的资源共享，又能够确保企业数据在公共互联网络或企业内部网络上传输时的安全性。因此，一个成功的 VPN 方案应当能够满足以下 6 方面的要求。

1）安全性

因为 VPN 提供给用户的是在公用数据网中的一种私人专用的通信信道，因此首先要解决的是安全问题。VPN 的安全性可通过隧道技术、加密和认证技术得到解决。在 Intranet VPN 中，要有高强度的加密技术来保护敏感信息，在远程访问 VPN 中要有对远程用户的可靠认证机制。

2）性能

随着电子商务等应用的增加，网络拥塞经常发生，这给 VPN 性能的稳定带来了很大的影响。因此 VPN 应能够让管理员进行通信控制来确保其性能，管理员定义管理政策和对出入口的带宽分配。

3）管理问题

由于网络设施、应用的不断增加，网络安全处理能力的大小是 VPN 好坏的关键。VPN 是内部网在公用数据网上的延伸，因此 VPN 要有一个固定的管理方案以减轻管理方面的负担。管理平台要有一个简单的管理方法，并能管理大量设备。

4）互操作性

在 Extranet VPN 中，企业要与不同的客户及供应商建立联系，因此，企业的 VPN 应该能够同其他厂家的 VPN 进行互操作。

5）地址管理

VPN 方案必须能够为用户分配专用网络上的地址并确保地址的安全性。

6）多协议支持

VPN 方案必须支持普遍使用的基本协议，如 IP、IPX 等。

11.2.2　VPN 基本技术

VPN 中传输的是企事业单位或公司的内部信息，因此数据的安全性非常重要。VPN 保证数据的安全性主要包括三个方面：身份验证（Authentication）、数据保密性（Confidentiality）、数据完整性（Integrity）。身份验证能保证数据是从正确的发送方传输过来的；数据保密性确保数据传输时外人无法看到或截获数据；数据完整性确保数据在传输过程中没有被非法改动过，能够原样到达目的地。

VPN 网络中通常还有一个或多个安全服务器，它们除了提供防火墙和地址转换功能，还通过与隧道设备的通信提供加密、身份验证和授权功能，同时也提供带宽、隧道终点、网络策略和服务等级等信息。一个有 VPN 能力的设备可以承担多项 VPN 服务，例如，企业可以把拨号访问交给 ISP 去做，而自己负责用户的查验、访问权控制、网络地址的审核、安全性和网络变化的管理等工作。

目前 VPN 主要采用下面几种技术：隧道技术（Tunneling）、加解密技术（Encryption & Decryption）、QoS 技术、密钥管理技术（Key-management）和身份认证技术（Authentication）。

1．隧道技术

拨号上网方式采用 PPP 协议，数据包通过专用线路传输。而在 VPN 中，用隧道替代了实际的专用链路。隧道技术是 VPN 的基本技术，类似于点对点连接技术，它在公用数据网中建立一条数据通道（隧道），让数据包通过这条隧道传输。

2．加密技术

数据加密通过变换信息的表示形式来伪装需要保护的数据，使非授权者不能看到被保护信息的内容。加密算法有用于 Windows 95 的 RC4、用于 IPSec 的 DES 和三次 DES。RC4 强度比较弱，而 DES 和三次 DES 强度比较高，可用于敏感的商业信息。

加密技术能用在协议的任意层，可以对数据或报文头进行加密。在网络层中的加密标准是 IPSec，网络层加密最安全的方法是在主机的端到端间进行加密。另一个加密技术是隧道模式，加密只在路由器中进行，而终端与第一跳路由之间不加密。这种方法不太安全，因为数据从终端系统到第一条路由时可能被截取。在数据链路层中，目前还没有统一的加密标准，所有链路层加密方案基本上都是生产厂家自己设计的，需要特别的加密硬件。

3．QoS 技术

通过隧道技术和加密技术，已经建立了一个具有安全性、互操作性的 VPN。但是 VPN 性能不稳定，管理上可能不能满足企业的要求，这就需要加入 QoS 技术，才能建立一条符合用户要求的隧道。QoS 技术能对网络资源分配进行控制，以满足应用的需求。QoS 有通信处理机制、供应和设置机制。

1）通信处理机制

IEEE 802.1p 为局域网提供了一种支持 QoS 的机制，它对数据链路层的报文定义了一个 8 种优先级的字段，但它只在局域网中有效。通信处理机制包括 IEEE 802.1p、区分服务（Differentiated Service，DiffServ）和综合服务（Integrated Services，IntServ）等。

区分服务（DiffServ）是第三层的 QoS 机制，它在 IP 报文中定义了一个字段称为 DSCP（DiffServ Code Point）。DSCP 有六位，用作服务类型和优先级，路由器通过它对报文进行排队和调度。

综合服务（IntServ）是一种服务框架，目前有两种：保证服务和控制负载服务。保证服务许诺在保证的延时下传输一定的通信量，控制负载服务则同意在网络轻负载的情况下传输一定的通信量。IntServ 与资源预留协议 RSVP 相关，它定义了允许进入的控制算法，决定多少通信量被允许进入网络中。

2）供应和设置机制

供应和设置机制包括 RSVP、子网带宽管理（Subnet Bandwidth Manager，SBM）、政策机制以及管理工具和协议。供应机制指的是静态的、长期的管理任务，如网络设备的选择、网络设备的更新、接口添加/删除、拓扑结构的改变等。而设置机制指的是动态的、短期的管理任务，如流量处理的参数等。

4. 其他技术

VPN 还使用密钥管理技术和身份认证技术等。密钥管理技术研究如何在公用数据网中安全地传递密钥而不被窃取，VPN 方案必须能够生成并更新客户端和服务器的加密密钥。身份认证技术最常用的是使用者名称与密码或卡片式认证等方式。

5. VPN 技术的发展

由于宽带技术的出现，VPN 产品会朝以下方面发展。

（1）多功能一体化，更加紧密结合防火墙和 Internet 过滤技术。中小企业网络的 VPN 产品，在设备上会更多地集成无线局域网接入点、宽带接入端口或更灵活的宽带接入和认证方式等。

（2）支持更强的 QoS 服务质量保证。如更有效地支持 IP 语音、视频会议、多媒体流等等应用。

（3）增强硬件加密功能和安全功能，提供强大的防御外界攻击的能力。

（4）具有灵活的软/硬接口模块，可实现与当地 ISP 服务的合作，建立增值的 VPN 服务网络。

11.3　三网融合技术

三网融合中的三网指的是电信网、计算机网和有线电视网，它们原来都是独立设计运营的，而且规模都很大，所使用的技术相应也很多。但是现在这三种网络正在逐步演变，都力图使自己也具有其他网络的功能，因此出现了三网融合。所谓的三网融合是指三种网络在业务、市场和产业等方面通过各种方式相互渗透和融合。

三网融合，并不是三个机构的合并，也不是三大网络在物理上的合一。它主要是指高层业务应用的融合，三个网络的运行和管理仍然是分开的。例如，电信网可以有电视网和计算机网的业务；计算机网也具有电信和电视网的功能；有线电视网也可有互联网和电信网的业务。这样将打破行业垄断，形成竞争的局面。三大网络通过技术改造，都能够提供语音、数据、图像等综合多媒体通信业务，三网融合已成为未来信息产业发展的趋势。

1. 三网的特点

1）电信网

电信网的优势在于覆盖范围广，有确定的服务质量。例如，在停电的情况下也能打电话。电信网有完善的网络管理机制，具有长期积累的大型网络设计、运营经验，与用户有长期的服务关系。电信网虽然能传输多种业务，但主要仍以电话业务为主。尽管电信网的主干线采用了光纤而使得带宽大大增加，但每一个标准话路的带宽只有 3.1kHz，利用 Modem 传输数字信号的速率最大为 64kbps。电信网中的所有程控交换机都是按照这一标准设计的，因此目前无法改动。电信网与计算机网相比，智能性还是有限的。

电信网的特点是：采用电路交换方式，业务质量高，QoS 可以得到保证。通信成本取决于距离和时间，能够传输突发性数据业务，但效率较低，传输成本和交换成本较高。很多电信公司已建有 ATM 网并试图以此作为未来三网融合的基础，但前景不是很好。也有不少电信公司正在利用现有网络资源和路由器，开始组建新一代电信级质量的 IP 电信网，向下一代电信网拓展。电信网由于规模巨大，在向三网融合转化的过程中负担大。

电信网的主要问题是：发达国家的电话业务已趋于饱和，加上竞争激烈，很多电信公司的电话业务收入开始下降。中国的情况虽有所不同，电话业务还处于大发展阶段，在相当长的时间内电话业务仍将是电信部门的主要收入，但最终也将让位给数据业务。尽管电信公司已经推出以 ADSL 为代表的宽带接入业务，以及以 ATM 为基础的 B-ISDN，但结果还不得而知。电信网能否有效支持 IP 已成为电信公司最大的挑战。

2）计算机网

计算机网主要指 Internet，它的特点是网络结构简单，分组交换，适于传输资料业务，业务成本低。Internet 的特点是发展速度极快，采用无连接的 IP 分组交换网形式，没有复杂的时分复用结构，有信息才占用网络资源，效率高，成本低，信令、计费和网管简单，带宽不定，但对实时业务质量难以保证，成本基于带宽，而不是距离与时间。

Internet 上的新概念、新技术不断出现，且处于松散的管理之下。Internet 主要由路由器组成，其基础网主要依靠现有电信网和有线电视网，特别是电信网。由于技术的飞速发展以及竞争的驱动，在全球已出现大批以 IP 业务为目标的新型骨干传输网。

Internet 的最大优势是：TCP/IP 是目前唯一可为三大网共同接受的通信协议。另外，Internet 没有电信系统的巨大铜缆网和电路交换网的包袱，技术更新快、成本低，其运营者正试图用数据来逐渐吸收和融合公众电话和图像业务，并进入核心长途网市场。

Internet 存在的主要问题是全网没有统一的控制管理，端到端性能无法保障，实时业务质量目前也无法保证。

3）有线电视网

有线电视网在中国的用户相当多，它的实时性和宽带能力都很强，但是要将现有的单向传输改造成具有双向通信能力、交换功能和网络管理功能的宽带网络，需要较大的投资。在英国，有线电视网开放电话业务已成为普遍趋势，有些有线电视网的电话用户数甚至已超过电视用户数。为解决网络分散和不规范的缺陷，不少有线电视公司正在组建全国性的基于光纤的同步数字系列（Synchronous Digital Hierarchy，SDH）网（SDH 由 ITU-T 制定，而 ANSI 制定的是同步光纤网 SONET，这两者在本质上是类似的）。

有线电视网的优势是普及率高，接入带宽最高，掌握着重要的信息源且处于高度严格的管制之下。其目标是首先用 Cable Modem 抢占 IP 数据业务市场，再逐步争夺电话业务和其他多媒体业务。使用 Cable Modem 后，用户共享速率可达 10～30Mbps。另外，其最大的吸引力在于低廉的包月租费，允许无限制上网，这些都使其在 IP 接入业务上发展得很快，成为今后主要的宽带接入技术之一。此外，数字电视技术发展也很快，因此有线电视网也极有可能成为三网融合的基础技术之一。

有线电视网存在的主要问题是网络分散、各自为政、无统一严格的技术标准和网络规划。此外，为单向广播电视业务设计的网络在双向通信业务方面存在先天不足，可靠性也较低。

2．三网融合的技术基础

三网融合的技术基础是近几年来的巨大技术进步，特别是下述四种技术。

1）数字技术

数字技术的迅速发展，使音频、视频等多媒体信息都能转换成"0""1"数字信号，在信息的传输、交换和处理过程中已经实现了融合。在下一代网络传输平台上，各种业务信息对网络来说都是同样的。

2）光通信技术

大容量光纤通信技术的发展，特别是密集波分复用技术（DWDM）的发展和广泛采用，很大程度上减少了网络容量这一制约因素。光通信技术能够提供足够的带宽，能高速、低成本、安全可靠地传输各类业务信息，并提供必要的传输质量。具有大容量的光纤传输网，为三网的各种业务提供了基础。光通信的发展也使传输成本大幅度下降，通信成本与传输距离几乎无关。因而传输平台也已经具备了融合的技术条件。宽带 IP 的引入，为综合传输各种业务信息提供了足够的带宽和较高的传输质量。

3）软件技术

软件技术的发展，可以在不必或很少改动硬件的情况下，就能使网络的特性和功能得到改变或升级换代，三大网络及其终端都能通过软件升级支持各种用户所需的特性、功能和业务。现代通信设备已成为高度智能化和软件化的产品，软件技术已经具备三网业务和应用融合的实现手段。

4）TCP/IP 协议

TCP/IP 协议成为三种网络都能接收的协议，它的普遍采用，使得各种以 IP 为基础的业务都能在不同的网上实现互通。TCP/IP 协议不仅已经成为占主导地位的通信协议，而且使人们首次有了统一的、为三大网都能接受的通信协议，整个网络将实现协议的统一，各种各样的终端最终都能实现透明连接。

上述四种技术的发展为三网融合奠定了基础。尽管各种网络仍有自己的特点，但技术特征已逐渐趋向一致，如数字化、光纤化和分组化等，都使用 IP 协议等。

3．三网融合的业务基础和内涵

网络是用来提供各种业务的，不同的业务需要不同网络结构的支持。电信网的主要业务一直是电话业务，网络的设计都是以恒定的、对称的话路量为对象的。但由于计算机及计算机网络的广泛应用和普及，数据业务正呈现指数级增长态势，远高于电话业务，网络上的数据业务将会超过电话业务。最终电信网的业务也将主要由数据构成。

三网融合的内涵主要涉及技术融合、业务融合、市场融合、行业融合、终端融合、网络融合乃至行业管制和政策方面的融合等。表现在技术上趋向一致，网络层上可以实现互联互通，业务层上互相渗透和交叉，应用层上趋向使用统一的 TCP/IP 协议，行业管制和政策方面也逐渐趋向统一。至于提供不同业务的基础网本身，将会长期共存，并以竞争的方式发展，而业务层的融合也不会受限于基础网结构。三网融合的结果不是现有三网的简单延伸和叠加，而是各种优势的有机融合。

三网融合并不是简单地融合成一个东西，相反，在复杂的融合过程中会产生新的衍生体。语音、图像和数据也不会简单地融合在一个终端中，而是会衍生出多样化、更有特色和个性化的终端来。

4. 电信网的融合演进策略

三网融合首先考虑的是电信网与计算机网的融合，即数据业务与语音业务的融合，下一步才考虑图像业务的融合。从传统的电路交换网过渡到分组网是一个长期的渐进过程，因而电信网的主要任务是同时支持两种网络，解决两网之间的互通以及各自业务和应用之间的互操作，最终完成由传统电路交换网向分组网的平滑过渡。主要有两种过渡策略。

1）重叠网

电路交换网在传输电话业务方面是基本能够胜任的，而且这项业务是电信公司的主要收入来源。对于数据业务特别是 IP 业务，电信公司可以通过重建一个重叠的分组网（ATM 网或 IP 路由器网）来实现。两个网的业务节点相互独立、并行发展，它们之间通过各种网关和网关控制器实现互联互通、业务层融合、统一管理和业务扩展。等到数据业务逐渐成为主要业务后，再考虑将电路交换网上的电话业务逐渐转移到分组网上来，最终形成一个统一的、融合的网。

2）混合网

在混合网中，电话业务仍然会继续发展，但是需要采用新一代的交换机来进一步改进电路交换网，提高交换节点的效率，扩大交换节点的容量。这种交换机应该还能支持 ATM/IP 业务的发展，便于网络向分组化方向演进。采用新型交换机后可以逐步卸载部分原有电话业务量，承载新增业务和数据业务，从而最终完成向分组网的过渡。

5. 三网融合面临的主要问题

三网融合在技术上已没有什么重大障碍，但阻碍这一进程的因素还不少。三网融合面临的困难主要有：不同行业、不同网络之间的利益冲突；行业特点的限制；通信界、计算机界与有线电视界观念上的区别；各种网络结构、技术标准之间不兼容或缺乏共同的技术语言；各种技术之间的透明度和网络互联互通性不理想；尚未找到价廉物美可适用于所有业务的接入网技术，接入网部分的最终融合困难。因此，三网融合还将是一个长期而艰巨的任务。

6. 中国的三网融合问题

我国在三网融合的过程中，广电与电信在网络和技术上的资源不相上下。这两个网络是面向全国的，它们各有优势，各有侧重。除中国电信的主体网，中国移动、中国联通、中国网通、中国吉通、广电以及中国铁通等都已建设了自己的基础网络。网通、铁通和吉通等还没有完全实现全国联网，由于规模不够，还没有能够动摇中国电信的统治地位。广电参与竞争，可以打破电信垄断。在宽带之争中，电信需要重新铺设网络完成"最后一公里"的接入。广电需要自己进行网络的双向改造，这样不管是主干网还是最终的入户网络，都会造成重复建设。

中国信息产业部为统筹管理三网，制定了规划和技术标准，这将打破行业垄断和部门分割，避免不必要的、低水平的重复建设，为推进融合进程起到重要的作用。这标志着行业管制和政策方面融合的开始，且有国家制定的统一技术标准和网络互联互通标准，也可以大大减少融合中的困难和弯路，加快融合的进程。

三网融合也将对信息产业结构产生重大影响。首先，三网融合为全业务提供者创造了良好的机遇，而提供全业务要求地理上的网络扩展，市场上的全覆盖以及终端业务上的融合，这将导致不同行业公司的兼并或业务扩展。行业和市场的融合也为传统电信、数据产品和娱乐产品制造商提供了机遇与挑战，不仅导致各自产品结构的重要变化，还将导致市场的交叉、丢失和获取。

三网融合是发展的趋势，要进行三网融合，标准化的工作十分重要。

11.4　多媒体通信协议

Internet 的多媒体通信，需要使用适合多媒体传输的协议，Internet 传输多媒体信息体系如图 11.4 所示。

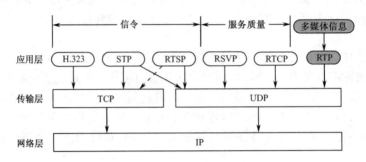

图 11.4　Internet 传输多媒体信息体系

11.4.1　实时传输协议（RTP）

1. RTP 概述

在 TCP/IP 协议中，在传输层有两个传输协议，即 TCP 和 UDP。TCP 能提供面向连接的可靠传输服务，但不能提供广播或多点广播功能。UDP 提供面向无连接的、不可靠的数据报服务，如果将 UDP 用于实时传输，需要增加许多功能。IP 网络在实时通信应用中广泛采用的是实时传输协议（Real-time Transport Protocol，RTP），RTP 可以为实时应用提供端到端的传输服务。多媒体信息块经过压缩编码后，送到 RTP，然后再成为 UDP 的数据，最后交给 IP 层。包含实时数据的 IP 包如图 11.5 所示。

图 11.5　包含实时数据的 IP 包

RTP 由 RFC1889 定义，它不建立连接，不保证交付，也不进行资源预留。RTP 封装的是多媒体应用的数据块，所以可以将 RTP 看作 UDP 之上的一个传输层子层。但从开发者的角度来看，RTP 应属于应用层，因为在应用的发送端，必须编写用 RTP 封装分组的程序代码后再交给 UDP；而在接收端，RTP 分组通过 UDP 进入应用层后，还要利用开发者编写的程序代码从 RTP 分组中将应用数据块提取出来。事实上，RTP 通常是在应用软件中实现的，它可以运行在各种传输层协议上，包括各种点对点协议和多点协议。

2. RTP 提供的服务

RTP 提供的服务有时间戳（Times Tamping）、顺序号（Sequence Numbering）、用户数据标识（Payload Identification）等。

RTP 头部中最重要的信息是时间信息，发送方对每一个信息包打上时间戳，这个时间是指数据编码开始时的时间，接收方利用这个时间戳来重新构造数据的时间顺序。

顺序号用来处理失序和丢失的数据包。

用户数据标识用来通知接收方如何解释这个用户数据，它标识了用户数据的格式、编码方案和压缩方案。

3．实时传输控制协议 RTCP

实时传输控制协议（Real-time Transport Control Protocol，RTCP）是与 RTP 配合使用的协议，它增强了 RTP 的功能。其目的是实现服务质量的监视与反馈、媒体间的同步及多播组中成员的标识等。系统可以通过它使信息适应不同的网络环境。RTCP 分组并不对多媒体数据分组进行封装，但 RTCP 分组周期性地在网上传输，它附有发送端和接收端对服务质量的统计信息，例如已发送的分组数和字节数、分组丢失率、分组到达的平均时间间隔等，这些信息对故障定位和诊断是十分有用的。

11.4.2　H.323、SIP 和 RTSP

1．局域网和企业网的多媒体通信标准 H.323

国际电信联盟电信标准分局（ITU-T）于 1996 年公布了 H.323 建议，它是局域网和企业网使用的多媒体通信标准。H.323 制订了 Internet 上端与端之间实时传输声音和视频会议的规程和协议，包括系统和构件的描述、呼叫模型的描述、呼叫信令过程、控制报文、复用、语音编码解码器、视像解码器及数据协议，但它不保证服务质量 QoS。

H.323 建议实际上是一个协议族，它包括了如下子建议：H.225.0 规范了多媒体信息流的分组化、同步化、控制信息流的分组化和控制消息的格式；H.245 管理包括能力交换、逻辑信道的开和关、模式优先权请求、流量控制及通用命令的指示，H.245 信令在两个终端间或一个终端与多点控制单元间建立。

H.323 定义了四个组件，终端、网关、网闸（Gatekeeper）和多点控制单元。终端可以是一个 PC，它发起一个声音、视频或数据会议的呼叫，提供实时的双向通信；网关是网络互联设备，用于 H.323 端点和电路交换的普通电话通信。一个网关能同时支持 LAN 和电路交换网之间的若干个呼叫，而且可提供从 LAN 到几个不同类型的电路交换网的连接；网闸提供其他网络上的终端与 H.323 终端之间进行连接时的地址转换、授权、带宽和计费等网络管理。在 H.323 系统中它是一个可选项，它向终端和网关提供呼叫控制服务。网闸在物理上可能存在于终端、网关、多点控制单元、服务器或其他相关设备中；多点控制单元是在 LAN 上组织多点会议时进行控制和多点交换的设备。

2．会话发起协议（SIP）

使用 H.323 建议可以使各种不同的产品进行互操作，它已被一些厂商采用。但是 H.323 建议过于复杂，因此 IETF 制定了另一套较为简单且实用的标准，即会话发起协议（Session Initiation Protocol，SIP），它使用了 HTTP 的许多头部、编码规则及一些鉴别机制，同时也和 RTP 和 RTCP 协议结合起来使用，提供与 H.323 类似的服务，并具有更强的可扩缩性。

3．实时连续流协议（RTSP）

实时连续流协议（Real Time Streaming Protocol，RTSP）是一个使用媒体播放器（Media Player）控制媒体流传输的协议。它的控制动作包括暂停/播放、重新定位、快进与反绕等。因此，RTSP 提供的是多媒体数据流的远程控制，它的语法和操作与 HTTP 相似，既可以在 TCP 上也可以在 UDP 上传输，许多播放器都使用这个标准。

11.4.3　资源预留协议（RSVP）

Internet 上部分线路时常负载繁重，容易造成网络拥挤。这种情况对于一般的数据传输，只是花费更长的时间而已，而对于采用 UDP 传输的多媒体信息，会导致抖动和包丢失，就可能造成实时数据过时。例如，Internet 电话要求 0.3s 内把数据传输到接收方，如果有足够的带宽，可以达到这个要求，但如果网络资源不足，实时传输就不能满足服务质量 QoS。

资源预留协议（ReSource reserVation Protocol，RSVP）是信令协议，它可以在多媒体数据传输之前，先建立会话路径，并预留所需的资源。RSVP 的目的是从 Internet 上获得 QoS 支持，用户可以预约。如果在整个路径上有足够预约的带宽，这个预约就会被接纳，否则会根据繁忙信令拒绝这个预约。根据所选的服务，用户可以得到一定保证的带宽。

一个会话必须首先声明它所需的服务质量，以便使路由器确定是否有足够的资源满足这个会话的需求。RSVP 在进行资源预留时采用了多播方式。发送端发送 PATH 报文给所有的接收方，指明通信量的特性，路径中的所有路由器都转发这个 PATH 报文，接收方用 RESV 报文进行响应。路径中的每个路由器对 RESV 报文都可以接受或拒绝，当某个路由器拒绝该报文时，发送一个差错报文给接收方，从而终止这个信令过程。当 PATH 报文被接受时，链路的带宽和缓存就被分配给这个分组流。相关的流状态信息就保留在了路由器中。流是指具有同样的源 IP 地址、源端口号、目标 IP 地址、目标端口号和协议标识号的一连串分组。

RSVP 协议不是一个路由协议，它按照路由协议规定的报文流的路径为报文申请预留资源，在路由发生变化后，它会按照新路由进行调整，并在新的路径上申请预留资源。RSVP 具有以下特点：

（1）接收方按照报文发送的反向路径发送资源请求，所以 RSVP 可以满足非常大的多播组，多播组的成员也可以动态加入和退出。RSVP 协议是针对多播设计的，单播可以看成多播的一个特例。

（2）"软"状态。RSVP 在网络中建立了"软"状态。节点中预留的状态被周期性刷新，这可使 RSVP 的状态自动适应路由和组成员的变化及资源预留修改。

（3）路由和资源预留分离。RSVP 是建立在路由选择协议之上的。

RSVP 在 Internet 上还没有得到广泛推广，在主机不支持 RSVP 的情况下，可以通过设置 RSVP 代理，即代替不支持 RSVP 的主机发送 RSVP 报文来获得这种服务。对于报文流路径上不支持 RSVP 的路由器，它只需要简单地转发 RSVP 报文，所以对 RSVP 协议不会有太大影响。

11.5　服务质量（QoS）

TCP 传输时每一步都需要进行确认，当传输出错或丢包时，就进行重传，确保了文件传输的正确性。而对于语音、视频等多媒体信息及实时性信息，都使用 UDP 传输，一旦发现传输有错就简单地丢弃，但当丢弃的包达到一定数量时，传输的质量将会受到严重影响。

服务质量（Quality of Service，QoS）是指在连接点之间某些传输连接的特征，它定义了有关连接性能的一些属性，反映了传输质量及服务的可用性。QoS 和 CoS（Class of Service）不完全相同，CoS 只是将业务区分开，没有准确定义每一个服务的级别，CoS 既包含了已经标准化的特性，也包含了其他一些已有效但还没有标准化的业务。但 QoS 的含义明确，可用一些参数来描述，如连接建立延迟、连接建立失败、吞吐量、输送延迟、残留差错率、连接拆除延迟、连接拆除失败概率、连接回弹率、运输失败率、抖动和丢包率等。用户可以在连接建立时指明所期望的、可接受的或不可接受的 QoS 参数值。

QoS 是网络性能的一种重要体现，它是指通过对资源的分配调度，来保证用户的特定要求。简单来说，QoS 能够对数据包进行合理的排队，对含有内容标识的数据包进行优化，并对其中特定的数据包赋予较高的优先级，从而加速传输的进程，并实现实时交互，这可以解决网络带宽本身不能解决的网络拥塞问题。QoS 所追求的传输质量是：数据包要到达目标地址，并且要保证数据包的顺序性、完整性和实时性。通过 QoS，网络可以按照业务量的类型或级别加以区分，并能够依次对各级别进行处理。

QoS 旨在针对各种应用的不同需求，为其提供不同的服务质量。例如，提供专用带宽、减少报文丢失率、降低报文传送时延及时延抖动等。QoS 包含下面三种含义：

① 对通信子网来说，QoS 表现为数据传输速率高，误码率低；

② 对于网络传输技术，QoS 表现为数据流的优先级区分，资源预留等；

③ 对服务提供商来说，QoS 表现为用户对服务的满意程度。

QoS 主要是通过采取某些策略，在现有资源的基础上，提高资源的利用率，从而改变服务质量的。QoS 主要的度量参数如下。

1）连接建立延迟

连接建立延迟是指在连接请求和连接确认之间允许的最大延迟（时间间隔）。

2）连接失败概率

连接失败概率是指在一次请求建立连接的过程中，失败总数与连接建立的全部尝试次数之比。连接失败主要是指因为服务提供者的原因，造成在规定的连接建立延迟时间内所请求的连接没有成功，但由于用户的原因而造成的连接失败不算在内。

3）业务可用性

业务可用性是指用户到 Internet 业务之间连接的可靠性。

4）吞吐量

吞吐量是指在某段时间间隔内传输用户数据的字节数，可用最大速率和平均速率表示。

5）输送延迟

输送延迟是指在发送和接收数据包之间的时间间隔。

6）残留差错率

残留差错率是指在测量期间，所有错误、丢失和重复的用户数据，与用户所请求的数据之比。残留差错率是传输失败总数与传输样本总数之比。

7）连接拆除延迟

连接拆除延迟是指从用户发起拆除请求到成功地拆除连接之间允许的最大延迟。

8）连接拆除失败概率

连接拆除失败概率是指拆除请求失败次数与拆除请求总次数之比。

9）连接保护

连接保护是服务提供者为防止用户信息被非法用户监视或操作而采取的措施。保护选项有：无保护特性，被动监视的保护，针对增加、删除和改动的保护等。

10）连接优先权

连接优先权是指针对用户的不同应用提供不同的连接优先级的方法。

11）连接回弹率

连接回弹率是指在规定的时间间隔内，服务提供者发起的连接拆除（即没有连接拆除请求而进行的连接拆除）的概率。

通常，用户使用连接建立原语，并在用户与传输服务提供者之间协商 QoS，协商过的 QoS 适用于整个传输连接的生存期。但主呼叫用户请求的 QoS 可能被运输服务提供者降低，也可能被呼叫用户降低。根据用户要求和差错性质，网络服务按质量可分为以下三种类型：

① A 型网络服务，具有可接受的残留差错率和故障通知率；

② B 型网络服务，具有可接受的残留差错率和不可接受的故障通知率；

③ C 型网络服务，具有不可接受的残留差错率。

三种类型的网络服务中，A 型网络服务质量最高，B 型网络服务质量次之，C 型网络服务质量最差。服务质量的划分是以用户要求为依据的。例如，对于电子邮件系统，每周丢失一个分组的网络可算作 A 型，而这样的网络对银行系统来说则只能算作 C 型。

11.6　IP 电话

IP 电话（Internet Phone）也称为 VoIP（Voice over IP），它运行在 IP 协议之上，利用计算机网络传输语音信息，实际上就是部分或全部使用 Internet 作为语音传输媒介的电话业务。IP 电话最吸引人的地方是其低廉的通信费用，所以也有人称之为廉价电话或经济电话。在 ARPAnet 刚开始运行不久，美国就着手研究如何在网络上传输语音信息，即所谓的分组语音通信。

IP 电话的基本原理是：由专门的设备或软件将呼叫方语音/传真信号采样并数字化，再经过压缩、打包，形成一个个语音分组，经过 IP 网络传输到对方，对方的专门设备或软件接收到语音包后，将其解压缩后再还原成模拟信号送给电话听筒或传真机。

IP 电话的特点如下。

（1）传输有延迟。

（2）传输有抖动。由于网络拥塞的情况不同，在同一个路径上，传输同样的一个语音分组的时间有长有短，造成语音有抖动的情形。

（3）无声抑制。传输线路上不能完全静音，否则认为断线了。因此需要加入一些噪声，来处理这种情况。

（4）价格低廉。和传统的公用电信网相比，IP 电话的话费是比较低的。

现在大家都使用微信、QQ 等社交软件实现语音和视频通话功能，使用 IP 电话的人越来越少，但它们的原理和技术都差不多。

解决网络语音质量问题的技术很多，主要有两个方面。一方面是采用资源预留协议 RSVP 预先为语音数据保留一部分带宽；另一方面是为语音数据设置高优先级队列或定制队列（PQ/CQ），当网络中有语音数据时，优先发送语音数据。IP 电话的关键技术主要有 7 个。

1. 语音压缩技术

IP 电话的基础技术是语音压缩技术。1995 年 11 月，ITU 批准了 G.729 语音压缩标准。G.729 标准采用的算法，可以仅用 8kbps 传输语音，而且语音质量与 32kbps 的差分编码调制 ADPCM（G.724）相同。ADPCM 在公共电信网中被用于提供长话级语音。G.729 的算法在标准脉冲调制（PCM）或线性 PCM 的语音采样的基础上，每毫秒生成一个 10 字节的语音帧。这个算法提供了优质的音质，且延迟很小。

G.729 标准在 1996 年又得到进一步的改进。其他的语音压缩标准还有 G.723 和 G.723.1 等。

2. 静噪抑制技术

静噪抑制技术是指当检测到通话或传真过程中的安静时段时，就在这些安静时段停止发送语音包。研究表明，在一路全双工电话交谈中，只有 36%～40%的时间线路信号是有效的，通话过程中有大量的停顿。通过静噪抑制技术，可将大量的网络带宽节省下来，用于其他语音或数据的传输。

3. 回声消除技术

在交换机一侧，会有少量电能没有被充分转换，这些电能沿原路返回，形成回声。打电话时，如果离交换机不远，回声返回很快，人耳听不出来。但是当回声返回时间超过 10ms

时，人耳就会听到明显的回声。为了防止回声，需要回声消除技术，通过特殊的软件代码监听回声信号，并将它从语音信号中消除。对于 IP 电话设备，回声消除技术是十分重要的，因为一般 IP 网络的时延很容易达到 40～50ms。

4．语音抖动处理技术

网络有延迟和抖动，这会导致 IP 电话语音质量下降。网络延迟是指一个 IP 包在网络上传输所需的平均时间，抖动是指 IP 包传输时间的长短变化。当网络上的语音延时超过 200ms 时，通话双方一般采用半双工的通话方式，一方说完后，另一方再说。如果网络抖动较严重，那么会有部分语音包因延迟而被丢弃，会产生语音的断续及部分失真，严重影响音质。为了防止这种抖动发生，人们采用了抖动缓冲技术。即在接收方设定一个缓冲池，当语音包到达时，首先放入缓冲池缓存，系统以稳定平滑的速度将语音从缓冲池取出、解压并播放给受话者。缓冲技术在一定程度上能有效处理语音抖动，提高音质。

5．语音优先技术

语音通信实时性要求较高。为了保证高音质的 IP 电话通信，在带宽不足的广域网上，一般需要采用语音优先技术。当广域网带宽低于 512kbps 时，一般在路由器中设定语音包的优先级为最高，路由器一旦发现语音包，就会将它们插入到 IP 包队列的最前面优先发送。这样，网络的延迟与抖动情况对语音通信的影响将得到改善。另一种技术是，对于实时通信，采用资源预留协议 RSVP 为语音通信预留带宽，只要有语音呼叫请求，网络就根据规则为语音通信预留出设定带宽，直到通话结束，带宽才被释放。

6．IP 包分割技术

IP 数据包的长度是可变的，有的数据包较长，如果不加以限制，在某些情况下会影响语音的质量。一般可对 IP 包进行切割。例如，当广域网链路为 64kbps 时，为更好地保证 IP 电话的音质，可以将 IP 包的大小限制为少于 256 字节。

7．VoIP 前向纠错技术

当语音包丢失损坏率较低时，IP 电话的音质不会受到明显影响；当丢包率较高时，就不能维持高质量的语音通信。一些先进的 VoIP 网关采用前向纠错（Forward Error Correction，FEC）技术。FEC 技术有两级，第一级是 Intra-Packet，第二级是 Extra-packet。Intra-Packet 是在同一包内加冗余数据，以便接收方纠错、恢复、还原语音数据，保证音质。Extra-packet 是在每一个语音包中存放后续包的冗余数据，以便接收方从已经接收到的包中恢复出错和丢失的语音包。FEC 可以吸收 10%～20%的丢包率，保持高音质，但是 FEC 本身要消耗 30%的网络带宽。

网络电话的种类很多，常用的有 Skype、UUCall、KC、钉钉、触宝网络电话等，用户可以根据自己的需要选择使用。

11.7　IP 网络的视频通信

视频通信是 IP 网络的业务之一，现在已出现了视频点播（Video ON Demand，VOD）、可视电话、视频会议等通信系统。视频是流特性业务，前面已介绍过，流是指具有同样的源 IP 地址、源端口号、目标 IP 地址、目标端口号和协议标识号的一连串分组，它的数据量很大。例如，数字电视图像中的 SIF 格式、NTCS 制式、彩色、4:4:4 采样，每帧的数据量为 2 028KB，所以每秒的数据量为 60.8MB。而 PAL 制式、4:4:4 采样的彩色视频每秒数据量为

148.8MB。这些数据量都很大，因此，视频通信的第一个任务是对视频信号进行压缩处理，它将减少需要发送的数据量。

11.7.1 视频压缩技术

信息压缩需要从时域、空域两方面去考虑，它将可推知的信息去除后进行重新编码。编码方案不但要考虑压缩比、信噪比，还要考虑算法的复杂性。复杂的算法可能会有较大的压缩比，也会有较大的计算量，实现时会影响通信的实时性。较常用的算法是 MPEG 和 H.26x。

1．无损压缩

无损压缩时，压缩和解压缩的算法是互逆的，在解压缩后，得到的是和压缩前完全相同的数据。主要有行程编码、统计压缩和相对压缩等方法。

1）行程编码

行程编码是当数据中含有重复的符号串时，可以用一个特殊的标记（如#）后面跟上重复的符号，再跟上重复的次数（用两位表示）来替代。例如，对于数据

32352222222212000000000000000000000008636333333333333333300000000

可以表示为

3235#20812#0198636#315#008

这种压缩方法可以用于音频（无声时行程为 0）和视频（图像元素的行程具有相同的明亮度和色彩）等信息的压缩。

2）统计压缩

统计压缩是指对信息中频繁出现的符号使用短代码，对不常使用的符号使用长代码。这样，总的数据长度就会减少。常用的统计压缩编码有 Morse 编码、Hoffman 编码和 Lempel-Ziv 编码。

3）相对压缩

相对压缩也叫差分编码，适用于视频数据的压缩。数字电视每秒发送 30 帧图像，但是在连续的帧之间一般只有很少的差别。因此，发送数据时只发送连续帧的差异，而不发送每一个完整的帧。

2．有损压缩

有损压缩解压缩后的信息可以和原始数据不完全一样，但是非常接近。在视频传输时，如果图像没有明显的不连续性，则在转换为数学表达式后，大多数信息会包含在开头几项中，在发送数据时，只发送这些项就可以重新生成具有足够精度的帧，解压缩后会丢失一些原始数据。有损压缩有 JPEG 和 MPEG 等方法，联合图像专家组（Joint Photographic Experts Group，JPEG）用于压缩图形和图像，运动图像专家组（Motion Picture Experts Group，MPEG）用于压缩视频和声音。

1）MPEG 编码

MPEG 是国际标准化组织 ISO/IEC 下的一个小组，它的工作兼顾了 JPEG 标准和 ITU 的 H.261 标准。MPEG 标准分为 MPEG 视频、MPEG 音频和视频音频同步三个部分。MPEG-1 是针对传输速率为 1～1.5Mbps 的 CD-ROM 和普通电视质量信号的压缩；MPEG-2 则是对每秒 30 帧分辨率为 720×572 像素的视频信号进行压缩，传输速率为 6Mbps 以上。在扩展模式下，MPEG-2 可以对分辨率达 1 440×1 152 像素高清晰度电视（HDTV）的信号进行压缩，创造了巨大的商业价值；MPEG-4 是针对视频会议、可视电话的较低速率的编码标准，它融入

了基于内容的检索与编码，可对压缩数据内容进行直接访问；MPEG-7 称为"多媒体内容描述标准"，它可以用在任何类型的媒体信息上。不管视频信息的表达形式或压缩形式如何，它描述的多媒体数据均可被检索，适应于数字化图书馆和广播式媒体。

2）H.263 编码

国际电信联盟的 H.261 编码是一种在帧间减少时域冗余、变换编码减少空域的混合编码方法，其压缩比高，算法复杂度低，得到了广泛的应用。1996 年 ITU-T 推出了 H.263 编码标准，它在 H.261 的基础上进行了改进和扩充，能够提供更好的图像质量而要求更低的速率，适用于视频会议和可视电话等应用，它是 IP 网络上采用最多的一种编码方法。

1998 年 ITU-T 推出了 H.263+，它增加了 12 种可选模式和其他特性，进一步提高了压缩编码性能，拓宽了应用范围。它允许多显示率、多速率及多分辨率，减少了视频信号易误码、易丢失数据包的问题。

11.7.2 视频编码的传输和视频点播系统

1．传输协议

视频信号在 IP 网络上的传输也采用的是 RTP 协议，但 RTP 协议不能保证 QoS，因此还要采用资源预留协议 RSVP。

视频通信一般是点到点的通信，所以传输层协议采用的是 UDP 协议。但对于诸如视频会议等应用则需要采用 IP 分组广播技术，它是一对多的通信，发送方只要发送一份数据包，所有接收者均可收到这个数据包。

由于 Internet 的异构性和视频业务的流特性，RSVP 也并不能完全保证所需的 QoS。例如，视频带宽需要 128kbps，但假如网络中的瓶颈信道只有 64kbps，QoS 就得不到保证。因此，需要有相应的通信控制。IP 视频的通信控制主要有拥塞控制、差错控制和抖动控制。

VOD 主要有两种实现方法：一种是在有线电视的基础上加以改造；另一种是以 IP 网络为基础而实现的。

2．基于有线电视的视频点播系统

视频点播系统（Video ON Demand，VOD）可以让用户自由选择电视节目，并且立即得到响应，它是一种非对称全双工通信模式的电视业务。

VOD 系统按照规模，可以分为三类。

1）小型 VOD 系统

小型 VOD 系统节点数一般在 50 个以内。例如，在多媒体教室中，学生利用它点播视频教学节目，观看辅助教学的录像等。小型 VOD 系统用于建立培训系统和各种查询系统。

2）中型 VOD 系统

中型 VOD 系统节点数一般在 50～1 000 个之间。适用于酒店、歌厅等场所。

3）大型 VOD 系统

大型 VOD 系统节点数在 1 000 个以上，它是未来城市有线电视的发展方向，这种有线电视系统是现有广播电视、视频节目出租和信息查询等多种功能的综合体。

基于有线电视的视频点播系统主要由视频服务器、编码器和网络路由单元、用户请求和记账计算机、机顶盒四部分组成。

3．基于 IP 网络的视频点播系统

基于 IP 网络的视频点播系统不需要昂贵的大存储量中央服务器，而是将存储内容分配到

几个服务器，避免了由于单一网络出口所带的网络带宽瓶颈，也不会因单机故障而影响整个系统运行，这种方式成本较低。IP 网络上的视频点播系统主要应用于大型电视会议、现场实况转播、电视节目和光盘的点播、楼宇监控、网上培训教学、多媒体资料和动态视频节目检索等。

和基于有线电视的 VOD 相比，在 IP 技术基础上的视频点播系统 IP/TV，不仅传输的图像质量高，而且能够提供更丰富的服务，具有灵活性、可扩充性和价格便宜等优势。

11.8　木马、ARP 欺骗和分布式拒绝服务

随着计算机网络的飞速发展，越来越多的网络安全隐患出现在用户面前。传统的病毒是为了破坏受害者的系统而出现的，而木马、ARP 欺骗和公布式拒绝服务等新一代病毒以其强大的远程控制和私密信息窃取能力，被很多网络犯罪者利用。如何保证自己的计算机中个人信息安全不被网络上其他人窃取利用，是计算机使用者需要迫切解决的问题。

11.8.1　木马

1．木马概念

木马这个名字来源于古希腊传说中的特洛伊木马（Trojan Horse），计算机网络中，木马指的是一种基于远程控制的恶意程序，它具有隐蔽性和非授权性的特点。隐蔽性是指木马设计者为防止木马被发现，采用多种手段隐藏木马；非授权性是指一旦利用木马程序窃取服务端的控制权后，将享有服务端的大部分操作权限，例如给计算机增加口令、浏览、移动、复制、删除文件；修改注册表、更改计算机设置；控制远端的鼠标、键盘等。

现在木马甚至成为了一种商品，木马程序入侵并窃取用户资料及网银等信息在网络上公开销售，给用户造成极大损失，所以木马的危害性相当大。

一般的木马文件非常小，在数 KB 到数十 KB 之间，当将木马捆绑到其他正常文件上时用户很难发现。木马系统由硬件、软件和具体连接部分组成。

（1）硬件部分：包括控制端（客户端）、服务端和网络部分。控制端是指进行远程控制的一方；服务端是指被控制端远程控制的一方；网络部分是指进行远程控制的网络载体。

（2）软件部分：包括实现控制端程序、木马程序和木马设置程序。控制端程序是一段特定的远程控制服务端程序；木马程序植入服务端内部，获取其操作权限；木马设置程序可以设置木马程序的端口号、触发条件等，并更改自己的木马名称，使其在服务端隐藏得更深。

（3）具体连接部分：是指服务端和控制端之间的一条木马通道。包括控制端 IP、服务端 IP、控制端端口和木马端口。

黑客利用控制端进入服务端（已运行木马程序）后，服务端就会有一个或几个端口被打开，黑客利用这些端口进入系统，系统安全就全无保障了。

2．木马入侵原理

用木马这种黑客工具进行网络入侵，大致可分为以下 6 步。

1）设置木马

一个设计成熟的木马都有木马设置程序，主要为实现以下两方面功能：

（1）木马伪装：为了在服务端尽可能隐藏木马，木马设置程序会采用多种伪装手段，普通用户很难在中毒后发觉。

（2）信息反馈：木马设置程序对信息反馈的方式或地址进行设置，如设置信息反馈的邮

件地址、ICQ 号等。

2）木马传播和伪装

木马的传播方式主要有两种：一种是通过 E-mail，控制端将木马程序以附件的形式发送出去，收件人只要打开附件就会感染木马；另一种是通过软件下载（将木马捆绑在软件安装程序中），用户下载并运行程序，木马就会自动安装。

现在许多人对木马有了一定的了解，因此黑客们又采取多种形式伪装木马，以降低用户的警觉，欺骗用户。常见的木马伪装有修改图标、捆绑文件、出错显示、定制端口、自我销毁和木马更名等方式。

修改图标是指在 E-mail 附件中，一些扩展名为"html""txt""zip"的文件可能是经木马程序修改后的木马文件；捆绑文件是将木马捆绑到一个安装程序上，运行安装程序（一般是可执行文件）时，木马在用户毫无察觉的情况下偷偷进入系统；出错显示是当用户打开木马程序时，会弹出一个假的错误提示框信息（错误内容是自由定义的，例如：文件已破坏、无法打开等），用户信以为真，此时木马已悄悄植入系统；定制端口是指木马的控制端可以在端口号 1 024～65 535 之间任选一个作为木马入侵端口，这给判断木马类型带来了麻烦；自我销毁是为弥补木马自身缺陷而设计的。早期的木马会将自己复制到 Windows 的系统文件夹中（C:\Windows 或 C:\Windows\System 目录下），用户可以根据收到的邮件或下载的软件与系统文件进行比较，就可以判断出哪个是木马了。木马的自我销毁是指安装完木马后，原木马文件将自动销毁，这样服务端用户就很难找到木马的来源了。木马更名是指许多木马植入后便更改木马文件名，大都改为和系统文件差不多的名字，例如有的木马将名字改为 rundll32.x，这样很难判断所感染的木马类型了。

3）运行木马

服务端植入木马后，就会自动运行木马程序。首先将自身复制到 Windows 的系统文件夹中，然后在注册表、启动组、非启动组中设置好木马的触发条件，就完成了的木马安装，然后启动木马。

4）信息泄露

设计成熟的木马都有一个信息反馈机制，当木马安装成功后会收集一些服务端的软硬件信息，包括使用的操作系统、系统目录、硬盘分区、系统口令等，并通过 E-mail、IRC 或 ICO 的方式传输给控制端。这些信息中最重要的是服务端 IP，因为只有得到这个参数，控制端才能与服务端建立连接。

5）建立连接

一个木马建立连接必须满足两个条件：一是服务端已安装了木马程序；二是控制端和服务端都要在线。在此基础上控制端可以通过木马端口与服务端建立连接。

6）远程控制

木马连接建立后，控制端端口和木马端口之间存在一条通道，控制端通过木马对服务端进行远程控制。控制权限包括窃取密码、文件操作、修改注册表、系统操作等。

3. 木马和普通病毒的区别

木马和普通病毒都是一种人为编写的恶意程序，都属于计算机病毒，但它们之间有所区别。以前普通的计算机病毒主要是为了破坏计算机中的资料，或使中毒方系统崩溃，目的是报复、敲诈勒索或为了炫耀自己的技术。而木马平时看不出有什么异常，它只是为了偷偷监视对端或盗窃别人密码、账号等重要数据资料，达到偷窥别人隐私或获得经济利益的目的。木马不会自我繁殖，也并不"刻意"去感染其他文件，它只是通过伪装吸引用户下载执行，然后让施种者打开门户。施种者可以任意毁坏、窃取被种者的文件，甚至远程操控被种者的计算机。所以木马比普通病毒的危害性更大，许多别有用心的程序开发者为了获取利益，大量编写这类程序，使得目前网络上木马泛滥成灾。由于木马的巨大危害性及它与早期病毒的性质差异，所以木马虽然属于病毒中的一类，但已将它从病毒中独立出来，称之为"木马"程序。

一个杀毒软件可以查杀普通病毒，当然也能查杀木马。但现在的杀毒软件都将查杀木马从普通杀毒中分离出来，主要原因一是为了提高杀毒软件的档次和声誉；二是不同厂家之间的竞争需要；三是将查杀木马程序独立出来可以提高查杀效率。

现在许多杀毒软件的木马专杀程序只对木马进行查杀，而不去检查普通病毒库里的病毒代码，只调用木马代码库里的数据，大大提高了木马查杀速度。这是因为普通病毒太多，相应的代码也多，所以查杀速度较慢。如果计算机中的每个文件都先经过 10 万多个病毒代码的检验，然后经过几万条木马代码的检验，速度可想而知。所以杀毒软件都出现了木马专杀程序模块。

4．木马的防治

木马并不是简单的病毒，它会造成很多破坏和经济损失，平时需要注意防护。由于木马的隐藏性和依靠端口来连接控制（木马的端口号范围很大，检查麻烦）特性，用户用常规方法很难找到木马，可以采用以下方法对木马进行检查和清除。

1）使用杀毒软件

安装杀毒软件，定期使用杀毒软件对木马进行查杀，这种方法较为简单方便，但要注意应及时更新杀毒软件病毒库。

2）设置防火墙

将个人防火墙设置为安全等级，防止未知程序向外传送数据。

3）检查系统进程

通过任务管理器（按 Ctrl+Alt+Del 组合键），检查内存中是否有占用资源很多的非系统或其他软件进程，如果有，请先关闭之后再杀毒。

4）检查注册表

检查注册表中是否有特殊的程序。如检查 HKEY_LOCAL_MACHINE\Software\Microsoft\Windows\CurrentVersion\Run 和 HKEY_LOCAL_MACHINE\Software\Microsoft\Windows\CurrentVersion\Runserveice，它们是 Windows 启动运行目录。DLL 木马的查杀比一般病毒和木马的查杀要更加困难，因此应经常看看系统启动项中是否多出莫名其妙的项目，这是 DLL 木马可能存在的场所之一。

5）检查系统设置文件

系统设置文件包括 win.ini、system.ini 和 config.sys 文件，它们记录了操作系统启动时启动和加载的程序，并查看文件路径是否正常。

计算机中木马常常被捆绑到正常程序或隐藏在媒体文件、System.ini、Win.ini、Autoexec.bat、任务管理器、启动项和注册表中，所以要经常检查这些项目；平时对于陌生人的电子邮件，需要检查源地址，对于附件要小心查看；下载软件也应该登陆一些信誉好的大型网站；要尽量打开病毒监控或防火墙，保持病毒库的更新；经常检查系统中是否有木马存在；发现网络状态不正常时，应马上断开网络并检查原因，看是否由木马导致；需要注意 C:\、C:\Windows、C:\Windows\system（或 system32）这些目录下的文件，因为这三个目录是木马最习惯隐藏的地方。

例如，smss.exe 进程是 windows 操作系统的一部分，该进程调用对话管理子系统和负责操作系统的对话，它对系统的正常运行非常重要。正常的 smss.exe 进程应该在 windows 的 system32 下，当 smss.exe 出现在 C:\windows 目录下时就需要注意，它可能是 win32.ladex.a 木马，该木马允许攻击者访问你的计算机，窃取密码和个人数据。

11.8.2　ARP 欺骗

TCP/IP 协议的网络是通过 IP 地址来确定主机位置的，它将物理地址隐藏起来，但在实际通信时，还是通过物理地址找到目标主机的。正常情况下，地址解析协议 ARP 的任务就是完成 IP 地址和物理地址的映射转换。

但是当网络中出现诸如以下现象时，就要考虑可能已经受到了 ARP 欺骗的攻击。

（1）网速时快时慢，极其不稳定，但单机进行光纤数据测试时一切正常。

（2）局域网内频繁性区域或整体掉线，重启计算机或网络设备后恢复正常，但掉线情况还会发生。

（3）网上银行、游戏及 QQ 账号等信息的丢失。

1．ARP 协议工作原理

ARP 是一种将 IP 地址转化成物理地址的地址解析协议，安装 TCP/IP 协议的计算机中都有一个 ARP 缓存表，表中 IP 地址与 MAC 地址一一对应，有关查找本地 ARP 缓存表的命令在第 10 章 10.2 节中已经介绍。

例如主机 A（192.168.1.5）现在需要向主机 B（192.168.1.1）发送数据，这时主机 A 会在自己（本地）的 ARP 缓存表中查找是否有目标 IP 地址。如果找到目标 IP 地址，就直接把目标主机相应的 MAC 地址写入帧中并发送数据；如果未找到，主机 A 就在本地网段发送一个 ARP 请求的广播包（地址为 ff-ff-ff-ff-ff-ff），查询目的主机 B 对应的 MAC 地址，广播包携带主机 A 的 IP 地址。网络中所有主机收到这个 ARP 请求后，会检查数据包中的目标 IP 地址是否和自己的 IP 地址一致。如果不一致就忽略此数据包；如果一致，该主机（B）首先将发送端的 MAC 地址和 IP 地址添加到自己的 ARP 列表中（如果 ARP 列表中已经存在该 IP 的映射，则将其覆盖），然后给源主机发送一个 ARP 响应数据包，告诉主机 A 自己是它需要查找的 MAC 地址。源主机收到这个 ARP 响应数据包后，自动更新本地的 ARP 缓存表，将得到的目的主机的 IP 地址和 MAC 地址的映射关系添加到本地 ARP 列表中，并利用此信息开始数据传输。如果源主机一直没有收到 ARP 响应数据包，则 ARP 查询失败。

因此，本地高速缓存中的 ARP 表是本地网传输数据的基础，而且这个缓存是动态的。在一段时间里 ARP 缓存表中的某一行没有使用，就会被删除，这样可以大大减少 ARP 缓存表的长度，加快查询的速度。

2．ARP 协议的缺陷

ARP 协议是建立在信任局域网内所有节点的基础上的，它很高效却不安全。ARP 协议不检查自己是否发过请求包，也不管（其实也不知道）应答是否合法，只要收到的目标 MAC 地址是自己的 ARP 响应数据包或 ARP 广播包，都会接受并自动更新本地的 ARP 缓存表。这就为 ARP 欺骗提供了可能，恶意节点可以发布虚假的 ARP 报文，从而影响网络的正常通信，甚至可以做中间人。

3．ARP 欺骗

当主机 A 在网络中发送一个 ARP 请求的广播包时，如果主机 B 向主机 A 发送一个自己伪造的 ARP 响应，并假设主机 B 冒充主机 C（IP 地址为主机 C 的），同时伪造主机 C 的 MAC 地址，则 A 接收到 B 伪造的 ARP 应答后更新本地的 ARP 缓存，这时主机 A 中的 ARP 缓存表中存放的主机 C 的 IP 地址和 MAC 地址映射关系实际是不正确或不存在的，下一次主机 A 就不能向主机 C 发送数据，主机 A 也不能 ping 通主机 C。这就是一个简单的 ARP 欺骗。

这里主机 A 接收到主机 B 伪造的 ARP 应答并更新本地的 ARP 缓存后，主机 A 就被欺骗了，这时主机 B 伪装成主机 C。同时主机 B 向主机 C 发送一个 ARP 应答，应答包伪装成主机 A，并将主机 A 的真实 IP 地址和虚假的 MAC 地址发送出去，当主机 C 收到 B 伪造的 ARP 应答后也会更新本地 ARP 缓存，主机 C 也被欺骗了，这时 B 伪装成 A。这样，主机 A 和 C 都被主机 B 欺骗了，以后 A 和 C 之间数据传输都经过 B，主机 B 就可以窃取它们的信息了。

4．ARP 欺骗的种类

ARP 欺骗是黑客常用的攻击手段之一，ARP 欺骗分为两种：一种是对路由器 ARP 表的欺骗；另一种是对内网 PC 的网关欺骗。

1）对路由器 ARP 表的欺骗

对路由器 ARP 欺骗的原理是截获网关数据。它通知路由器一系列错误的内网 MAC 地址，并按照一定的频率不断进行，使真实的地址信息无法通过更新保存在路由器中，结果路由器的所有数据只能发送到错误的 MAC 地址，造成正常 PC 无法收到信息。

2）对内网 PC 的网关欺骗

对内网 PC 的网关欺骗原理是伪造网关。它的原理是建立假网关，让被它欺骗的 PC 向假网关发数据，而不是通过正常的路由器途径上网。在 PC 看来，就是"网络掉线了"。

一些黑客软件如网络执法官、QQ 盗号软件等，就是利用 ARP 欺骗限制用户上网，或将数据发送到某个指定 MAC 地址的主机，以窃取用户账号、密码等信息的。

ARP 欺骗木马十分猖狂，危害也特别大。受 ARP 欺骗攻击的网络，会出现许多故障，大多数情况下会造成大面积掉线、频繁时断时通、IE 浏览器频繁出错、一些常用软件出现故障等。如果所在网络是通过身份认证上网的，会突然出现认证通过但不能上网的现象，重启计算机或在命令提示符下执行 arp -d 命令后，又可恢复上网。

ARP 欺骗木马只需成功感染一台计算机，就可能导致整个局域网都无法上网，严重的甚至可能带来整个网络的瘫痪。该木马发挥作用时除了会导致网络故障外，还会盗取 QQ 密码、网络游戏密码和账号、网上银行账号等，获取经济利益，给用户造成很大的不便和经济损失。如果网管员对此不了解，就不能解决网络故障。例如当网络中收到第一种 ARP 欺骗（对路由器 ARP 表的欺骗）时，只要重启路由器，网络又能恢复正常，就会以为是路由器出现问题而没有解决真正的问题。

5．ARP 欺骗的攻击方法

1）ARP 欺骗攻击的类型

常见的 ARP 欺骗攻击有 ARP 扫描和 ARP 欺骗等类型。

ARP 扫描：也称 ARP 请求风暴，它通过不停地发送"请求"广播包进行攻击。因此，当网络中出现大量 ARP 请求广播包时，几乎都是对网段内的所有主机进行扫描。大量的 ARP 请求广播会占用网络带宽资源。ARP 扫描一般为 ARP 攻击的前奏。

ARP 欺骗：当计算机接收到 ARP 应答数据包时，就会对本地的 ARP 缓存进行更新，将应答中的 IP 地址和 MAC 地址存储在 ARP 缓存中。如果有人发送一个自己伪造的 ARP 应答，网络就可能出现问题。

2）ARP 欺骗的形式

ARP 欺骗存在两种情况：一种是欺骗主机作为"中间人"，被欺骗主机的数据都经过它中转一次，这样欺骗主机可以窃取到被欺骗主机之间的通信数据。这是一种典型的 ARP 欺骗，欺骗主机向被欺骗主机发送大量伪造的 ARP 应答包进行欺骗，欺骗成功后就成为了一个隐藏中间人。此时被欺骗的主机双方还能正常通信，只不过在通信过程中被欺骗者"窃听"了。

另一种情况是让被欺骗主机直接断网。这是因为 ARP 欺骗过程中，欺骗者只欺骗了其中一方，如 B 欺骗了 A，但是同时 B 没有对 C 进行欺骗，这样 A 实质上是在和 B 通信，所以 A 就不能和 C 通信了，另外一种情况还可能就是欺骗者伪造了一个不存在的地址进行欺骗。

6．ARP 欺骗的防范

1）构建 Super VLAN 或 PVLAN 技术网络

Super VLAN 也叫 VLAN 聚合，这种技术在同一个子网中再分离出多个 Sub VLAN，而将整个 IP 子网指定为一个 VLAN 聚合（Super VLAN）。所有的 Sub VLAN 都使用 Super VLAN 的默认网关 IP 地址，不同的 Sub VLAN 仍保留各自独立的广播域，子网中的所有主机只能与自己的默认网关通信。如果将交换机或数字用户线路接入复用器（IP DSLAM）等设备的每个端口都作为一个 Sub VLAN，则实现了所有端口的隔离，这就避免了 ARP 欺骗。

PVLAN 即私有 VLAN（Private VLAN）采用两层 VLAN 隔离技术，只有上层 VLAN 全局可见，下层 VLAN 相互隔离。如果将交换机或 IP DSLAM 设备的每个端口化为一个（下层）VLAN，则实现了所有端口的隔离。

PVLAN 和 SuperVLAN 技术都可以实现端口隔离，但实现方式、出发点不同。PVLAN 是为了节省 VLAN，而 SuperVLAN 则是为了节省 IP 地址。

2）局域网内 IP 地址与 MAC 地址静态绑定

在网关和每个主机中把 ARP 缓存表中的 IP 地址和 MAC 地址映射关系全部设置为静态，方法是执行命令"arp-s IP MAC 地址"。但当网络中有很多台主机时，工作量非常大，而且计算机每次重新启动都必须重新绑定（虽然可以做成一个批处理文件，但还是比较麻烦）。

实际上在网络设备上只做 IP 地址与 MAC 地址绑定，还是不安全的，并且操作麻烦，所设置的静态 ARP 项还是可能会被 ARP 欺骗所改变。例如某台机器发送伪造的 ARP 响应给网关，伪造的 ARP 响应中源 IP 和源 MAC 都伪造成欲攻击主机的 IP 地址和 MAC 地址，还是会导致网关把流量送到欺骗者所连的那个物理端口，从而造成网络不通。

3）使用 ARP 防护软件

ARP 防护软件较多，常用的有 ARP 防护大师、ARP 卫士（ARP Guard）、360ARP 防火墙、ARP 终结者、ARP 防护工具，欣向 ARP 工具和 Antiarp（ARP 防火墙）等。它们防护的工作原理是以一定的频率向网络广播正确的 ARP 信息。

4）具有 ARP 防护功能的路由器

具有 ARP 防护功能的路由器原理是定期发送自己正确的 ARP 信息，但这种功能对于真正意义上的攻击，是不能解决的。现在大多数路由器都会按一定的频率在较短时间内不停广播自己的正确 ARP 信息，使受骗的主机恢复正常。但是如果短时间内有很大量的 ARP 欺骗，即使路由器不断广播正确的数据包也会被大量的错误信息所淹没。

11.8.3　分布式拒绝服务（DDoS）

分布式拒绝服务（Distributed Denial of Service，DDoS）攻击俗称洪水攻击。1999 年 7 月，微软的 Windows 系统有一个 bug 被人发现并利用，很多拒绝服务攻击源一起攻击某台服务器就组成了 DDoS 攻击。它利用多台已经被攻击者所控制的计算机对某一台主机发起攻击，DDoS 攻击是目前黑客经常采用的有效且难以防范的攻击手段。

利用 DDoS 攻击是有一定难度的，它要求攻击者熟悉入侵的技术，但黑客们编写出了相应的傻瓜式工具使得 DDoS 攻击变得较为简单。

1. DDoS 攻击概念

拒绝服务（DoS）攻击方式有很多种，例如利用合理的服务请求占用过多的服务资源，使合法用户不能得到服务的响应。单一的拒绝服务攻击采用一对一的方式，在被攻击的主机 CPU 速度低、内存小或者网络带宽小等情况下攻击效果较为明显。但现在的计算机处理能力、内存及网络速度等性能大大提高，单一的 DoS 攻击效果就不大了。

分布式拒绝服务（DDoS）在传统的 DoS 攻击基础之上产生，当采用一台攻击机不起作用时，DDoS 的攻击者开始使用更多的攻击机（傀儡机）同时发起攻击。它就像黑客操纵 1 000 个人从不同的地方同时往你家里打电话，使线路长久占线，这时你的朋友就打不进来了（拒绝服务）。

低速网络时代的黑客，一般选择与目标网络距离近的攻击傀儡机，因为路由的跳数少，所以效果好。高速网络的发展使得攻击可以从更远的地方或者其他城市发起，攻击者的傀儡机位置可以分布在更大的范围，选择起来更灵活了。

2. DDoS 攻击原理

一个比较完善的 DDoS 攻击体系由 4 大部分组成，如图 11.6 所示。第一部分是黑客，它是一个攻击者；第 2 部分和第 3 部分为控制和实际发起攻击，控制傀儡机与攻击傀儡机是有区别的，DDoS 的实际攻击包是从第 3 部分攻击傀儡机上发出的，第 2 部分的控制机只发布命令而不参与实际攻击。黑客对第 2 和第 3 部分的计算机有控制权或者部分控制权，并把相应的 DDoS 程序上传到这些平台上，DDoS 程序与正常程序一样运行并等待来自黑客的指令，黑客还利用各种手段隐藏自己。平时这些傀儡机并没有什么异常，只是一旦黑客连接到它们进行控制，并发出指令时，攻击傀儡机就成为害人者去发起攻击了。

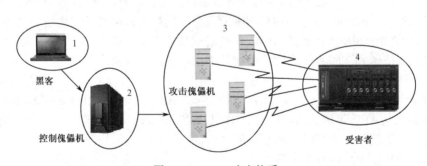

图 11.6　DDoS 攻击体系

黑客不直接发起攻击，而是通过控制傀儡机发布命令并由攻击傀儡机实际攻击，目的是为了逃避追查。高水平的攻击者攻击受害者后会首先做两件事：一是考虑留好"后门"，以备之后继续攻击；二是清理日志，使受害者察觉不到，这样可以长时间利用傀儡机攻击。

在第 3 部分攻击傀儡机上清理日志的工作量较大，即使有好的日志清理工具也较麻烦，所以有些攻击机上的攻击日志不是清理得很干净，通过这些信息和线索可以查找控制它的上一级计算机，如果上一级是控制傀儡机，黑客自身还是安全的。控制傀儡机的数目相对较少，一台就可以控制数十台攻击机，所以清理一台计算机的日志对黑客来讲就轻松多了，这样从控制机再找到黑客的可能性也大大降低。

3. DDoS 攻击的典型步骤

黑客进行 DDoS 攻击时一般经过下列步骤。

1）收集了解被攻击者情况

实施 DDoS 攻击首先需要掌握被攻击主机数目、地址分配情况、主机设置、性能、网络的带宽等数据。要攻击某个站点，先要知道这个站点有多少台主机支持，大型网站一般有很多台主机利用负载均衡技术提供同一个网站的 WWW 服务。例如 http://www.yahoo.com 提供WWW 服务的主机地址为 66.218.71.80、66.218.71.81、66.218.71.83、66.218.71.84、66.218.71.86～66.218.71.89，共 8 个 IP 地址主机。

如果只攻击其中的一个，其他主机还能向外提供服务，达不到攻击的目的，所以它需要攻击所有 8 个 IP 地址。有时一个 IP 地址还可能代表多台主机，一般是通过特定算法将一个IP 地址分配到下属的每个主机上去，这对 DDoS 攻击者来说情况就更复杂了。

2）占领傀儡机

第二步是黑客攻击并占领一定数量的傀儡机，一般是查找一些链路状态好、主机性能好或安全管理较薄弱的主机。做法是黑客先随机或有针对性地利用扫描器去发现网络上有漏洞的主机，然后就是尝试入侵，入侵成功并占领了傀儡机后再做一些"留后门""擦脚印"的工作，并把 DDoS 攻击程序上传过去。这时攻击机上会有一个 DDoS 的发包程序，黑客可以利用它向受害目标进行攻击。

3）实际攻击

黑客瞄准受害目标准备攻击。它先登录到控制傀儡机，并向所有攻击傀儡机发出攻击命令，攻击傀儡机中的 DDoS 攻击程序一起向受害主机以高速度发送大量的数据包，导致受害主机死机或无法响应正常的请求。有些攻击者一边攻击，同时还用各种手段监视攻击的效果，在需要的时候进行一些调整。例如不断地 ping 目标主机，在接到回应时就再加大一些流量或是命令更多的傀儡机来加入攻击。

4. 被 DDoS 攻击时的现象

当受害者被 DDoS 攻击时，主要出现以下一些现象：

① 被攻击主机上有大量等待的 TCP 连接；

② 网络中充斥着大量无用的数据包，源地址为假；

③ 制造高流量无用数据，造成网络拥塞，使受害主机无法正常和外界通信；

④ 利用受害主机提供的服务或传输协议上的缺陷，反复高速地发出特定的服务请求，使受害主机无法及时处理所有正常请求；

⑤ 严重时会造成系统死机。

5. DDoS 攻击的防范

DDoS 攻击是一种分布、协作的大规模攻击方式，主要瞄准比较大的站点，比如一些商业公司、搜索引擎和政府部门的站点。攻击时来势迅猛令人难以防备，具有较大的破坏性。防御 DDoS 攻击较为麻烦和困难，因为它利用了 TCP/IP 协议的漏洞，除非不用 TCP/IP 协议才有可能完全抵御 DDoS 攻击。所以需要采取有效措施，防止和减少 DDoS 的攻击。

目前对于 DDoS 的防范主要依靠日常维护和扫描。下面介绍一些 DDoS 攻击防范方法。

1）定期扫描

定期扫描网络骨干节点，清查可能存在的安全漏洞并及时清理。因为骨干节点的计算机有较高的带宽，是黑客查找的目标。

2）骨干节点设置防火墙

防火墙能抵御一些 DDoS 攻击和其他攻击。在发现受到攻击时，可以将攻击导向一些牺牲主机，这样可以保护真正的主机不被攻击。牺牲主机可以选择不重要的或是 Linux 以及 UNIX 等漏洞少、防范攻击性能较优的系统。

3）用足够的机器承受黑客攻击

如果设置足够的机器承受黑客攻击，黑客攻击的同时也在消耗资源，可能没有等受害者被攻死，黑客已无能为力了。这是一种较好的应对策略，但需要投入较多的设备和资金。

4）充分利用网络资源

路由器、防火墙等设备可将网络有效地保护起来。当网络被攻击时最先被攻击失效的是路由器，此时其他机器没有死机。将该路由器重启即可恢复正常，启动速度要快，不要等到服务器被攻击失效而导致数据丢失。如果使用了负载均衡设备，当一台路由器被攻击至死机时，马上启动另一台设备工作，可最大程度地削减 DDoS 的攻击。

5）过滤不必要的服务和端口

在路由器上过滤不必要的服务和端口，是抵御 DDoS 攻击的有效做法。例如 WWW 服务器只开放 80 端口，或在防火墙上做阻止策略。

6）检查访问者的来源

黑客攻击时常采用假 IP 地址的方式迷惑用户，且很难查出它来自何处。使用单播逆向路由转发等方法检查源 IP 地址，如果是假的就予以屏蔽，有助于提高网络安全性。

7）过滤所有内部保留地址

对于 10.0.0.0、192.168.0.0 和 172.16.0.0 等内部保留地址，应该把它们过滤掉。它并不是过滤内部网成员的访问，而是将攻击时伪造的大量虚假内部 IP 过滤，这样也可以减轻 DDoS 的攻击。

8）限制 SYN/ICMP 流量

在路由器上设置 SYN/ICMP 的最大流量，以限制 SYN/ICMP 封包所能占有的最高频宽，这样，当出现大量的超过所限定的 SYN/ICMP 流量时，说明可能不是正常的网络访问。虽然该方法对于 DDoS 效果不太明显，但仍然能起到一定的作用。

如果用户在没有准备的情况下遭受攻击，很可能短时间内造成网络瘫痪。但用户可以抓住一些攻击的蛛丝马迹。首先是检查攻击来源，分辨出 IP 地址中哪些是真的、哪些是假的，分析 IP 来自哪个网段，然后通过网络管理员将这些机器屏蔽。如果这些 IP 地址来自网络外部，可以将这些 IP 地址在服务器或路由器上过滤掉。其次是找出攻击者所经过的路由，把攻击屏蔽掉。若黑客从某些端口发动攻击，用户可把这些端口屏蔽掉，以阻止入侵。然后是采用一种折中的方法在路由器上过滤掉 ICMP，有效地防止攻击规模的升级，也可在一定程度上降低攻击的级别。

11.9　本章小结

（1）虚拟局域网 VLAN 建立在交换式局域网的基础上，将网络资源或网络用户按照一定的原则进行划分，把一个物理上的网络划分为多个小的逻辑网络，每个逻辑局域网（VLAN）形成各自的广播域。VLAN 之间相互隔离，保密性强。它们之间的通信需要使用路由器这样的设备才能进行。

（2）虚拟专用网 VPN 依靠 Internet 服务提供商 ISP 或网络服务提供商 NSP，利用公用网络基础设施，构建企业自己的专用网络技术，是内部网在公共网络如 Internet 上的扩展。VPN 不受地域限制，它是由企业统一控制和管理的企业网络。

（3）三网融合是指电信网、计算机网络和有线电视网，在业务、市场和产业等方面通过各种方式相互渗透和融合，这种融合，并不是指三个网络或机构的合并，也不是指在物理上的合一，它主要指高层业务应用的融合，三个网络的运行和管理仍然是分开的。

（4）服务质量 QoS 定义了有关连接性能的一些属性，反映了传输质量及服务的可用性，可用一些参数来描述，如连接建立延迟、连接建立失败、吞吐量、输送延迟、残留差错率、连接拆除延迟、连接拆除失败概率、连接回弹率、运输失败率、抖动和丢包率等。用户可以在连接建立时指明所期望的、可接受的或不可接受的 QoS 参数值。

（5）IP 电话也称为 VoIP，它运行在 IP 协议之上，利用计算机网络传输语音信息，实际上就是部分或全部利用 Internet 为语音传输媒介的电话业务。现在微信、QQ 等社交软件也能够实现语音和视频通话功能，基本已替代 IP 电话。

（6）木马、ARP 欺骗和公布式拒绝服务等新一代病毒以其强大的远程控制和私密信息窃取能力，被很多网络犯罪者利用。如何保证自己的计算机中个人信息，不被网络上他人窃取利用，是计算机使用者需要迫切解决的问题。

11.10　实验 10　使用交换机设置 VLAN

1．实验目的

（1）掌握 VLAN 原理。
（2）掌握利用交换机设置 VLAN 的方法。
（3）掌握 H3C 交换机设置 VLAN 的基本命令和设置注意事项。

2．实验环境

根据实验条件，在下面两个环境中选择一个或两个开展实验。

实验环境一：三层交换机 2 台（需支持 VLAN，例如 H3C S3600）；Console 电缆 1 条；计算机 4 台、直通双绞线 5 根。

实验环境二：华为模拟器"华为模拟器 eNSP"。

3．实验时数

2 学时。

4．复习及准备

请复习本章 11.1 节虚拟局域网知识。

5．实验内容

1）建立实验环境

（1）将 4 台计算机、两个交换机连接成图 11.7 中的实验网络。计算机 A 和 B 分别连接到交换机 1 的 Port2 和 Port10。计算机 B 和 D 分别连接到交换机 2 的 Port6 和 Port12。计算机的 IP 地址设置见图 11.7，子网掩码都是"255.255.255.0"。

在没有划分 VLAN 前，所有的计算机属于同一个网络，相互之间都能 ping 通，或在网上邻居中查看。请参考实验 2 和实验 6 的方法进行。如果存在问题，请检查原因。

（2）如选择实验环境二，首先在模拟器中构建图 11.7 中的实验网络。模拟器中计算机 IP 地址的配置、ping 命令的使用参考实验 3 或实验 6 进行。例如：

双击华为模拟器中 PCA 图标：

root　　　　　　用户名

linux　　　　　　密码

ifconfig eth0 192.168.0.1　netmask 255.255.255.0　　　设置 IP 地址为"92.168.0.1"

用同样的方法设置 PCB、PCC、PCD，注意 IP 地址按图 11.7 设置。

然后在模拟器中 PCA 设置窗口中，输入命令：

ping 192.168.0.2 等。

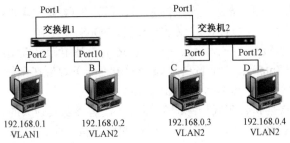

图 11.7　设置 VLAN 实验环境

2）VLAN 划分计划

将计算机 A 和 C 划分在 VLAN2 中，计算机 B 和 D 划分在 VLAN3 中。

不同品牌的交换机设置 VLAN 时使用的设置命令和方式有所不同，下面以 H3C S3600 交换机为例进行设置。

3）设置 VLAN

（1）启动超级终端。将任一台计算机和交换机 1 使用 Console 串口设置电缆连接，并启动超级终端。然后进入交换机的用户视图。

（2）进入系统视图。

<H3C>system

（3）交换机 1 改名为 SW1。

[H3C]sysname SW1。

（4）查看当前交换机的设置信息。

[SW1]disp curr

（5）在交换机 1 上设置 VLAN。进入交换机的 VLAN2 设置视图后，设置端口 2～8 属于 VLAN2。

[SW1]vlan 2

[SW1-vlan 2]port Ethernet 0/2 to Ethernet 0/8

进入交换机的 VLAN3 设置视图后，设置端口 2～8 属于 VLAN2。

[SW1-vlan 2]vlan 3

[SW1-vlan 3]port Ethernet 0/9 to Ethernet 0/16

（6）在交换机 2 上设置 VLAN。将 Console 串口设置电缆从交换机 1 上拔下，连接到交换机 2 的 Console 口。

<H3C>system

[H3C]sysname SW2

[SW2]vlan 2

[SW2-vlan 2]port Ethernet 0/2 to Ethernet 0/8

[SW2-vlan 2]vlan 3

[SW2-vlan 3]port Ethernet 0/9 to Ethernet 0/16

（7）指定 Trunk 端口。交换机的端口类型有 Access 端口、Trunk 端口和 Hybrid 端口 3 种。Access 类型的端口只能用于一个 VLAN 中的端口通信，即只接收或转发同一个 VLAN 中的报文，这种端口一般用于连接计算机。而 Trunk 类型的端口可以属于多个 VLAN，这种端口可以接收或转发不同 VLAN 之间的报文，一般用于交换机之间的连接。Hybrid 类型的端口也属于多个 VLAN，并接收或转发不同 VLAN 之间的报文，它既用于计算机之间的连接，也用于交换机之间的连接。Hybrid 端口和 Trunk 端口的区别在于 Hybrid 端口可以允许在发送多个 VLAN 报文时不打标签，而 Trunk 端口只允许默认 VLAN 的报文发送时不打标签。

在交换机 1 上，设置端口 1 为 Trunk 端口，这样才能使得两个交换机上相同的或不同的 VLAN 中计算机通过端口 1 传输报文。

[SW1-vlan 2]quit

[SW1]Interface Ethernet 0/1

[SW1-Ethernet 0/1]port link-type trunk

（8）设置端口 1 允许所有的 VLAN 报文通过。

[SW1-Ethernet 0/1]port trunk permit vlan all

（9）在交换机 2 上，同样设置端口 1 为 Trunk 端口，并允许所有的 VLAN 报文通过。

[SW2]Interface Ethernet 0/1

[SW2-Ethernet 0/1]port link-type trunk

[SW2-Ethernet 0/1]port trunk permit vlan all

4）测试 VLAN

设置完两个交换机后，可以使用 ping 命令进行测试。同一个 VLAN 内部的计算机可以相互访问，而不同 VLAN 间的计算机相互之间不能访问。

5）删除 VLAN

如果在设置过程中将 VLAN ID 或端口号设置错误，可以删除 VLAN ID，也可以删除 VLAN 的端口。例如，需要在交换机 1 上删除 VLAN2，操作如下：

[SW1]undo vlan 2

如果需要删除交换机 1 上的端口 5 不在 VLAN 2 中，操作如下：

[SW1]vlan 2

[SW1-vlan 2]undo port Ethernet 0/5

如果需要删除交换机 1 上的端口 5～7 不在 VLAN 2 中，操作如下：

[SW1]vlan 2

[SW1-vlan 2]undo port Ethernet 0/5 to Ethernet 0/7

删除 VLAN 的一些端口后，再进行测试。将连接各个计算机的双绞线连接到不同的交换机端口，进行测试，并记录结果。

思考：如果有一个服务器连接到这个网络中，要求所有的 VLAN 中的计算机都要访问它，如何设置？

方法是将连接服务器的端口设置为 Trunk 端口，允许所有的 VLAN 报文通过这个端口。实验时可以将某一台计算机作为服务器，例如计算机 A，则将连接计算机 A 的 Port2 从 VLAN 2 中删除，设置交换机 1 的 Port2 为 Trunk 端口即可。

6．实验思考题

（1）什么是虚拟局域网？

（2）设置虚拟局域网对交换机有什么要求？

习　题

一、选择题

1. 一个 VLAN 可以看成一个（　　　）。
   A．冲突域　　　　　　B．广播域　　　　　C．管理域　　　　　D．阻塞域
2. 下列不是 VLAN 的划分方法的是（　　　）。
   A．基于设备的端口　　　　　　　　　B．基于协议
   C．基于 MAC 地址　　　　　　　　　D．基于物理位置
3. 关于 VLAN，下面不正确的说法是（　　　）。
   A．隔离广播域
   B．相互间通信要通过路由器
   C．可以限制网上的计算机相互访问的权限
   D．只能对同一个物理网络上的主机进行逻辑分组

二、问答题

1. 什么是虚拟局域网（VLAN）？它和普通的局域网有什么不同？
2. 划分虚拟局域网的方法有哪些？分析并比较它们的优劣。
3. 叙述使用虚拟局域网的优、缺点。
4. 什么是 VPN？什么是隧道技术？
5. 第二层隧道协议和第三层隧道协议有什么区别？
6. PPTP/L2TP 有哪些优、缺点？
7. VPN 有哪几种类型？
8. 三网融合指的是哪三大网络？三网融合的技术基础是什么？
9. 三网融合面临的主要问题有哪些？
10. 你知道的多媒体通信协议主要有哪几个？RSVP 各有什么特点？
11. 资源预留协议 RSVP 有什么作用？
12. 什么是 QoS？它有什么含义？
13. QoS 主要的度量参数有哪几个？
14. IP 电话有什么特点？
15. IP 电话的关键技术有哪些？
16. IP 电话有哪几种连接方式？请画出示意图。
17. 什么是无损压缩？什么是有损压缩？
18. 什么是 VOD？基于有线电视的 VOD 系统分为哪几类？基于 IP 网络的 VOD 系统主要用于什么场合？

第 12 章　IPv6 技术

12.1　IPv6 基本概念

　　IPv4 是 20 世纪 70 年代设计的，事实证明 IPv4 是一个非常成功的协议，但 IPv4 是基于当时的网络规模设计的，从现在来看，IPv4 的设计者没有预料到对于 Internet 会有今天这样的爆炸式增长发展规模。随着 Internet 的进一步发展，IPv4 越来越显示出它的局限性，32 位的 IPv4 地址即将耗尽是最为严重的问题。

　　IPv6 具有长达 128 位的地址空间，可以彻底解决 IPv4 地址不足的问题，增强了 Internet 的可扩展性，加强了路由功能，允许诸如 IPX 地址等不同类型地址的共存。除此之外，IPv6 还采用分级地址模式、高效 IP 包头、服务质量、主机地址自动设置、认证和加密等许多技术。

　　IPv4 向 IPv6 的过渡需要一个过程，即使采用了 IPv6，IPv4 也不会马上作废。在过渡期间，需要保证二者之间的互操作性。本章先介绍 IPv6 的基本概念，然后再简单介绍从 IPv4 向 IPv6 的过渡策略。

12.1.1　IPv4 的危机

　　IPv4 的不足主要体现在以下 3 方面。

1．有限的地址空间

　　1）IPv4 的地址空间

　　IPv4 协议开发者当时将它用于 ARPAnet 中，网络个数不多，因此他们将 IP 协议的地址长度设定为 32 位二进制数。IPv4 地址资源紧张直接限制了 IP 技术应用的进一步发展，2002 年 9 月，已将 58%的地址分配给了用户，还有 12%的 D 类、E 类地址和 2%的特殊地址不能分配给用户，因此只剩下了 28%的 IPv4 地址没有分配。

　　地址分配不均衡进一步加剧地址紧缺的矛盾。在美国，大学和一些大公司都得到一个完整的 A 类或 B 类地址，虽然他们的网络内部 IP 地址需求数远远小于分配到的 IP 地址数，有些机构尚有相当一部分未被使用的 IPv4 地址。而在欧洲和亚太地区，申请 IPv4 地址却非常困难。像中国这么大的国家分配到的所有 IP 地址都没有美国的某些大学多。

　　2）IPv4 网络解决地址紧缺的办法

　　IPv4 网络中设计出了几种解决地址资源紧缺的办法。如子网划分、无类域间路由 CIDR 和网络地址转换 NAT 等，但都不能从根本上解决地址紧缺的问题。

2．路由表越来越大

　　IPv4 地址由网络号和主机号两部分构成，以支持层次型的路由结构，它与网络拓扑结构无关。子网划分技术和 CIDR 的引入提高了路由层次结构的灵活性，但是 IPv4 地址的层次结构缺乏统一的分配和管理，并且多数 IP 地址空间的结构只有两层或者三层，这导致主干路由器中存在大量的路由表项。随着接入网络数目的增加，路由器数目也飞速增加，相应地，路由表也就不断加大。庞大的路由表增加了路由查找和存储的开销，成为目前影响互联网效率的一个瓶颈。同时，IPv4 数据包的报头长度不固定，因此难以利用硬件提取和分析路由信息，这对进一步提高路由器的数据吞吐率也是不利的。

3．缺乏服务质量保证

IPv4 对涌现出的新业务缺乏有效的支持。比如实时和多媒体应用，这些应用要求提供一定的服务质量保证，比如带宽、延迟和抖动。研究人员提出了在 IPv4 网络中支持以上应用的新协议，如资源预留协议 RSVP 和支持实时传输的 RTP/RTCP 协议。这些协议同样增加了规划和构造 IP 网络的成本及复杂性。

12.1.2 IPv6 的发展和特性

为了克服 IPv4 的不足，IETF 从 1992 年 6 月提出制订下一代的 IP，即 IPNG（IP Next Generation），现在正式称为 IPv6。IPv6 不仅加大了地址空间，还是一个修正 IPv4 编址方案的好机会。

IPv6 的发展过程如下：

（1）1993 年，IETF 成立了 IPNG 工作组。

（2）1994 年，IPNG 工作组提出了 IPv6 的推荐版本。

（3）1995 年，IPNG 工作组完成 IPv6 的协议文本。

（4）1996 年，IETF 成立了全球 IPv6 实验床——6BONE。

（5）1998 年，启动了 IPv6 教学科研网——6REN。

（6）1999 年，成立了 IPv6 论坛，开始正式分配 IPv6 地址，IPv6 协议文本成为标准草案。

（7）2001 年，IPv6 关联协议修订、完善，多数主机操作系统能支持 IPv6。

（8）2002 年，继续完善部分 IPv6 相关技术草案。

（9）2003 年，各主流网络设备生产厂家已推出 IPv6 网络产品。中国启动国家下一代网络示范工程——CNGI。

IPv6 具有以下特征：

1）巨大的地址空间

IPv6 的地址长度由 IPv4 的 32 位扩展到 128 位，使地址空间增大了 2^{96} 倍，IPv6 允许地球表面每平方米拥有 $7×10^{23}$ 个 IP 地址。这样庞大的地址空间可以满足 Internet 的不断增长，即使为所有的移动电话和家用电器等都分配一个 IP 地址也足够了。

2）全新的地址设置方式

为支持更多的地址层次，IPv6 的网络前缀可以分成多个层次。这样不仅可以定义非常灵活的地址层次结构，同时，同一层次上的多个网络在上层路由器中表示为一个统一的网络前缀，这样可以显著减少路由器必须维护的路由表项，大大降低了路由器的寻址和存储开销。

为了简化设置，IPv6 支持手工地址设置、有状态自动地址设置和无状态地址设置。有状态自动地址设置利用专用地址分配服务器动态分配 IPv6 地址。而无状态地址设置的主机能自动设置 IPv6 地址。所以，在同一链路上所有主机不用人工干预就可以进行通信。

3）灵活的头部格式

IPv6 使用了新的协议头格式，报文头由基本的固定头部和扩展头部组成。固定头部的长度为 40 字节，它将一些不是主要的和可选的字段移到了扩展头部，简化了路由器的操作，降低了路由器处理分组的开销，具有更高的效率。在基本固定头部之后还可以附加不同类型的扩展状况，为定义可选项以及新功能提供了灵活性。IPv6 允许 IPv4 在若干年内与其共存。

注意：IPv6 头部和 IPv4 头部是不兼容的。

4）简化了协议，加快了分组的转发

IPv6 基本头部格式中取消了头部检验和字段，分段只在源站点进行，简化了协议，加快了分组的转发。

5）对 QoS 有更好的支持

允许对网络资源进行预分配，支持实时传输视频、图像等要求，保证一定的带宽。IPv6 在数据包头中新定义了一个叫作流标签的特殊字段，它能使网络中路由器可以对属于一个流的数据包进行识别并提供特殊处理。使用这个标签，路由器可以不打开传输的内层数据包就能识别流，这样做的好处是，即使对数据包的数据部分进行了加密，仍然可以实现对 QoS 的支持。

6）内置的安全性

IPv6 中的加密和认证选项保证了数据包的可信性和完备性。IPv6 协议本身就支持 IP 安全协议（Internet Protocol Security，IPsec），这就为网络安全性提供了一种标准的解决方案，还提供了不同 IPv6 方案之间的互操作性。

7）全新的邻居发现协议

邻居发现协议是 IPv6 中的一系列机制，它是 IPv6 的一个关键协议，也是与 IPv4 的一个主要的区别点。邻居发现协议用来管理相邻节点之间的交互。邻居发现协议使用更加有效的单播和组播报文，取代了 IPv4 中的地址解析协议 ARP、ICMP 路由器发现和 ICMP 路由器重定向。它在无状态自动地址设置中起到了重要的作用。

8）可扩展性

IPv6 在基本头部之后增加了扩展头部，可以很方便地实现功能扩展。IPv4 中最多只能支持 40 字节的选项，而 IPv6 扩展头部的长度只受 IPv6 数据包的长度限制。当有新技术和应用需求时，IPv6 允许对协议进行扩充。

IPv6 还增加了许多新的特性，如支持移动性和多点寻址等。因此，IPv6 为 Internet 换了一个简捷、高效的引擎，不仅可以解决 IPv4 目前的地址短缺难题，还可以使 Internet 摆脱日益复杂、难以管理和控制的局面，变得更加稳定、可靠、高效和安全。同时，允许协议继续演变和增加新的功能，使之适应未来技术的发展。

12.1.3　IPv6 中的基本术语

IPv6 中的一些术语和 IPv4 中的有相似之处，但也有差异。下面简单介绍 IPv6 中一些常用的术语。

1．节点

IPv6 中的节点是指任何运行 IPv6 的设备，可以是主机、路由器、PDA、电视机和冰箱等入网设备。

2．路由器

IPv6 中的路由器是一个可以转发数据包的节点。在 IPv6 网络中，路由器是一个非常重要的网络设备。

3．主机

主机也是一个可以转发数据包的节点（非路由器），一般是 IPv6 数据流的源和目标。IPv6 中的主机不但可以是计算机，还包括冰箱、汽车等，只要它运行 IPv6 协议。

4．上层协议

IPv6 的上层协议主要包括 Internet 层协议（如 ICMPv6）和传输层协议（如 TCP 和 UDP）。但不包括应用层协议，例如 SMTP、FTP、DNS 等。

5．局域网段

局域网段是 IPv6 链路的一部分，它由单一介质组成，以二层交换机为边界。

6．链路

链路是以路由器为边界的一个或多个局域网段。

7．子网

子网是 IPv6 地址中前 64 位地址前缀相同的一个或多个链路。一个子网还可以继续被子网内部的路由器分为几个部分。

8．网络

网络是由路由器连接起来的两个或多个子网。

9．邻节点

邻节点是在同一链路上的物理或逻辑节点，这个概念非常重要，因为 IPv6 的邻居发现解析的是邻节点链路层地址，监视和检测邻节点是否可以到达。

10．最大传输单元

最大传输单元（MTU）是指可以在链路上发送的最大长度的数据包。

11．路径最大传输单元

路径最大传输单元是指从源节点到目标节点的一条路径上，在不执行主机拆分的情况下，可以发送的最大长度的 IPv6 数据包。

12.2　IPv6 分组结构和 ICMPv6

IPv6 分组由一个 IPv6 基本头部、多个扩展头部和一个上层协议数据单元组成。扩展头部是在基本头部之后的可选头部，它可以有一个或多个，也可以没有。上层协议数据单元一般由上层协议包头和它的有效载荷构成。例如，可以是 ICMPv6 报文、TCP 报文或 UDP 报文。

12.2.1　IPv6 基本头部

IPv6 分组的基本头部是一个固定长度的报头，总共有 8 个字段，长度为 40 字节。IPv6 分组及基本头部格式如图 12.1 所示。

下面简单介绍一下基本头部中各字段的含义。

（1）版本号（Version）。它表示 IP 的版本，由 4 位组成。IPv6 的版本号为 6，二进制表示为 "0110"。

（2）通信流类型（Traffic Class）。这个字段和 IPv4 中的服务类型功能类似，表示 IPv6 数据包的优先级（Priority）或流类型，该字段也占 8 位。IPv6 把流分为可进行拥塞控制的业务和不可进行拥塞控制的业务两大类，每一类都分为 8 个优先级，优先级值越大，分组越重要，传输时也优先传输。

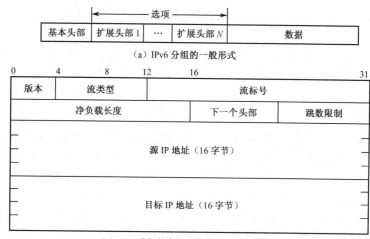

（a）IPv6 分组的一般形式

（b）IPv6 分组基本头部格式（40 字节长）

图 12.1　IPv6 分组及基本头部格式

可进行拥塞控制业务的优先级为 0～7，当发生拥塞时，这类业务可以放到后面传输。不可进行拥塞控制的业务优先级为 8～15，这类都是实时性业务，它们的发送速率都是恒定的，即使丢失数据，也不进行重传。例如，电子邮件的优先级为 2，Telnet 的优先级为 6，而需要保真的音频（如 IP 电话）优先级为 15 等。

（3）流标号（Flow Label）。流标号占 20 位，是 IPv6 的一个新的机制，用来表示这个数据包属于源节点和目标节点之间的一个特定数据包序列，它需要 IPv6 中间路由器进行特殊处理。流标号支持资源预留，允许路由器将每一个数据包与一个指定的资源分配关联。流是从源节点到目标节点的一系列数据包，如将有关视频的应用程序建立一个流后，它们所需要的带宽和延迟就可得到保证。流也可用来限制计算机或应用程序所发送的业务流量和服务质量。流还可用于某个给定的组织，使用它可以管理网络资源，以保证所有的应用公平地使用网络。

（4）净负载长度（Payload Length）。该字段长度为 16 位，指明 IPv6 分组中基本头部之后的扩展头部和上层协议数据单元的字节数，所以 IPv6 可容纳 2^{16}（65 536）字节的数据。因为 IPv6 基本头部长度固定，所有没有如 IPv4 那样指明 IPv6 整个数据包的总长度。

（5）下一个首部（Next Header）。该字段长度为 8 位，指明基本头部后的扩展头部（如果有扩展头部）的类型，如果没有扩展头部，则用来指明上层协议数据单元的类型。

（6）跳数限制（Hop Limit）。占 8 位，类似于 IPv4 的 TTL（Time To Live）。它定义了 IPv6 数据包所能经过的路由器最大个数，用于防止分组在网络中无限制循环。每经过一个路由器，跳数限制字段的值减 1，当值为 0 时，就将该分组丢弃。

（7）源 IP 地址（Source Address）。占 128 位，是指发送分组的源节点的地址。

（8）目标 IP 地址（Destination Address）。也占 128 位，是接收分组的目标节点的地址。

读者可以将 IPv6 基本头部和第 6 章图 6.2 中的 IPv4 报文头部进行比较，IPv6 中去掉了 IPv4 中的头部长度、标识、标志、段偏移、头部检验和、选项和填充字段。这是因为 IPv4 头部有选项字段，因此 IPv4 的头部长度是不固定的，而 IPv6 没有选项字段，改用了扩展字段，所以长度固定为 40 字节。因此在 IPv6 中把头部长度字段取消了。

由于 IPv6 处理分段的方法和 IPv4 不同，所以标识、标志和段偏移三个与分段有关的字段也被去掉了。在 IPv6 网络中，中间路由器不再处理分段，而是由发送数据包的源节点去处理分段。这就可以减少中间路由器为处理分段而造成的大量网络资源的耗费。

因为第二层和第四层都有校验和，而且 UDP 校验和在 IPv4 中也是可选的，因此，第三层网络层的校验和是一种冗余，不是必需的，而且会浪费中间路由器的资源。因此，IPv6 将校验和字段去掉了。

IPv6 将选项改由扩展头部处理，因此也把选项字段取消了。这样简化了报文头，减少了路径上中间路由器的处理消耗。

12.2.2　IPv6 扩展头部

因为 IPv4 报文头部包含了所有的选项，因此数据包每经过一个路由器都必须检查这些选项是否存在，如果存在，还必须去处理它们，就大大降低了路由器转发 IPv4 数据包的效率。IPv6 的基本头部和扩展头部代替了 IPv4 的头部（包括选项），它将相关的选项放到了扩展头部，这样 IPv6 的中间路由器，就不需要检查处理每一个有可能出现也有可能不出现的选项。扩展头部增强了 IPv6 的功能，使其具有极大的扩展性。IPv6 的扩展头部长度没有限制，可以容纳 IPv6 通信所需的所有扩展数据。

在 IPv6 数据包中，可以有扩展头部，也可以没有扩展头部，并不是每个数据包都需要包括各种类型的扩展头部。IPv6 的扩展头部有以下几种。

1. 逐跳选项头部

逐跳选项头部用于携带在该数据包传输过程中所经过的每个节点都必须检查的选项。它在传输路径上每次跳转时指定发送参数，路径中的每个路由器都要读取并处理该字段。如果存在逐跳选项头部，则在 IPv6 基本头部中"下一个首部"字段的值为 0。

2. 目标选项头部

目标选项头部用于存放数据包目的地需要处理的选项。目标选项头部在 IPv6 基本头部中"下一个首部"字段值为 60。

3. 路由头部

路由头部的作用能使数据包经过指定的中间节点到达目的地。使用这个扩展头部，在数据包发向目标节点的路径中，可以被强制经过指定的路由器，而不是根据链路状况而随机选择路径。路由头部在 IPv6 基本头部中"下一个首部"字段值为 43。

4. 分段头部

分段头部用于 IPv6 报文的拆分和重组。只有源节点才可以对有效载荷（上层协议数据单元）进行拆分。当数据包源节点发现上层协议交给它传输的数据包大小超过了路径最大传输单元时，就将数据包进行分段，并使用分段头部来提供重组信息。它在 IPv6 基本头部中"下一个首部"字段值为 44。

5. 认证头部

认证头部为 IPv6 数据包和 IPv6 头部那些经过 IPv6 网络传输后，值不会改变的字段提供数据验证（对源节点进行校验）、数据完整性验证（确认数据在传输中没有改变）和反重发保护（确保数据不是重发的）。

6. 封装安全有效载荷头部

封装安全有效载荷头部提供了数据机密性、数据验证、数据完整性验证和对已封装有效载荷的重发保护服务。

12.2.3　ICMPv6

IPv4 网络利用 Internet 控制报文协议（ICMP），为 IP 协议提供差错报告和控制机制，网关和主机利用 ICMP 发送关于所发数据包的有关问题报告，如目标或端口不可达、数据包超长、超时和网络中出现拥塞等，或者回应求和回应应答等操作。

IPv6 协议使用 ICMPv6 协议作为控制协议，这一新版协议遵循与 ICMP 相同的策略。原来 IPv4 中的 ARP 和 IGMP 协议已被组合到 ICMPv6 中，RARP 协议已从第 6 版协议簇中删除，因为 RARP 不经常使用。第 4 版和第 6 版的网络层比较如图 12.2 所示。

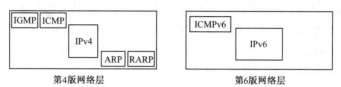

图 12.2　第 4 版和第 6 版的网络层比较

ICMPv6 在 IPv6 基本头部中"下一个首部"字段的值为 58。ICMPv6 除了能提供原来 ICMP 常用的功能外，还提供诸如邻节点发现、无状态地址设置和路径最大传输单元等消息。ICMPv6 是 IPv6 网络中非常重要的一个协议，它是 IPv6 网络中许多机制的基础。

ICMPv6 报文分为差错报文和信息报文两种。差错报文是网络层故障汇报，用于报告在转发 IPv6 数据包过程中出现的一些差错问题，如：目标不可达、数据包超长、超时和参数问题。信息报文提供网络层故障诊断如 ping 的基础，实现部分网络层功能，以及路由器请求和广播、组成员资格、邻居发现等。常见的信息报文主要是回送请求报文和回送应答报文。

（1）目标不可达（Destination Unreachable）消息。用来在一个数据包无法转发到目标节点或上层协议时，路由器或目标节点向一个 IPv6 报文的源节点发送 ICMPv6 的报文，汇报无法被送到目的地的原因。

（2）数据包超长（Packet Too Big）消息。由于出口链路的最大传输单元小于 IPv6 数据包的长度而导致数据包无法转发，路由器会发现数据包超长，这个路由器就向发送该报文的源节点汇报该报文超长。

（3）超时（Time Exceeded）消息。如果路由器收到一个 IPv6 报文，但当数据包基本头部中跳数限制字段的值为 1 时，会丢弃该数据包，并向报文源节点通报该报文已经超时。这里可能有两种情况，一是报文在被发送出去时 Hop limit 已经变为零；二是报文重组超时。

（4）参数问题（Parameter Problem）消息。当 IPv6 基本头部或扩展头部出现错误，导致数据包不能进一步处理时，IPv6 节点会丢弃该数据包，并向报文源节点发送这个消息，指明问题的位置和类型，用一个指针指出原来报文中出错的参数。

（5）回送请求报文（Echo Request）和回送应答报文（Echo Reply）消息。它们用来进行网络层可达性测试。回送请求报文被用于发送到目标节点，使得目标节点立即发回一个回送应答报文。当目标节点收到一个回送请求报文时，ICMPv6 使用回送应答报文响应。

12.3　IPv6 的地址和地址设置

IPv6 的地址有 128 位长度，共有地址数 2^{128}（$3.4×10^{38}$）个，这样大的地址空间相当于为地球表面每平方米的面积上提供了 665 570 793 348 866 943 898 599 个地址，世界上每个人都可以拥有 $5.7×10^{28}$ 个 IPv6 地址。尽管由于采用了地址编码方案，实际可以分配和使用的 IPv6

地址不会有那么多，但是 IPv6 的地址仍是大得惊人。

12.3.1　IPv6 地址表示

IPv6 的地址由前缀和接口标识组成。前缀可以理解为 IPv4 地址中的网络 ID，但它与 IPv4 地址中的网络 ID 是两个不同的概念。接口标识相当于 IPv4 地址中的主机 ID。按照 RFC 2 373 IPv6 地址结构（IPv6 Addressing Architecture）中的定义，IPv6 地址有三种格式。

1. 首选格式

IPv6 不再像 IPv4 那样采用"点分十进制"表示方法，而是将地址每 16 位划分为一段，每段转换为一个 4 位十六进制数，共分为 8 段，段与段之间用冒号分隔。这种方法称为"冒号十六进制记法"。例如：

FEDC:BA98:7654:686E:0000:1180:096A:1234

2. 零压缩表示法

许多 IP 地址中有好多个连续的 0，在冒号十六进制表示法中，可将不必要的 0 去掉。例如将"…:0001:0000:096A: …"表示为"…:1:0:96A:…"。但要注意不能把一个段内的有效 0 也压缩了。例如"…:AB01:906A:…"如果表示成"…:AB1:96A: …"就错了。

如果整个一段（16 位）或几段都是零时，可以用一对冒号代替，这种方法是实用的，因为在实际应用中会有许多地址包含连续的零串。例如：

FF05:36AD:0:0:0:0:0:3C　　可以压缩表示成　　FF05:36AD::3C。

但一个地址中，这样的一对冒号只能出现一次，否则会容易引起歧义，因为系统会分不清每对冒号代表的是几个零。

3. 以 IPv4 地址作为后缀（内嵌）

这是 IPv4 向 IPv6 过渡过程中使用的一种特殊表示方法。IPv6 地址的前面部分用冒号十六进制表示，而后缀可以是点分十进制的 IPv4 地址。例如：

0:0:0:0:0:0:192.168.0.2　　　（或表示为::192.168.0.2）

0:0:0:0:0:FFFF:192.168.0.2　（或表示为::FFFF:192.168.0.2）

3AE2:0:0:0:0:0:128.18.3.56　（或表示为 3AE2::128.18.3.56）

12.3.2　IPv6 地址分类

IPv6 的地址结构采用层次化的多级体系，这是为了使路由器更快查找路由。IPv6 的地址前缀是指 IPv6 地址中前面的部分，前缀可以有固定的值，它是路由或子网的标识。它类似于 IPv4 中的网络 ID，但 IPv6 的前缀和 IPv4 的网络 ID 是两个完全不同的概念。目前 IPv6 地址的分配由 Internet 分配号码权威机构 IANA（Internet Assigned Numbers Authority）负责，主要由下面三个地方组织具体执行：

① 欧洲的 RIPE-NCC（www.ripe.net）；

② 北美的 interNIC（www.internic.net）；

③ 亚太地区的 APNIC（www.apnic.net）。

IPv6 地址的前缀长度可以表示为"IPv6 地址/前缀长度"。例如"12AB:0:0:CD30::/60"，它表示 IPv6 地址的前缀长度为 60。

IPv6 地址分为单播地址、组播地址、任播地址和特殊地址 4 种基本类型，它取消了 IPv4 中的广播地址。

1. 单播地址

单播地址是指单点播送（Unicast），也称单播，它与 IPv4 中的单播概念类似，是传统的点到点的通信。发送给单播地址的数据包只被一个唯一的接口所接收，但它和 IPv4 中的单播不同。IPv6 的单播地址又分为可聚合全球单播地址、链路本地地址和站点本地地址等种类。

1）可聚合全球单播地址

可聚合全球单播地址（Aggregatable Global Unicast Address）和 IPv4 中对外的公网地址一样，是用于通信的全局单播地址。它的前缀是 IPv6 提供商分配给组织的 48 位前缀，最高位是"001"，组织机构可以利用后续的 16 位（49 位～64 位）来将网络划分为 65 535 个子网。地址的后 64 位是节点的接口 ID。例如："2001:A304:6101:1::E0:F726:4E58"就是一个全局单播地址。

可聚合全球单播地址格式如图 12.3 所示。

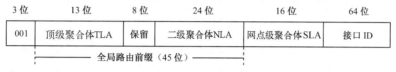

图 12.3　可聚合全球单播地址格式

可聚合全球单播地址结构中各字段的含义如下：

（1）类型前缀（Format Prefix）。类型前缀占 3 位，它说明地址的类型，用于区别其他地址类型。对于可聚合全球单播地址，它的值为"001"。

（2）顶级聚合体（Top Level Aggregator，TLA）。占 13 位，TLA ID 标识分级结构中的顶级机构。TLA 是与长途服务供应商和电话公司相互连接的公共网络接入点，它从国际 Internet 注册机构如 IANA 处获得地址，用于骨干网的 ISP。

（3）二级聚合体（Next Level Aggregator，NLA）。占 32 位，NLA ID 标识分级结构中的二级机构，它从 TLA 处申请获得地址，并为 SLA 分配地址。NLA 通常是大型的地区性 ISP。

（4）网点级聚合体（Site Level Aggregator，SLA）。占 16 位，SLA ID 负责为属于网点中的用户分配地址，它可以是一个机构或一个小型 ISP。SLA 通常为用户分配由连续地址组成的地址块，以便这些机构可以建立自己的地址分级结构以识别不同的子网。

（5）接口 ID。占 64 位，它是分级结构的最低级，用于标识网络主机。

接口 ID 可以由 IEEE EUI-64 规范自动生成、设备随机生成或手工设置。IEEE EUI-64 规范自动生成方便简单，因为它是由设备自动生成的，而主机的 MAC 地址在全球唯一，所以生成的接口 ID 在全球也是唯一的；设备的随机生成可以保护主机的私密性；手工设置一般在服务器和重要网络设备上进行设置。下面简单介绍 IEEE EUI-64 规范自动生成接口 ID 的方法。

IEEE 定义了一种基于 64 位的扩展唯一标识 EUI-64 规范。当 EUI-64 规范自动生成接口 ID 时，因为 IPv6 地址中的接口 ID 是 64 位，而主机网卡的物理地址（MAC 地址）是 48 位，其中 24 位是制造商标识，另 24 位是内部给网卡的编号。所以自动生成的过程是在 MAC 地址中间位置（制造商标识后）插入一个十六进制数 FFFE（11111111 11111110），就形成了一个 64 位的接口 ID。为了确保这个从 MAC 地址得到的接口 ID 唯一，需要将接口 ID 中的第 7 位（U/L 位）设置为 1。例如：一个节点的 MAC 地址为"0012:F60B:5AD9"，相应的二进制数表示为：

00000000 00010010　　11110110 00001011　　01011010 11011001

在这个 48 位 MAC 地址的中间位置（制造商标识后，25 位处）插入"FFFF"后为：

00000000 00010010 11110110　11111111 11111110　　00001011 01011010 11011001

最后将第 7 位（U/L 位）设置为 1，所以 EUI-64 的接口 ID 为：

00000010 00010010 11110110　　11111111 11111110　　00001011 01011010 11011001

其相应的十进制表示为：

0212：F6FF：FE0B：5AD9

2）链路本地地址

链路本地地址由设备自动生成，是一种应用范围受限的地址类型，只能用于连接到同一本地链路的节点间，如邻居发现就要用到这种地址。

链路本地地址有一个特定的前缀，形式为"FE80::/64"，后面是一个低 64 位的接口 ID。链路本地地址格式如图 12.4 所示。

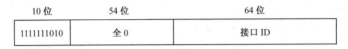

10 位	54 位	64 位
1111111010	全 0	接口 ID

图 12.4　链路本地地址格式

当一个节点启动 IPv6 协议时，该节点的每个接口会自动设置一个本地链路地址。这样两个连接到同一本地链路的节点不需要手动设置就能实现通信。

3）站点本地地址

站点本地地址相当于 IPv4 网络中的私有地址，它仅限于在一个站点内使用。对于没有申请 IPv6 提供商分配的可聚合全球单播地址的组织，它们的内部可以使用这种地址。

站点本地地址有一个特定的前缀，前 48 位固定，其前 10 位为"1111111011"，紧跟在后面的是连续 38 位"0"，形式为"FEC0::/48"。紧接着是一个 16 位的子网 ID，用于组织（或机构）构建内部子网时使用。后面是一个低 64 位的接口 ID。站点本地地址的格式如图 12.5 所示。

10 位	38 位	16 位	64 位
1111111011	全 0	子网 ID	接口 ID

图 12.5　站点本地地址的格式

站点本地地址不能自动生成，"FE90::/48"这样的前缀可以分配给站点内的任何节点，当然也包括路由器。

4）其他单播地址

除了上述三种单播地址外，还有几种和 IPv4 兼容的单播地址。主要在 IPv4 向 IPv6 迁移的过程中使用。

（1）IPv4 兼容地址。IPv4 兼容地址可表示为"0:0:0:0:0:0:w.x.y.z"或"::w.x.y.z"，"w.x.y.z"是 IPv4 地址，它用于使用 IPv4 和 IPv6 两种协议（运行双协议栈）的节点间的通信。

（2）IPv4 映射地址。IPv4 映射地址可表示为"0:0:0:0:0:FFFF:w.x.y.z"或"::FFFF:w.x.y.z"。它是以 IPv4 地址作为后缀（内嵌）的 IPv6 地址，在 IPv6 网络中用来标识 IPv4 节点。

（3）6to4 地址。6to4 地址用于使用 IPv4 和 IPv6 双协议节点在 IPv4 网络中进行通信。6to4 是通过 IPv4 路由方式在主机和路由器之间传递 IPv6 分组的动态隧道技术。

2．组播地址

组播地址即多点播送（Multicast），也称多播，是一点到多点的通信。组播中的节点可以有相同的前缀也可以有不同的前缀，要传输的分组只需要传输给一组特定目标节点中的一个。IPv6 不再使用广播的术语，它将广播作为组播的一个特例。

组播地址前缀的前 8 位全为 1（FF），其结构如图 12.6 所示。

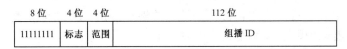

图 12.6　组播地址格式

（1）标志字段占 4 位。当其值为 0 时，表示该地址是一个永久分配地址；当其值为 1 时，表示是一个临时的组播地址；其他的值目前还没定义。

（2）范围用于限制组播数据在网络中发送的范围。它也占 4 位，范围的值目前定义为：1 表示节点本地范围；2 表示链路本地范围；5 表示站点本地范围；8 表示组织本地范围；E 表示全球范围；0 和 F 为预留值；其他的值还没定义。

3. 任播地址

任播地址也称任播，是 IPv6 增加的一种通信类型。它的目标地址是一组网络接口（通常属于不同的接口），这些目标地址具有相同的前缀。当一个 IPv6 分组被送到这样的地址时，数据只传输给其中符合这个地址组中最近或最容易访问的一个网络接口。它适合于“一个对组中的一个”这样的场合，例如，移动用户上网时，因为经常处于不同的地理位置，但接入网络时总是找离用户最近的一个基站，这样移动用户在地理位置上不受太大限制。

任播地址是从单播地址中分配出来的，它的格式和单播地址一样。任播地址的节点必须有明确的设置，以使外界知道它是一个任播地址。目前任播地址只用于目标地址，而且只用于路由器。

4. 特殊地址

IPv6 也有保留地址，如全 0 的“::”用于主机在没有 IP 地址时使用，它通常作为源地址使用，并不能被路由器转发。“::1”作为回送地址，相当于 IPv4 中的“127.0.0.1”。另外，还有 IPv4 和 IPv6 的兼容地址、IPv4 和 IPv6 的映射地址等。

IPv6 地址格式见表 12.1。

表 12.1　IPv6 地址格式

地 址 类 型	二进制前缀	IPv6 标识
未指定	00...0　（128 bits）	::/128
回送地址	00...1　（128 bits）	::1/128
组播	11111111	FF00::/8
链路本地地址	1111111010	FE80::/64
站点本地地址	1111111011	FEC0::/48
全局单播	（其他）	

12.3.3　IPv6 地址设置

IPv6 将路由器、主机等都称为节点，IPv6 的地址分配给这些节点上的接口。一个接口可以是一个或多个单播地址，单播地址是分配给一个单独接口的唯一标识符。一台主机可以只需要一个单播地址，而一个路由器可能需要和两个以上的网络连接，那么就需要分配多个地址。IPv6 为了地址分配的方便，允许给一个网络指定多个前缀，也允许给一台主机的一个接口同时指定多个地址。

IPv6 地址设置有手工设置、无状态自动设置和有状态自动设置三种形式。手工设置 IPv6 地址比较麻烦，管理分配静态 IPv6 地址也是一个复杂的任务，尤其当主机 IP 地址需要经常改动时。手工设置主要设置一个主机接口的地址前缀和接口 ID 地址参数，并赋予主机其他相关参数，如路由器地址、跳数和最大的传输单元等。

自动设置 IPv6 地址基于 IPv6 邻居发现（Neighbor Discovery，ND）协议。实际上，IPv6 中的重复地址检测、地址解析、路由器发现、重定向和邻居不可达检测等技术都基于 IPv6 ND。在 IPv4 网络中，动态主机设置协议 DHCP 实现了主机 IP 地址及其相关选项的自动设置。IPv6 继承了 IPv4 的这种自动设置服务，DHCPv6 中的自动设置同 IPv4 网络中的 DHCP 类似，如图 12.7 所示。这种方法称为有状态自动设置。

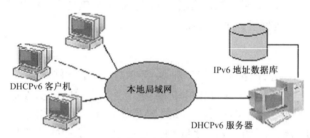

图 12.7　有状态自动设置 IPv6 地址

除了有状态自动设置外，IPv6 还采用了无状态自动设置服务。在无状态自动设置过程中，节点首先将它的 MAC 地址附加在链接本地地址前缀之后，产生一个链路本地单点广播地址（IEEE 已经将网卡 MAC 地址由 48 位改为 64 位。如果主机使用的网卡的 MAC 地址还是 48 位，IPv6 会将 48 位 MAC 地址转换为 EUI-64 格式，对于其他类型的接口，RFC2373 都定义了创建接口 ID 的方法）。紧接着主机向该地址发出了一个邻居发现（Neighbor Discovery）请求，以验证地址的唯一性。如果请求没有得到响应，则表明主机自我设置的链路本地单点广播地址是唯一的。否则，主机将使用一个随机产生的接口 ID 组成一个新的链路本地单点广播地址。然后，以该地址为源地址，向本地链接中所有路由器多点广播一个被称为路由器请求（Router Solicitation）的信息设置请求，路由器以一个包含可聚合全局单点广播地址前缀和其他相关设置信息的路由器公告响应该请求。主机将从路由器得到的全局地址前缀加上自己的接口 ID，自动设置全局地址后，就可以与 Internet 中的其他主机通信了。

使用无状态自动设置，无须手动干预就可以让主机不需要任何设置就可得到 IPv6 地址并和外界通信。例如，当更换了接入 Internet 的 ISP 时，将从新的 ISP 处得到一个新的可聚合全局地址前缀。ISP 把这个地址前缀从它的路由器传输到其他路由器上。由于路由器将周期性地向本地链接中的所有主机多点广播路由器公告，因此网络中所有主机都将通过路由器公告收到新的地址前缀，主机就会自动产生新的 IP 地址并覆盖原来的 IP 地址。

12.4　IPv4 向 IPv6 过渡的策略

12.4.1　IPv4 向 IPv6 的过渡进程

尽管 IPv6 比 IPv4 具有明显的先进性，但是要想在短时间内把 Internet 和各个企业网络中的所有系统从 IPv4 全部改为 IPv6 是不可能的，所需的成本会非常大。而且，网络的升级换代还需要在不中断现有 IPv4 提供的业务的前提下进行，实现平滑过渡。IPv6 与 IPv4 系统在 Internet 中需要共存相当长的一段时间。所以，从 IPv4 向 IPv6 过渡是一个循序渐进的过程，这一过程需要一个相当长的时间。根据网络发展的情况，在过渡的不同时期可以采用不同的策略，大概可以分为 IPv6 发展初级阶段、IPv4 和 IPv6 共存阶段、IPv6 占主导地位阶段三个阶段，如图 12.8 所示。

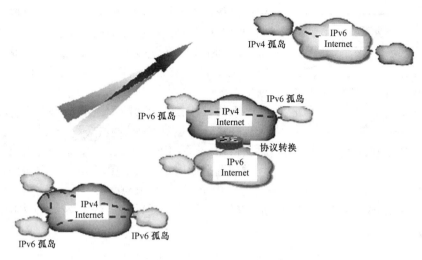

图 12.8　IPv4 向 IPv6 过渡进程

1．IPv6 发展初级阶段

在 IPv6 发展初级阶段，IPv4 网络占主导地位，网络上的绝大多数应用还是基于 IPv4，部分 IPv6 网络还只是一些孤岛。这段时期可以采用隧道技术，让 IPv4 网络互联各 IPv6 网络。

2．IPv4 和 IPv6 共存阶段

当 IPv6 发展到一定时期，就会得到较大规模的应用，这时就会出现以 IPv6 协议为骨干的 Internet 网络。但 IPv4 网络和其上的业务还是占相当大的份额的。因此，IPv4 网络和 IPv6 网络需要共存一个时期。这个阶段不仅需要采取隧道技术，还要采取 IPv4 和 IPv6 网络之间的协议转换技术。

3．IPv6 占主导地位阶段

IPv6 网络最终取代 IPv4 网络是大势所趋，随着 IPv6 网络的发展，Internet 中的骨干网将全部是 IPv6 的，而 IPv4 网络反而成了孤岛。这个阶段也需要采取隧道技术，只是变成让 IPv6 网络互联各 IPv4 网络。

IPv4 向 IPv6 过渡方案还在研究完善中，IETF 成立了专门的工作组，提出了许多过渡技术。各种过渡技术各有优缺点。

12.4.2　IPv6 过渡技术

IPv4 向 IPv6 过渡时采用的技术中，较为成熟的有三种策略：双 IP 协议栈技术、隧道技术和网络地址转换/协议转换技术。

1．双 IP 协议栈

双 IP 协议栈是指在一个节点（如主机或路由器）中同时运行 IPv4 和 IPv6 两个协议栈。这种设置需要一种接口，该接口能够识别两种类型的流量并能使其流向正确的位置。该接口应该是一种支持 IPv6 的 API，或者是 IPv4 API 的扩展。双 IP 协议栈节点应该能够支持 32 位和 128 位地址。这类系统既拥有 IPv4 地址，也拥有 IPv6 地址，因而可以收发 IPv4 和 IPv6 两种 IP 数据包。

IPv6 和 IPv4 都是网络层协议，它们可作用于相同的网络接口层（物理平台），而且其上

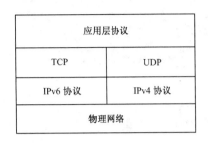

图 12.9　双协议栈的协议结构

层协议都可以使用 TCP 和 UDP。双协议栈的协议结构如图 12.9 所示。在这种结构中，如果一个节点同时支持 IPv6 和 IPv4 两种协议，那么这个节点既可以和支持 IPv4 协议的主机通信，也可以和支持 IPv6 协议的主机通信。

双协议栈技术是 IPv6 过渡技术中应用较为广泛的一种技术，它也是其他过渡技术的基础。它要求节点同时支持 IPv6 和 IPv4 协议，应用程序根据 DNS 解析地址类型选择使用 IPv6 或 IPv4 协议。双协议栈技术的优点是互通性好，实现简单，允许应用逐渐从 IPv4 过渡到 IPv6。缺点是只适用于双协议栈节点本身，对每个 IPv4 节点都要升级，成本较大，而且还是没有解决 IPv4 地址紧缺的问题。

2．隧道技术

所谓隧道技术是将一种协议的数据包封装到另一种协议中的技术。基于 IPv4 隧道的 IPv6（IPv6 in IPv4）是一种较为复杂的技术，它用于 IPv6 发展初级阶段，IPv4 网络还是占主导地位。在这种技术中，在起始端（隧道入口处）将整个 IPv6 数据报封装在 IPv4 数据报中，IPv6 报文作为 IPv4 的载荷，实现利用 IPv4 网络将 IPv6 节点之间进行通信的目的。IPv4 报文的源和目标地址分别是隧道入口和出口处的 IPv4 地址，基于 IPv4 的隧道和 IPv6 报文的封装如图 12.10 所示。

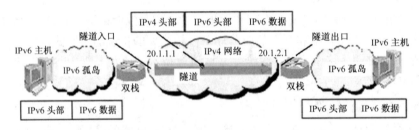

图 12.10　基于 IPv4 的隧道和 IPv6 报文的封装

隧道技术只要求在隧道的入口和出口处进行修改，对其他部分没有要求，所以实现较为容易。基于 IPv4 隧道的 IPv6 实现过程分为三个步骤：封装、解封和隧道管理。封装，是指由隧道起始点创建一个 IPv4 包头，将 IPv6 数据报装入一个新的 IPv4 数据报中；解封，是指由隧道终节点移去 IPv4 包头，还原原始的 IPv6 数据报，并送往目标节点；隧道管理，是指由隧道起始点维护隧道的设置信息，如隧道支持的最大传输单元的大小等。基于 IPv4 的隧道有四种方案。

（1）路由器对路由器隧道。用于连接两个被 IPv4 网络隔离的 IPv6 网络。

（2）主机对路由器隧道。用于独立的双协议栈主机通过双协议栈路由器与 IPv6 网络进行通信。

（3）主机对主机隧道。用于将相互独立的 IPv6 和 IPv4 节点通过 IPv4 网络相互通信，这时两双协议栈节点作为隧道的端接点通过 IPv4 网络进行通信。

（4）路由器对主机隧道。用于将独立的 IPv6 节点或 IPv4 节点与 IPv6 网络隔离。

采用隧道技术的一个优点是充分利用现有网络资源，骨干网内部设备无须升级，隧道是无缝的，因为它对大多数终端系统和应用程序透明；另一个优点是它为测试提供了有效的基础。隧道技术的缺点在于需要额外的隧道设置，其增加的头部加重了流量负担，会影响网络性能，降低效率。

隧道技术有 GEE 隧道、手动隧道、6to4 隧道、ISATAP 隧道、6PE 隧道、6over4 隧道、Teredo 隧道和隧道代理等多种技术。

3．网络地址转换/协议转换技术

网络地址转换/协议转换（Network Address Translation-Protocol Translation，NAT-PT）通过中间的 NAT-PT 协议转换服务器，实现纯 IPv6（不是双协议栈）节点和纯 IPv4 节点间的互通。NAT-PT 处于 IPv4 和 IPv6 网络的交界处，可以实现 IPv6 主机和 IPv4 主机之间的通信。

协议转换实现了 IPv4 和 IPv6 协议头部之间的转换。而地址转换是为了让 IPv6 网络和 IPv4 网络中的主机能互相识别对方，实现 IPv4 网络和 IPv6 网络之间的无缝连接。例如，IPv4 网络中的 IP 地址为 "*X.X.X.X*"，可以转换为对应的 IPv6 网络中的地址 "::*X.X.X.X*"（高位补零）。同样，IPv6 网络中的主机地址为 "::FFFF:*X.X.X.X*"，可以映射为 IPv4 地址 "*X.X.X.X*"。NAT-PT 服务器分配动态 IPv4 地址来标识 IPv6 主机（与 DNS 配合），并向相邻的 IPv6 网络宣告 96 位地址前缀信息，用于标识 IPv4 主机。NAT-PT 服务器还负责 IPv4-to-IPv6 或 IPv6-to-IPv4 的报文转换。

网络地址转换/协议转换技术的优点是只需要设置 NAT-PT 服务器就能实现地址或协议的转换。缺点是资源消耗较大，服务器负载重。

IPv6 是公认的未来 IP 技术，它的部署需要一个平滑过渡的进程，各种过渡技术各有优缺点。因此在实施时需要合理选择合适的过渡技术。在 IPv4 到 IPv6 的转换过程中出现问题是不可避免的。例如，当引入新设备以便在现有的 IPv4 网络中集成 IPv6 流量时，很可能会导致性能的降低。当分组流经 IPv4 和 IPv6 边界时，需要经过多步操作才能完成转换，这样会减慢流量速度。而且，因为网络上流通的数据来源不同，加密和身份认证会带来什么后果也很难预测。

不管采用哪种方法，IPv6 和 IPv4 都会共存相当长的一段时间，而且转换过程是相当昂贵的。像路由器、交换机、服务器、软件和 TCP/IP 协议栈等都需要升级，而升级又可能会引入新的软件 bug 和其他绊脚石。

12.4.3　IPv6 对于中国的机会

由于历史原因，中国分到的 IPv4 正式地址数一共才约 900 万个，而美国斯坦福大学有 1 700 万个，IBM 公司则达到 3 300 万个。同样，在技术研究、标准制定、产品开发等诸多领域中国也远远落后于美国。而 IPv6 为中国的互联网事业提供了一个缩小差距的良机。

IPv6 的地址长度和分配方案以构建世界性的网络为出发点，中国将会分配到足够的 IPv6 地址。IPv6 使中国可以和世界重新站在同一起跑线上，参与世界范围内的互联网业务竞争；另外 IPv6 还具有后发优势，IPv4 地址缺乏、庞大的人口数和 Internet 的迅速扩张使中国更容易首先接受 IPv6，这将转化为一种优势：IPv6 将首先在中国广泛应用，从而推动 IPv6 研究、产品开发和应用的全面进步，使中国在下一代国际互联网的竞争中处于有利位置。

IPv6 对于其他亚洲国家（如日本和韩国等）也是一个巨大的机遇，他们对 IPv6 倾注了极大热情。IPv6 全球峰会分别在日本和韩国召开，而日本更是已经开始分配正式的 IPv6 地址，若干企业在内部以双协议栈的方式开始全面部署 IPv6 协议。

IPv6 是一个用于建立可靠的、可管理的、安全和高效的 IP 网络的长期解决方案。了解和研究 IPv6 的重要特性以及它针对目前 IP 网络存在的问题而提供的解决方案，对于制订企业网络的长期发展计划，规划网络应用的未来发展方向，都是十分有益的。

12.5　本章小结

（1）IPv6 的地址长度由 IPv4 的 32 位扩展到 128 位，使地址空间增大了 2^{96} 倍，IPv6 允许地球表面每平方米拥有 $7×10^{23}$ 个 IP 地址。这样庞大的地址空间可以满足 Internet 的不断增长，即使为所有的移动电话和家用电器等都分配一个 IP 地址也足够了。

（2）IPv6 分组由一个 IPv6 基本头部、多个扩展头部和一个上层协议数据单元组成。扩展头部是在基本头部之后的可选头部，它可以有一个或多个，也可以没有。

（3）IPv4 利用 ICMP 为 IP 协议提供差错报告和控制机制，IPv6 协议使用 ICMPv6 协议作为控制协议，这一新版协议遵循 ICMP 相同的策略。原来 IPv4 中的 ARP 和 IGMP 协议已被组合到 ICMPv6 中，RARP 协议已从第 6 版协议簇中删除，因为 RARP 不经常使用。

（4）IPv6 的地址由前缀和接口标识组成。前缀可以理解为 IPv4 地址中的网络 ID，但它与 IPv4 地址中的网络 ID 是两个不同的概念。接口标识相当于 IPv4 地址中的主机 ID。IPv6 地址有首选格式、零压缩表示法和以 IPv4 地址作为后缀（内嵌）三种格式。

（5）IPv6 地址分为单播地址、组播地址、任播地址和特殊地址等基本类型，它取消了 IPv4 中的广播地址。

12.6　实验 11　IPv6 协议的安装与基本设置

1．实验目的
（1）掌握 IPv6 协议的安装方法。
（2）掌握利用 netsh 命令设置 IPv6 的基本方法。

2．实验环境
安装 win7 的计算机，能接入互联网。

3．实验时数
2 学时。

4．复习及准备
请复习本章 12.3 节 IPv6 地址表示和地址设置概念。

5．实验内容
1）安装、查看 IPv6 协议

大多数 Windows 系统已安装了 IPv6 协议，可以参考实验 2 或实验 5 的方法，通过查看网络连接属性或输入网络命令"ipconfig/all"（参考实验 5）检查。

如果没有安装 IPv6 协议，可以在"网络连接属性窗口"（图 2.22）中安装 IPv6 协议，也可以在命令提示符下输入"ipv6 install"安装 IPv6。

C:\>ipv6 install（或 netsh interface ipv6 install）

安装 IPv6 协议后的网络连接属性窗口，如图 12.11 所示。

双击图 12.11 中"Internet 协议版本 6（TCP/IPv6）"，弹出如图 12.12 所示的 IPv6 属性设置窗口，这里可以设置 IPv6 地址，子网前缀长度、默认网关和 DNS 服务器。

图 12.11　网络连接属性窗口（已安装 IPv6）

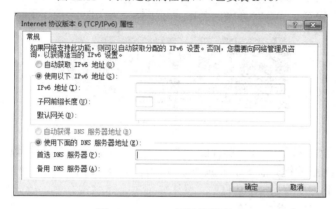

图 12.12　IPv6 属性设置窗口

2）使用 ping6 命令测试 IPv6

输入"ping6 ::1"，测试 IPv6 协议是否正确安装，若 IPv6 协议被正确安装，则显示如图 12.13 所示的信息。

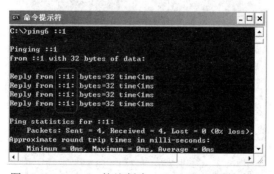

图 12.13　Internet 协议版本 6（TCP/IP）属性窗口

3）查看分配到的 IPv6 地址

输入 ipconfig 查看本机的 IP 地址，如图 12.14 所示。

4）利用 netsh 命令设置 IPv6

netsh 命令在第 10 章中已经简单介绍过，IPv6 中，它也可以查看、修改、添加、删除各接口的 IPv6 地址、DNS 服务器、网关等；修改 IPv6 的全局参数、接口 IPv6 参数、MTU；添加特殊的静态 IPv6 路由，配置 IPv6 下的 6to4 隧道、ISATAP 隧道等。

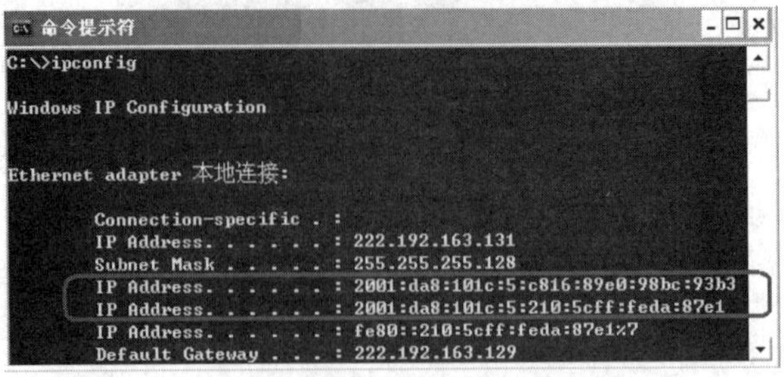

图 12.14　使用 ipconfig 查看分配到的 IPv6 地址

（1）进入命令提示符窗口。参考第 6 章 6.7 节实验步骤 2）进入命令提示符窗口。选择"开始"→"程序"→"附件"→"命令提示符"；或者在"开始"→"运行"窗口中输入"cmd"后，进入命令行界面。

（2）在命令提示符窗口，输入如图 12.15 所示的命令，进入 netsh 命令下的 IPv6 视图。

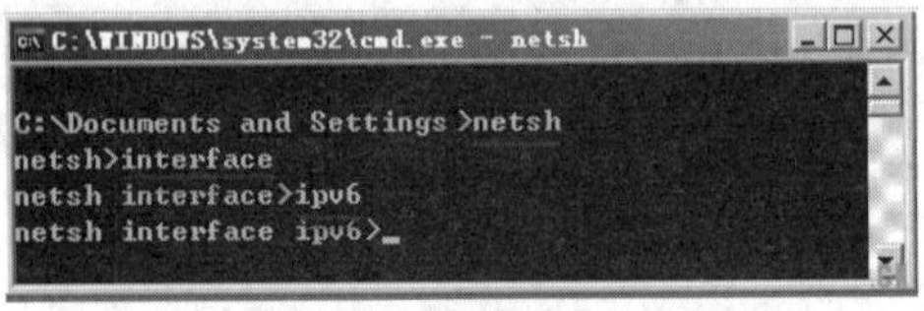

图 12.15　netsh 命令下的 IPv6 视图

在 netsh 命令及相应视图下，随时可以使用帮助查看命令格式、参数列表等，方法是输入"?"后按回车键；或者键入命令，之后按空格键，紧接着输入"?"。

（3）netsh 命令上下文参数帮助信息

c:>netsh　　命令提示符窗口，输入 netsh

netsh>?　　键入"?"按回车键，帮助信息，netsh 命令上下文参数帮助信息如图 12.16 所示。

图 12.16　netsh 命令上下文参数帮助信息

（4）netsh interface 上下文参数帮助信息。图 12.16 中，netsh 下有"interface"上下文，在 netsh 命令视图下，键入 interface 并按回车键；然后键入"?"，获取"netsh interface"视图的下上下文帮助信息，如图 12.17 所示。

netsh>interface

netsh interface>?

图 12.17　"netsh interface"视图上下文帮助信息

（5）netsh interface ipv6 下帮助信息。图 12.17 中 netsh interface 视图下有"ipv6"上下文，进入 netsh 命令下的 IPv6 视图。

netsh interface> ipv6

netsh interface ipv6>?

获取"netsh interface ipv6"视图下上下文帮助信息，如图 12.18 所示。

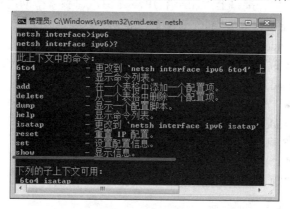

图 12.18　netsh interface ipv6 视图上下文帮助信息

（6）查看 IPv6 地址、路由和 DNS 服务器。图 12.18 中 show 命令用于查看 IPv6 地址、路由和 DNS 服务器等信息。

netsh interface ipv6>show 　?　　　　　　　查看 show 帮助信息

show 上下文命令有 address、route、dns、interface 等，其中"show 　interface"为显示接口参数，后面步骤（8）要用到。

netsh interface ipv6>show address　　　　　显示 IPv6 地址

显示 IPv6 地址也可以在命令提示符下输入"c:\ > netsh interface ipv6 show address"。

netsh interface ipv6>show 　route　　　　　显示路由表项目

netsh interface ipv6>show 　dns　　　　　　显示 DNS 服务器地址

（7）IPv6 协议栈重置。

netsh interface ipv6>reset   reset 为重置、清除所有 IPv6 配置，恢复默认设置

netsh interface ipv6>renew   renew 为重启 IPv6 协议栈，不清除配置

（8）添加 IPv6 地址、路由、DNS。

① 首先，通过"show interface"显示接口参数信息，如图 12.19 所示。

netsh interface ipv6>show interface   显示接口参数，也可输入简略命令

netsh interface ipv6>show int   与上一条命令效果一样

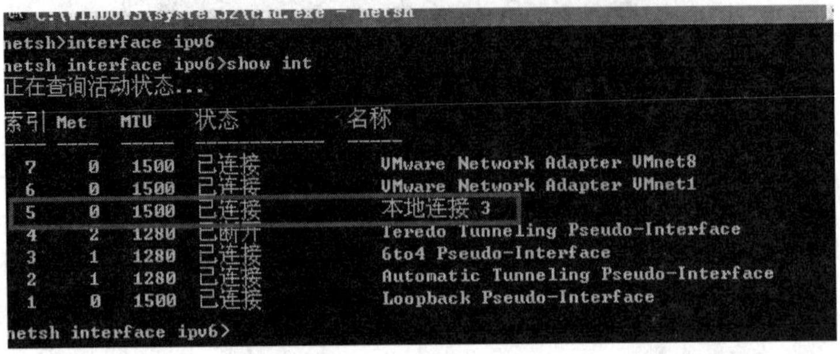

图 12.19   netsh interface ipv6 视图上下文帮助信息

② 添加 IPv6 地址、路由、DNS 都使用图 12.18 中"add"命令实现，查看帮助。

netsh interface ipv6>add   ?

其中，"add address""add route""add dns"命令分别为接口上添加一个 IPv6 地址、添加一个静态 DNS 服务器地址、接口上添加一个 IPv6 路由，请参考帮助进行操作。

③ 查看添加 IPv6 地址"add address"命令帮助。

netsh interface ipv6>add   address   ?

④ 添加"本地连接 3"的 IPv6 地址，图 12.19 中"本地连接 3"的索引号为"5"。

netsh interface ipv6>add address 5 fe80::2

     或

netsh interface ipv6>add address 5 2001:2001:2001:2001:2001::157

⑤ 添加路由、DNS 可以参考命令帮助，进行操作。

（9）修改 IPv6 地址、路由参数

修改 IPv6 地址、路由参数使用图 12.18 中"set"命令实现。

netsh interface ipv6>set   ?

例如："set address""set route"命令，分别是设定通向接口的 IP 地址或默认网关、修改路由参数，请参考帮助进行操作。注意，"set"没有修改 DNS 服务器的命令。

netsh interface ipv6>set address   ?

netsh interface ipv6>set route   ?

请参考帮助中的命令格式和参数进行操作。

（10）删除 IPv6 地址、路由、DNS。

删除 IPv6 地址、路由、DNS 和步骤（8）"添加 IPv6 地址、路由、DNS" 类似，只是将"add"改为"delete"即可。

（11）用"quit"返回命令提示符，使用步骤（3）或（1）的方法查看 IPv6 设置情况。

5）测试 IPv6 网站

（1）访问"http://www.kame.net"，当屏幕上的"乌龟"在"跳舞"，表明你在通过 IPv6

地址方式访问网站；如果"乌龟"不动，则表示使用 IPv4 方式访问网站。

（2）登录 IPv6 网站，体验 IPv6 的魅力，部分 IPv6 网站如下：

http://ipv6.zju.edu.cn/list.php?sort=47 浙江大学 IPv6 视频点播

http://iptv.tsinghua.edu.cn 清华 IPTV

http://www.linux-ipv6.org IPv6 Linux system

6．实验思考题

IPv6 地址表示有哪几种格式？

习 题

1．IPv4 的不足之处体现在哪些方面？IPv6 有哪些主要特征？

2．IPv6 分组由哪几个部分组成？IPv6 基本头部的长度是多少字节？

3．简述 IPv6 的发展过程。

4．可聚合全球单播地址前三位的二进制数值是什么？

5．IPv6 的扩展头部有什么作用？有哪几种扩展头部？

6．ICMPv6 的作用是什么？它分为哪些类型的报文？举例说明。

7．IPv6 地址有哪三种表示格式？并举例说明。

8．IPv6 地址有哪几种类型？用于分配给用户主机的是哪一种类型的地址？

9．EUI-64 规范是如何自动生成接口 ID 的？设一个节点的 MAC 地址为"CD12：A2C1：EF69"，请写出它的 EUI-64 的接口 ID。

10．IPv6 的单播地址又分为可聚合全球单播地址、链路本地地址和站点本地地址等种类，它们有什么区别？

11．IPv6 地址设置有哪三种形式？

12．从 IPv4 向 IPv6 过渡大概可以分为哪几个阶段？

13．什么是隧道技术？

14．IPv6 对于中国的网络来说有什么作用？

15．什么是 NGI？

16．前缀形式为"FE80::/64"和"FE90::/48"分别是什么类型的地址？

17．组播地址和任播地址有何作用？组播地址的前 8 位数值是什么？举例写出这两种类型的地址。

18．分别写出 IPv4 的兼容地址和映射地址，并说明它们的作用。

19．网络地址转换 NAT 能解决 IP 地址紧缺的问题，但它有无法克服的弊端，请说明原因。

20．邻居发现协议有什么作用？

附录 A　ASCII 代码及控制字符

表 A.1　ASCII 编码表

ASCII 值	控制字符	ASCII 值	字符	ASCII 值	字符	ASCII 值	字符
000	NUL	032	(space)	064	@	096	`
001	SOH	033	!	065	A	097	a
002	STX	034	"	066	B	098	b
003	ETX	035	#	067	C	099	c
004	EOT	036	$	068	D	100	d
005	ENQ	037	%	069	E	101	e
006	ACK	038	&	070	F	102	f
007	BEL	039	'	071	G	103	g
008	BS	040	(	072	H	104	h
009	HT	041	)	073	I	105	i
010	LF	042	*	074	J	106	j
011	VT	043	+	075	K	107	k
012	FF	044	,	076	L	108	l
013	CR	045	—	077	M	109	m
014	SO	046	•	078	N	110	n
015	SI	047	/	079	O	111	o
016	DLE	048	0	080	P	112	p
017	DC1	049	1	081	Q	113	q
018	DC2	050	2	082	R	114	r
019	DC3	051	3	083	S	115	s
020	DC4	052	4	084	T	116	t
021	NAK	053	5	085	U	117	u
022	SYN	054	6	086	V	118	v
023	ETB	055	7	087	W	119	w
024	CAN	056	8	088	X	120	x
025	EM	057	9	089	Y	121	y
026	SUB	058	:	090	Z	122	z
027	ESC	059	;	091	[	123	{
028	FS	060	<	092	\	124		
029	GS	061	=	093	]	125	}
030	RS	062	>	094	∧	126	~
031	US	063	?	095	—	127	DEL

　　常用的通信码主要有下面两种：一种是美国信息交换标准代码（American Standards Code Information Interchange，ASCII）；另一种是扩充的二进制到十进制交换码（Extended Binary

Coded Decimal Interchange Code，EBCDIC）。ASCII 代码使用 7 位二进制位进行编码，目前世界上大多数计算机和通信设备都采用它。EBCDIC 编码使用 8 位二进制位表示，是 IBM 公司采用的编码，它被广泛应用于 IBM 主机和小型机上。

表 A.2   ASCII 控制字符

二进制	十进制	缩写	英　文	中　文	快捷键
0000000	00	NUL	Null	空	
0000001	01	SOH	Start of Heading	标题开始	^A
0000010	02	STX	Start of Text	正文开始	^B
0000011	03	ETX	End of Text	正文结束	^C
0000100	04	EOT	End of Transmission	传输结束	^D
0000101	05	ENQ	Enquiry	查询	^E
0000110	06	ACK	Acknowledge	确认	^F
0000111	07	BEL	Bell	响铃	^G
0001000	08	BS	Backspace	退格	^H
0001001	09	HT	Horizontal Tab	水平制表	^I
0001010	10	LF	Line Feed	换行键	^J
0001011	11	VT	Vertical Tab	垂直制表	^K
0001100	12	FF	Form Feed	换页键	^L
0001101	13	CR	Carriage Return	回车键	^M
0001110	14	SO	Shift Out	不用切换（Shift 键）	^N
0001111	15	SI	Shift In	启用切换（Shift 键）	^O
0010000	16	DLE	Data Link Escape	数据通信换码	^P
0010001	17	DC1	Device Control 1	设备控制1	^Q
0010010	18	DC2	Device Control 2	设备控制2	^R
0010011	19	DC3	Device Control 3	设备控制3	^S
0010100	20	DC4	Device Control 4	设备控制4	^T
0010101	21	NAK	Negative Acknowledge	否认	^U
0010110	22	SYN	Synchronous Idle	同步空闲	^V
0010111	23	ETB	End of Transmission Block	传输块结束	^W
0011000	24	CAN	Cancel	取消	^X
0011001	25	EM	End of Medium	介质中断	^Y
0011010	26	SUB	Substitute	代替字符	^Z
0011011	27	ESC	Escape	强制退出	^[
0011100	28	FS	File Separator	文件分隔符	^\
0011101	29	GS	Group Separator	分组符	^]
0011110	30	RS	Record Separator	记录分隔符	^^
0011111	31	US	Unit Separator	单元分隔符	^_
1111111	127	DEL	Delete	删除	

ASCII 编码中，7 位二进制数可以表示 128 个字符，包括 96 个可打印字符（字母 A～Z、a～z、数字 0～9 和标点符号），同时还定义了回车、标题开始等控制符号，ASCII 编码见表 A.1。ASCII 控制字符的含义见表 A.2。当计算机中实际表示一个 ASCII 字符时，需要占用

8 个二进制位（一字节），其中低 7 位是 ASCII 编码，另外一个附加的最高位作为奇偶校验位（冗余位）。虽然奇偶校验不能提供出错位置，也不具备纠错能力，但实践证明它为接收端提供了一种简单、有效的检测方法。

除基本的 ASCII 编码外，还有扩展的 ASCII 编码，它使用 8 个二进制位编码，可表示256 个不同的字符，这里不再列出。

EDCDIC 码使用 8 位二进制数表示一个字符、数字或控制符号，它也称为二/十进制交换码。由于它没有奇偶校验位，所以它不利于远距离传输，通常用作计算机内部代码。

为了处理多字节字符，各个国家在此基础上产生了多种编码方案，例如中文系统使用GB2312、BIG5、HZ 等，日本、韩国等国家也都设计了适合自己的编码方案。除此之外，由数家知名软硬件厂商合作发展的万国码（UNICODE），则是数据表示的新标准，UNICODE使用 2 字节或 4 字节表示一个符号，分别可表示 65 536 个或 1 677 万个字符，可以包含英文、中文、日文及全世界各国的文字符号，让信息交流没有国界。

下面简单介绍一些 ASCII 编码中常用的通信控制字符的功能。

1. NUL

零字符（NUL），是非打印的时间延迟字符，它用于打印设备的通信。因为打印头的定位需要一定的时间量，硬拷贝打印通信设备终端常常要求在每次回车后至少跟有两个 NUL字符。

2. SOH

标题开始（SOH），在双同步数据流中用于说明一个报文标题数据块的开始；在异步通信中的多文件传送期间，SOH 字符用来在各个文件传送开始之前标志其文件名的开始；在ZMODEM 文件传送协议中，用来标志一个 128 字节数据块传送的开始。

3. STX

正文开始（STX），也用于双同步通信规程中。它表示标题数据部分的结束，同时表示信息数据部分的开始。

4. ETX

正文结束（ETX），用来标明文本结束的通信控制字符，它通知接收节点所有信息数据部分已发送完毕。在二元同步通信系统中，若一个文本内包含数个信息块，则用正文结束符来结束报文的最后一块，正文结束符后跟块校验字符。文本结束符需要一个表示接收节点状态的回答。

5. EOT

传输结束（EOT），用来指示发送报文的所有数据已传送完毕，此次传输可以包含一个或多个正文或正文相关信息。在 XMODEM 协议中用来指示一次文件传送的结束。

6. ETB

传送块结束（ETB），表示一个具体的被传送数据块的结束。双同步通信规程中，在不用一个连续块而用两个或多个块来传送数据时，使用这个字符来代替 ETX 字符。

7. ENQ

查询（ENQ），用来请求节点的响应。

8. ACK

确认（ACK），用来证实发送节点和接受节点之间的正确通信。例如在数据传输错误检测中，要求接收节点在收到一数据块后，向发送节点发送一个 ACK 字符以表示无通信错误。

9. NAK

否认（NAK），用来指出发送节点和接收节点之间的通信不正确。通常，接受节点的差错校验发现存在数据传输错误时，就发送一个 NAK 来启动重发数据。

控制字符中还有一些用于由计算机向硬件（包括电报机、打字机、调制解调器等）发出动作信号，常用的有以下 7 个。

① BEL，要求硬件响铃一声；
② FF，指示硬件使用一张新纸打印；
③ CR，指示硬件把打字头移到一行的开头；
④ LF，指示硬件把打字头移到下一行；
⑤ TAB，指示硬件把打字头移到下个定位点；
⑥ BS，指示硬件把打字头移到前一个字符；
⑦ DEL，删除一个字符。

附录 B　部分习题解答

第 1 章

一、选择题

1. A　　2. C　　3. D　　4. C　　5. D　　6. A　　7. B　　8. B　　9. B　　10. B
11. A　　12. A　　13. D　　14. A　　15. A　　16. C　　17. A　　18. B

二、填空题

1. 环型，星型
2. 局域网（或 LAN），广域网（或 MAN）
3. 通信
4. 网际层
5. 逻辑链路控制（或 LLC），介质访问控制（或 MAC）
6. UDP，TCP
7. 频带（宽带）

第 2 章

一、选择题

1. B　　2. D　　3. B　　4. A　　5. A　　6. B　　7. B　　8. A　　9. D　　10. A
11. C　　12. C　　13. D　　14. A　　15. B　　16. B　　17. D　　18. C　　19. A
20. A　　21. A　　22. A　　23. A　　24. C　　25. C　　26. C

二、填空题

1. PAM（脉冲振幅调制），PCM（脉码调制）
2. 2
3. 半双工，全双工
4. FDM，TDM，WDM，DWDM
5. 并行，串行
6. 异步

三、问答题

6.

$B=1/T=1/(833×10^{-6})=1200$　　(Baud)

$S=1/T×\log_2 4=1/(833×10^{-6})×\log_2 4=2400$　　(bps)

第 3 章

一、选择题

1. A　　2. B　　3. B　　4. C　　5. B　　6. B　　7.（1）C（2）B

二、填空题

1. 自动请示重发 ARQ

2. 检错码，纠错码，检错码，纠错码

3. 水平，垂直

4. 1

5. 边界（起止）

6. 帧

7. 字节计数法，使用字符填充的首尾定界符法，使用比特填充的首尾定界符法，违法编码法

8. 检错码

9. 封闭性，循环性

10. 纠错码

11. 比特，字符，比特

三、问答题

6.

信息位为 100101110010，$G(x)$ 对应的比特序列为 10101，相应的 n 值为 4。执行如下的模 2 除法运算：

$$
\begin{array}{r}
101100000010 \\
10101\ \overline{)\ 1001011100100000} \\
10101 \\
\hline
11111 \\
10101 \\
\hline
10101 \\
10101 \\
\hline
10000 \\
10101 \\
\hline
1010
\end{array}
$$

得冗余校验码为 0101，因此，该信息位的 CRC 码为 1001011100101010

第 4 章

一、选择题

1. D   2. D   3. C   4. D   5. B   6. D   7. C   8. A   9. D   10. A

11. C   12. A   13. C   14. C   15. D   16. C   17. B   18. A   19. A

20. A   21. A

第 5 章

一、选择题

1．C　　2．C　　3．C　　4．B　　5．C　　6．D　　7．D　　8．D　　9．C
9．C　　10．A　　11．D　　12．D　　13．B.

二、填空题

1．网络层

2．数据流（位），数据帧，数据包（数据分组），数据段

3．物理层

4．物理层，网络层，传输层

第 6 章

一、选择题

1．B　　2．B　　3．B　　4．C　　5．D　　6．D　　7．B　　8．A　　9．B
10．A　　11．A　　12．C　　13．B　　14．C　　15．B　　16．D　　17．C　　18．C
19．B　　20．C　　21．C　　22．B　　23．D　　24．A　　25．C　　26．A　　27．C
28．A　　29．B　　30．B　　31．D　　32．C　　33．B　　34．B　　35．B　　36．C
37．A　　38．D　　39．D

二、问答题

18.

解：根据题意，要求划分 12 个子网。因此，需要从主机号中取前 4 位（$2^4-2=14$）作为子网号。主机号剩余 4 位，每个子网可容纳的主机数为 $2^4-2=14$，满足题意要求。

划分子网后的子网掩码为：

11111111.11111111.11111111.**1111**0000，其对应的十进制为 255.255.255.240。

IP 地址的编址形式为 11010011.01000110.11111000.***XXXXYYYY***，其中 *XXXX* 为子网 ID 部分，*YYYY* 为主机 ID 部分。

第一个子网的编址如下：

11010011.01000110.11111000.**0001**0000　　　（211.70.248.16），网络号
11010011.01000110.11111000.**0001**0001　　　（211.70.248.17），开始地址
11010011.01000110.11111000.**0001**0010　　　（211.70.248.18）

……

11010011.01000110.11111000.**0001**1110　　　（211.70.248.30），结束地址
11010011.01000110.11111000.**0001**1111　　　（211.70.248.31），广播地址

第二个子网的编址为：

11010011.01000110.11111000.**0010**0000　　　（211.70.248.32），网络号
11010011.01000110.11111000.**0010**0001　　　（211.70.248.33），开始地址
11010011.01000110.11111000.**0010**0010　　　（211.70.248.34）

……

11010011.01000110.11111000.**0010**1110　　　（211.70.248.46），结束地址
11010011.01000110.11111000.**0010**1111　　　（211.70.248.47），广播地址

……

依次类推，可以得到如下 14 个子网的编址

子 网 号	网 络 ID	开 始 地 址	结 束 地 址	广 播 地 址
0000	N/A	N/A	N/A	N/A
0001	211.70.248.16	211.70.248.17	211.70.248.30	211.70.248.31
0010	211.70.248.32	211.70.248.33	211.70.248.46	211.70.248.47
0011	211.70.248.48	211.70.248.49	211.70.248.62	211.70.248.63
0100	211.70.248.64	211.70.248.65	211.70.248.78	211.70.248.79
0101	211.70.248.80	211.70.248.81	211.70.248.94	211.70.248.95
0110	211.70.248.96	211.70.248.97	211.70.248.110	211.70.248.111
0111	211.70.248.112	211.70.248.113	211.70.248.126	211.70.248.127
1000	211.70.248.128	211.70.248.129	211.70.248.142	211.70.248.143
1001	211.70.248.144	211.70.248.145	211.70.248.158	211.70.248.159
1010	211.70.248.160	211.70.248.161	211.70.248.174	211.70.248.175
1011	211.70.248.176	211.70.248.177	211.70.248.190	211.70.248.191
1100	211.70.248.192	211.70.248.193	211.70.248.206	211.70.248.207
1101	211.70.248.208	211.70.248.209	211.70.248.222	211.70.248.223
1110	211.70.248.224	211.70.248.225	211.70.248.238	211.70.248.239
1111	N/A	N/A	N/A	N/A

第 7 章

一、选择题

1. C　　2. B　　3. B　　4. B　　5. C　　6. D　　7. A　　8. A　　9. D　　10. D
11. A　　12. A　　13. C　　14. B　　15. C　　16. C

第 8 章

一、选择题

1. C　　2. D　　3. A

第 9 章

一、选择题

1. A　　2. B　　3. B　　4. C　　5. D　　6. B　　7. C　　8. D　　9. A　　10. C
11. C　　12. D　　13. A　　14. D　　15. D　　16. B　　17. C　　18. A

二、填空题

1. ADSL "非对称" 性是指上行传输速率和下行传输速率不同，一般下行传输速率更快。

2. ADSL，HDSL，SDSL，RADSL，VDSL

3. 53，5，48

4. 0Hz～25kHz，25kHz～200kHz，200kHz～1MHz

5．上行传输速率为 224～640kbps，下行传输速率为 1.5～9.2Mbps，3～5.5km

6．56kbps

7．载体信道（B 信道）、数据信道（D 信道）和混合信道（H 信道），基本速率接口 BRI、主速率接口 PRI

8．2B+D，为 144kbps（实际占用 192kbps 的带宽），23B+D/30B+2D，1 544kbps（或 1.44Mbps）/2 048kbps（或 2Mbps），（北美的）T1/（欧洲的）E1

第 10 章

一、选择题

1．D　　2．C　　3．A　　4．B　　5．C　　6．A　　7．D　　8．C　　9．C

二、填空题

1．域名解析，DNS，地址解析，ARP

2．物理地址（MAC 地址），IP 地址，端口地址

3．48，32，16

4．64～1518 字节，53 字节，20～65535 字节

5．SMTP 服务器，POP3 服务器

6．Internet Service Provider，Internet 服务提供商，Network Services Provider ，网络服务提供商

第 11 章

一、选择题

1．B　　2．D　　3．D

参 考 文 献

[1] 谢希仁. 计算机网络（第 5 版）. 北京：电子工业出版社，2008.

[2] 王公儒. 综合布线工程实用技术（第 2 版）. 北京：中国铁道出版社，2015.

[3] 邵淑芹，张活锋. 现代通信中的 4G 技术分析[J]. 移动信息，2018，(5):34-35.

[4] 吴时霖，周正康，吴永辉，等译. Behrouz A.Forouzan. 数据通信与网络. 第 2 版. 北京：机械工业出版社，2002.

[5] 尚晓航. 计算机网络技术基础（第 2 版）. 北京：高等教育出版社，2004.

[6] 高传善，钱松荣，毛迪林. 数据通信与计算机网络. 北京：高等教育出版社，2001.

[7] 陈良宽. 计算机网络实用技术教程. 北京：科学出版社，2001.

[8] 张曾科，阳宪惠. 计算机网络（第 2 版）. 北京：清华大学出版社，2006.

[9] 牛力等译. Jeffrey R Shapiro、Jim Boyce. Windows 2000 Server 宝典. 北京：电子工业出版社，2001.

[10] 石硕. 计算机网络实验技术. 北京：电子工业出版社，2002.

[11] 华三通信技术有限公司. H3C 网络学院教材（1、2 学期）. 北京：华三通信技术有限公司，2009.

[12] 华为 3Com 技术有限公司. IPv6 技术. 北京：华为 3Com 技术有限公司，2004.

[13] 陆魁军等. 计算机网络基础实践教程. 北京：清华大学出版社，2005.

[14] 陶智华. 计算机网络习题集与习题解析. 北京：清华大学出版社，2006.

华信SPOC官方公众号

欢迎广大院校师生 **免费**注册应用

www.hxspoc.cn

华信SPOC在线学习平台

专注教学

教学课件
师生实时同步

数百门精品课
数万种教学资源

多种在线工具
轻松翻转课堂

电脑端和手机端（微信）使用

测试、讨论、
投票、弹幕……
互动手段多样

一键引用，快捷开课
自主上传，个性建课

教学数据全记录
专业分析，便捷导出

登录 www.hxspoc.cn 检索 华信SPOC 使用教程 获取更多

华信SPOC宣传片

教学服务QQ群： 1042940196
教学服务电话：010-88254578/010-88254481
教学服务邮箱：hxspoc@phei.com.cn

电子工业出版社
PUBLISHING HOUSE OF ELECTRONICS INDUSTRY
华信教育研究所